程式設計基本功與實務範例解析－使用 C#(第四版)

邱宏彬、邱奕儒 編著

 全華圖書股份有限公司　印行

國家圖書館出版品預行編目(CIP)資料

程式設計基本功與實務範例解析：使用 C#/邱宏彬, 邱奕儒編
著. -- 四版. -- 新北市：全華圖書股份有限公司, 2022.10
面；　公分
ISBN 978-626-328-335-0(平裝)

1.CST: C#(電腦程式語言)

312.32C　　　　　　　　　　　　　　　　111015816

程式設計基本功與實務範例解析－使用 C#(第四版)

作者／邱宏彬、邱奕儒

發行人／陳本源

執行編輯／陳奕君

封面設計／楊昭琅

出版者／全華圖書股份有限公司

郵政帳號／0100836-1 號

印刷者／宏懋打字印刷股份有限公司

圖書編號／0620503

四版一刷／2022 年 10 月

定價／新台幣 650 元

ISBN／978-626-328-335-0 (平裝)

ISBN／978-626-328-337-4 (PDF)

全華圖書／www.chwa.com.tw

全華網路書店 Open Tech／www.opentech.com.tw

若您對本書有任何問題，歡迎來信指導 book@chwa.com.tw

臺北總公司(北區營業處)
地址：23671 新北市土城區忠義路 21 號
電話：(02) 2262-5666
傳真：(02) 6637-3695、6637-3696

南區營業處
地址：80769 高雄市三民區應安街 12 號
電話：(07) 381-1377
傳真：(07) 862-5562

中區營業處
地址：40256 臺中市南區樹義一巷 26 號
電話：(04) 2261-8485
傳真：(04) 3600-9806(高中職)
　　　(04) 3601-8600(大專)

序言

　　寫程式是資訊相關科系學生的基本專業能力。本書所要學習的是微軟所研發的 C# 語言，希望透過本書的內容，可以紮實學好 C#，之後要切換到別的語言，就不會是困難的事。同時，紮實的程式設計功力的培養，也是學習其他相關專業課程的必要工作。

　　C# 是物件導向程式語言，可開發視窗應用程式、網頁程式與手機應用程式，經由微軟的大力推廣，C# 已經普遍受到歡迎和重視。C# 的功能十分龐大，本書針對視窗應用程式與物件導向程式，精選出一定要學會和熟悉的內容，幫助大家建立程式設計紮實的基本功，作為未來進入程式設計殿堂的重要入門路徑。

　　學習程式設計的目的，就是要熟悉程式語言的語法，並且能夠把欲處理的資料、解決問題的邏輯、與使用者互動的人機介面正確的轉換成程式，以便電腦了解和執行。本書不是只以簡單例子說明語法而已，同時，利用實務性的範例清楚說明程式語法的重要觀念與適用情況，以及該注意哪些可能的錯誤，讓讀者了解如何運用和修正。另外，本書以解析的方式逐步引導讀者完成程式，並且詳細解說能運用到的程式設計觀念和技巧，如此，讀者能夠了解整個程式是如何寫出來的，同時建立正確的開發觀念與過程。

　　本書章節的安排有一定的邏輯連貫性，採用「逐步導入、即學即用」的學習策略。從最基本的觀念與邏輯開始介紹，每談完一個功能，就可以用來實際解決問題。隨著學到的功能越深，讀者能解決的問題就越複雜，所寫的程式碼也會越好。書中會不斷以新學到的功能，重新改寫之前寫過的程式，如此，讀者可以深刻了解到同一個問題可以有不同的解決方法，即使相同的解決方法，也可以用不同的程式設計技巧來完成，以便讀者能夠舉一反三，激發自己的程式想法。

　　整體而言，本書以實務範例為導向，搭配連貫的章節範例與脈絡相承的解說，協助讀者踏實學習開發 C# 視窗與物件導向程式的基本功。請務必跟著本書的指引，親自從頭到尾做過一遍，以累積自己寫程式的敏感度和功力，畢竟，不斷動手寫程式以累積經驗，是增進程式功力必要也是不可或缺的過程。寫程式沒有標準答案，期望讀者能透過本書的輔助，嘗試屬於自己的作法，輕鬆完成自己的 C# 應用程式，感受到寫程式的樂趣與成就感。

　　感謝所有直接和間接對本書有幫助的人。如果對本書內容有所指正或建議，都歡迎寫信到 hpchiu@nhu.edu.tw，謝謝！

邱宏彬、邱奕儒 2022 年 9 月

目錄

Chapter 01　C# 程式設計與開發

1-1　電腦與程式語言 1-1

1-2　Microsoft .NET Framework 與 C# 程式設計 1-3

1-3　C# 程式的開發與執行 1-5

1-4　Visual Studio 的安裝與功能 1-6

1-5　以 .NET Framework 類別開發 C# 主控台應用程式 1-8

1-6　C# 主控台應用程式的範例解析 1-15

Chapter 02　變數與運算式

2-1　資料型態（Data Types） 2-1

2-2　變數（Variables）與常數（Constants） 2-4

2-3　變數的存取：善用暫存變數 2-10

2-4　基本資料型態的轉換 2-11

2-5　逸出字元（Escape Character） 2-16

2-6　算術運算式（Arithmetic Expression） 2-17

2-7　指定運算子的同義運算 2-21

2-8　關係運算子（Relational Operators） 2-22

2-9　邏輯運算子（Logical operators） 2-23

Chapter 03　C# 視窗型應用程式

3-1　基於物件（Object-based）的程式設計 3-1

3-2　開發 C# 視窗應用程式的基本觀念 3-8

3-3　以「主控台專案」建立視窗程式 3-10

3-4　以「視窗應用程式專案」開發視窗程式 3-15

Chapter 04　基本控制項的應用

4-1	Visual C# 基本控制項簡介	4-1
4-2	C# 視窗應用程式的簡單範例	4-4
4-3	視窗應用程式的起始表單	4-7
4-4	訊息方塊（MessageBox）	4-10
4-5	多行文字盒	4-12
4-6	Timer 控制項	4-14

Chapter 05　基本流程控制

5-1	單選結構	5-1
5-2	錯誤檢查與處理	5-7
5-3	例外處理（Exception Handling）	5-11
5-4	區域變數和實體變數	5-15

Chapter 06　選擇結構與選擇控制項

6-1	選擇結構：二選一（if ~ else ~）	6-1
6-2	選擇結構：多選一	6-5
6-3	選擇控制項	6-16

Chapter 07　流程控制：迴圈結構

7-1	單迴圈結構	7-1
7-2	單一 for 迴圈（Single for-loop）的範例說明	7-5
7-3	迴圈結構的範例：數字系統轉換程式	7-12
7-4	while 迴圈與 do/while 迴圈	7-19
7-5	巢狀迴圈（Nested Loop）	7-22

Chapter 08　陣列

8-1	一維陣列（One-Dimensional Array）	8-1
8-2	一維陣列的應用	8-5
8-3	二維陣列（Two-Dimensional Array）	8-10
8-4	不規則二維陣列	8-14

Chapter 09　函式與參數傳遞

9-1	可重用碼：函式的特色	9-1

9-2　模組化程式設計：工作分解 9-4

9-3　函式的定義與呼叫 9-6

9-4　函式的應用 9-9

9-5　參數的傳遞 9-17

9-6　方法多載（Method Overloading） 9-24

Chapter 10　一維陣列的綜合應用

10-1　多個一維陣列 10-1

10-2　一維陣列的線性搜尋（Linear Search） 10-12

10-3　字串與一維陣列 10-15

Chapter 11　控制項陣列的應用

11-1　PictureBox 圖片盒控制項 11-1

11-2　ImageList（圖像清單）元件 11-6

11-3　配對記憶遊戲 11-8

Chapter 12　二維陣列的綜合應用

12-1　成績處理──使用二維陣列來改寫 12-1

12-2　井字遊戲（Tic-Tac-Toe）──二維陣列的應用 12-10

12-3　不規則二維陣列的應用：顧客購物系統 12-17

Chapter 13　遞迴

13-1　遞迴（Recursion）與遞迴方法（Recursive Methods） 13-1

13-2　遞迴（Recursion）vs. 迭代（Iteration） 13-5

13-3　以遞迴解河內塔問題 13-9

Chapter 14　檔案處理

14-1　檔案處理基本概念 14-1

14-2　檔案對話方塊控制項 14-2

14-3　文字檔案（Text File）的處理 14-3

14-4　二進位檔案（Binary File）的處理 14-9

14-5　檔案讀取的程式練習 14-12

Chapter 15　進階控制項綜合應用

15-1	ListBox（清單方塊）控制項	15-1
15-2	ComboBox（下拉式清單方塊）控制項	15-3
15-3	範例 1：購物系統	15-4
15-4	表單大小與座標系統	15-9
15-5	MenuStrip（功能表）控制項	15-11
15-6	RichTextBox 控制項	15-11
15-7	FontDialog 控制項和 ColorDialog 控制項	15-13
15-8	範例 2：簡易文書編輯器（Simple Editor）	15-14
15-9	ToolStrip 控制項的使用	15-19

Chapter 16　滑鼠與鍵盤事件處理

16-1	滑鼠事件的處理	16-1
16-2	處理滑鼠事件的範例	16-3
16-3	鍵盤事件的處理	16-5
16-4	處理鍵盤事件的範例	16-6

Chapter 17　認識物件導向程式設計

17-1	程式架構（Programming Paradigm）	17-1
17-2	物件、類別與實體	17-3
17-3	封裝（Encapsulation）	17-4
17-4	繼承（Inheritance）與多型（Polymorphism）	17-5

Chapter 18　類別與封裝

18-1	定義封裝性類別	18-1
18-2	Property（屬性）成員的存取：get 和 set 程式區塊	18-10
18-3	方法多載、建構子與解構子	18-12
18-4	this 和 this() 的使用	18-19
18-5	UML 類別圖	18-20
18-6	類別 Person 的定義與使用	18-23
18-7	類別的靜態成員	18-27
18-8	名稱空間與 .NET Framework 類別函式庫	18-29
18-9	表單切換	18-30

Chapter 19　繼承與多型

19-1　類別繼承（Inheritance）的概念 19-1

19-2　類別繼承的語法與實作 19-3

19-3　base 和 base() 的使用 19-10

19-4　利用繼承實作類別 Student 19-11

19-5　利用繼承實作類別 Teacher 19-16

19-6　繼承與型態轉換（Type Casting） 19-19

19-7　同名方法的隱藏（new）與覆寫（override） 19-22

19-8　多型（Polymorphism） 19-31

Chapter 20　抽象類別與介面

20-1　抽象類別與抽象方法 20-1

20-2　圖形管理的相關類別 20-2

20-3　介面 20-13

Chapter 21　泛型集合與序列化

21-1　學生成績的物件集合與序列化檔案 21-1

21-2　學校成員集合與序列化存檔 21-10

Chapter 22　LINQ 查詢

22-1　LINQ 查詢簡介 22-1

22-2　LINQ 與 C# 新增的功能 22-4

22-3　LINQ 基本查詢 22-8

22-4　LINQ to Objects 22-16

C#程式設計與開發

本章探討程式語言的基本概念、如何使用 Visual C# 建立簡單的主控台（Console）應用程式，以及說明 C# 程式的基本程式架構。

1-1 電腦與程式語言

電腦是一種用來解決問題時很有用的工具。但是，電腦不會自己解決問題，必須由人來告訴電腦如何做事。程式語言（Programming Language）即是人與電腦進行溝通的語言，每一種程式語言都有其規定的語法（Syntax）。人必須使用正確的程式語言語法，將欲處理的資料、解決問題的邏輯、與使用者互動的人機介面，編寫成程式（Program）或程式碼（Code）。這種把解決問題的方法轉換成電腦可以了解的指令（Instructions）與敘述（Statements）的過程，即所謂的程式設計（Programming Design）或寫程式碼（Coding）。之後，當執行程式時，電腦會把程式載入記憶體中，並且依據程式指令的指示進行處理，來完成指定的工作。

(1) 程式的三個組成面向

一般而言，解決問題的程式必須描述三個部分：(1) 如何表示欲處理的資料；(2) 欲達成之功能的邏輯；(3) 和使用者互動的人機介面。例如：我想要寫一個計算兩數相加的程式，程式必須告訴電腦如何配置記憶體來儲存這兩個數，同時透過適當的輸入介面，讓使用者輸入兩個數字。然後，程式利用簡單的加法敘述取得這兩個數，把相加的結果輸出，讓使用者看到計算後的結果。再舉一個例子：我們可以寫一個程式，讓使用者輸入圖片檔案的名稱；之後，程式把圖檔讀入記憶體中，進行必要的分析處理，並且顯示在螢幕上讓使用者瀏覽。

程式的人機介面大致可分為兩種。第一種是「命令列介面」（Command-Line Interface），早期 DOS 或 UNIX 系統的使用者是在「終端機」（Terminals）執行應用程式，其使用介面都是文字模式的鍵盤輸入，或單純文字的輸出結果，此種應用程式稱之為主控台應用程式（Console Applications）。第二種是使用「GUI」（Graphic User Interface）圖形使用介面來輸入與輸出資料，這種具有使用者友善化（User Friendly）介面的應用程式，稱之為視窗應用程式（Windows Applications）。前述兩數相加的程式，可以設計成主控台應用程式或視窗應用程式；而使用圖片瀏覽的程式，則適合以視窗應用程式來開發。

(2) 程式語言的演進與分類

學習程式設計的目的，就是要熟悉程式語言的語法，並且能夠把資料、運算的邏輯、使用者介面正確的轉換成程式，以便電腦了解和執行。

▶ **電腦真正了解的語言**：機器語言（Machine Language）

不同電腦的 CPU 支援不同的指令集（Instruction Set），亦即每台電腦只能了解和執行其 CPU 指令集所表示的機器語言。一般而言，機器語言所寫成的程式會以可執行檔案的格式儲存在硬碟中，當電腦欲執行該程式時，作業系統會將其載入主記憶體（Main Memory）中，此時，主記憶體儲存著機器語言描述的程式碼和資料。CPU 以「取出和執行」（Fetch-and-Execute）的方式依序取出儲存在記憶體的機器語言指令，執行此指令，然後取出下一個指令，再執行它，直到程式執行完畢為止。機器語言的程式是直接使用 0 和 1 二進位來表示的程式碼。例如：

```
0101 0001 0110 0010 1001 0110
```

電腦可以直接執行機器語言的程式碼，執行效率最高；但是，人類很難理解機器碼。因此，要寫出易於維護的機器語言程式碼，是一件非常困難的工作。

▶ **組合語言**（Assembly Language）

使用簡單符號的指令集，來代表二進位的機器碼，以解決機器語言的難題。例如：

```
MOV AX, 01
MOV BX, 02
ADD AX, BX
```

它是一種十分接近機器語言的程式語言，但是，電腦無法了解組合語言，因此，必須使用「組譯程式」（Assemblers）將其轉換成機器語言，以便在電腦上執行。組合語言對人類來說較易了解，執行效率也很接近機器語言，很適合寫硬體或韌體的控制與驅動程式，但在應用程式的開發上仍然很不方便。

▶ **高階語言**（High Level Languages）

是一種接近人類語法的程式語言。例如：

```
X = X + Y;
```

電腦完全看不懂高階語言，所以需要藉由編譯器（Compiler） 或直譯器（Interpreter）翻譯成機器碼，才能在電腦上執行。編譯器是將程式轉換成機器碼後存成可執行檔，之後再載入主記憶體中執行。直譯器則是一邊轉換程式，一邊交給電腦執行，並不會存成可執行檔，類似國際會議時的現場口譯。轉換之後的機器碼程式通常比直接使用機器語言撰寫的冗長，所以執行效率較低，但是非常方便使用者學習來開發應用型程式。目前常見的高階語言有 Visual Basic、C/C++、C#、Java、Fortran 等。

1-2　Microsoft .NET Framework與C#程式設計

(1) .NET Framework

.NET Framework 是微軟（Microsoft）公司為達到將不同平台與程式語言加以整合而提出的新世代程式開發平台，它是由通用語言執行平台（Common Language Runtime，簡稱 CLR）和 .NET Framework 類別庫（Class Library）所組成。我們可以使用 .NET Framework 支援的程式語言，例如：Visual Basic（VB）、C++ 和 C# 等，來建立 .NET 應用程式。

要讓不同語言的程式在同一平台上互通合作（Interoperability）不是一件簡單的事，例如：資料型別就足以讓兩個語言的程式無法互通訊息而難以整合。在 .NET Framework 中定義一個通用語言規格（Common Language Specification，簡稱 CLS），是描述多語言之間進行交互的語言規範，包含資料型別、函式呼叫方式、參數傳遞方式、例外處理方式等，只要符合這個規格的程式語言，就可彼此溝通和合作。.NET 系統包括的語言有 C#、C++、VB、J#，它們都遵守通用語言規格。

CLR 是微軟為 .NET 的虛擬機器所選用的名稱，它定義了一個程式碼執行的環境，包含程式碼編譯、功能齊全的類別庫、執行緒管理、自動記憶體管理、安全性控管與執行檔快取等服務。CLR 作為程式執行引擎，負責安全地載入和運行用戶程序碼，包括垃圾回收和安全檢查。在 CLR 監控之下運行的程序碼，稱為託管代碼（managed code）。

在 .NET 平台中，CLR 執行一種稱為通用中間語言（Microsoft Intermediate Language，簡稱 MSIL）的位元組碼，以達到跨語言甚至跨平台的可移植性。也就是說，

C#

當我們在 .NET 平台上面開發程式時，不論我們使用的是 C#，VB.NET 還是 C++，如果想要在 .NET CLR 上執行，就必須提供一個編譯器，將此語言的程式編譯成 .NET CLR 所認識的 MSIL 的中介碼以及 metadata，再經由 CLR 以 JIT（Just In Time）的方式編譯成可執行的原生碼（native code）並加以執行。

(2) Visual C# 語言與 .NET Framework 類別庫

　　Visual C# 是由微軟所推出的物件導向程式語言，屬於微軟 .NET Framework 平台的語言，支援視窗介面、物件基礎和物件導向程式設計。其應用程式的基本架構就是許許多多的類別（Classes）。每個類別的設計都是為了完成特定的功能。比如：輸入與輸出的類別、資料形態轉換的類別、視窗控制項的類別、學生類別等。類別是用來建立物件（Object）的藍圖，該藍圖描述欲處理的資料成員（Data Members），以及處理這些資料的成員方法（Member Methods）。

　　每個方法（Method）都被設計來完成特定的功能，它有點類似數學函式（Function），有一個唯一的函式名稱，你只要將資料傳給函式，它就會按照函式既定的功能進行運算，並且把結果告訴你。所以，我們可以把類別內的所有方法，視為一組僕人，每個僕人都有其功能，並且等著為我們服務。我們可以在需要時，去呼叫某個僕人幫忙，只要把欲處理的訊息告訴他，他就會想辦法把事情處理完，並且回報結果給你。比如說：學生類別內宣告學生的國文、數學等成績資料，也定義一個計算平均成績的方法，那麼，在需要學生的平均成績時，我們只要呼叫該方法就能取得平均成績的資訊了，完全不必管這些成績資料在類別內如何儲存，以及如何去計算平均成績，這是非常方便的程式設計觀念。

　　然而，類別只是藍圖，物件才是實體（Instance）。一個類別可建立多個物件，每個物件實體有自己獨立的物件資料。例如：我們可以學生類別建立十個學生物件，每個學生物件都記錄相同科目的成績資訊，但是其個別儲存的成績值並不一定相同。當我們針對某個學生物件呼叫計算平均成績的方法時，就自然的取得該學生物件平均成績的資訊了。

　　.NET Framework 提供一個龐大且具有良好組織架構的類別庫，這些類別被組織到命名空間（Namespace）中，分別提供各類特定的功能，例如，檔案輸入和輸出、資料型態轉換、字串操作、網路通訊、資料庫存取以及 Windows Form 等視窗控制項等等。程式設計師可以自行設計類別，也必須學會善用 .NET 豐富的類別庫，以開發各式各樣功能的應用程式。

(3) 程式設計的基本認知

學習程式設計的目的，就是要熟悉程式語言的語法，並且能夠把解決問題的方法正確的轉換成程式，以便電腦了解和執行。當然，所寫的程式可能有錯誤，這時候就要為程式進行除錯（Debug）。一般而言，有兩種程式錯誤。第一種是語法錯誤，亦即所寫的程式敘述的語法不合乎語言的規定，此時，程式無法被了解和執行。這種錯誤比較容易處理，只要根據語法錯誤的提示，仔細檢查程式碼，通常可以解決。第二種是邏輯錯誤，亦即程式通過語法的檢查，可以被執行，但是執行的結果不正確。原因可能是解決問題的演算步驟，沒有以正確的程式邏輯加以轉換；也可能解決問題的演算步驟本身就有問題。這種錯誤比較難處理，通常必須透過適當的工具和技巧的輔助來進行除錯。

另外要強調的是：同一個問題可以有不同的解決方法，即使相同的解決方法，也可以用不同的程式設計技巧來完成；也就是說，寫程式沒有標準答案，我們必須透過不斷的嘗試錯誤、模仿、累積經驗，來提升程式設計的功力。一般而言，初學者應該先著重在學會如何將解決問題的方法轉換成可正確執行的程式，即使是土法煉鋼的程式也沒關係，而先不要求程式的執行效率，因為這需要其他進階課程的配合。例如：要知道如何更有效的組織複雜的資料，必須學習資料結構（Data Structures）；要知道更有效率的解決問題的方法，必須學習演算法（Algorithms）；要知道如何開發出易維護的系統，則必須學習系統分析與設計（System Analysis and Design）或軟體工程（Software Engineering）。當然，這些課程都息息相關、密不可分，而程式設計是這一連串課程的基礎。**本書所要學習的是微軟所研發的 C# 語言**，希望透過本書的內容，可以紮實學好C#，之後要切換到別的語言，就不會是困難的事。同時，紮實的程式設計功力的培養，也是學習其他相關專業課程的必要工作。

1-3　C#程式的開發與執行

程式設計者必須借助一組工具程式來建立、編譯和維護 C# 應用程式。C# 應用程式的開發流程如圖 1-1 所示。

程式設計者利用編輯器（Editor）將解決問題的邏輯寫成程式原始碼（Source Code）並且存檔。C# 應用程式原始碼的附加檔名為 .cs。電腦看不懂高階語言的程式碼，需要藉由編譯器（Compiler）的翻譯才能讓電腦執行。為了達到跨平台的目的，.NET Framework 程式檔案在使用 .NET 編譯程式編譯時，並不是直接編譯成 CPU 的機器語言，而是翻譯成一種稱為「MSIL」（Microsoft Intermediate Language）的中間程式語言。等到真正要執行程式時，CLR 使用「JIT」（Just In Time）編譯程式將 MSIL 中間碼轉換成機器語言來執行。

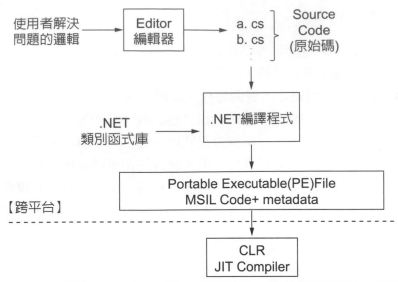

圖 1-1　C# 應用程式的開發流程圖

　　目前大部分高階程式語言都有提供 IDE（Integrated Development Environment）整合開發環境，只需在同一個應用程式中就可以編輯、編譯和執行特定語言的應用程式。微軟 C# 語言的整合開發環境是 Visual Studio，它是微軟公司開發的整合開發環境，能夠在同一套應用程式中編輯、編譯、除錯和執行 C# 等 .NET 語言的應用程式。Visual Studio 以專案（Project）的方式來控管應用程式在開發過程中，所使用和產生的所有相關資源，方便開發者快速建立所需的 .NET 應用程式。

1-4　Visual Studio 的安裝與功能

　　Microsoft Visual Studio 是一套支援 .NET Framework，而且十分龐大的整合開發環境系統，可以使用 C#、VB、C++ 等語言來建立主控台、Windows 和 ASP.NET（網頁）等各種不同的應用程式。Visual Studio 提供的功能，包括：多種程式語言的整合開發、強大的專案管理、提供現成的專案範本、視覺化表單設計工具介面、 IntelliSense 智慧型程式碼輸入、完整除錯功能等。

　　目前微軟的 Visual Studio 提供社群版（Community）、專業版（Professional）和企業版（Enterprise）等三個版本。開發人員可到官方網站「https://visualstudio.microsoft.com/zh-hant/vs/whatsnew/」進行下載和試用 Visual Studio，官網也有各版本詳細功能的介紹。社群版是免費的，提供精簡、易學易用且功能完整的 IDE 整合開發工具，讓開發者輕鬆進入 Visual Studio 和 .NET Framework 開發平台，快速建立所需的 .NET 應用程式。對初學者、學生或個人工作室來說，使用 Visual Studio 社群版來開發專案就已足夠。下載安裝 Visual Studio 社群版時，請依序勾選清單中「通用 Windows 平台開發」、「.NET 桌面開發」、「使用 C++ 的桌面開發」、「ASP.NET 與網頁程式開發」、「資料儲存和處理」等選項。安裝成功之後，要經由登入註冊的微軟帳戶，才能持續使用。本書所有的範例專案都可以在 Visual Studio 2015 以上的版本正常執行。

　　第一次啟動 Visual Studio 社群版，需要執行數分鐘的環境設定，請稍等一下，等到完成設定，就可以看到 Visual Studio 的「起始頁」標籤頁畫面，如圖 1-2 所示。Visual Studio 以專案來控管應用程式所使用的所有資源。同一個方案能夠擁有多個專案，若只是單純建立一個專案，我們可以不為方案建立目錄，直接將方案視同專案來處理。

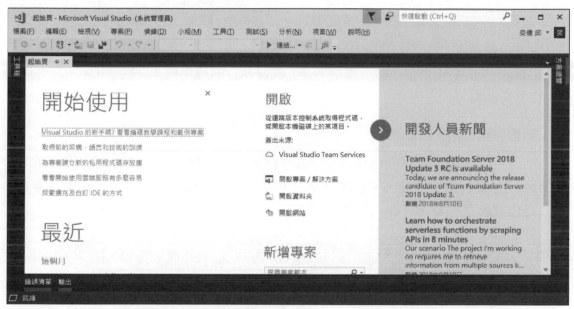

圖 1-2　第一次啟動 Visual Studio 社群版的畫面

　　在 Visual Studio 主視窗的上方是功能表列（Menu Bar），功能表列會依不同狀況提供不同選單，例如：如果建立或開啟專案，就會增加「建置」的選單。功能表列的簡單說明如表 1-1 所示。

表 1-1　C# 功能表列說明

選單	說明
檔案	開啟、新增、儲存或關閉專案指令，或是開啟檔案，以及在目前的方案加入專案等相關指令
編輯	提供編輯所需的剪貼簿、搜尋和取代等相關指令
檢視	可以切換顯示開發工具各種視窗或工具列等相關指令
專案	屬於專案管理的相關指令，可以在專案加入 Windows Form、使用者控制項、模組、類別等項目

選單	說明
建置	提供建置、重建及清除方案的相關指令（建立或開啟專案之後才會出現）
偵錯	提供程式碼除錯功能的相關指令，同時可以執行專案
工具	可以連接資料庫、管理程式碼片段、巨集、自訂開發環境和選項設定等相關指令
視窗	提供視窗排列和切換顯示視窗的相關指令
說明	Visual Studio 線上輔助說明文件的相關指令

1-5 以.NET Framework類別開發C#主控台應用程式

主控台應用程式就是早期在 MS-DOS 作業系統下，以文字模式執行的應用程式。在 Windows 作業系統是在「命令提示字元」視窗執行的應用程式。開發 C# 主控台應用程式的主要步驟如下：

1. 新增專案（Project）

在 Visual Studio 整合開發環境中，有兩種方式可以開啟「新增專案」的畫面。第一種方式是由功能表列，依序點選「檔案」→「新增」→「專案」，第二種方式是由起始頁，點選「建立新專案」鈕，如下圖所示：

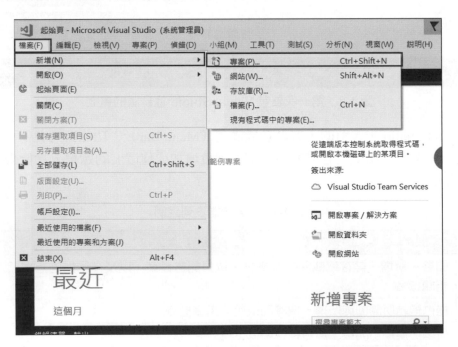

在「新增專案」的畫面，選擇「主控台應用程式 (.NET Framework)」，然後將「為方案建立目錄」的核取方塊保持勾選，同時輸入方案名稱、專案名稱以及儲存的路徑，如下圖所示。

新增專案後，在「方案總管」視窗中可看到方案「方案 CH01（1 專案）」，內含一個剛建立的 Console1 專案。此時，Console1 專案中已有自動產生的相關檔案，包括起始的類別：Program.cs。如下圖所示：

要特別說明的是 Visual Studio 2019 以上的版本,在啟動之後其起始畫面已有較大的不同。如下圖所示:

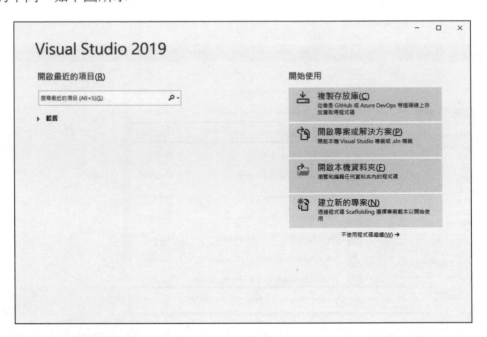

點選「建立新的專案」鈕後,介面如下圖所示:

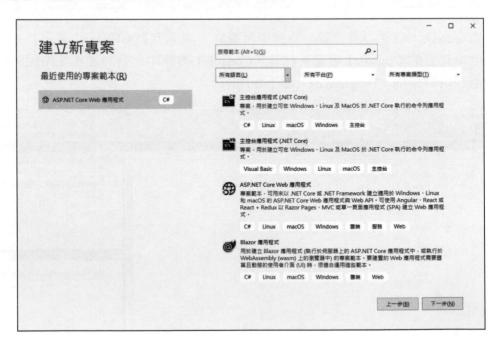

在「所有語言」選單選擇「C#」，「所有平台」選單選擇「Windows」，「所有專案類型」選單選擇「主控台」之後，可過濾出符合條件的專案範本，介面如下圖所示：

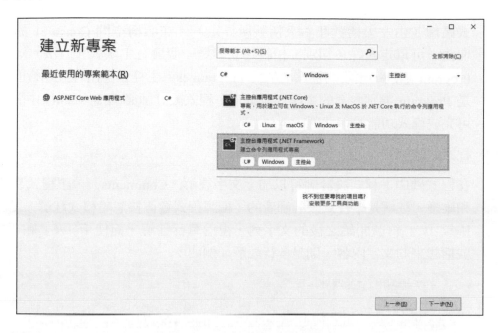

選擇「主控台應用程式 (.NET Framework)」，按「下一步」，然後，在「設定新的專案」介面上輸入解決方案名稱、專案名稱以及儲存的路徑，如下圖所示。按「建立」後即可建立新專案，同時在「方案總管」視窗中可看到解決方案，及其內含專案中自動產生的相關檔案，包括起始類別：Program.cs。

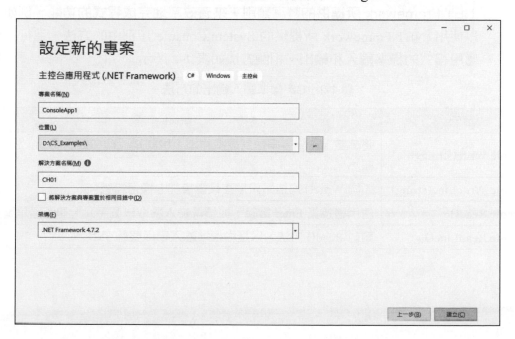

2. 撰寫程式碼

(1) 程式執行的進入點

新建立的 Console1 專案，包含一個名稱空間（namespace）為 Console1 的程式區塊（由左大括號和右大括號所界定）。在名稱空間 Console1 的程式區塊內，可以定義許多類別。預設建立的是一個擁有主函式（方法）Main() 的 Program 類別，預設的檔案名稱為 Program.cs。主控台應用程式執行的進入點是 Program 類別內含的主函式 Main()，程式設計師必須由 Main() 中開始輸入可完成程式功能的程式碼。

(2) 程式的註解

在程式碼中，程式設計師可以加上文字註解（Comments），讓程式易於了解和維護。註解是給程式設計師看的，編譯程式會直接忽略程式註解。 C# 程式中以「//」符號開始之後的文字列，視為單行註解，而使用「/*」和「*/」符號括起來的文字內容，則是多行註解。例如：

```
// 主控台應用程式的開發
/*
本範例使用 .NET Framework 的 Console 類別進行應用程式的標準輸入和輸出
*/
```

(3) 主控台應用程式的輸出與輸入

記得，程式設計師並不需要獨自開發所有的程式碼，而是要學會如何善用 .NET Framework 所提供的豐富類別，來有效率地完成程式的功能。例如，可以使用 .NET Framework 所提供的 System.Console 類別中的方法，進行主控台應用程式的標準輸入和輸出。相關方法如表 1-2 所示：

表 1-2　C# 標準輸入輸出的方法

方法	說明
Console.Write(string)	將參數 string 字串送到標準輸出，也就是「命令提示字元」視窗來顯示
Console.WriteLine(string)	如同 Write() 方法，只是在最後會加上換行符號
Console.Read()	使用者按下 Enter 鍵後，從標準輸入讀取一個字元，傳回值是整數
Console.ReadLine()	類似 Read() 方法，只是從標準輸入讀取整個字串

因為 System.Console 類別並不是程式設計師自己寫的，所以程式必須告訴系統可以到哪裡（名稱空間）找到這些類別來使用。**在程式中是利用 using 指引指令匯入應用程式想要使用的 .NET Framework 類別**，using 指引指令必須寫在程式碼的開頭，Program.cs 已自動匯入 System 名稱空間的類別。

請在 Main() 的方法區塊中輸入下列敘述（Statement）：

```
System.Console.WriteLine("我的第一個 C# 程式!");
```

此敘述呼叫「System 名稱空間」中「Console 類別」的 WriteLine 方法，將字串 " 我的第一個 C# 程式 !" 輸出到主控台視窗。**請記得， C# 以分號「;」表示每個程式敘述的結束**。因為程式已經事先匯入 System 名稱空間，所以，可以省略敘述中指定的 System，請再輸入下列敘述：

```
Console.WriteLine("我的第一個 C# 程式!");
```

也可以得到相同的結果。

(4) 變數存取與字串串接

我們可以進一步提示使用者輸入字串資料，並且輸出到介面上。請先以下列敘述輸出提示字串：

```
Console.Write("請輸入任何字串: ");
```

Write 方法會將提示字串輸出到主控台視窗，但不會跳行。此時，使用者可以輸入資料。我們先宣告一個字串型態的變數，名稱為 input，來儲存輸入的資料，如下列敘述所示：

```
string input;    // 宣告字串變數
```

接著，利用「Console 類別」的 ReadLine() 方法取得使用者輸入的字串資料，然後，以指定運算子「＝」將讀入的字串資料暫存到變數 input 的記憶體中，如下列敘述所示：

```
input = Console.ReadLine(); // 將輸入的字串存入變數
```

使用者看不到變數中的資料，因此，我們取出變數的內容，先在前面串接一個固定的說明字串，然後，顯示在主控台視窗上，讓使用者看到程式處理後的結果，如下列敘述所示：

```
Console.WriteLine("你輸入的是: " + input);
```

完整的程式碼如下圖所示：

```csharp
using System;
using System.Collections.Generic;
using System.Linq;
using System.Text;
using System.Threading.Tasks;

namespace ConsoleApp1 {
    class Program {
        static void Main(string[] args) {
            // 主控台應用程式的開發
            /*
                本範例使用.NET Framework 的 Console 類別進行應用程式的標準輸入和輸出
            */
            System.Console.WriteLine("我的第一個 C# 程式!");
            Console.WriteLine("我的第一個 C# 程式!");
            Console.Write("請輸入任何字串: ");
            string input;    // 宣告字串變數
            input = Console.ReadLine(); // 將輸入的字串存入變數
            Console.WriteLine("你輸入的是: " + input);
        }
    }
}
```

3. 編譯與執行

請由功能表列點選「**建置**」→「**建置 ConsoleApp1**」以編譯專案的程式。如果編譯無誤，即可點選「**偵錯**」→「**啟動但不偵錯**」來執行程式。或者直接點選「**偵錯**」→「**啟動但不偵錯**」，即可編譯和建置專案。在完成後如果沒有錯誤，可以看到執行結果的「命令提示字元」視窗。如果編譯有錯誤，請重複步驟 2 來更改程式碼，或直接使用 Visual Studio 除錯功能來找出錯誤。**當語法有錯誤時，在程式碼下方會出現鋸齒線，同時，在「錯誤清單」的視窗上會出現錯誤訊息說明，我們可以在錯誤訊息上按兩下，游標會自動移到對應的程式碼上，方便我們進行語法的修正。**本例的執行結果如下：

4. 儲存

儲存檔案與專案之後，可以關閉方案。方案關閉以後，可隨時再開啟方案來繼續開發應用程式。

1-6　C#主控台應用程式的範例解析

　　我們來練習一個簡單的主控台應用程式範例，以實際了解 C# 主控台應用程式的開發過程，同時討論許多重要的程式設計基本觀念。

1. 在方案中新增專案

　　我們在方案「CH01」中新增一個專案「demoConsoleApplication」，以完成一個「兩個整數相加」的主控台應用程式。首先，在方案總管視窗的「方案 CH01（1 專案）」按右鍵，接著點選「加入」→「新增專案」。在「新增專案」的畫面，選擇「主控台應用程式 (.NET Framework)」，然後輸入專案名稱「demoConsoleApplication」，如下圖所示。

在方案總管視窗可以看到「方案 CH01（2 專案）」及新增之專案「demoConsoleApplication」中自動產生的相關檔案，如下圖所示。

因為目前有 2 個專案，我們可以在工具列選擇起始專案，然後由功能表列點選「偵錯」→「啟動但不偵錯」，即可編譯和執行選擇的專案。本例請選擇「demoConsoleApplication」作為起始專案。

2. **問題描述與解法分析**

- ◆ 問題描述：任意輸入兩個整數，並且顯示相加之後的結果。
- ◆ 人機介面：假設希望的介面如圖 1-3 所示。

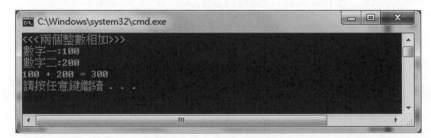

圖 1-3　人機介面範例

- ◆ 解法分析：程式設計的目的，就是要利用程式語言的語法，把資料、運算的邏輯、使用者介面正確的轉換成程式，以便電腦了解和執行。因此，程式中必須考慮下列部分：

(1) 如何以程式敘述來完成輸入與輸出介面。

主控台應用程式可以使用 .NET Framework 提供的 System.Console 類別中的方法，以完成標準輸入和輸出介面。

(2) 如何以程式敘述來取得使用者輸入的資料。

如何取得使用者由鍵盤輸入的資料呢？最簡單的方法還是藉助於 .NET Framework 所提供的 System.Console.ReadLine() 方法，呼叫該方法可以取得使用者從鍵盤輸入，一直到按下 Enter 鍵前的整個字串。

(3) 如何表示資料的形態，以及配置儲存資料的記憶體（變數）。

程式如何儲存資料呢？在程式語言的「變數」（Variables）可以視為一塊記憶體，能夠在程式執行時暫時儲存所需的資料。宣告變數時，必須先宣告資料型態，之後緊跟著宣告變數名稱。

透過變數名稱可以參考到變數所對應的記憶體。程式設計者在替變數命名時，需要遵循程式語言的語法。變數名稱十分重要，因為一個好名稱，可以讓程式更容易了解。

資料型態（Data Types）可以決定變數所儲存內容值的型態，它可以是數值、字元、或字串（String）等資料。C# 以關鍵字 int 代表整數資料型態、 double 代表浮點數資料型態、 char 代表字元資料型態、 string 代表字串資料型態。資料型態也同時決定變數所佔的記憶體大小， int 整數資料佔 4 個 Bytes、 double 浮點數資料佔 8 個 Bytes、字元資料佔 2 個 Bytes（Unicode）。例如，下列敘述宣告兩個字串資料型態的變數：

```
string input1;
string input2;
```

請記得，我們可以一個敘述宣告一個變數；也可以把相同資料型態的變數宣告在同一個敘述，但是變數名稱之間必須以逗號「，」隔開，如下所示：

```
string input1, input2;
```

(4) 如何以程式敘述來存取與運算資料。

如何儲存由鍵盤輸入的資料呢？C# 敘述中的「＝」是指定運算子（Assignment Operator），用來將「＝」右邊的運算結果儲存到左邊變數的記憶體中。下列敘述先呼叫 Console.ReadLine() 方法，取得使用者由鍵盤輸入的字串，同時儲存到變數 input1 中：

```
input1 = Console.ReadLine();
```

本範例示範兩個整數的相加,但是,Console.ReadLine() 方法傳回的是字串資料,不能拿來進行算術相加,我們必須把輸入的字串轉換成整數,才能執行加法運算。

如何將字串轉換成整數呢?我們當然可以自己寫程式碼加以轉換,但是,以我們目前的功力可能做不到,實際上也不需要。最簡單的方法還是借助於 .NET Framework 所提供的方法。先找找看線上說明文件(http://msdn.microsoft.com/library),我們可以使用 System.Convert 類別所提供的相關方法來進行轉換。

表 1-3　System.Convert 類別所提供的相關方法

方法	說明
Convert.ToInt16(string)	將參數的 string 轉換成 short 整數(2 個 Bytes)
Convert.ToInt32(string)	將參數的 string 轉換成 int 整數
Convert.ToDouble(string)	將參數的 string 轉換成 double 浮點數

我們可以宣告整數變數 num1,用來儲存轉換後的整數資料,如下所示:

```
int num1;
num1 = Convert.ToInt32(input1);
```

上列敘述也可以合併成一個敘述,如下所示:

```
int num1 = Convert.ToInt32(input1);
```

3. demoConsoleApplication 程式碼的解析

本範例程式由專案「demoConsoleApplication」來完成,程式碼的解析和說明如下所示。

(1) 程式的提示:

程式給使用者的提示是一種常見也是必要的輸出方式。本例以下列敘述來輸出程式的提示給使用者。

```
Console.WriteLine("<<兩個整數相加>>");
```

我們呼叫 Console.WriteLine 方法,把字串 "<< 兩個整數相加 >>" 傳給該方法,由它負責把字串顯示在螢幕上。另外兩個輸入的提示也是以類似的方法呼叫來完成,只是沒有跳行而已。

```
Console.Write(" 數字一:");
Console.Write(" 數字二:");
```

(2) **取得資料**：

由鍵盤輸入兩個整數，並儲存在主記憶體中。我們宣告兩個 string 型態的變數 input1 和 input2，用來儲存使用者由鍵盤輸入的字串資料。同時，宣告兩個 int 變數 num1 和 num2，用來儲存轉換後的整數資料，如下所示：

```
string input1, input2;
int num1, num2;
```

使用者看到輸入的提示之後，會由鍵盤輸入資料。我們先呼叫 Console.ReadLine() 方法，取得使用者由鍵盤輸入的字串，同時儲存到變數 input1 中。之後，從變數 input1 中取出該字串，傳給 Convert.ToInt32 方法進行轉換，同時把轉換後回傳的整數儲存到變數 num1 中。程式碼如下所示：

```
input1 = Console.ReadLine();
num1 = Convert.ToInt32(input1);
```

變數 input2 和 num2 依照相同的邏輯來處理。

(3) **整數的加法運算**：

程式存取這兩個整數，接著使用「+」這個算術運算子（Arithmetic Operator）進行加法運算，將相加後的結果存入新宣告的整數變數 result 中，如下所示：

```
int result = num1 + num2;
```

這個敘述並不是說 result 等於 num1 + num2，而是說：將 num1 和 num2 儲存的整數值取出來，以「+」進行加法運算後，再以指定運算子「＝」將相加後的結果儲存到左邊變數 result 的記憶體中。程式語言有非常多的運算子可供使用，我們會以漸進的方式介紹。學得越多，程式的變化就越豐富，也就可以處理更複雜的問題。

(4) **輸出結果**：以指定的格式將結果輸出

目前的結果是儲存在變數 result 中，使用者看不到此結果，我們必須把變數的內容顯示在輸出裝置上，使用者才看得到程式處理後的結果。假設我們想要以下列格式來輸出：

"　□　+　□　=　□　"

那程式要如何處理呢？至少有三種方式可以達到這個目的。

(a) 第一種作法是利用 Console.Write 方法逐項輸出，程式碼如下：

```
Console.Write(num1);
Console.Write(" + ");
Console.Write(num2);
Console.Write(" = ");
Console.WriteLine(result);
```

(b) 第二種作法是利用字串串接（String Concatenation）的功能，將結果依格式串接成字串後，再交給 Console.WriteLine 方法來輸出。程式敘述如下：

```
Console.WriteLine(num1 + " + " + num2 + " = " + result);
```

請注意：「+」這個二元運算子有兩種用途，當兩個運算元（Operand）都是數值時，「+」進行的是加法運算；當兩個運算元都是字串時，「+」進行的是字串串接運算；若是其中一個運算元是字串，則另一個非字串的運算元會先自動轉換成字串，再進行字串的串接運算。例如：123 + "456" 的結果是 "123456"。另外，如果運算式中有多個「+」運算子，則其運算順序（結合律）是由左至右逐一處理。所以，假設 num1 的值是 100，num2 的值是 200，result 的值是 300，則

```
num1 + " + " + num2 + " = " + result
```

的結果是 "100 + 200 = 300"。之後，將此字串傳給 Console.WriteLine 方法來輸出即可。

(c) 第三種作法是利用 Write() 和 WriteLine() 方法的格式化輸出。 Write() 和 WriteLine() 方法可以使用參數來格式化輸出資料，如下所示：

```
Console.WriteLine( "{0} + {1} = {2}", num1, num2, result);
```

WriteLine() 方法可以使用「 ,」逗號來分隔多個參數，第 1 個參數是格式字串，內含 {0}、{1}、{2} 標示顯示位置來格式化輸出資料，此例中第 2 個參數 num1 是填入 {0} 位置，第 3 個參數 num2 是填入 {1} 位置，第 4 個參數 result 是填入 {2} 位置，括號中的數字是從 0 開始依序的增加。在此例中，以格式字串指定參數值顯示的位置就夠用了，想要了解更多樣的格式字元符號所描述的格式的話，可以參考微軟線上參考文件的說明。假設 num1 的值是 100，num2 的值是 200，result 的值是 300，則填入各變數值之後得到的格式化字串為 "100 + 200 = 300"。同樣的，將此字串傳給 Console.WriteLine 方法來輸出即可。

(5) 完整的程式碼。

CH01\demoConsoleApplication\Program.cs

```
 1  class Program {
 2      static void Main(string[] args) {
 3          /*-----------------------------------------------
 4          兩個整數相加的主控台應用程式
 5          -----------------------------------------------*/
 6          Console.WriteLine("<<<兩個整數相加>>>"); //提示
 7          string input1, input2; //宣告變數
 8          int num1, num2;
 9          Console.Write("數字一:"); //提示
10          input1 = Console.ReadLine(); //讀入使用者的輸入
11          num1 = Convert.ToInt32(input1); //轉換成整數
12          Console.Write("數字二:");
13          input2 = Console.ReadLine();
14          num2 = Convert.ToInt32(input2);
15
16          int result = num1 + num2; //兩數相加
17
18          //將相加的結果進行格式化輸出
19          // 格式化輸出: 第一種作法
20          Console.Write(num1);
21          Console.Write(" + ");
22          Console.Write(num2);
23          Console.Write(" = ");
24          Console.WriteLine(result);
25          // 格式化輸出: 第二種作法
26          Console.WriteLine(num1 + " + " + num2 + " = " + result);
27          // 格式化輸出: 第三種作法
28          Console.WriteLine("{0} + {1} = {2}", num1, num2, result);
29      }
30  }
```

本範例程式碼的解析和說明已詳述如上，簡述如下：

◆ 第 3 行到第 5 行是多行註解

◆ 第 6 行提示使用者要進行 <<< 兩個整數相加 >>>

◆ 第 7 行宣告兩個用來儲存字串的變數 input1 和 input2

◆ 第 8 行宣告兩個用來儲存整數的變數 num1 和 num2

◆ 第 9 行提示使用者要輸入「數字一：」

◆ 第 10 行利用 Console.ReadLine() 讀入使用者的鍵盤輸入，並且存入 input1

◆ 第 11 行利用 Convert.ToInt32(input1) 將 input1 轉換成整數，並且存入 num1

- 第 12 行到第 14 行以相同作法取得第二個整數 num2
- 第 16 行將 num1 和 num2 相加，並且存入 result
- 第 18、19、25、27 行是單行註解
- 第 20 行到第 24 行是格式化輸出的第一種作法
- 第 26 行是格式化輸出的第二種作法
- 第 28 行是格式化輸出的第三種作法

(6) 值得特別注意的說明：

(a) input1 和 "input1" 是不一樣的，input1 是變數，內容值是可變的，而 "input1" 是字串常數，其值是固定的。

(b) 程式流程的基本控制結構（Control Structure）是**循序（Sequential）結構**，也就是說，電腦執行程式時，是一個敘述執行完，再執行下一個敘述。本例中，第 10 行和第 11 行這兩個敘述的順序不可以改變，否則會造成程式執行的結果錯誤。但是，第 7 行和第 8 行宣告變數的兩個敘述，其順序可以改變而不會影響程式的執行結果。敘述之間的順序是否可以改變，要依程式的邏輯而定。另外兩個重要的程式流程控制結構：選擇（Selection）結構和重複（Iteration）結構，會在後續章節介紹。

(c) 傳給 Convert.ToInt32 方法的字串，若不能轉換成整數時，會產生程式執行時的例外（Exception），導致程式執行異常中止。例如：字串 "123" 可以轉換成整數 123；但是，字串 "ab456" 卻無法轉換成任何整數。目前，本例先假設使用者輸入的字串都是可以轉換的，而不考慮形態轉換時資料格式不符的例外處理，等後續章節學到例外處理的機制時再來討論。

(d) 第 10 行把輸入的字串暫存到 input1 變數的動作，其實是多餘的。我們可以把第 10 行和第 11 行兩個敘述合併成一個敘述：

```
num1 = Convert.ToInt32( Console.ReadLine() );
```

也就是說，讀入輸入的字串後，馬上把該字串丟給 Convert.ToInt32 方法進行轉換。從這裡可以看出程式碼可以有不同的寫法，只要能正確的表達出解決問題的邏輯即可。

(e) 主控台應用程式預設會自動使用 class 關鍵字宣告一個名為 Program 的類別，內含主函式 Main()，這是程式執行的入口。 C# 程式碼是由程式敘述（Statement）所組成，數個相關的程式敘述組合成**程式區塊（Block）**，它是位在大括號間的程式碼。一般而言，一個程式區塊代表一個特定的邏輯單元。例如：本程式中的 Main() 函式區塊，以及 Program 類別區塊。

(f) C# 語言是屬於自由格式（Free-Format）編排的語言，如果程式碼需要分成兩列，直接分割即可。如下所示：

```
Console.WriteLine("{0} + {1} = {2}",
                  num1, num2, result) ;
```

但是請記得：**完整的 Token（有意義的辨別單元）不可以分割**。例如：WriteLine 是一個不可分的 Token，不可以分割成諸如「 Write Line」等形式；還有，字面值（Literal）或叫作常數值（Constant）的字串，"{0} + {1} = {2}"，也視爲一個完整的 Token，不可以分割成兩列。比如：

```
Console.WriteLine("{0} + {1} =
    {2}", num1, num2, result) ;
```

會造成程式編譯上的錯誤。

在撰寫程式時記得使用縮排來編排程式碼。適當的縮排程式碼，可以讓程式更加容易閱讀，因爲可以反應出程式碼的邏輯和架構。例如：本程式碼中，同一層區塊的程式碼會縮幾格編排，以增加程式可讀性。

(g) 在程式碼中，我們可以看到許多非程式敘述的文字，這就是**程式註解**（**Comment**）。良好註解不但能夠讓程式更容易了解，在維護上也可以提供更多的資訊。程式註解是給程式設計師看的，編譯程式不會處理程式註解而是直接略過。 C# 程式註解是以「 //」符號開始的列，或在程式列後面以此符號開始的文字內容，這是單行註解。程式註解也可以是使用「/*」和「*/」符號括起來的文字內容，這是多行註解。

註解還有另一個好處：我們可以在同一個專案中，善用註解來測試不同功能的程式碼片段的語法及其執行結果，這樣就可以不需要新增專案。當然，要新增專案來測試不同的程式，也是可以的。我們只要將不想測試的程式碼加以註解，只加上目前欲測試的程式碼即可。例如：我們可以將上面兩數相加的程式碼全部註解掉，然後，輸入下列程式碼：

```
Console.WriteLine("Hello, 這是我的第一個 C# 程式 !");
Console.Read();
```

這樣就變成一個簡單測試 Say Hello 的程式了。

(h) 記得，程式也可以在 IDE 之外執行。在 Visual Studio 建置和編譯 Visual C# 專案後，在專案資料夾的「bin\Debug」子資料夾會有此專案編譯成的執行檔，副檔名爲 .exe。換句話說，我們可以離開 IDE 的環境，直接在 Windows 作業系統上執行 EXE 執行檔。

(i) 本章詳細介紹 C# 主控台應用程式的開發過程，同時討論許多重要的程式設計基本觀念。我們可以看到，**寫程式並沒有標準答案**，即使是兩數相加這麼簡單的問題，都可以有不同的作法可以選擇。本例的程式只是可能的作法之一，僅供參考而已，大家可以嘗試屬於自己的作法，嘗試錯誤、累積經驗、解決問題是寫程式的樂趣來源，請好好品嚐。

(j) 同時，我們也大約感受到物件導向程式設計的好處，本例中我們使用了許多 .Net Framework 類別庫所提供的常用方法，我們必須透過**多看好的程式碼和學會閱讀線上文件**，來了解有哪些好用的類別，以及如何使用這些類別的資訊。

輸入「https://docs.microsoft.com/zh-tw/dotnet/api/」會進入「.NET API 瀏覽器」，如下圖所示：

在搜尋方塊中輸入「Console」，可以搜尋到相關的「.NET API 參考」，如下圖所示。點選「System.Console Class」之後，就可以看到該類別之屬性、方法與事件的相關描述和範例。

目前，我們應該多善用 .Net Framework 類別庫所提供的類別，本書後面章節會介紹物件導向程式設計的觀念，學會以後就可以自行設計好用的類別來使用，甚至分享給別人使用。希望大家看完本章的例子後，務必自己親自從頭到尾做過一遍，以累積自己寫程式的敏感度和功力，畢竟，不斷動手寫程式以累積經驗，是增進程式功力必要也是不可或缺的動作，請好好把握。

習題

▶ 選擇題

( )1. 請問，C# 程式碼可以使用下列哪一個關鍵字來匯入名稱空間？

(A)using　(B)load　(C)imports　(D)reference

( )2. 請問，下列哪一個並不是 System.Console 類別的方法？

(A)Write()　(B)WriteLine()　(C)ReadLine()　(D)Readln()

( )3. 請問，C# 語言是使用下列哪一個字元代表程式敘述的結束？

(A)「:」　(B)「'」　(C)「;」　(D)「//」

( ) 4. 下列關於變數的宣告，何者是錯誤的？

(A)int A; (B)int A=100; (C)int A=100,B=200; (D)int A=100,int B=200;

( ) 5. Visual C# 程式中要進行單行註解時，只要在欲註解的文字內容之前加上哪一種符號即可？

(A)* (B)/* (C)// (D)*/

▶ 實作題

1. 圓周長的公式是 2*PI*r，PI 是圓周率 3.1415，r 是半徑 10、20、50，請建立 Visual C# 主控台應用程式，使用常數定義圓周率（提示：可以使用 Math 類別所定義的符號常數 PI，用法是 Math.PI），然後計算各種半徑的圓周長。介面如下。

▶ 簡答題

1. 請簡單說明什麼是程式？機器語言、組合語言和高階語言有何差異？

2. 請說明解決問題的程式通常必須描述哪三個部分？

3. 請說明什麼是 .NET Framework 類別函式庫。

4. 請說明 C# 應用程式開發與執行的流程。

5. 請舉例說明變數與資料型態的作用。

6. 請舉例說明如何在 C# 程式中宣告變數。

7. 請舉例說明在 C# 程式中「指定運算子」的作用。

8. 請舉例說明 C# 程式流程中的循序結構。

9. 請舉例說明 C# 程式中二元運算子「+」的兩種用途。

10. 請舉例說明何謂程式區塊（Block）。

11. 在 C# 程式中，何謂註解？請舉例說明單行註解和多行註解的差異。

12. 請問呼叫 .NET Framework 所提供的什麼類別中的什麼方法，可以將字串轉換成整數？並請舉例說明。

變數與運算式

我們已經介紹 C# 主控台應用程式的基本程式架構與運作原理。本章將詳細探討 C# 程式語言的資料型態（Data Types）、變數（Variables）、常數（Constants）與運算式（Expressions），這是 C# 程式設計最基本也是最重要的基本功。希望大家看完本章的說明後，務必仔細把它弄清楚，並且熟練它，為程式設計中基本的資料處理（Data Processing）建立穩固的基礎。同樣的，我們也必須學會閱讀線上文件，必要時，可以查閱和了解更詳細完整的語法說明。

2-1 資料型態（Data Types）

如何表示和儲存資料，是程式設計最重要也是最基本的觀念。在電腦裡，所有的資料都有對應的型態（Type）。**不同的資料型態將會決定資料的表示方式、儲存的記憶體大小、值的保存範圍，以及運算方式等結果。**

C# 以特定的關鍵字（Keywords）來識別已經預先定義好的資料型態。例如：int 代表整數資料型態、double 代表浮點數資料型態、char 代表字元資料型態、string 代表字串資料型態。記得：不同的資料型態，表示不同的資料格式；也就是說，電腦裡一串 0 和 1 組成的資料，以不同的資料型態來解釋時，會代表不同的意義。

(1) 基本資料型態（Primitive Data Types）

C# 提供許多用來表示單一值的資料型態，稱為**基本資料型態**（Primitive Data Types），包括整數（integer）、浮點數（floating-point）、布林值 bool 和字元 char 等資料型態。

▶ 整數（integer）資料型態

基本的整數資料型態如表 2-1 所示。你會發現資料型態所佔的位元組越多，它所能表示的整數值與範圍就越大，但是，無論多大，該值的範圍一定是有限的。

表 2-1　C# 基本的整數資料型態

資料型態	說明	位元組	範圍
sbyte	整數	1	-128~127
byte	正整數	1	0~255
short	短整數	2	-32,768~32,767
ushort	正短整數	2	0~65,535
int	整數	4	-2,147,483,648~2,147,483,647
uint	正整數	4	0~4,294,967,295
long	長整數	8	-9,223,372,036,854,775,808~ 9,223,372,036,854,775,807
ulong	正長整數	8	0~18,446,744,073,709,551,615

▶ 浮點數（floating-point）資料型態

基本的浮點數資料型態如表 2-2 所示。這兩個資料型態可以儲存小數位數。 double 可以存的小數位數較多，因此，又稱之為雙精確度浮點數；而 float 可以存的小數位數較少，因此，稱之為單精確度浮點數。同樣的，它們所能表示的值的範圍也是有限的。

表 2-2　C# 基本的浮點數資料型態

資料型態	說明	位元組	範圍
float	單精確度的浮點數	4	-3.402823E38~3.402823E38
double	雙精確度的浮點數	8	-1.79769313486232E308~1.79769313486232E308

▶ bool 和 char 資料型態

另外兩個常用的基本資料型態是布林值 bool 和字元 char 資料型態，如表 2-3 所示。bool 資料型態的值只有兩種值—— true 和 false，可以表示「真」或「假」兩種可能狀態，主要用在條件判斷上。

char 可以存放內碼值，用來表示一個字元，其運作的原理是透過 Unicode 字元集，將內碼值對應至相對的字元。 C# 中，使用「 ' 」單引號括起的字元稱為「字元字面值」（Character Literals）。例如：'A' 表示字元「A」的內碼（數值是 65），在顯示時你會看到字母「A」。我們也可以使用「 \u」開頭，緊接著 4 位的十六進位數值來表示 Unicode 字元。例如： '\u0041' 也是表示字元「A」。

表 2-3 C# 的 bool 和 char 資料型態

資料型態	說明	位元組	範圍
bool	布林值	2	true 或 false
char	字元	2	0~65,535

(2) 參考資料型態（Reference Data Types）

除了基本資料型態之外，C# 還提供另一類資料型態，稱爲參考資料型態（Reference Data Types），包括**字串（String）型態**以及後續章節會介紹的**類別（Class）型態**和**陣列（Array）型態**。這種型態的資料並不是一個單一值，而是由一組相關的資料和方法所組成，字串、物件（Object）以及陣列實體，是 C# 最主要的參考型態的資料（實體）。

▶ 字串型態 (String Type)

「字串型態」是很常用的參考資料型態。「字串型態」的資料是字串，字串是由一連串 Unicode 字元所構成，它所包含的資料並不是一個單一值，因此，字串型態並不是基本資料型態。其實，「字串型態」是 C# 預先定義好的類別，它除了資料之外，還有一些相關的方法可以使用。

C# 以雙引號括起的文字內容表示「字串字面值」（String Literal），例如： "Hello World!"。在 C# 裡，字串字面值就是屬於字串型態的物件。

請記得，字串資料可以使用「+」來進行串接（Concatenation）運算，若只有其中一個資料是字串，則另一個非字串的資料會先自動轉換成字串，再進行字串的串接運算。

程式練習

我們可以針對學習到的程式語言的觀念和語法，進行簡單的練習，以增進了解的程度。請輸入下列程式碼，以輸出各種資料型態的值。

CH02\DataTypes\Program.cs

```
1   namespace DataTypes  {
2      class Program  {
3         static void Main(string[] args)  {
4            Console.WriteLine("整數資料: " + 100);
5            Console.WriteLine("浮點數資料: " + 3.14159);
6            Console.WriteLine("布林資料: {0} 和 {1}", true, false);
7            Console.WriteLine("字元資料: {0}, {1} 和 {2}", 'A', '\u0041', '\u0042');
8            Console.WriteLine("65對應的字元: " + (char) 65);
9            Console.WriteLine("字元 A 的內碼: " + (int) 'A');
10           Console.WriteLine("字串資料: {0}, {1} ", "Hello", "Visual C#");
11        }
12     }
13  }
```

程式說明

- 第 4 行輸出整數資料。

- 第 5 行輸出浮點數資料。

- 第 6 行輸出布林真假值。

- 第 7 行輸出 'A' 和 '\u0041' 的字元資料，'A' 和 '\u0041' 都是代表字元 A 的內碼，所以，輸出相同的字元 A。**請注意，英文字母和數字的內碼具有順序性**，所以，字元 A 的 16 進位內碼值是 '\u0041'（10 進位是 65），字元 B 是 '\u0042'（66），依序類推！

- 第 8 行輸出 65 對應的字元 A。C# 語言可以使用**「型態轉換運算子」**（Cast Operator）將運算式或變數的值，轉換成前面括號內的資料型態。此處將整數 65 轉換字元型態，因此，以字元型態解釋該值（65）後的輸出結果是字元 A。

- 第 9 行輸出字元 A 的內碼 65。此處將字元 A 轉換成整數型態，因此，解釋後的輸出結果是內碼 65。

- 第 10 行輸出兩個字串資料。

2-2 變數（Variables）與常數（Constants）

(1) 變數的命名與宣告

在程式語言的「變數」（Variables）可以視為一塊記憶體，它是資料的容器，能夠在程式執行時儲存所需的資料，亦即變數的內容值是可以改變的。

在 C# 裡，變數在使用前需要宣告才能使用。變數宣告的語法如下所示：

```
型別名稱　變數名稱 [ = 初值 ];
```

　　宣告變數時，必須先宣告資料型態，之後緊跟著宣告變數名稱。記得， C# 以分號「;」表示每個程式敘述的結束。

　　透過變數名稱可以參考到變數所對應的記憶體。資料型態（Data Types）則是決定變數所儲存內容值的型態，它可以是數值、字元或字串（string）等資料。資料型態也同時決定變數所佔的記憶體大小。例如： int 整數資料佔 4 個 Bytes、double 浮點數資料佔 8 個 Bytes、字元資料佔 2 個 Bytes（Unicode）。

▶ **變數的命名**

　　變數名稱十分重要，因為一個好名稱，可以讓程式更容易了解。變數名稱是一種識別字（Identifier），需要遵循程式語言的語法才可以。變數名稱的基本命名規則如下：

1. 名稱不可以使用 C# 語言的關鍵字（Keywords），如 int、string、true、if、for 等，因為這些關鍵字已經被 C# 賦予特定的意義和用途。若要用關鍵字當變數，需在其最前面加上前置字元 @，才能作為程式的識別字。隨著我們學到的 C# 語言越多，將知道更多的 C# 語言關鍵字。下表為 C# 語言的關鍵字集。

abstract	as	base	bool	break
byte	case	catch	char	checked
class	const	continue	decimal	default
delegate	do	double	else	enum
event	explicit	extern	false	finally
fixed	float	foreach	for	get
goto	if	in	int	interface
internal	is	long	namespace	new
null	object	operator	out	override
params	partial	private	protected	public
ref	return	sbyte	sealed	set
short	sizeof	stackalloc	static	string
struct	switch	this	throw	true
try	typeof	uint	ulong	unchecked
unsafe	ushort	using	virtual	volatile
void	var	while	where	

2. 必須是英文字母、@ 或底線「_」開頭，如果以 @ 或底線開頭，則至少需要再接一個英文字母或數字。例如：7Eleven、#Age 不是合法的名稱。

3. 在名稱中間不能有句點「.」或空白，只能是英文字母、數字和底線。例如：seven eleven、seven#eleven 不是合法的名稱。

4. 區分英文大小寫，Number 和 number 代表不同名稱。

▶ **變數的宣告與給值**

我們可以宣告一個叫作 number1 的整數變數，它的記憶體佔 4 個 Bytes，目前還沒有存任何值。如下所示：

```
int number1;
```

如何給值呢？有兩種方式可用，第一種是宣告變數以後，再使用指定敘述（Assignment Statement）來指定變數值，也就是使用「=」指定運算子：先取得「=」右邊的運算結果，稱為「右值」（Rvalue），然後，將該值儲存（指定）到「=」左邊的變數位址，稱為「左值」（Lvalue），所參考的記憶體裡面去。例如：

```
number1 = 100;
```

第二種是宣告變數的同時，指定變數的（初）值。例如：

```
int number2 = 200;
```

另外，我們可以一個敘述宣告一個變數；也可以把相同資料型態的變數宣告在同一個敘述，但是變數名稱之間必須以逗號「,」隔開。例如：

```
int number1;
int number2 = 200;
```

和下列敘述是一樣的意思。

```
int number1, number2 = 200;
```

(2)「基本資料型態」與「參考資料型態」的變數存取

在 C# 語言中，基本資料型態的資料是一個單一值，就儲存在變數的記憶體內。C# 以直接存取（Direct Access）的方式來存取基本資料型態的變數，也就是說，透過變數名稱所對應的記憶體位址，可以直接存取變數的內容值。

然而，C# 是以間接存取（Indirect Access）的方式來處理參考型態變數的存取。參考型態的資料是由一組相關的資料和方法所組成。例如：字串和物件。 C# 將參考型態變數和其資料分開，儲存在不同的記憶體。參考型態變數的內容值並不是真正的資料，而是資料存放的記憶體位址；透過該位址，可以找到儲存資料的記憶體，然後，存取資料的內容。這種先透過變數內容值取得資料的儲存位址，再到該位址存取資料的方式，就稱之為間接存取。例如，下列參考型態變數的宣告：

```
string str;
```

str 是字串型態的變數，str 的內容值將會參考到字串資料，但是字串資料尚未存在。透過下列的指定敘述，可以將字串資料 "Hello World!" 的位址儲存到變數 str 中：

```
str = "Hello World!" ;
```

將來，透過字串變數 str 就可以間接存取字串資料 "Hello World!" 的內容。當然，上面兩個敘述可以合併成一個敘述：

```
string str = "Hello World!" ;
```

其記憶體示意圖如下圖所示：

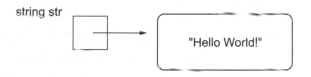

另外，請注意下列兩敘述的差異：

```
char C = 'A';
string S = "A";
```

其中 'A' 是字元，存入基本型態 char 的變數 C 中，而 "A" 是字串（物件），由參考資料型態 string 的變數 S 來參考。

(3) 常數

變數可以視為一塊記憶體，能夠在程式執行時儲存所需的資料，變數的內容值是可以隨時改變的。然而，「常數（Constants）」所表示的資料會被儲存在記憶體中，可以使用它，但是無法改變它所表示的值。在 C# 中有兩種常數形式，一種稱為「字面值常數（Literals Constants）」，另一種稱為「具名常數（Named Constants）」或「符號常數（Symbolic Constants）」。

▶ 字面值（Literals）常數

「字面值」是固定的資料，就像字面上看到的值。例如： 123、12.3、'C'、"C# 程式設計 "，就是字面值常數，分別屬於整數、浮點數、字元與字串資料型態。

C# 的整數型態有很多種，**整數常數值的預設型態是** int。例如：整數 123 是以 int 來儲存，佔 4 個 Bytes，當整數常數值超過 int 的上限值時，會自動轉換成長整數型態的值。如果想自行指定整數值的資料型態，可以在數值後加上型態字元（Type Characters）。例如：123l 或 123L，表示整數 123 將以 long 來儲存，佔 8 個 Bytes。

浮點數常數值的預設型態是 double。例如：浮點數 3.1415 是以 double 來儲存，佔 8 個 Bytes。如果寫成 3.1415f 或 3.1415F，則表示將以 float 來儲存，佔 4 個 Bytes。

▶ **具名常數（Named Constants）**

為了增加程式的彈性和可讀性，我們常使用「具名常數」的功能。「具名常數」是一種名稱轉換的技巧，在程式中使用有意義名稱來取代特定的數字或字串。

C# 可以使用 const 關鍵字建立具名常數。請注意：具名常數在宣告時需要指定其資料型態與值。例如：

```
const double PI = 3.14159;
```

表示 PI（圓周率）就是 3.14159，在程式中用到圓周率時，就以 PI 來取代 3.14159。好處是可讀性較佳，而且正確定義一次之後，就可以在程式中使用很多次，避免輸入的錯誤。另外，當必須改變圓周率的值時，只要更改具名常數 PI 的值即可，其他使用的部分都不需要更動。

程式練習

請輸入下列程式碼，以了解變數、變數值的型態轉換、字串、常數與浮點數格式化轉換的用法與處理結果。

CH02\VariablesAndConstants\Program.cs

```
 1  namespace VariablesAndConstants  {
 2    class Program  {
 3      static void Main(string[] args)  {
 4        char ch = 'A';
 5        int i = 'A';
 6
 7        Console.WriteLine("字元變數 ch 是" + ch);
 8        Console.WriteLine("整數變數 i 是" + i);
 9        // 轉換變數值的資料型態
10        Console.WriteLine("字元變數 ch 轉換成整數是" + (int) ch);
11        Console.WriteLine("整數變數 i  轉換成字元是" + (char) i);
12        // 字串變數
```

```
13              string s1 = "Visual C# 程式設計";
14              string s2 = "Visual C#\t程式設計";
15              string s3 = "Visual C#\n程式設計";
16              string s4 = "Microsoft .NET Framework";
17              Console.WriteLine(s1);
18              Console.WriteLine(s2);
19              Console.WriteLine(s3);
20              Console.WriteLine(s4 + "\n" + s1);
21              // 具名常數
22              const double PI = 3.14159;
23              double r = 10;
24              Console.WriteLine("半徑: " + r);
25              Console.WriteLine("圓周: " +  2 * PI * r);
26              Console.WriteLine("圓面積: " + PI * r * r);
27              Console.WriteLine("圓周: " + (2 * PI * r).ToString("0.00"));
28              Console.WriteLine("圓面積: " + (PI * r * r).ToString("F2"));
29              // PI = 3.14;   // 編譯錯誤
30          }
31      }
32  }
```

執行結果

程式說明

- 第 4 行和第 5 行將字元變數 ch 和整數變數 i 的內容值都設定為字元「A」的 Unicode。

- 第 7 行和第 8 行將字元變數 ch 和整數變數 i 的內容值依照宣告的資料型態輸出。 從程式中可以看到，以字元型態解釋時，印出的是字元「A」；以整數型態解釋時， 印出的卻是整數 65，這也是字元「A」的內碼值。

- 第 10 行和第 11 行將字元變數 ch 和整數變數 i 的內容值依照轉換後的資料型態輸出。

- 第 13 行到第 20 行是字串變數的宣告和輸出,其中, '\t' 是定位字元,而 '\n' 是換行字元。

- 第 22 行到第 28 行示範具名常數的宣告和使用。浮點數可以使用其 ToString(格式參數)方法,將該值依照「格式參數指定的格式」轉換成結果字串。格式參數 "0.00" 和 "F2" 都可以將浮點數精確到小數點第二位。例如:

```
123.1233333.ToString("0.00") 可得到字串 "123.12"
```

- 第 29 行會造成編譯錯誤,因為具名常數一旦設定值之後,就不可以再改變其值。

2-3 變數的存取:善用暫存變數

變數是資料的容器,我們可以經由變數取得容器內的值。當我們把值儲存到變數之後,原先的值就被新存入的值覆蓋掉了,這是初學程式設計的人必須注意的地方。因此,如果還要使用原先的值,就必須在存入新值之前,利用暫存變數把原值保留起來,以利後續的使用。

舉例來說,我們宣告兩個變數同時給初值,如下:

```
int a = 5 , b = 10;
```

現在,我們想要交換兩變數的值,下列敘述可以達到目的嗎?

```
a = b;
b = a;
```

答案是不行。為什麼?因為當把 b 的值 10 存入 a 之後, a 原先的值 5 就不見了,而是變成 10,因此,第二行敘述取得的 a 值是 10,存入 b 之後,造成 a 和 b 的值都是 10。

我們只要宣告一個暫存變數 temp,把 a 原先的值先存入 temp,之後,需要用到原先的 a 值時,就到 temp 去拿就可以了。以下是完成交換兩變數值的正確程式碼,請確實了解它的運作方式。

```
int temp = a;
a = b;
b = temp;
```

程式練習

請輸入下列程式碼，以了解如何正確交換兩個變數的數值。

CH02\swap\Program.cs

```
 1  namespace swap  {
 2     class Program  {
 3        static void Main(string[] args)  {
 4           int a = 5, b = 10;
 5           Console.WriteLine("交換前: a = " + a + ", b = " + b);
 6           int temp = a;
 7           a = b;
 8           b = temp;
 9           Console.WriteLine("交換後: a = " + a + ", b = " + b);
10        }
11     }
12  }
```

執行結果

程式說明

● 第 6 行到第 8 行是交換兩個變數值的正確做法。

2-4　基本資料型態的轉換

關於 C# 資料型態的處理，有許多重要的觀念必須加以說明。

(1) 常數值的預設型態

首先，整數常數值的預設型態是 int，例如：整數 123 是以 int 來儲存；浮點數常數值的預設型態是 double，例如：浮點數 3.1415 是以 double 來儲存。

如果想自行指定常數值的資料型態，可以在數值後加上型態字元（Type Characters），l 或 L 表示長整數，f 或 F 表示 float，d 或 D 表示 double。例如：123l 或 123L，表示整數 123 將以 long 來儲存，寫成 3.1415f 或 3.1415F，則表示 3.1415 將以 float 來儲存。

(2) 隱含轉換 （Implicit Conversion）

C# 的指定運算子會自動（隱含）進行型態轉換（Type Conversion），它把右邊值的型態，轉換成左邊變數的型態。**C# 的隱含轉換會確保資料的值或精確度不會流失**，因此，隱含的轉換會將較小範圍型態的值，轉換成較大範圍型態的值。C# 常用型態之**自動轉換的順序**如下所示：

```
byte → short → int → long → float → double
```

例如，將 int 值 30000 存入 int 變數 k 絕對沒有問題，把 int 變數 k 存入 long 變數 l 也沒有問題。

```
int k = 30000;  // OK
long l = k;  // OK
```

如果轉換時，有可能損失資料或精確度時，會造成編譯錯誤。例如：將 double 值存入 float 變數時。以下試著再討論幾種情況，以進一步釐清觀念。

▶ 首先，常數值的預設型態對於數值指定的處理，可能會造成錯誤。以下列敘述而言：

```
short s = 32767;  // OK
```

32767 預設是 int 值，雖然將 int 存入 short 變數時可能遺失資料，但是，32767 是固定的常數，short 變數的數值範圍是 -32,768~32,767，將 32767 存入 short 變數絕對沒有問題，因此，編譯不會有錯誤發生。

▶ 但是，變數可儲存的值的範圍是有限的，下列敘述會造成編譯錯誤。

```
s = 40000;  // 編譯錯誤: 常數值 '40000' 不可轉換成 'short'
```

因為 40000 超過 short 變數值的上限 32767，將 40000 存入 short 變數絕對會造成溢位，因此會造成編譯錯誤。注意：本例即使以明顯轉換的方式處理（稍後會介紹），也無法通過編譯，因為溢位肯定會發生。

▶ 再者，轉換成較小範圍型態的值時，也會造成編譯錯誤，例如：

```
s = k;  // 編譯錯誤: 無法將類型 'int' 隱含轉換成 'short'
```

因為把 int 變數 k 存入 short 變數 s，可能遺失資料，所以，會造成編譯錯誤。

(3) 明顯轉換（Explicit Conversion）

C# 語言可以使用「型態轉換運算子」（Cast Operator）轉換資料型態，此稱為「明顯型態轉換」（Explicit Conversion），其語法如下所示：

```
(型態名稱) 運算式或變數
```

上述語法可以將運算式或變數的值，轉換成前面括號的型態。

下列敘述把 int 變數 k 的值明顯轉換成 short，再存入 short 變數 s：

```
short s = (short) k;// 結果 = 30000, OK
```

這可以通過編譯，而且，此時 k 的值是 30000，並未超過 short 變數值的上限 32767，因此，執行結果 s 的值是 30000。

若是執行下列敘述，先將變數 k 的值設為 40000，再明顯轉換成 short：

```
k = 40000;
short s = (short) k;// 結果 = -25536
```

這也可以通過編譯，但是，執行時，因為溢位的關係（超過 32767），結果變成 -25536。你不妨將變數 s 的值輸出，確認 s 的值是否真的是 -25536。

另一方面，下列敘述也會造成編譯錯誤，因為 float 和 double 都不能隱含轉換為 int，即使是常數浮點數也不行。

```
int  i = 1.23f; //X  float不能隱含轉換為 int
int  i = 1.23;  //X  double不能隱含轉換為 int
```

下列敘述：

```
int  i = (int) 1.23f ;
```

以明顯轉換的方式將浮點數存入 int 變數，這可以通過編譯，但是，結果變成 1，小數點不見了。

從這些例子可以看出，隱含（自動）的轉換會確保資料的值或精確度不會流失；否則，會造成編譯錯誤。程式設計師可以選擇進行明顯轉換，以嘗試通過編譯，但是，執行的結果要由程式設計師自行負責。

(4) 算術運算的型態轉換

　　C# 在進行數值的算術運算時，也會對資料型態進行隱含的轉換。亦即在運算子兩端，如果有不同型態的變數或常數值，就會自動轉換成相同的型態，以便進行運算。隱含的轉換會確保資料的值或精確度不會流失，因此，算術運算的隱含轉換會將較小範圍型態的值，轉換成較大範圍型態的值。

　　例如，int 值和 float 值相加時，int 值會先轉成 float 值，而運算的結果也是 float 值。以下是運算式隱含轉換的簡單例子：

```
int num = 100;
double d;
d = num + 123.45f;
```

　　int 變數 num 的值會先轉成 float 值，再和 123.45f 相加，運算的結果是 float 值。最後，把該 float 值轉成 double 值，再存入 double 變數 d。

(5) 明顯轉換的用途

　　當然，算術運算時進行明顯轉換有許多的好處。例如下面的例子：

```
int a = 17, b = 5;
float f;
f = a / b; // 3.0
```

　　因為整數除以整數的結果，還是一個整數，因此，a / b 的結果是 3，將 3 轉成 float 數 3.0，再存入 f，所以 f 的值是 3.0。我們可以利用明顯轉換將小數位保留下來，如下所示：

```
f = (float) a / (float) b; // 3.4
```

　　先將 int 轉成 float（明顯轉一個或兩個都可以，如果只明顯轉一個，另一個會自動轉換），float 除以 float 的結果，是一個 float 數，因此，結果是 3.4。

程式練習

　　本節的測試程式碼請參考專案【TypeConversion】，其程式碼如下所示：

CH02\TypeConversion\Program.cs
1　class Program {
2　　　static void Main(string[] args) {
3　　　　　// 隱含轉換
4　　　　　int k = 30000;
5　　　　　long l = k;
6　　　　　Console.WriteLine("int k = " + k + ", long l = " + l);

```
7
8          short s = 32767;
9          Console.WriteLine("short s = " + s);
10         // s = 40000;  // 編譯錯誤: 常數值 '40000' 不可轉換成 'short'
11         // s = k;       // 編譯錯誤: 無法將類型 'int' 隱含轉換成 'short'
12
13         // 明顯轉換
14         s = (short) k;
15         Console.WriteLine("int k = " + k + ", short s = " + s);
16         k = 40000;
17         s = (short)k;
18         Console.WriteLine("int k = " + k + ", short s = " + s);
19
20         // int i = 1.23f;  // 編譯錯誤: 無法將類型 'float' 隱含轉換成 'int'
21         // int i = 1.23;    // 編譯錯誤: 無法將類型 'double' 隱含轉換成 'int'
22         int i = (int) 1.23f;
23         Console.WriteLine("int i = " + i);
24
25         // 運算式的型態轉換
26         int num = 100;
27         double d;
28         d = num + 123.45f;
29         Console.WriteLine("int num = " + num + ", d = " + d);
30
31         // 明顯轉換的用途
32         int a = 17, b = 5;
33         float f;
34         f = a / b;
35         Console.WriteLine("f = " + f);
36         f = (float) a / (float) b;
37         Console.WriteLine("f = " + f);
38     }
39 }
```

執行結果

```
C:\Windows\system32\cmd.exe
int k = 30000, long l = 30000
short s = 32767
int k = 30000, short s = 30000
int k = 40000, short s = -25536
int i = 1
int num = 100, d = 223.449996948242
f = 3
f = 3.4
請按任意鍵繼續 . . .
```

2-5 逸出字元（Escape Character）

C# 語言使用單引號括住「字元符號」的方式來表示字元常數（或字面值），例如：'A' 表示字母 A 的 Unicode。也可以使用「\u」開頭，緊接著 4 位的十六進位數值來表示 Unicode 字元。例如： '\u0020' 表示空白字元。

為了方便起見，有些在鍵盤上沒有對應顯示符號的特殊字元，可以使用「\」符號緊接著特定字母的逸出字元來表示。例如： '\t' 表示定位符號，而 '\n' 是換行符號。

同樣的，有些特殊的字元已被編譯器賦予某些功能，若要使用這些字元，則應使用逸出字元 (\) 來表示。例如，單引號已被編譯器賦予括住字元的功能，若一定要使用此符號，則應於此字元前加上「\」。例如：若要表示單引號字元，則不能使用 ''' ，而必須使用 '\'' 來表示。

再舉一個例子，如何輸出含有特殊字元的字串呢？比如說：「My "C#" program」。下列敘述將造成編譯錯誤：

```
Console.WriteLine("My "C#" program");
```

因為字串是兩個雙引號「"」括起來的內容，此敘述會因雙引號的配對，造成語法上的錯誤。我們必須使用逸出字元「\」將中間兩個「"」當成純粹的字元符號即可達成目的。當然，直接以「"」字元的 Unicode 內碼「\u0022」來輸出也可以，如下所示：

```
Console.WriteLine("My \"C#\" program");
Console.WriteLine("My \u0022C#\u0022 program");
```

C# 常用的逸出字元，如表 2-4 所示。

表 2-4　C# 常用的逸出字元

Escape 字元	Unicode 內碼	說明
\b	\u0008	Backspace，Backspace 鍵
\n	\u000A	LF，Line feed 換行符號
\r	\u000D	CR，Enter 鍵
\t	\u0009	Tab 鍵，定位符號
\'	\u0027	「'」單引號
\"	\u0022	「"」雙引號
\\	\u005C	「\」符號

程式練習

逸出字元的測試程式碼請參考專案【EscapeCharacter】，其程式碼如下所示：

CH02\EscapeCharacter\Program.cs

```
1   class Program {
2       static void Main(string[] args) {
3           char ch1 = 'A', ch2 = '\u0041';
4
5           Console.WriteLine("變數 ch1 的內容是字元 " + ch1);
6           Console.WriteLine("變數 ch2 的內容是字元 " + ch2);
7
8           //  '\t' 表示定位符號，而 '\n' 是換行符號
9           Console.WriteLine("Visual\tC#\n程式設計");
10
11          ch1 = '\'';  // 單引號字元
12          ch2 = '\\';  // 反斜線字元
13          Console.WriteLine("變數 ch1 變成單引號字元 " + ch1);
14          Console.WriteLine("變數 ch2 變成反斜線字元 " + ch2);
15
16          Console.WriteLine("My \"C#\" program");  // 雙引號字元
17      }
18  }
```

執行結果

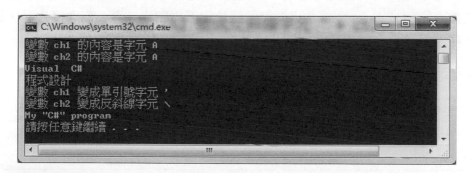

2-6 算術運算式（Arithmetic Expression）

C# 提供很多用來處理資料的運算子（Operator），被處理的資料稱為運算元（Operand），運算子和運算元組成的式子稱為運算式（Expression）。我們先介紹常用的算術運算子及其算術運算式的範例，如表 2-5 所示。

表 2-5　C# 常用的算術運算子及其算術運算式的範例

運算子	說明	運算式範例
-	負號	-10
*	乘法	10 * 10 → 100
/	除法	15.0 / 2.0 → 7.5、15 / 2 → 7
%	餘數	20 % 3 → 2
+	加法	100 + 23 → 123
-	減法	123 - 23 → 100

(1) 數學運算式的程式碼寫法

請注意，一般的數學式必須按照 C# 的語法寫成程式的敘述。例如：數學式

```
X² − 2X + 3
```

轉成 C# 的運算式時會變成：

```
X * X − 2 * X + 3
```

(2) 運算子的優先順序（Precedence）

運算式是以運算子的優先順序（Precedence）進行計算，優先順序較高者會先運算。比如：先乘除後加減。 C# 語言常用運算子預設的優先順序（愈上面愈優先），如表 2-6 所示（有些運算子會在後續章節介紹）：

表 2-6　C# 語言常用運算子預設的優先順序

運算子	說明
()、[]、++、--、.、new、typeof	括號、陣列元素、遞增、遞減、物件與記憶體的相關運算子
!、-、+、(type)	邏輯運算子 NOT、負號、正號、型態轉換
*、/、%	算術運算子的乘、除法和餘數
+、-	算術運算子加法和減法
>、>=、<、<=	關係運算子大於、大於等於、小於和小於等於
==、!=	關係運算子等於和不等於
&&	邏輯運算子 AND
||	邏輯運算子 OR
?:	條件控制運算子
=、op=	指定運算子

(3) 運算子的結合性（Associativity）

　　當有多個優先順序相同的運算子出現在同一個運算式中時，必須根據運算子的結合性（Associativity）來進行運算。一般而言，表 2-6 中的二元運算子除了指定運算子和條件控制運算子是由右往左計算之外，其餘都是由左往右計算。例如：

```
a * b / c
```

會被視為（a * b）/ c。

(4) 以小括號（）強制運算順序

　　若是不確定運算子的運算順序，或是運算子預設的運算順序不符所需時，建議以小括號（）強制決定其運算順序，如下例所示：

```
c = (5.0 / 9.0) * (t - 32);
```

(5)「+」運算子的兩種用途

　　請注意：「+」這個二元運算子有兩種用途。當兩個運算元都是數值時，「+」進行的是加法運算；當兩個運算元都是字串時，「+」進行的是字串串接運算；若是其中一個運算元是字串，則另一個非字串的運算元會先自動轉換成字串，再進行字串的串接運算。

　　另外，「+」運算子其運算順序（結合律）是由左至右逐一處理。以下是一些示範的例子：

int a = 100 , b = 120；

(a) a + b → 220 （加法）

(b) "a = " + "100" → "a = 100" （串接）

(c) "a = " + a → "a = 100" （串接）

(d) a + " + " + b + " = " + (a + b)

→ "100 + 120 = 220" （加法，串接）

程式練習

本程式示範除法運算以及小數點格式化輸出的做法，程式碼請參考專案
【DivisionDemo】，如下所示：

CH02\DivisionDemo\Program.cs

```
1  class Program {
2      static void Main(string[] args) {
3          Console.Write("數字一: ");
4          int num1 = Convert.ToInt32(Console.ReadLine());
5          Console.Write("數字二: ");
6          int num2 = Convert.ToInt32(Console.ReadLine());
7
8          double result = (double) num1 / num2;
9
10         Console.WriteLine(num1 + " / " +  num2 + " = " + result);
11         // 精確到小數點第2位的格式化輸出: 4 種作法
12         Console.WriteLine("{0} / {1} = {2:0.00}", num1, num2, result);
13         Console.WriteLine(num1 + " / " + num2 + " = " + result.ToString("F2"));
14         Console.WriteLine(num1 + " / " + num2 + " = " + result.ToString("0.00"));
15         Console.WriteLine(num1 + " / " + num2 + " = " +
16                                     String.Format("{0:0.00}", result));
17     }
18 }
```

執行結果

程式說明

- 第 3 行到第 4 行是先取得使用者的輸入，轉換成整數並且存入 num1。

- 第 5 行到第 6 行是先取得使用者的輸入，轉換成整數並且存入 num2。

- 第 8 行將資料轉換成 double 型態再進行除法計算，以保留小數部分。

- 第 12 行到第 16 行是將結果格式化輸出，精確到小數點第 2 位的 4 種作法。"F2"
  和 "0.00" 表示要精確到小數點第 2 位。

- 第 16 行利用 String.Format("{0:0.00}", result) 方法將 result 的值格式化，其中，大括號內的 0 代表編號為 0 的參數（本例為 result），而 0.00 表示精確到小數點第 2 位。

2-7　指定運算子的同義運算

(1) 遞增 / 遞減運算子（Increment / Decrement Operator）

　　C# 語言的遞增運算子（Increment Operator）可以置於變數之前或之後，是用來把變數加 1 的運算式簡化寫法，和 x = x + 1 同義；而遞減運算子（Decrement Operator）則是把變數減 1，和 x = x - 1 同義，如表 2-7 所示。

表 2-7　C# 語言的遞增（減）運算子說明與範例

運算子	說明	運算式範例	同義運算
++	遞增運算	x++、++x	x = x + 1
--	遞減運算	x--、--x	x = x − 1

　　要注意的是：當遞增（遞減）運算子出現在算術運算式或指定敘述中，運算子在運算元之前或之後就有不同的意義。其原則是：運算子在前面時，變數值是立刻改變，然後再拿來使用；如果是在後面，則表示變數值先拿來使用，之後才會改變變數值。

　　舉例來說：

```
x = 10;
y = x++;
```

　　變數 x 的初始值為 10，x++ 的運算子在後，所以 x 的值會先存到 y，之後 x 的值才會改變，所以 y 值為 10，x 為 11。

　　如果是運算子在前，例如：

```
x = 10;
y = ++x;
```

　　則 x 的值會先加 1，之後 x 的值才會存到 y，所以，x 是 11，y 也是 11。

　　從上述例子可以發現，x 的值都是加上 1 變成 11，但是，y 值並不相同。若是 x++，y 值會是 x 先前的值 10，若是 ++x，y 值會是 x 加 1 之後的值 11。

(2) 「op=」指定運算子

另外，C# 語言的指定運算子還可以配合其他運算子來建立簡潔的運算式。例如：x = x + 1 和 x += 1 同義。「op=」指定運算子的語法如下所示：

```
變數　「op=」　運算式；
```

相當於

```
變數 = 變數　「op」　運算式；
```

下列是針對算術運算子的示範例子，箭頭右邊是它的同義敘述。

```
x += y;  →  x = x + y;
x -= 2;  →  x = x - 2 ;
a *= (b + 10);  →  a = a * (b + 10);
```

值得一提的是：「+=」具有「累加」和「串接並且儲存」兩種作用。例如：下例是累加的效果：

```
int a = 10;
a += 10;  // 相當於 a = a + 10;
```

a 的值變成 20。下例是串接並且儲存的效果：

```
string s = "2 * 2 = 4; ";
s += "3 * 3 = 9; ";  // 相當於 s = s + "3 * 3 = 9; ";
```

s 的資料內容變成新的字串 "2 * 2 = 4; 3 * 3 = 9; "。請務必了解其用法，因為在程式設計時常常會用到。

2-8 關係運算子（Relational Operators）

C# 語言的關係運算式是一種比較運算，運算的結果是布林值。因此，關係運算式常被用來表達選擇敘述和迴圈敘述的條件判斷式。關係運算子的說明與範例，如表 2-8 所示：

表 2-8　C# 關係運算子的說明與範例

運算子	說明	運算式範例	結果
==	等於	21 == 15	false
!=	不等於	21 != 15	true
<	小於	21 < 15	false
>	大於	21 > 15	true
<=	小於等於	21 <= 15	false
>=	大於等於	21 >= 15	true

下列是另一些簡單的關係運算式範例。

```
int a = 16, b = 13;
a == b          → false
a != b          → true
a >= b          → true
a <= (b+2)      → false
```

在程式設計上，我們常常藉助一個布林型態的變數，作為條件判斷的旗標（Flag），宣告方式如下：

```
bool isFound = true;
```

我們也可以把關係運算式的結果暫存起來，作為後續條件判斷的依據。例如：

```
bool flag;
flag = a <= (b+2);
```

2-9　邏輯運算子（Logical operators）

我們知道 C# 語言的關係運算式是一種比較運算，其結果是布林值，使用在條件敘述和迴圈敘述的條件判斷式上面。但是，真實問題的條件判斷式通常不會很單純，所以，本節將介紹邏輯運算子：！（NOT）、&&（AND）、||（OR）。邏輯運算子可以連接關係運算式來建立更複雜的條件運算式（Conditional Expressions）。

邏輯運算子的運算元必須是具有布林值的條件運算式。「！」是 NOT 運算子，傳回運算元相反的值；「&&」是 AND 運算子，當連接的 2 個運算元都是 true 時，運算結果才是 true，其餘則為 false；「||」是 OR 運算子，只要連接的 2 個運算元之一為 true 時，運算結果就是 true，其餘則為 false。邏輯運算元的真值表，如表 2-9 所示：

表 2-9　邏輯運算元的真值表

A	B	!A	A && B	A || B
true	true	false	true	true
true	false	false	false	true
false	true	true	false	true
false	false	true	false	false

C# 邏輯運算子的三個簡單範例，如下所示：

▶ 範例 1

```
! (20 > 10) → false
```

因為 20 > 10 為 true，取 NOT 之後，變成 false。

▶ 範例 2

```
20 > 10 && 15 <= 12 → false
```

&& 運算子需要兩個運算元都成立，結果才是 true。本例中， 20 > 10 為 true，但是 15 <= 12 為 flase，所以結果為 flase。

注意：當計算 && 運算子時，若第一個運算式已能決定整個結果時，第二個運算式將會被略過而未執行。例如：(20 < 10) && (15 >= 12) 中，(20 < 10) 為 false，已能確定運算式結果為 false，所以 (15 >= 12) 未被執行。

▶ 範例 3

```
20 > 10 || 15 <= 12 → true
```

|| 是 OR 運算子，只要任一個運算元是 true，結果即是 true。本例中， 20 > 10 為 true，不管 15 <= 12 是 true 或 flase，結果都為 true。

同樣的，請注意：當計算 || 運算子時，若第一個運算式已能決定整個結果時，第二個運算式將會被略過而未執行，如同本例所示。

程式練習

本程式示範遞增運算子、「op=」運算子、關係運算子以及邏輯運算子的做法，程式碼請參考專案【ExpressionDemo】，如下所示：

CH02\ ExpressionDemo\Program.cs

```
 1  class Program {
 2      static void Main(string[] args) {
 3          Console.WriteLine("--- 遞增運算子 ---");
 4          int x = 10, y = x++;
 5          Console.WriteLine("x = 10; y = x++; ---> x = " + x + ", y = " + y);
 6          x = 10; y = ++x;
 7          Console.WriteLine("x = 10; y = ++x; ---> x = " + x + ", y = " + y);
 8
 9          Console.WriteLine("--- op= 運算子 ---");
10          int a = 10; a += 10;
11          Console.WriteLine("a = 10; a += 10; ---> a = " + a);
12          string s = "2 * 2 = 4, ", s += "3 * 3 = 9; ";
13          Console.Write("s = \"2 * 2 = 4, \"; s += \"3 * 3 = 9; \";");
14          Console.WriteLine(" ---> s = \"" + s + "\"");
15
16          Console.WriteLine("--- 關係運算子 ---");
17          a = 16;    // 區域變數 a 已經宣告過了，不可再重複宣告
18          int b = 13;
19          Console.WriteLine("a = 16, b = 13; a == b ---> " + (a == b));
20          Console.WriteLine("a = 16, b = 13; a >= b --> " + (a >= b));
21          bool flag = a <= (b+2);
22          Console.WriteLine("bool flag = a <= (b+2); flag ---> " + (a <= (b + 2)));
23
24          Console.WriteLine("--- 邏輯運算子 ---");
25          Console.WriteLine("! (20 > 10) ---> " + !(20 > 10));
26          Console.WriteLine("20 > 10 && 15 <= 12 ---> " + (20 > 10 && 15 <= 12));
27          Console.WriteLine("20 > 10 || 15 <= 12 ---> " + (20 > 10 || 15 <= 12));
28      }
29  }
```

執行結果

```
C:\Windows\system32\cmd.exe                                    — ☐ ✕
--- 遞增運算子 ---
x = 10; y = x++; ---> x = 11, y = 10
x = 10; y = ++x; ---> x = 11, y = 11
--- op= 運算子 ---
a = 10; a += 10; ---> a = 20
s = "2 * 2 = 4; "; s += "3 * 3 = 9; "; ---> s = "2 * 2 = 4; 3 * 3 = 9; "
--- 關係運算子 ---
a = 16, b = 13; a == b ---> False
a = 16, b = 13; a >= b ---> True
bool flag = a <= (b+2); flag ---> False
--- 邏輯運算子 ---
! (20 > 10) ---> False
20 > 10 && 15 <= 12 ---> False
20 > 10 || 15 <= 12 ---> True
請按任意鍵繼續 . . .
```

程式說明

- 第 3 行到第 7 行示範遞增運算子的運算結果。
- 第 9 行到第 14 行示範「op=」運算子的運算結果。
- 第 16 行到第 22 行示範關係運算子的運算結果。
- 第 24 行到第 27 行示範邏輯運算子的運算結果。

習題

▶ 選擇題

(　　)1. 請問，下列哪一個 C# 算術運算子的優先順序最高？

(A)「++」　　(B)「%」　　(C)「/」　　(D)「+」

(　　)2. 請問，執行下列 C# 程式碼後，變數 y 的值為何？

```
int x, y, z;
x = 5;
y = 7;
z = 9;
y = z;
```

(A)5　(B)7　(C)9　(D) 未知

(　　)3. 如果程式的變數是一個開關，只有兩種狀態，請問， C# 變數宣告成下列哪一種資料型態是最佳的選擇？

(A)int　(B)string　(C)bool　(D)double

( ) 4. 請問，下列 C# 運算式最後運算結果 r1 和 r2 的值為何？

```
int a = 16;
int b = 5;
float r1, r2;
r1 = a / b;
r2 = (float)a / (float)b;
```

(A)3、3　(B)3、3.2　(C)3.2、3　(D)3.2、3.2

( ) 5. 請問，下列哪一個是 C# 語言的字串連接運算子？

(A)「&」　(B)「+」　(C)「$」　(D)「@」

( ) 6. 下列哪一個變數的名稱是錯誤的？

(A)Num1　(B)R&D　(C)txtName　(D)Chap_3

( ) 7. 將值域較小的型別轉換為值域大的型別（如 short 轉為 int），稱為隱含轉換，這種轉換後資料將會如何？

(A) 編譯錯誤　(B) 轉成 object 型別　(C) 會流失　(D) 不會流失

( ) 8. 請問執行下列程式碼之後，變數 c 的值為何？

```
int a = 10, b = 15, c = 20;
c = a;
a = b;
b = c;
```

(A)10　(B)15　(C)20　(D)30

( ) 9. 請問，執行下列程式碼之後，變數 d 的值為何？

```
int a = 10, b = 15, c = 20, d;
d = a + b * ( c + a );
```

(A)750　(B)450　(C)540　(D)460

( ) 10. 請問，執行下列程式碼之後，變數 output 的內容為何？

```
int a = 10, b = 15, c = 20, x, y;
x = a + b;
y = b + c;
string output = "";
output = "x等於:" + x;
output = "y等於:" + y;
```

(A)x 等於 :25　　　　　　(B)y 等於 :35

(C)y 等於 :35 x 等於 :25　(D)x 等於 :25y 等於 :35

( )11. 請問，下列 C# 語言程式片斷運算後，j 的值為何？

```
i=5 ; j=0 ;
if (i == 5) j=5 ;
if (i == 3) j=3 ;
```

(A)0　(B)5　(C)2　(D)3

( )12. int n1 = 5;

```
double n2 = 5.8;
n1 = n2 + n1;
```

請問，最後 n1 等於多少？

(A)10.8　(B) 編譯錯誤　(C)5　(D)5.8

( )13. 給定① x = 23; y = x++; 和② x = 24; y = --x，則①和②執行之後，x、y 值各是多少？

(A) ① x = 24, y = 23　(B) ① x = 24, y = 24
　　 ② x = 23, y = 23　　　 ② x = 23, y = 24

(C) ① x = 23, y = 24　(D) ① x = 24, y = 23
　　 ② x = 24, y = 23　　　 ② x = 24, y = 23

( )14. 請問下列程式片段執行之後，z 和 y 各為多少？

```
int x = 0 , y =0 , z = 0;
z = x++;
y = ++x;
```

(A)z = 0 , y = 0　(B)z = 1 , y = 1　(C)z = 0 , y = 2　(D)z = 2 , y = 1

( )15. 給定敘述「double d = 254.8; int i = 260;」，請問，(short)d 和 (byte)i 分別會得到什麼結果？

(A)254, 260　(B)254.8, 4　(C)254, 4　(D)254.8, 260

( )16. 在 C# 中，測試 s 的值是否小於 0，大於 100 的條件式為何？

(A)(s < 0 AndAlso s > 100)　　(B)(0 >s>100)
(C)(s<0 || s>100)　　　　　　(D)(s<0 && s>100)

( )17. 在 C# 中，s 的值是否介於 0 到 100 之間的條件式寫法為何？

(A)(s >= 0 && s <= 100)　　(B)(0 <=s<=100)
(C)(s>=0 || s<=100)　　　　(D)(s >= 0 & s <= 100)

▶ 填充題

1. C# 關係運算式：56 < 33 的值為_____，57 != 68 的值為_____；!(14 <= 12) 的值為_____，25 > 23 && 14 <= 12 的值為_____、25 > 23 || 14 <= 12 的值為_____。（請回答 T or F）

2. C# 語言的資料型態可以分為_____和_____兩種。

3. 資料型態 char 佔用_____位元組，long 資料型態佔用_____位元組，而浮點數字面值預設是_____型態。

4. 我們宣告兩個變數，同時給予初值，並且想要交換兩數的值，程式碼如下：

```
int a = 5 , b = 10;
a = b;
b = a;
```

上述程式碼哪裡出現錯誤，請加以修正。

5. 下列程式碼執行之後，變數 output 的內容為何？

```
int x = 5;
int y = 9;
string output = "" + x + y;
```

6. 邏輯運算子的條件運算（請回答 true 或 false）。

A	B	!A	A&&B	A||B
true	true			
true	false			
false	true			
false	false			

7. 給定敘述「long num = 1000 ;」，就是宣告 num 為_____變數，而 num = 1000 的動作為_____。

8. 給定敘述「int i = (int) 1.46f;」，此程式進行_____轉換，其轉換可能會有_____的問題。

9. 試問執行下列程式片段後，變數 label1 與 label2 的內容分別為何？

```
int x=6,y=3,z=0, w=0;
 w = --x;
 w = y++;
 z = ++y;
string label1 = ((x + y) * (z - w)).ToString();
string label2 = (x + y * z - w).ToString();
```

10. 試問執行下列程式片段後，變數 label1 與 label2 的內容分別為何？

```
double p=6.6, q=3.2;
int r=3, s;
s = r--;
string label1 = ((p + q) * s + r).ToString();
string label2 = ((int)(p + q) * s + r).ToString();
```

▶ 實作題

1. 請寫一個主控台應用程式，顯示包含雙引號字串「本課程是 "C# 程式設計 "」以及反斜線字串「C:\VC#\Ch2」。介面如下。

2. 請寫一個主控台應用程式，能夠輸入任意兩個整數，同時，能夠顯示交換前後的值。介面如下。

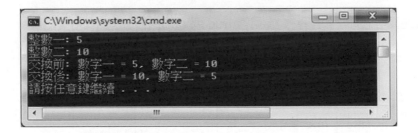

C#視窗型應用程式

本章先介紹基於物件的程式設計（Object-based Programming），學習以現有的 .NET Framework 類別建立應用程式的基本觀念。然後，探討 C# 程式語言另一個重要的程式類型：視窗（型）應用程式（Windows Application），以及如何使用視窗控制項的類別建立簡單的視窗應用程式，同時說明 C# 視窗應用程式運作的基本原理。

3-1 基於物件（Object-based）的程式設計

基本觀念

我們已經知道，類別（Class）是用來建立物件（Object）的藍圖，在藍圖內描述了被處理的資料屬性以及處理這些資料的方法。每個類別的設計都是爲了完成特定的功能。比如：輸入與輸出的類別、資料形態轉換的類別、視窗控制項的類別等。

Visual C# 應用程式的基本架構就是許許多多的類別（Classes），程式設計師使用這些類別及其產生的物件實體（Instances），進行適當的組合和互動來建立所需的應用程式。

程式設計師當然可以自行設計類別，但是，設計好的類別需要有物件導向程式設計（Object-Oriented Programming）的觀念，這需要很長的篇幅來介紹，我們打算在後面章節再來探討。

但是，使用現有的類別倒是很容易。Visual C# 本身就提供現成的 .NET Framework 類別函式庫，這是一個龐大且具有良好組織架構的函式庫。程式設計師並不需要獨自開發所有的程式碼，而是要學會如何善用 .NET Framework 所提供的豐富類別，來開發各式各樣功能的應用程式。而且程式設計師並不需要知道類別內部是如何實作屬性和方法，只需要知道它提供了哪些屬性和方法，以及如何使用它們，就可以很方便的建立應用程式。這種只是單純使用類別的封裝性來使用屬性和方法，以便建立應用程式的開發方式，就稱之爲**基於物件的程式設計**。

.NET Framework 類別函式庫

「.NET Framework 類別函式庫」（.NET Framework Class Library）提供很多功能強大的類別，這些類別是使用稱為「名稱空間」（Namespace）的階層類別架構來組織，每一個名稱空間擁有多個類別。

我們可以在 C# 程式直接使用這個類別函式庫提供的類別來輕鬆達成程式的功能。因為這些類別並不是程式設計師自己寫的，所以程式必須告訴系統可以到哪裡（名稱空間）找到這些類別來使用。

我們可以使用全名「名稱空間.類別名稱」來指名類別，例如：System.Console 或 System.Convert，其中 System 是名稱空間，而 Console 或 Convert 是類別名稱。但是這種用法並不方便，最好是在程式中利用 using 指引指令匯入想要使用之 .NET Framework 類別的名稱空間，這樣在程式中就可以直接使用類別名稱而不用使用全名。

注意：在建立專案時，預設會先匯入一些常用的名稱空間，例如：System、System.Text 和 System.Collections.Generic 等。對於專案預先匯入的名稱空間，我們可以直接使用此名稱空間內的類別，如果不屬於預設匯入的名稱空間，就需要自行在程式碼以 using 關鍵字匯入所需的名稱空間。

類別層級的靜態成員（class-level members, static members）

在類別中可以定義類別層級的靜態屬性和靜態方法等成員。不論建立多少個該類別的物件實體，靜態成員都只會有一個複本，由該類別的所有實體共享。

即使尚未建立類別的物件實體，還是可以在類別上使用靜態成員。靜態成員一律是透過類別名稱進行存取，使用的語法如下所示：

```
類別名稱.靜態屬性、類別名稱.靜態方法(~)
```

例如：我們之前介紹的 Console.WriteLine(~) 方法和 Convert.ToInt32(~) 方法，其中 Console 和 Convert 都是類別名稱，而 WriteLine(~) 和 ToInt32(~) 則是靜態方法名稱。

實體（非靜態）成員（instance members, non-static members）

類別主要用來定義物件的實體（非靜態）成員，包含描述物件之性質和狀態的實體屬性（Instance Attributes），以及執行特定功能的實體方法（Instance Methods）。

同一個類別可以建立多個物件實體，這些物件的實體屬性有各自獨立的記憶體，因此，雖然其實體屬性的名稱相同，但是儲存的屬性值卻不見得相同。

　　實體方法透過隱含的 this 參數，可以自由的存取物件的屬性及其他方法，藉此來改變物件的狀態。必須先建立類別的物件實體，才能使用實體成員。一般是透過物件（變數）名稱進行存取，如下所示：

```
物件名稱.實體屬性、物件名稱.實體方法(~)
```

物件變數和物件實體

　　記得，物件是以參考型態（Reference Type）來處理。C# 將物件變數和物件實體本身分開儲存在不同的記憶體。物件變數的內容值是記憶體位址，透過該位址可以找到物件實體的記憶體，然後，存取物件的內容。這種先透過物件變數取得物件實體的位址，再到該位址存取物件的方式，就稱之為間接存取（Indirect Access）。

　　例如：假設已有一個 Date 類別，我們宣告 Date 類別的物件變數：

```
Date d;
```

　　此時，只是告訴系統，變數 d 會參考到一個 Date 類別的物件，但尚未有真正的 Date 物件實體。我們可以利用 new operator 建立物件實體，語法如下所示：

```
new Date();
```

　　我們應該將物件實體的位址存到物件變數中，以便後續的使用。

```
d = new Date();
```

　　當然，可以把變數宣告和物件建立寫在同一個敘述，如下所示：

```
Date d = new Date();
```

　　在執行階段，可改變物件變數參考的物件實體，如下所示：

```
Date t = new Date();   //宣告和建立另一個物件
d = t ;                //把t儲存到d
```

　　此時，d 和 t 參考同一個物件，而 d 原先參考的物件將無法再被找到，因此無法再被使用，其記憶體最終會被 C# 的垃圾回收機制（Garbage Collector）所回收。其記憶體示意圖如下圖所示：

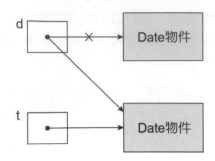

DateTime 類別

.NET Framework 的 System.DateTime 類別屬於 System 名稱空間，此類別的屬性可以取得電腦系統日期與時間，其方法可以處理轉換所需的日期與時間資料。如下所示：

```
DateTime moment = new DateTime(2011, 8, 18, 20, 47, 25);
```

上述程式碼使用 new 運算子建立 DateTime 物件，參數依序是年、月、日、小時、分、秒。建立好 DateTime 物件之後，就可以使用 DateTime 類別的屬性和方法來處理日期時間。常用的屬性如表 3-1 所示：

表 3-1　C# 的 DateTime 類別的屬性說明

屬性	說明
Now	取得目前電腦系統日期與時間資料的 DateTime 物件（靜態屬性）
Day	取得是當月幾號，從 1 ～ 31
Today	取得目前的日期（靜態屬性）
Month	取得是當年的幾月，從 1 ～ 12
Year	取得物件日期資料的年份，從 1 ～ 9999
Hour	取得物件時間資料的小時，從 0 ～ 23
Minute	取得物件時間資料的分鐘，從 0 ～ 59
Second	取得物件時間資料的秒數，從 0 ～ 59

注意：屬性 Now 可以取得目前電腦時間資料的 DateTime 物件，它是靜態屬性，並不需要產生物件就可以使用，使用的語法如下所示：

```
DateTime moment = DateTime.Now;
```

然後，利用實體屬性 Hour、Minute、Second 可以取得特定 DateTime 物件的時、分、秒，所以必須透過物件名稱來取值。例如：

```
moment.Hour
```

另外，常用的實體方法是 ToString()，用來將 DateTime 物件的內容轉換成完整的日期時間字串。

Random 類別

C# 程式可以使用 .NET Framework 的 System.Random 類別來產生亂數。首先使用 new 運算子來建立 Random 物件，如下所示：

```
Random rd = new Random();
```

之後，就可以使用相關實體方法來產生亂數，如表 3-2 所示：

表 3-2　C# 產生亂數的方法

方法	說明
Next()	傳回整數的亂數，範圍是 0 ～ 2,147,483,647
Next(int)	傳回小於參數 int 的整數亂數
Next(int1, int2)	傳回在參數 int1 和 int2 之間，但是小於 int2 的整數亂數
NextDouble()	傳回 0.0 ～ 1.0 的 double 值亂數

例如，如何產生 0 ～ 100 的隨機整數呢？我們可以利用 Next(int1, int2) 方法，將界定範圍的參數設為 0 和 101 即可，如下所示：

```
int RandomInt = rd.Next (0, 101) ;  // 0 ~ 100
```

DateTime 類別與 Random 類別的使用範例

DateTime 類別提供許多稱之為建構子（Constructors）的特殊方法以初始化 DateTime 物件的實體屬性值。注意，建構子的名稱會和類別名稱同名。當使用 new 運算子建立 DateTime 物件時，會自動呼叫對應的建構子。如果呼叫的建構子，沒有傳入任何參數，預設是建立日期為「1/1/1」的 DateTime 物件，如下所示：

```
DateTime dt = new DateTime();
```

之後，透過物件名稱 dt 所參考之 DateTime 物件的實體屬性 Year、Month、Day，可以取得年、月、日等日期資訊並且輸出，如下所示：

```
Console.WriteLine(dt.Year + "/" + dt.Month + "/" + dt.Day);
```

當然也可以呼叫實體方法 ToString()，將 DateTime 物件的內容轉換成完整的日期時間字串並且輸出，如下所示：

```
Console.WriteLine(dt.ToString());
```

如果想建立特定日期的 DateTime 物件，只要將年、月、日等日期資訊傳給呼叫的建構子即可，如下所示：

```
dt = new DateTime(2022, 1, 1);
```

另外，藉由靜態屬性 Now 可以取得目前電腦日期和時間的 DateTime 物件，如下所示：

```
dt = DateTime.Now;
```

然後，透過實體屬性 Year、Month、Day、Hour、Minute、Second，可以取得年、月、日、時、分、秒等資訊並且輸出，如下所示：

```
Console.WriteLine(dt.Year + "/" + dt.Month + "/" + dt.Day);
Console.WriteLine(dt.Hour + ":" + dt.Minute + ":" + dt.Second);
```

我們也可以先隨機產生年、月、日等日期資訊，分別暫存在變數中以便傳給建構子來建立 DateTime 物件，如下所示：

```
Random rd = new Random();
int Year = rd.Next(2000, 2200);    // Year: 2000-2199
int Month = rd.Next(1, 13);        // Month: 1-12
int Day = rd.Next(1, 32);          // Day: 1-31
DateTime moment1 = new DateTime(Year, Month, Day);
```

如果年、月、日等日期資訊只使用一次的話，可以不用暫存在變數中，直接傳給建構子來建立 DateTime 物件即可，如下所示：

```
DateTime moment2 = new DateTime(rd.Next(2000, 2200), rd.Next(1, 13),
rd.Next(1, 32));
```

程式練習

請輸入下列程式碼，以了解 DateTime 類別與 Random 類別的用法與處理結果。

CH03\OBPDemo\Program.cs

```
1  namespace OBPDemo {
2    class Program {
3      static void Main(string[] args) {
4        Console.WriteLine("--- 預設日期 ---");
5        DateTime dt = new DateTime();
6        Console.WriteLine(dt.Year + "/" + dt.Month + "/" + dt.Day);
7        Console.WriteLine(dt.ToString());
8        Console.WriteLine("--- 指定日期 ---");
```

```
9          dt = new DateTime(2022, 1, 1);
10         Console.WriteLine(dt.Year + "/" + dt.Month + "/" + dt.Day);
11         Console.WriteLine(dt.ToString());
12         Console.WriteLine("--- 目前電腦系統的日期和時間 ---");
13         dt = DateTime.Now;
14         Console.Write(dt.Year + "/" + dt.Month + "/" + dt.Day + " ");
15         Console.WriteLine(dt.Hour + ":" + dt.Minute + ":" + dt.Second);
16         Console.WriteLine(dt.ToString());
17         Console.WriteLine("--- 隨機產生的兩個日期 ---");
18         Random rd = new Random();
19         int Year = rd.Next(2000, 2200);
20         int Month = rd.Next(1, 13);
21         int Day = rd.Next(1, 32);
22         DateTime moment1 = new DateTime(Year, Month, Day);
23         DateTime moment2 = new DateTime(rd.Next(2000, 2200), rd.Next(1, 13),
   rd.Next(1, 32));
24         Console.WriteLine(moment1.Year + "/" + moment1.Month + "/" + moment1.Day);
25         Console.WriteLine(moment2.Year + "/" + moment2.Month + "/" + moment2.Day);
26      }
27    }
28 }
```

執行結果

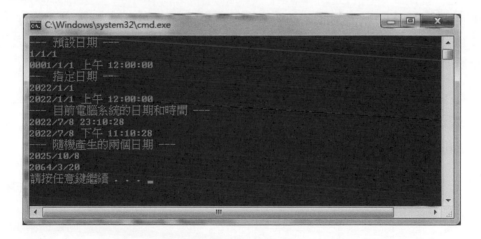

程式說明

- 第 5 行建立預設日期為「1/1/1」的 DateTime 物件。

- 第 6 行取得 DateTime 物件實體屬性 Year、Month、Day 的值，以輸出年、月、日
  等日期資訊。

- 第 7 行呼叫實體方法 ToString()，將 DateTime 物件的內容轉換成完整的日期時間字
  串並且輸出。

- 第 9 行到第 11 行是建立指定日期的 DateTime 物件並且輸出日期與時間資訊。

- 第 13 行到第 16 行是取得目前電腦系統的日期和時間的 DateTime 物件並且輸出年、月、日、時、分、秒等日期與時間資訊。

- 第 18 行到第 25 行是隨機產生兩個日期並且輸出日期與時間資訊。

3-2　開發 C# 視窗應用程式的基本觀念

視窗應用程式使用**圖形使用者介面**（Graphic User Interface，GUI）來和使用者互動，具有使用者友善化（User Friendly）的特性。視窗應用程式的人機互動介面是由視窗（表單）、功能表、對話方塊、按鈕等圖形控制項（Controls）所組成，是目前最常被採用的應用程式類型。例如：微軟 Office 軟體、記事本、小畫家、音樂播放程式等，都是 Windows 應用程式。

Windows 應用程式是採用**事件驅動**（Event-Driven）的被動方式來執行。也就是說，當表單視窗出現後，它就等著使用者的動作，使用者在表單上進行不同的動作，會觸發不同的事件（Event）。程式設計師必須以設計好的程式碼來註冊和回應對應的事件，這些回應事件的程式碼，就稱為**事件處理程序**（Event Handler）。

例如：當啟動【記事本】後，在「字型」對話方塊按【確定】鈕或者執行「檔案」→「結束」指令時，就會觸發不同的 Click 事件，同時驅動（執行）對應的事件處理程序，以便進行處理，例如：設定字型屬性或結束程式。

因此，視窗應用程式的執行流程並不固定，完全視使用者的操作而定。這種依觸發事件來執行適當處理的應用程式開發，就稱之為**事件驅動程式設計**（Event-Driven Programming）。

整體而言，視窗應用程式的開發主要包含圖形使用者介面的設計，與事件驅動程式設計兩大部分。

圖形使用者介面的設計

C# 是物件導向程式語言，其應用程式的基本架構就是類別（Class）。每個類別的設計都是為了完成特定的功能，包括設計視窗介面的表單（Form）類別與控制項（Controls）類別。一個控制項類別可以產生多個控制項（物件），各個控制項的屬性值決定其顯示的外觀和作用。

.NET Framework 在名稱空間 System.Windows.Forms 內提供了表單與豐富的控制項類別給程式設計師使用，因此，在程式碼的開頭必須使用 using 指引指令匯入 System.Windows.Forms 名稱空間的類別。

圖形使用者介面 GUI 的設計是開發視窗應用程式的重要工作。 .NET Framework 在 System.Windows.Forms 內提供了表單類別 Form，該類別定義了最陽春的表單介面，上面沒有任何的控制項。程式設計師可以擴充（繼承）類別 Form，然後加入想要的控制項，來設計自己的表單介面。

表單可視為控制項的容器（container），程式設計師可以依介面需要，在表單內加入控制項，來完成程式的使用者介面。Label（標籤）、TextBox（文字盒）和 Button（按鈕）是最常使用的圖形介面控制項。

Label 控制項常用來顯示說明或提示的文字，也可以輸出程式執行的結果。TextBox 控制項可以讓使用者輸入資料，輸入的資料是字串，也可以把 TextBox 控制項設成唯讀的狀態，只用來顯示程式執行的結果。Button 控制項是表單上十分重要的控制項，它用來執行特定的動作與功能。

每個控制項屬性通常都有預設值，將來控制項就是以這些預設值來顯示其外觀。因此，為了滿足介面設計的需要，在表單新增控制項後，通常必須設定控制項屬性值。這可以在設計階段，透過 Visual C# 提供的視覺化工具來設定，也可以在執行階段，透過程式敘述的指定來動態改變。

事件驅動程式設計

事件驅動程式設計是開發視窗應用程式的另一個重要的工作特性。「事件」（Event）是在執行視窗應用程式時，表單載入或使用者操作滑鼠、鍵盤與控制項互動時所觸發的一些動作。當事件（按一下按鈕、表單載入、按鍵等）發生時才觸發對應的處理程序加以反應。若沒有給予對應的事件處理程序（Event Handler），則不會有任何動作發生。

控制項的事件處理程序是一種回應事件的函式，Visual C# 已經針對不同類型的事件，設計好事件處理程序的原型及其呼叫的機制，程式設計師只須依應用的需要，向控制項註冊要處理的事件，同時撰寫對應的 Event Handler。

當事件發生時（一般是由使用者所引發），系統會捕捉到。系統會準備好對應的事件物件，連同產生事件的控制項物件，一起傳給 Event Handler 處理。

視窗應用程式中的表單、標籤、文字盒、按鈕等控制項都有對應的類別，也各自提供好用的方法來操作控制項。程式設計師並不需要獨自開發所有的程式碼，透過多看好的程式碼和學會閱讀線上文件，來了解有哪些好用的類別，以及如何使用這些類別的資訊，就可以善用 .NET 豐富的類別函式庫，以開發各式各樣功能的應用程式。

在事件處理程序中，如何存取控制項的資料呢？這必須在執行階段，透過程式敘述來指定要存取的控制項屬性。在程式中存取控制項屬性的語法如下所示：

控制項名稱.屬性名稱

例如：當我們要存取文字盒 textBox1 的文字內容時，可以 textBox1.Text 來表示，因為文字盒的 Text 屬性儲存了文字盒上面的文字內容。

記得，每個控制項類別除了屬性資料之外，也有許多相關的方法可以呼叫。呼叫控制項方法的語法如下所示：

控制項名稱.方法名稱(~)

例如：我們可以呼叫 textBox1.Focus( ) 方法，讓 textBox1 成為作用中的控制項，取得輸入游標的焦點。

3-3 以「主控台專案」建立視窗程式

我們先在熟悉的主控台專案中建立一個簡單的視窗程式，以了解如何設計 C# 視窗應用程式的圖形介面以及事件處理程序的運作原理。

加入「System.Windows.Forms」參考元件

我們先新增一個名為「MyFormDemo」的主控台專案。接著，必須先在「主控台專案」中加入「System.Windows.Forms」參考元件，才能使用視窗表單與相關的控制項來設計圖形介面。請在 Visual Studio 功能表點選【專案 / 加入參考】，開啟參考管理員，在點選【組件 / 架構】之後，勾選「System.Windows.Forms」，如下圖所示：

完成上述動作後，方案總管視窗的「參考」資料夾下會出現「System.Windows.Forms」參考元件，如下圖所示：

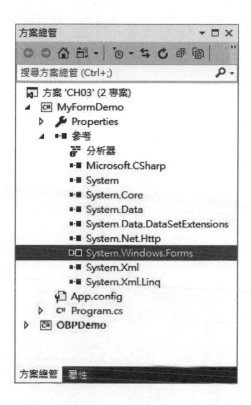

加入「MyForm」的表單類別

先在方案總管視窗的專案名稱「MyFormDemo」上按右鍵，點選【加入 / 類別】，輸入「MyForm.cs」，在專案中新增 MyForm 類別。

我們先在「MyForm.cs」中使用「using System.Windows.Forms;」敘述引用該名稱空間，如此，不必用完整名稱，只需以類別名稱就可以方便地使用名稱空間「System.Windows.Forms」內的類別。

接著，讓 MyForm 類別繼承「System.Windows.Forms」內的 Form 類別，讓 MyForm 類別具有表單的功能，此時，定義了最陽春的表單介面，上面沒有任何的控制項。程式碼如下所示：

```
......
using System.Windows.Forms;
namespace MyFormDemo {
    class MyForm : Form  // 繼承「System.Windows.Forms」內的 Form 類別
    }
}
```

C#

顯示表單

在「Program.cs」的 Main() 方法內，先使用 new 運算子建立 MyForm 類別的表單物件，再呼叫其 ShowDialog() 方法可以顯示表單視窗，程式碼如下所示：

```
CH03\MyFormDemo\Program.cs

1    ......
2    namespace MyFormDemo {
3    class Program {
4          static void Main(string[] args) {
5                MyForm mf = new MyForm();
6                mf.ShowDialog();
7          }
8       }
9    }
```

執行的結果除了主控台視窗之外，也會看到一個空白的表單視窗，如下所示：

介面設計

建立 MyForm 類別的表單物件時，會自動呼叫一個稱之為建構子的特殊方法 MyForm()，用來初始化物件的內容。注意，建構子的名稱必須和類別名稱同名。

我們在建構子內先使用表單的 Text 屬性設定表單的標題，再建立一個名為「btnMyButton」的按鈕控制項，設定其文字、大小與位置等屬性後，利用 Controls. Add(~) 方法將按鈕加入表單中，程式碼如下所示：

```
class MyForm : Form {
    public MyForm() {  // 建構子
        // 表單標題
        this.Text = "我的視窗應用程式"; // 預設就是本表單, this可以省略
        // 產生按鈕物件, 設定其相關屬性
```

```
        Button btnMyButton = new Button();
        btnMyButton.Text = "按一下改變表單標題";  // 按鈕文字
        btnMyButton.Width = 150;    // 按鈕寬度
        btnMyButton.Height = 40;    // 按鈕高度
        btnMyButton.Left = 60;      // 按鈕左上角座標
        btnMyButton.Top = 100;      // 按鈕左上角座標
        btnMyButton.Visible = true;
        // 將按鈕加入表單中
        this.Controls.Add(btnMyButton);
    }
}
```

執行的結果會看到一個「加入按鈕」以及「設定相關屬性」後的表單視窗，如下圖所示：

加入事件處理程序

假設我們要回應按鈕的 Click 事件，以更改表單的標題，則先在 MyForm 類別內，定義 Click 事件處理程序及其參數，如下所示：

```
private void MyButtonClickEventHandler(Object sender, EventArgs e) {
    this.Text = "!!!表單標題改變了!!!";
}
```

然後，在建構子內指定（註冊）按鈕發生 Click 事件時，要執行該事件處理程序，如下所示：

```
btnMyButton.Click += new EventHandler(MyButtonClickEventHandler);
```

點選按鈕之後的執行結果，如下圖所示：

本範例完整的程式碼請參考專案【MyFormDemo】，如下所示：

```
CH03\MyFormDemo\MyForm.cs
1    ......
2    using System.Windows.Forms;
3    namespace MyFormDemo {
4       class MyForm : Form {
5         public MyForm() {
6            // 表單標題
7            this.Text = "我的視窗應用程式"; // 預設就是本表單, this可以省略
8            // 產生按鈕物件, 設定其相關屬性
9            Button btnMyButton = new Button();
10           btnMyButton.Text = "按一下改變表單標題";   // 按鈕文字
11           btnMyButton.Width = 150;   // 按鈕寬度
12           btnMyButton.Height = 40;   // 按鈕高度
13           btnMyButton.Left = 60;       // 按鈕左上角座標
14           btnMyButton.Top = 100;       // 按鈕左上角座標
15           btnMyButton.Visible = true;
16           // 將按鈕加入表單中
17           this.Controls.Add(btnMyButton);
18
19           // 指定按鈕發生 Click 事件時的事件處理程序
20           btnMyButton.Click += new EventHandler(MyButtonClickEventHandler);
21         }
22         // 定義事件處理程序及其參數
23         private void MyButtonClickEventHandler(Object sender, EventArgs e) {
24            this.Text = "!!!表單標題改變了!!!";
25         }
26       }
27    }
```

3-4　以「視窗應用程式專案」開發視窗程式

　　我們已經在主控台專案中建立一個視窗程式，幫助大家了解如何以程式碼設計 C# 視窗程式的圖形介面以及處理事件處理程序的流程。但是，當視窗介面比較複雜時，完全自行以程式碼來打造視窗程式並不輕鬆，所以，Visual Studio 另外提供視窗應用程式（Windows Forms App）專案的開發模式，以視覺化工具幫助程式設計師設計圖形介面以及產生事件處理程序，並且自動轉成對應的程式碼。

　　本節以「視窗應用程式專案」來完成上一節的例子，你會發現很多程式碼都是自動產生，有了上一節的基礎，應該很容易了解視窗應用程式開發模式的原理，你不妨對照看看兩種模式的程式碼有何異同。

　　開發 C# 視窗應用程式專案的主要步驟如下：

1. 新增專案（Project）

　　在「新增專案」的畫面中，選擇「Windows Forms App (.NET Framework)」，同時輸入專案名稱【MyWindowsFormsDemo】以及儲存的路徑，如下圖所示：

▶ 自動產生和引入相關的檔案

此時，方案總管視窗中已有自動產生的相關檔案，包括起始類別的檔案：Program. cs，以及一個自動產生之預設表單的檔案：Form1.cs。方案總管視窗的參考資料夾下也會自動加入「System.Windows.Forms」等視窗程式所需的參考元件。

Program.cs 定義的類別 Program 擁有一個程式的進入點 Main() 函式，如下所示：

```
1   using System;
2   ......
3   using System.Windows.Forms;
4               ......
5   namespace   MyWindowsFormsDemo  {
6       static class Program {
7           /// 應用程式的主要進入點。
8                   ......
9           static void Main(String[] args) {
10              Application.EnableVisualStyles();
11              Application.SetCompatibleTextRenderingDefault(false);
12              Application.Run( new Form1() );  // 建立表單實體並且執行
13          }
14      }
15  }
```

在 Main() 函式中，透過 new Form1() 敘述，系統會以預設的表單類別 Form1 作為藍圖，產生一個表單實體（物件）；同時，把該表單實體丟給 Application.Run( ) 方法來執行，這時候，使用者將在螢幕上看到該表單，並且可以和使用者進行互動。

大家可以試試看，專案一開始產生的相關檔案，已經可以執行了，只是你將只會看到空的表單，而且能做的只有表單預設的動作：放大、縮小和關閉表單的視窗。表單 Form1 的畫面如下圖所示：

▶ **表單類別 Form1 是如何自動產生的呢？**

.NET Framework 在 System.Windows.Forms 內提供了表單類別 Form，該類別定義了最陽春的表單介面，上面沒有任何的控制項。程式設計師可以擴充（繼承）類別 Form，加上想要的控制項，來設計自己的表單介面。

一開始，專案會自動產生檔案：Form1.cs，該檔案定義了預設的表單類別 Form1，同時，指定類別 Form1 將繼承系統提供的表單類別 Form。此時，類別 Form1 和類別 Form 一樣，還只是空的表單而已。

當 Main() 函式透過 new Form1() 敘述產生一個表單實體時，系統會在其建構子 Form1() 中呼叫類別 Form1 的 InitializeComponent() 方法，將表單實體以及其內含的控制項與事件處理程序進行初始化的動作。Form1.cs 的程式碼如下所示：

```
 1  using System;
 2  using System.ComponentModel;
 3  ......
 4  using System.Windows.Forms;
 5  namespace  MyWindowsFormsDemo  {
 6      public partial class Form1 : Form {   // 類別Form1擴充了類別Form
 7          public Form1() {
 8              InitializeComponent();
 9          }
10      }
11  }
```

Visual Studio 提供「視覺化程式開發工具」（Visual Builder Tool，VBT），方便程式設計師在「設計階段」開發圖形介面，而系統會自動產生圖形介面對應的程式碼。如果你只看到表單的設計介面，你可以點選表單，再按右鍵，在跳出的選單上選擇「檢視程式碼」，就可以看到表單對應的程式碼了，如下圖所示。

在表單 Form1 的程式碼（Form1.cs）中，我們可以看到「partial class」的關鍵字。「部分類別」（partial class）是 Visual C# 的功能，它可以把一個類別的程式碼，拆解成多個位於同一個名稱空間和組件下的類別檔案，如此，程式設計師可以分工合作來撰寫屬於同一個類別的各個部分類別。當編譯時，編譯器會自動將這些部分類別組合成所屬的單一類別。

Form1 類別的其他部分定義在 Form1.Designer.cs 中，許多自動產生的介面程式碼會放在這裡。我們可以快速雙按方案總管視窗中的 Form1.Designer.cs，即可看到其程式碼。

2. 建立表單之使用者介面

圖形使用者介面 GUI 的設計是開發視窗應用程式的重要工作。表單可視為控制項的容器（container），程式設計師可以依介面需要，在表單內加入控制項，來完成程式的使用者介面。

Visual Studio 提供「工具箱」視窗，方便程式設計師在表單新增控制項。工具箱視窗的畫面如下圖所示：

　　請注意，必須在表單的「設計」頁面才會出現工具箱視窗中的控制項。如果看不到工具箱視窗，可以依序點選「檢視」→「工具箱」，就會出現了。

　　我們只需在「工具箱」視窗上選取控制項，然後按兩下或者使用拖曳的方式，就可以在表單上新增 GUI 控制項，而系統會在檔案 Form1.Designer.cs 中自動產生對應的介面程式碼。

　　本例中，我們從「工具箱」視窗上選取按鈕（Button）控制項，將它拖曳在表單上適當的地方。記得，當我們將控制項物件新增至表單時，預設是以控制項名稱加上編號作為控制項物件的名稱，例如：Form1、label1、textBox1 和 button1 等。

　　「工具箱」視窗上的控制項代表一個 .NET Framework 提供的控制項類別，當我們在表單上新增多個控制項後，就是在表單類別內增加多個該控制項類別的物件。你可以檢視 Form1.Designer.cs 這個檔案，看看每一次你加入一個控制項後，系統會自動產生哪些介面程式碼，這樣將可以學到更多處理介面元件的程式技巧。

3. 設定控制項屬性

　　每個控制項屬性通常都有預設值，將來控制項就是以這些預設值來顯示其外觀。因此，為了滿足介面設計的需要，在表單新增控制項後，必須在「屬性」視窗設定控制項屬性的內容值。這是在設計階段，透過 Visual Studio 提供的視覺化工具，完成圖形使用者介面的必要工作。「屬性」視窗如下圖所示：

當你在表單上選取某個控制項,或者由「屬性」視窗的下拉式選單內選取控制項時,該控制項即為「作用中的控制項」。

「屬性」視窗內會列出和「作用中控制項」相關的所有屬性,供程式設計師檢視和設定。例如:屬性 Name 可以指定控制項的名稱、屬性 Text 可以指定在控制項上面要顯示的文字(如果是表單的話,顯示的是表單的標題文字)、屬性 Font 可以設定在控制項要使用之字型的相關資訊、屬性 BackColor 可以指定背景色彩等。

請注意,點選的控制項和其對應的屬性視窗會同步一起改變,因此,在設定屬性時,請務必確認正在作用的控制項是否就是想要更動的控制項,以避免產生不正確的程式結果。

本例中,請選取表單 Form1,將其 Text 屬性設為「Windows Forms 應用程式」。然後,選取表單上的按鈕控制項,將其 Text 屬性設為「按一下改變表單標題」。

請觀察 Form1.Designer.cs 這個檔案又自動產生了哪些介面程式碼,執行的結果如下所示:

4. 撰寫程式碼

Windows 應用程式是採用事件驅動(Event-Driven)的被動方式來執行。當事件發生時(一般是由使用者所引發),系統會捕捉到。系統會準備好對應的事件物件,連同產生事件的控制項物件,一起傳給 Event Handler 處理。程式設計師必須依應用的需要,撰寫處理事件的程式碼。若沒有給予對應的事件處理程序(Event Handler),則不會有任何動作發生。

事件處理程序的通用形式如下所示:

```
private void 控制項名稱_事件名稱(object sender, EventArgs e) {
    ......
}
```

上述事件處理程序擁有 2 個參數：object 物件是觸發事件的來源物件，也就是哪一個物件產生此事件；而 Eventargs 物件是事件物件本身，包含事件的相關資訊。

例如：當 Button 控制項 button1 觸發 Click 事件時，其事件處理程序如下所示：

```
private void button1_Click(object sender, EventArgs e) { …… }
```

記得取一個有意義的控制項名稱，會在識別各式各樣的事件處理程序時，變得比較容易，也可增加程式的可讀性。

Visual Studio 提供方便的機制，讓程式設計師很容易在程式內自動加入事件處理程序的雛型。

▶ **建立預設事件的處理程序**

我們只需在視窗上選取控制項，然後按兩下，就可以新增該控制項之預設事件的處理程序。而系統會在檔案 Form1.cs 與 Form1.Designer.cs 所定義的 Form1 類別中，自動產生對應的程式碼。

在 Form1.cs 中加入的是事件處理程序的雛型，而在 Form1.Designer.cs 中加入的程式碼，則會將此事件處理程序當作控制項事件的傾聽器（Listener）。大家不妨到 Form1.cs 與 Form1.Designer.cs 中，觀察這些自動加入程式碼的變化，可以更了解視窗應用程式的運作方式。

當控制項產生該事件時，系統會捕捉到，同時將程式執行的流程轉入傾聽器中，所以，程式設計師只要在該事件處理程序中，依照應用的需要，進一步撰寫回應事件的程式碼即可。表 3-3 是常用控制項的預設事件，以及其處理程序的例子。

表 3-3　常用控制項的預設事件

控制項	預設事件	預設的 Event handler
表單 （Form1）	Load	Form1_Load()
按鈕 （button1）	Click	button1_Click()
標籤 （label1）	Click	label1_Click()
文字盒 （textBox1）	TextChanged	textBox1_TextChanged()

本例中，請在表單 Form1 上的按鈕 button1 按兩下，在 Form1.cs 這個檔案會自動產生下列的事件處理程序 button1_Click(~)。請輸入改變表單標題的敘述，如下所示：

```
private void button1_Click(object sender, EventArgs e) {
    this.Text = "Windows Form 標題改變了";
}
```

在 Form1.Designer.cs 這個檔案會自動產生下列的程式碼，如下所示：

```
this.button1.Click += new System.EventHandler(this.button1_Click);
```

此敘述告訴系統，當按鈕 button1 產生 Click 事件時，將程式執行的流程轉入事件處理程序 button1_Click(~) 中，執行的結果如下所示：

▶ 建立非預設事件的處理程序

在控制項上按二下，是建立預設事件的處理程序。那如果不是預設事件呢？我們可以在控制項的「屬性」視窗建立事件處理程序。

先選取控制項，再到屬性視窗的閃電圖示點一下，會列出該控制項所有的事件，如下圖所示。找到欲回應的事件，然後在該欄位上按二下，就可以建立該事件處理程序的雛型。如果需要的話，也可以在該欄位的下拉式選單內選取想要共用的 Event Handler。

5. 編譯與執行

　　請由功能表列執行「偵錯 → 啟動但不偵錯」，即可編譯和建置專案。在完成後如果沒有錯誤，可以看到執行後的起始表單視窗。如果編譯有錯誤，請重複上述步驟來更改程式碼，或直接使用 Visual Studio 除錯功能來找出錯誤。

6. 儲存

　　儲存檔案與專案之後，可以關閉方案。方案關閉以後，可隨時再開啟方案來繼續開發應用程式。

　　本範例完整的程式碼請參考專案【CH03\MyWindowsFormsDemo】。

　　本章先介紹基於物件的程式設計（Object-based Programming）的重要觀念，接著，詳細介紹 C# 視窗應用程式的開發過程，同時討論視窗應用程式的運作原理。整體而言，視窗應用程式的開發主要包含圖形使用者介面的設計與事件驅動程式設計兩大部分。在圖形使用者介面的設計階段，我們必須學會如何在表單上加入控制項，同時透過「屬性」視窗來設定控制項的屬性值。另外，我們必須學會如何加入控制項的事件處理程序。同時，知道如何在事件處理程序中，加入程式敘述來存取控制項屬性，以便在程式的執行階段，和使用者進行正確的互動，並且將處理結果正確的回應在視窗的控制項上。

習題

▶ 選擇題

（　　）1. 請問，文字盒需要使用下列哪一個方法來取得焦點？

(A)Show()　(B)Display()　(C)MsgBox()　(D)Focus()

（　　）2. 請問，下列哪一個控制項可以用來作為視窗應用程式的資料輸入控制項？

(A) 按鈕　(B) 表單　(C) 標籤　(D) 文字盒

（　　）3. 在按鈕控制項上按兩下滑鼠左鍵，會自動建立按鈕的何種事件處理程序？

(A)Click　(B)Load　(C)DoubleClick　(D)Press

（　　）4. 下列哪一個屬性可設定表單的標題列文字？

(A)Caption　(B)Font　(C)Text　(D)Location

( )5. 設定事件觸發時，除了直接在設計畫面用雙擊物件產生預設事件之外，我們還可以在哪裡找到一個閃電按鈕，開啟可觸發事件的列表以進行設定？

    (A) 工具箱　(B) 方案總管　(C) 工具列　(D) 屬性視窗

( )6. 下列何者是用來執行物件的特定功能？

    (A) 欄位　(B) 方法　(C) 事件　(D) 屬性

( )7. 請問以下數字哪一個是 rd.Next(1, 9) 可能產生的亂數？

    (A)0　(B)1　(C)9　(D)10

( )8. 下列有關物件變數與物件實體的觀念，哪一項是正確的？

    (A) 兩者位於不同位址的記憶體上

    (B) 透過物件變數的值可以參考到物件實體

    (C) 物件變數的內容值是物件實體的記憶體位址

    (D) 以上皆正確

( )9. 給定敘述「Random rd = new Random(); int a = rd.Next(1, 100);」，下列選項何者正確？

    (A)rd 為物件實體　(B)rd 為物件變數

    (C)rd 型態為整數　(D)a 的存放內容為記憶體位址

▶ 填充題

1. 在 C# 程式使用 Random 類別產生 1 ～ 50 間整數值的程式碼是＿＿＿＿。

▶ 簡答題

1. 請簡單說明什麼是物件、屬性、方法和事件？

2. 請簡單說明什麼是事件驅動程式設計？

3. 請簡單說明開發 C# 視窗應用程式的主要步驟？

4. 請列舉出下列程式片段中有哪些類別、物件、屬性、方法、事件。

```
private void button1_Click(object sender, EventArgs e){
        int num = Convert.ToInt32(textBox1.Text);
        label1.Text = num + "的平方等於" + (num*num);
        textBox1.Text = "";
        textBox1.Focus();
}
```

▶ 實作題

1. 請寫一個視窗應用程式,顯示包含雙引號字串「本課程是 "C# 程式設計 "」以及反斜線字串「C:\VC#\ch3」。介面如下:

2. 請使用 Random 類別模擬骰子的 1 ～ 6 點,建立 C# 應用程式來擲 2 個骰子,按下按鈕就可以顯示點數。介面如下:

基本控制項的應用

　　視窗應用程式的人機互動介面是出視窗（表單）、標籤、按鈕、文字盒、對話方塊、功能表等圖形控制項（Controls）所組成，是目前最常被採用的應用程式類型。本章探討如何使用基本控制項建立簡單的 Visual C# 視窗應用程式，我們將介紹許多 .NetFramework 類別庫所提供的控制項類別，及其常用的屬性和方法。同樣的，我們必須透過多看好的程式碼和學會閱讀線上文件，來了解有哪些好用的類別以及如何使用這些類別的資訊。希望大家看完本章的例子後，務必自己親自從頭到尾做過一遍，以累積自己寫程式的經驗和功力。

4-1　Visual C# 基本控制項簡介

　　圖形使用者介面 GUI 的設計是開發視窗應用程式的重要工作。表單可視為控制項的容器（container），程式設計師可以依介面需要，在表單內加入控制項，來完成程式的使用者介面。

　　Label（標籤）、TextBox（文字盒）和 Button（按鈕）是最常使用的圖形介面控制項。Label 控制項常用來顯示說明的文字或程式執行的結果。TextBox 控制項可以讓使用者輸入字串；也可以把 TextBox 控制項設成唯讀的狀態，只用來顯示程式執行的結果。Button 控制項是用來執行特定的動作與功能。

控制項名稱

　　記得，當我們使用 Visual Studio 將控制項物件新增至表單時，預設是以控制項名稱加上編號作為控制項物件的名稱，例如：Form1、label1、textBox1 和 button1 等。**預設的物件名稱缺乏可讀性，建議將物件名稱重新命名成有意義的名稱，方便程式的維護。**

　　表 4-1 是匈牙利命名法的例子，以名稱的前 3 個字元區分控制項種類，再加上有意義的名稱。這種寫法可養成撰寫「好程式」的習慣，但是並沒有強制性。

表 4-1　匈牙利命名法

字首	控制項	物件名稱範例
frm	表單 Form	frmAdd, frmLoop
lbl	標籤 Label	lblMessage, lblResult
txt	文字盒 TextBox	txtName, txtNumber1
btn	按鈕 Button	btnOpen, btnAdd

控制項屬性

每個控制項屬性通常都有預設值，將來控制項就是以這些預設值來顯示其外觀。因此，為了滿足介面設計的需要，在表單新增控制項後，通常必須設定控制項屬性值；這可以在設計階段，透過 Visual Studio 提供的「屬性視窗」來設定，也可以在執行階段，透過程式敘述的指定來改變。

每個控制項都有很多屬性，有許多屬性是共通的。例如：Name、Text、ForeColor 和 BackColor 等屬性，在這裡我們先知道各控制項的常用屬性就夠了，之後，當我們需要用到其他屬性時，再加以介紹即可。當然，完整的屬性說明還是得查閱微軟的 MSDN 線上文件（http://msdn.microsoft.com/library）。

表單（Form）、標籤（Label）、文字盒（TextBox）及按鈕（Button）的常用屬性如以下表格所示（表 4-2 ～表 4-5）。

表 4-2　C# 表單常用屬性

屬性	說明
BackColor	設定表單背景色彩，預設值是 Control
ControlBox	設定表單的標題是否顯示系統控制功能表方塊，預設值是 True
Font	顯示「字型」對話方塊以設定表單使用的字型，預設值是新細明體、9pt。也可以展開 Font 屬性，指定字型的個別屬性
ForeColor	設定表單前景色彩，預設值是 ControlText
FormBorderStyle	設定表單的框線樣式，可選擇 None、FixedSingle（不可調整的單線）、Fixed3D、Sizable（可調整，此為預設值）等
MaximizeBox	設定表單的標題列是否顯示最大化的方塊，預設值是 True
MinimizeBox	設定表單的標題列是否顯示最小化的方塊，預設值是 True
Name	表單名稱，預設值是 Form1
StartPoistion	表單第一次出現的位置，可以是 CenterScreen（螢幕中央）、WindowsDefaultLocation（預設位置，預設值）、CenterParent（父表單的中央）等
Text	設定表單標題文字，預設值是表單名稱

表 4-3　C# 標籤常用屬性

屬性	說明
Name	標籤控制項名稱
Text	標籤控制項顯示的文字內容
TextAlign	文字對齊方式，共有井字形的 9 個位置可供選擇
BorderStyle	框線樣式，可以是 None、FixedSingle 和 Fixed3D
AutoSize	是否依據顯示字型來自動調整尺寸。預設值 True，會自動調整，所以不能更改控制項大小。如果是 False，則不自動調整，所以可以調整控制項大小

表 4-4　C# 文字盒常用屬性

屬性	說明
Name	文字盒控制項名稱
Text	文字盒控制項的內容，這是一個字串
MaxLength	設定文字盒可接受的字元數，預設為 32767
ReadOnly	文字盒內容是否可以更改，預設為 False 可以更改。True 則為唯讀，只可用來顯示文字資料
PasswordChar	密碼欄位，輸入字元由其他符號取代，例如："*" 星號
MultiLine	是否是多行的文字盒，預設值 False 為單行，True 為多行，表示資料可以超過一行
ScrollBar	如果是多行文字盒，可以設定此屬性來顯示捲動軸。None 是預設值、Horizontal 顯示水平捲動軸、Vertical 為垂直捲動軸、Both 同時顯示水平和垂直捲動軸
TextAlign	設定文字在控制項內的顯示位置，有 Left（靠左，預設值）、Right（靠右）、Center（置中）三種值
WordWrap	如果是多行文字盒，可以設定輸入文字的長度超過控制項寬度時是否會自動換行，預設值是 True

表 4-5　C# 按鈕常用屬性

屬性	說明
DialogResult	在強制回應表單中，按一下按鈕所產生的對話方塊結果，其值有：None（不回傳）、Ok（確定）、Cancel（取消）、Yes（是）、No（否）等，預設值是 None
Name	按鈕控制項名稱
Text	按鈕上面的顯示文字

4-2　C#視窗應用程式的簡單範例

我們同樣先以兩個整數相加的視窗應用程式,來示範 C# 視窗應用程式的開發過程,同時請多注意它和主控台應用程式的異同。

📚 問題描述

任意輸入兩個整數,並且顯示相加之後的結果。

📚 人機介面

假設希望的介面如圖 4-1 所示。在文字盒輸入整數後,按「相加」鈕可以在標籤上顯示相加的結果。按「結束」鈕則結束程式的執行。

圖 4-1　人機介面範例

📚 建立表單之使用者介面

先新增一個「CH04\frmAddProject」的專案,其中「CH04」為方案名稱。預設的表單檔案名稱為「Form1.cs」,我們先將其更名為「frmAdd.cs」,然後,依人機介面的設計,在表單中,依序加入文字盒、標籤、按鈕等通用控制項。

📚 在屬性視窗中設定控制項屬性

為了程式設計的方便,我們把程式需要存取的控制項,給予有意義的名字,其餘的控制項保留其預設名稱即可。本例中,控制項的屬性設定如下所示:

(1) 表單的 Name 設為「frmAdd」,Text 為「兩個整數相加」,Font 大小為 12pt。將表單的 StartPosition 設為 CenterScreen,讓表單出現在螢幕中央;然後,將 MaxmizeBox 設為 False,FormBorderStyle 設為 Fixed3D 將表單大小固定住。

(2) 兩個提示標籤的 Text 分別設為「數字一:」和「數字二:」。

(3) 兩個輸入文字盒的 Name 分別設為 txtN1 和 txtN2。

(4) 顯示結果的標籤 Name 設為 lblResult，AutoSize 設為 False，BorderStyle 設為 Fixed3D，TextAlign 設為 MiddleCenter，讓標籤控制項可調整大小而顯示的文字置中。

(5) 左邊按鈕的 Name 設為 btnAdd，Text 設為「相加」；右邊按鈕的 Name 設為 btnClose，Text 設為「結束」。

大家可以觀察看看系統在程式中自動加了哪些程式碼。

撰寫程式碼

在程式開發的初期，重要的是讓程式盡快可以執行，有了實際運作的結果之後，我們就可以對程式有較多的了解；這時再加進其他功能的程式碼，再測試和觀察結果，是不是正確。這種層層推進、逐步解決問題的開發方法，對程式設計的學習與信心的建立有很大的幫助。

當完成人機介面的設計後，就可以試試程式的執行。此時在表單的文字盒內應該可以輸入數字，但按下「相加」或「結束」鈕時，程式並不會有任何反應，因為這些按鈕的 Click 事件並未有任何傾聽的事件處理程式來回應。所以，我們逐步加上各按鈕的 Click 事件處理程式，來完成此應用程式。

(1) 先處理「結束」鈕的 Click 事件

要結束程式的執行，比較容易完成，所以先處理它。在「結束」鈕快按兩下，系統會自動加上其預設事件 Click 的處理程序雛型。一開始，該 Click 事件處理程序內沒有任何的敘述。也就是說，什麼事也沒做。我們在處理程序內加上下列敘述：

```
this.Close();
```

此敘述呼叫表單類別的 Close() 方法來關閉表單，同時結束程式的執行。在這裡，this 指的是此刻作用中的表單，此敘述的 this 可以省略，可以達到相同的目的。

(2) 處理「相加」鈕的 Click 事件

在「相加」鈕快按兩下，系統會自動加上「相加」鈕 Click 事件的處理程序雛型。將來程式執行時，當使用者按下「相加」鈕後，系統會自動呼叫此事件的處理程序。也就是說，程式的執行會進入到此程序內，我們只要將欲完成的程式邏輯寫在程序內即可。

我們先從文字盒 txtN1 的 Text 屬性取得使用者輸入的資料,如下所示:

```
txtN1.Text
```

但是,這是字串資料,我們把此字串立即傳給 Convert.ToInt32 方法進行轉換,同時把轉換後回傳的整數儲存到變數 num1 中。

```
int num1 = Convert.ToInt32(txtN1.Text);
```

我們以相同的方式處理文字盒 txtN2 的輸入資料。

```
int num2 = Convert.ToInt32(txtN2.Text);
```

接著,將 num1 和 num2 儲存的整數值取出來,進行加法運算後,將相加後的結果儲存到整數變數 result 的記憶體中。

```
int result = num1 + num2;
```

注意,目前的結果是儲存在變數 result 中,使用者看不到此結果,我們必須把變數的內容顯示在視窗上,使用者才看得到結果。敘述如下:

```
lblResult.Text = num1 + " + " + num2 + " = " + result;
```

假設 num1 的值是 100,num2 的值是 200,result 的值是 300,則:

```
num1 + " + " + num2 + " = " + result
```

的串接結果是 "100 + 200 = 300"。之後,將此字串值指定給 lblResult 的 Text 屬性,如此,標籤 lblResult 上就可以看得到程式處理後的結果。

(3) 事件處理程序的完整程式碼

請參考專案【CH04\frmAddProject】的表單【frmAdd.cs】。

```
1  private void btnClose_Click(object sender, EventArgs e) {
2          this.Close();
3  }
4
5  private void btnAdd_Click(object sender, EventArgs e) {
6          int num1 = Convert.ToInt32(txtN1.Text);
7          int num2 = Convert.ToInt32(txtN2.Text);
8          int result = num1 + num2;
9          lblResult.Text = num1 + " + " + num2 + " = " + result;
10 }
```

4-3　視窗應用程式的起始表單

　　從以上的介紹我們知道，可以在設計階段以「屬性」視窗設定控制項的屬性值，來完成應用程式的圖形使用者介面；也可以在程式的執行階段，以程式敘述來存取控制項屬性，以便將使用者互動的結果反應在視窗的控制項上。我們將再以一個簡單的範例來強調這些觀念，同時介紹起始表單的用法。

問題描述

　　在文字盒上任意輸入字串，然後顯示在標籤上。預設是粉紅底和藍色字，可動態改成黃色底、紅色字和還原成預設值。

人機介面

　　在文字盒輸入字串後，按「顯示」鈕以預設狀態顯示，按「黃底」和「紅字」鈕分別顯示黃色底與紅色字，按「還原」鈕則變回預設狀態顯示（如圖 4-2）。

圖 4-2　人機介面範例

　　我們可以新增專案來測試此程式，但是對於小的程式，我們可以在同一個專案中，新增表單來測試其程式碼與執行結果即可，這樣就可以不需要新增專案了。

　　我們在「方案總管」的專案名稱按右鍵，點選「加入」，在出現的選單中，點選「Windows Form」，之後，在出現的對話視窗中**輸入表單名稱**「NewColorForm.cs」，即可新增空白表單。

　　注意，輸入之表單名稱也是新建立之表單 name 屬性的預設值，請輸入有意義的名稱。當然，我們還可以在「屬性」視窗中重新設定 name 屬性的值。

　　你可以執行看看，此時啟動的是之前「兩個整數相加」的表單，而不是此新增的空白表單。**如何修改程式一開始執行時的起始表單**？只要在 Program.cs 的 Main() 函式中，將表單實體傳給 Application.Run( ) 來啟動和執行即可。

C#

假設欲指定執行的起始表單名稱為 NewColorForm，則輸入下列敘述：

```
Application.Run( new NewColorForm() );
```

在這段程式敘述之中，new NewColorForm() 敘述將會以表單類別 NewColorForm 作為藍圖，產生一個表單實體，同時，把該表單實體丟給 Application.Run( ) 方法來執行。這時候在螢幕上將看到該表單，並且可以和使用者進行互動。

建立表單之使用者介面

依人機介面的設計，在表單中，依序加入必要的控制項。記得將此表單指定為執行時的起始表單，以便進行程式的測試。

在屬性視窗中設定控制項屬性

本例中，控制項的屬性設定如下所示：

(1) 表單的 Text 為「表單範例」，表單的 Name 為「NewColorForm」，Font 大小為 12pt；

(2) 提示標籤的 Text 設為「輸入文字」；

(3) 輸入文字盒的 Name 設為 txtInput；

(4) 顯示結果的標籤 Name 設為 lblOutput，AutoSize 設為 False，BorderStyle 設為 Fixed3D；BackColor 設為 Pink，ForeColor 設為 Blue；

(5) 「顯示」鈕、「黃底」鈕、「紅字」鈕和「還原」鈕的 Name 分別設為 btnDisplay、 btnYellowBackColor、btnRedForeColor、和 btnRestore。

撰寫程式碼

當完成人機介面的設計後，就可以逐步加上各按鈕的 Click 事件處理程式，來完成此應用程式。事件處理程序的完整程式碼，請參考專案【CH04\frmAddProject】的表單【NewColorForm.cs】，如下所示。

```
1  private void btnDisplay_Click(object sender, EventArgs e) {
2          lblOutput.Text = txtInput.Text;
3  }
4
5  private void btnYellowBackColor_Click(object sender, EventArgs e) {
6          lblOutput.BackColor = Color.Yellow;
7  }
8
```

```
 9  private void btnRedForeColor_Click(object sender, EventArgs e) {
10          lblOutput.ForeColor = Color.Red;
11  }
12
13  private void btnRestore_Click(object sender, EventArgs e) {
14          lblOutput.BackColor = Color.Pink;
15          lblOutput.ForeColor = Color.Blue;
16  }
```

🖥 程式碼說明

程式很簡單，應該看得懂。例如：

```
lblOutput.Text = txtInput.Text;
```

先從文字盒 txtInput 的屬性 Text 取得使用者的輸入字串，然後，將該字串指定給標籤 lblOutput 的屬性 Text，就可以達到將該字串顯示在標籤上的目的。

而標籤的 BackColor 屬性值決定了標籤上的背景底色，ForeColor 屬性值決定了文字顯示的顏色。這些控制項的內容和狀態，都可以在程式執行的過程中，以動態的設定屬性值來加以更新。

本例主要想傳達的是：我們可以在程式的執行階段，以程式敘述來取得控制項屬性值，然後，也可以重新動態的設定屬性的新值，以便將使用者互動的結果反應在視窗的控制項上。

在程式碼中，我們使用名稱空間 System.Drawing 內的 Color 結構的屬性來取得系統定義的色彩，同時指定給控制項的相關色彩屬性。例如：

```
lblOutput.BackColor = Color.Yellow;
```

指定 lblOutput 控制項的背景色彩屬性 BackColor 為黃色。

請注意，因為程式已經先使用敘述「using System.Drawing;」引用 Color 結構的名稱空間，所以，以「Color.Yellow」即可指定黃色，不必使用完整名稱。

如果你把「using System.Drawing;」的名稱空間引用註解掉，則會出現錯誤，此時，必須使用完整名稱「System.Drawing.Color.Yellow」才能指定黃色。你不妨試試看有無引用名稱空間的差異。

常用 Color 結構的色彩屬性，如表 4-6 所示：

表 4-6　C# 常用 Color 結構的色彩屬性

屬性	說明	屬性	說明
Color.White	白色	Color.Black	黑色
Color.Red	紅色	Color.Green	綠色
Color.Blue	藍色	Color.Yellow	黃色
Color.Purple	紫色	Color.Gray	灰色
Color.Orange	橘色	Color.Pink	粉紅色

4-4　訊息方塊（MessageBox）

　　訊息方塊是一種 Windows 作業系統的對話方塊，C# 語言也可以使用訊息方塊顯示錯誤訊息，或輸出執行結果。在 C# 程式裡是利用 MessageBox 類別來建立訊息方塊，MessageBox 訊息方塊可以顯示標題文字、訊息內容、按鈕或圖示。我們透過 MessageBox.Show() 方法來建立訊息方塊，其常用語法如下所示：

```
MessageBox.Show(訊息文字, [標題文字, 顯示按鈕, 顯示圖示])
```

上述方法的參數除第 1 個一定需要外，其他都是選項參數。參數說明如下：

- ◆ 訊息文字：顯示在訊息方塊中的資訊，我們至少需要提供此參數。

- ◆ 標題文字：顯示在訊息方塊上方標題列的文字。

- ◆ 顯示按鈕：訊息方塊中顯示的按鈕，其值是 MessageBoxButtons 列舉常數，如表 4-7 所示。

- ◆ 顯示圖示：訊息方塊中顯示的圖示，其值是 MessageBoxIcon 列舉常數，如表 4-8 所示。

表 4-7　C# 的 MessageBoxButtons 列舉常數

MessageBoxButtons 列舉常數	說明
MessageBoxButtons.AbortRetryIgnore	顯示【中止】、【重試】和【忽略】鈕
MessageBoxButtons.OK	顯示【確定】鈕
MessageBoxButtons.OKCancel	顯示【確定】和【取消】鈕
MessageBoxButtons.RetryCancel	顯示【重試】和【取消】鈕
MessageBoxButtons.YesNo	顯示【是】和【否】鈕
MessageBoxButtons.YesNoCancel	顯示【是】、【否】和【取消】鈕

表 4-8　C# 的 MessageBoxIcon 列舉常數

MessageBoxIcon 列舉常數	說明
MessageBoxIcon.Asterisk、MessageBoxIcon.Information	顯示圓形、內含小寫字母 i 的訊息圖示
MessageBoxIcon.Error、MessageBoxIcon.Hand、MessageBoxIcon.Stop	顯示圓形、背景紅色、內含白色 X 的錯誤訊息圖示
MessageBoxIcon.Exclamation、MessageBoxIcon.Warning	顯示三角形、背景黃色、內含驚嘆號的警告圖示
MessageBoxIcon.Question	顯示圓形、內含問號的問題圖示
MessageBoxIcon.None	沒有顯示圖示

程式練習

使用 MessageBox 訊息方塊輸出「兩個整數相加」的執行結果，如下所示：

請在專案【CH04\frmAddProject】的表單【frmAdd.cs】中，找到「相加」鈕（btnAdd）的 Click 事件處理程序 btnAdd_Click，然後，將 MessageBox 訊息方塊的程式碼加在最後面即可，如下所示：

```
private void btnAdd_Click(object sender, EventArgs e) {
    int num1 = Convert.ToInt32(txtN1.Text);
    int num2 = Convert.ToInt32(txtN2.Text);
    int result = num1 + num2;
    lblResult.Text = num1 + " + " + num2 + " = " + result;
    // 使用 MessageBox 訊息方塊輸出「兩個整數相加」的執行結果
    MessageBox.Show(lblResult.Text, "兩數相加", MessageBoxButtons.OK,
                MessageBoxIcon.Information);
}
```

4-5　多行文字盒

　　TextBox 控制項可以讓使用者輸入字串，預設是輸入單行文字資料。若要輸入多行資料，則必須將屬性 MultiLine 設為 True。請特別注意，在 TextBox 控制項中必須輸出「\r\n」，才能達到跳行的效果。另外，若只是要顯示資料，則屬性 ReadOnly 要設為 True，以限定只能看，不能輸入。

　　再者，因為輸出的訊息可能超過文字盒在表單上的範圍，所以，將屬性 ScrollBar 設為 Both，以便超過時顯示水平和垂直捲軸。記得，屬性 WordWrap 要設為 False，這樣訊息太長時才不會折回來（不會斷行），水平捲軸才會出現。

程式練習

　　我們針對算術運算子做一個簡單的練習：整數四則運算。

　　任意輸入兩個整數，按下「＋」、「－」、「*」、「/」後，進行計算並且顯示結果，計算的結果會持續顯示在唯讀的多行文字盒上。當按下「清除」鈕時，可以清除數字一和數字二的資料，然後輸入焦點停在數字一的文字盒上，方便使用者輸入新的資料。而按下「結束」鈕時，則結束程式，介面如圖 4-3 所示：

圖 4-3　介面範例

　　先新增一個「CH04\ArithmeticOps」的專案，其中「CH04」為方案名稱。將表單檔案名稱更名為「ArithmeticOp.cs」，然後，依人機介面的設計，在表單中，依序加入文字盒、標籤、按鈕等通用控制項，然後在屬性視窗中設定控制項屬性。本例中，控制項的屬性設定如下所示：

(1) 表單的 Name 設為 ArithmeticOp，Text 為「四則運算」，Font 大小為 12pt；另外，將 ControlBox 設為 False 以關閉表單放大縮小等功能。

(2) 兩個提示標籤的 Text 分別設為「數字一」和「數字二」；

(3) 兩個輸入文字盒的 Name 分別設為 txtN1 和 txtN2；

(4) 顯示結果的文字盒 Name 設爲 txtResult，屬性 MultiLine 設爲 True，ScrollBar 設爲 Both，WordWrap 設爲 False，ReadOnly 設爲 True；

(5) 按鈕的 Name 分別設爲 btnAdd、btnSub、btnMul、btnDiv、btnClear、btnClose，Text 的值如介面所示。

　　完成人機介面的設計後，就可以試試程式的執行。目前程式並不會有任何反應，因爲這些按鈕的 Click 事件並未有任何傾聽的事件處理程式來回應。所以，我們逐步加上各按鈕的 Click 事件處理程序，來完成此應用程式。關閉表單比較容易，利用 Close() 就可以了。

　　處理算術運算子的觀念也很簡單，先到文字盒取得使用者的輸入，並且轉換成整數，之後根據使用者點選的運算子進行對應的計算，最後再利用字串串接將結果輸出。「＋」鈕的 Click 事件處理程序如下所示：

```
private void btnAdd_Click(object sender, EventArgs e) {
    int num1 = Convert.ToInt32(txtN1.Text);
    int num2 = Convert.ToInt32(txtN2.Text);
    string output = num1 + " + " + num2 + " = " + (num1 + num2);
    txtResult.Text += output + "\r\n";
}
```

　　「－」和「＊」的程式碼除了運算子不同之外，其餘皆相同，所以不再列出。由於兩個整數相除的結果仍是整數，爲了保留小數，「/」鈕先將其中一個數字隱含轉換成 double 再運算，同時，以格式化輸出將浮點數精確到小數點第 2 位，其事件處理程序如下所示：

```
private void btnDiv_Click(object sender, EventArgs e) {
    int num1 = Convert.ToInt32(txtN1.Text);
    int num2 = Convert.ToInt32(txtN2.Text);
    double result = num1 / (double) num2;
    string output = num1+" / "+num2+" = "+(result.ToString("0.00"));
    txtResult.Text += output + "\r\n";
}
```

　　如何清除文字盒上的資料呢？最簡單的方式就是將空字串存到 Text 屬性即可。然後，呼叫 TextBox 控制項的 Focus() 方法，將輸入焦點停在數字一的文字盒上，方便使用者輸入新的資料。「清除」鈕的 Click 事件處理程序如下所示：

```
private void btnClear_Click(object sender, EventArgs e) {
    txtN1.Text = "";
    txtN2.Text = "";
    txtN1.Focus();
}
```

4-6 Timer控制項

Timer 控制項用來指定間隔時間以自動產生事件,讓程式能夠週期性地進入事件處理程序進行某些動作,例如,更新畫面。

Timer 控制項在建立動畫效果上常常會用到。從工具箱可以在程式中非常方便的建立 Timer 控制項。Timer 控制項常用屬性,如表 4-9 所示:

表 4-9　C# 的 Timer 控制項常用屬性

屬性	說明
Name	控制項名稱
Enabled	是否啓動計時器控制項,預設值 False 為不啓動
Interval	設定觸發 Tick 事件的間隔時間,單位是毫秒(10^{-3} 秒)

Tick 事件是 Timer 控制項的主要事件。利用 Interval 屬性可以設定觸發 Tick 事件的間隔時間。將 Enabled 屬性設爲 True 可以啓動計時器,當 Interval 屬性的間隔時間到的時候,就會觸發 Tick 事件。程式流程會進入 Tick 事件處理程序,程式設計師必須在處理程序內,依照應用的需求撰寫處理 Tick 事件的程式碼。

程式練習

簡易時間顯示器。

我們利用學到的 DateTime 類別和 Timer 控制項來寫一個可以顯示時、分、秒的簡易電子鐘,介面如圖 4-4 所示:

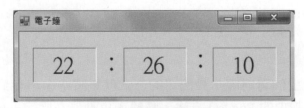

圖 4-4　簡易時間顯示器

控制項的屬性設定

先新增一個「CH04\TimerProject」的專案,其中「CH04」為方案名稱。將表單檔案名稱更名爲「clock.cs」,然後,依人機介面的設計,在表單中,依序加入標籤通用控制項,然後在屬性視窗中設定控制項屬性。本例中,控制項的屬性設定如下所示:

(1) 表單的 Name 設爲「clock」，Text 爲「電子鐘」，Font 大小爲 12pt。

(2) 兩個固定的標籤，其 Text 設爲「：」，AutoSize 設爲 False。

(3) 三個動態顯示時、分、秒之標籤的 Name 分別設爲 lblHour、lblMin 和 lblSec；
AutoSize 設爲 False；BorderStyle 設爲 Fixed3D；TextAlign 設爲 MiddleCenter。

表單載入事件

我們先在表單載入時（會發生 clock_Load 事件），取得現在時間的 DateTime 物件，同時，由物件變數 dt 來參考，方便之後取得相關的時間資訊，如下所示：

```
DateTime dt = DateTime.Now;
```

然後，我們利用屬性 Hour、Minute、Second 可以取得變數 dt 之 DateTime 物件的時、分、秒，並且顯示在對應之標籤上，如下所示：

```
lblHour.Text = dt.Hour.ToString();
lblMin.Text = dt.Minute.ToString();
lblSec.Text = dt.Second.ToString();
```

注意，屬性 Hour、Minute、Second 是整數值，無法隱含轉換爲屬性 Text 的 string 型態，所以必須先以 ToString() 方法將整數值轉換爲字串，再存入屬性 Text 中。

計時器 Tick 事件

現在，可以執行程式，你將看到顯示日前時間但卻靜止不動的電子鐘。爲了定期更新電子鐘的時間畫面，我們從工具箱加入 Timer 控制項到表單中，其 name 屬性預設爲 timer1。

我們將 Timer 控制項的 Enabled 屬性設爲 True 以啓動計時器，同時將 Interval 屬性設爲 1000，亦即每隔一秒就會觸發 Tick 事件一次。我們只要在 Tick 事件處理程序中，取得當時的時間並且顯示在標籤上，亦即每秒就會更新畫面一次，這樣就會看到一個會動的電子鐘了。

Tick 事件處理程序的程式碼如下所示。表單載入之事件處理程序的程式碼完全相同，因此不再列出。事件處理程序的完整程式碼，請參考專案【CH04\TimerProject】的表單【clock.cs】。

```
1  private void timer1_Tick (object sender, EventArgs e) {
2      DateTime dt = DateTime.Now;
3      lblHour.Text = dt.Hour.ToString();
4      lblMin.Text = dt.Minute.ToString();
5      lblSec.Text = dt.Second.ToString();
6  }
```

習題

▶ 選擇題

( ) 1. 標籤控制項預設會自動調整尺寸，如果需要更改尺寸，請問需要設定下列哪一個屬性為 False？

(A)Text (B)Name (C)AutoSize (D)TextAlign

( ) 2. 標籤控制項預設會自動調整尺寸，如果需要更改尺寸，請問需要將標籤屬性 AutoSize 的值設定為何？

(A)Auto (B)False (C)None (D)True

( ) 3. 請問，顯示訊息方塊需要使用 MessageBox 類別的哪一個方法？

(A)Show() (B)Display() (C)MsgBox() (D)Focus()

( ) 4. 如果表單需要建立單選的輸入介面，我們可以使用下列哪一種控制項？

(A) 文字方塊 (B) 選項按鈕 (C) 核取方塊 (D) 群組方塊

( ) 5. Timer 控制項預設並沒有作用，請問，程式碼需要設定下列哪一個屬性來啟用 Timer 控制項？

(A)Text (B)Visible (C)Enabled (D)Interval

▶ 填充題

1. 請完成下列程式碼，在控制項 label1 上顯示 num 的值。

```
int num = 10;
label1.Text =_____
```

2. 將輸入至文字盒（textbox1）的數字字串轉成整數 num1 的程式碼為：

```
int num1 = _____(_____);
```

3. 試問執行下列程式片段後，標籤控制項 label1 與 label2 會分別顯示什麼結果：

```
int x=6,y=3,z=0, w=0;
w = --x;
w = y++;
z = ++y;
label1.Text = ((x + y) * (z - w)).ToString();
label2.Text = (x + y * z - w).ToString();
```

4. 試問執行下列程式片段後，標籤控制項 label1 與 label2 會分別顯示什麼結果：

```
double p=6.6, q=3.2;
int r=3, s;
s = r--;
label1.Text = ((p + q) * s + r).ToString();
label2.Text = ((int)(p + q) * s + r).ToString();
```

5. ① Error ② Show ③ MessageBoxIcon ④ 錯誤訊息 ⑤ MessageBoxButton ⑥ MessageBox ⑦ OK ⑧ 數字大於 100

請將以上①～⑧做正確的排列，以便程式能在輸入錯誤時出現訊息方塊。

_____. _____("_____", "_____",_____. _____, _____. _____);

▶實作題

1. 圓面積的公式是 PI*r*r，圓周長的公式是 2*PI*r，PI 是圓周率 3.1415。請建立 Visual C# 視窗應用程式，輸入圓半徑之後，可以計算圓面積和圓周長。介面如下：

 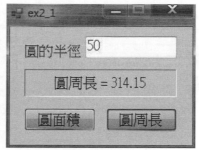

2. 請寫一個視窗應用程式，能夠輸入任意兩個整數，同時，按下「交換」鈕後能夠顯示交換前後的值。介面如下：

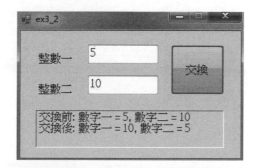

3. 請建立 C# 應用程式,利用 .NET Framework 類別庫中的 Math 類別所提供的方法來計算下列數學運算值,並將運算結果顯示在多行文字盒中,如下所示:

(A) 10 的平方

(B) 64 的平方根

(C) 30 度的 Sin()、Cos() 和 Tan() 三角函數值

介面如下圖:

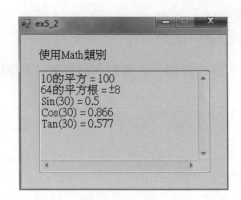

基本流程控制

我們已經介紹重要的 C# 資料型態、變數與運算式。本章開始探討 C# 程式語言的流程控制（Flow Control），讓程式的邏輯與運作流程有更多樣的變化。

程式的執行是有流程順序的，該流程必須正確表達出解決問題的邏輯。程式流程的基本控制結構（Control Structure）是循序（Sequential）結構，也就是說，電腦執行程式時，是 個敘述執行完，再執行下一個敘述。但是，解決問題的流程不會如此單純，我們必須學習另外兩個重要的程式流程控制結構：選擇（Selection）結構和重複（Iteration）結構，本章先介紹最基本的單向選擇（單選，single-selection）結構。

5-1 單選結構

選擇（Selection）結構有三種基木型式：單選、二選一和多選一，首先介紹單選的條件敘述（Conditional Statement）。單一選擇的條件敘述會依照條件運算式的真假，決定是否執行特定動作或功能的程式碼。其語法如下所示：

```
if ( 條件運算式 ) {
    程式敘述
}
```

記得，若是需要很多行敘述才能完成該特定功能的程式碼的話，這些敘述必須寫在由左右大括號括起的程式區塊內（{...}）；若是只有一行敘述的話，左右大括號可以省略。

舉例來說，假如程式的流程如圖 5-1 左邊的流程圖所示，其中 C 代表條件運算式，其結果是布林值（不是真就是假），而 Sn 代表程式敘述。該流程是說：當 C 成立時執行 S1；否則略過 S1，這是標準的單選型式。此時，底下兩種程式碼的語法與邏輯都是正確的：

```
(1)    if (C) S1 ;
       S2 ;
(2)    if (C) { S1 ; }
       S2;
```

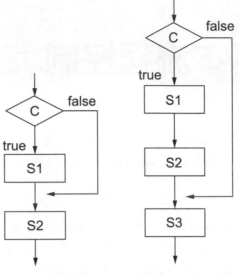

圖 5-1　流程圖

　　假如程式的流程如右邊的流程圖所示，當 C 成立時，必須執行 S1 和 S2；否則 S1 和 S2 也必須一起略過，那下列敘述的語法正確。但是，邏輯和流程圖不相符，因為只有 S1 會被略過（不要被縮排誤導了）。

```
if (C) S1 ;
    S2 ;
S3 ;
```

　　這是初學程式設計者最需要注意的地方，因為這常常是程式邏輯錯誤的來源。正確表達流程邏輯的敘述如下所示，只要將 S1 和 S2 構成程式區塊即可。

```
if (C) { S1;
    S2;
}
S3;
```

程式練習

　　任意輸入三個整數，假設先不限制數字的範圍，輸出三個整數的最大值和最小值。

▶ **如何求得最大值**

當取得使用者的三個輸入，並且轉換成整數 num1、num2、num3 之後，如何求得最大值呢？我們介紹程式設計最典型的作法。

我們要的只是最大值，所以，先宣告一個變數 max 用來記錄最大值。我們先把第一個數 num1 當作最大值，因此存入 max，如下所示：

```
int max = num1;
```

然後，把 num2 拿來和 max 比較，如果 num2 比 max 大，代表 num2 是目前的最大值，所以把 num2 存入 max 以取代原先的最大值；如果 num2 沒有比 max 大，代表記錄在 max 內的值就是最大值，因此不需要取代。也就是說，只有當 num2 比 max 大時，才需要進行替換的動作。有沒有注意到，這是一個單選的流程結構，所以，以下列敘述表示即可。

```
if (num2 > max) max = num2;
```

同埋，num3 也是以相同的邏輯來比較和處理，如下所示：

```
if (num3 > max) max = num3;
```

此時，三個數都比較過了，max 內記錄的就是最後的最大值。

▶ **如何求得最小值**

以相同的邏輯可以求得最小值。先宣告一個變數 min 來記錄最小值，再把第一個數 num1 存入 min 當作最小值，然後依序把 num2 和 num3 拿來和 min 比較，當該值比 min 小時，就進行替換，如下所示，請確實了解其運作的邏輯。

```
int min = num1;
if (num2 < min) min = num2;
if (num3 < min) min = num3;
```

先新增一個「CH05\MaxMinDemo」的「**主控台應用程式**」專案，其中「CH05」為方案名稱。程式碼請參考專案【CH05\MaxMinDemo】的 Program.cs，如下所示：

CH05\MaxMinDemo\Program.cs
1　`namespace MaxMinDemo {`
2　`    class Program  {`
3　`        static void Main(string[] args)  {`
4　`            Console.Write("數字一: ");`
5　`            int num1 = Convert.ToInt32(Console.ReadLine());`
6　`            Console.Write("數字二: ")`

```
7          int num2 = Convert.ToInt32(Console.ReadLine());
8          Console.Write("數字三: ");
9          int num3 = Convert.ToInt32(Console.ReadLine());
10
11         int max = num1;
12         if (num2 > max) max = num2;
13         if (num3 > max) max = num3;
14
15         int min = num1;
16         if (num2 < min) min = num2;
17         if (num3 < min) min = num3;
18
19         Console.WriteLine("最大值是" + max + ", 最小值是" + min);
20       }
21     }
22 }
```

執行結果

程式說明

- 第 4 行到第 9 行是先取得使用者所輸入的三個整數。

- 第 11 行到第 13 行計算最大值，記錄在 max 內。

- 第 15 行到第 17 行計算最小值，記錄在 min 內。

- 第 19 行輸出記錄在 max 內的最大值，以及記錄在 min 內的最小值。

程式練習

本應用程式是比較三個整數以取得最大值與最小值的視窗版，同時使用 MessageBox 訊息方塊輸出執行結果。

任意輸入三個整數，假設先不限制數字的範圍，按下「最大值」、「最小值」鈕，可用 MessageBox 訊息方塊輸出三個整數的最大值和最小值。介面如圖 5-2 所示：

圖 5-2

先新增一個「CH05\MaxMinDemo_win」的「Windows Forms App」專案,其中「CH05」為方案名稱。將表單檔案名稱更名為「ThreeNumbers.cs」,然後,依人機介面的設計,在表單中依序加入文字盒、標籤、按鈕等通用控制項,然後在屬性視窗中設定控制項屬性。本例中,控制項的屬性設定如下所示:

(1) 表單的屬性 Name 設為「ThreeNumbers」,Text 為「最小與最大」,Font 大小為 12pt。

(2) 三個提示標籤的屬性 Text 分別設為「數字一」、「數字二」和「數字三」;

(3) 三個輸入文字盒的屬性 Name 分別設為 txtNum1、txtNum2 和 txtNum3;

(4) 按鈕的屬性 Name 分別設為 btnMax、btnMin、btnClear、btnClose,屬性 Tcxt 的值如圖 5-2 所示。

我們逐步加上各按鈕的 Click 事件處理程序,來完成此應用程式。

(1)「清除」鈕

將空字串存到 Text 屬性即可達成清除文字盒內容的目的。同時呼叫 Focus() 方法讓文字盒 txtNum1 取得輸入焦點。

```
1  private void btnClear_Click(object sender, EventArgs e) {
2      txtNum1.Text = "";
3      txtNum2.Text = "";
4      txtNum3.Text = "";
5      txtNum1.Focus();
6  }
```

(2)「結束」鈕

關閉表單也很容易，利用 Close() 就可以了。現在，我們延伸此功能，跳出一個詢問的對話盒，讓使用者可以考慮是否真的要關閉表單。

如何做呢？還是使用 MessageBox 訊息方塊，只是出現的按鈕必須顯示【是】和【否】鈕（顯示【確定】和【取消】鈕也可以），讓使用者可以選擇。我們利用 MessageBoxButtons.YesNo 來設定顯示的按鈕即可。訊息方塊的介面如圖 5-3 所示：

圖 5-3

如何知道使用者選擇哪一個按鈕呢？其實，方法 MessageBox.Show() 會傳回一個型態是 DialogResult 的列舉常數值，當使用者按了【是】或【否】鈕時，會分別傳回 DialogResult.Yes 和 DialogResult.No。我們只要判斷回傳值是 DialogResult.Yes 時，才要關閉表單，這是一個單選的結構。程式碼如下所示：

```
1  private void btnClose_Click(object sender, EventArgs e) {
2       DialogResult result;
3       result = MessageBox.Show("確定結束程式嗎?", "詢問", MessageBoxButtons.
4  YesNo, MessageBoxIcon.Question);
5       if (result == DialogResult.Yes) {
6            Close();
7       }
8  }
```

(3)「最大值」鈕

當取得使用者的三個輸入，並且轉換成整數 num1、num2、num3 之後，求得最大值的邏輯如前例所述。當三個數都比較過了，變數 max 內記錄的就是最後的最大值，再利用 MessageBox 訊息方塊將 max 輸出即可，如下所示：

```
MessageBox.Show("最大值是" + max, "三數比較", MessageBoxButtons.OK,
MessageBoxIcon.Information);
```

「最大值」鈕的 Click 事件處理程序如下所示：

```
1    private void btnMax_Click(object sender, EventArgs e) {
2        int num1 = Convert.ToInt32(txtNum1.Text);
3        int num2 = Convert.ToInt32(txtNum2.Text);
4        int num3 = Convert.ToInt32(txtNum3.Text);
5
6        int max = num1;
7        if (num2 > max) max = num2;
8        if (num3 > max) max = num3;
9
10       MessageBox.Show("最大值是" + max, "三數比較", MessageBoxButtons.OK,
     MessageBoxIcon.Information);
11   }
```

(4)「最小值」鈕

以相同的邏輯可以求得最小值，我們只列出其比較的敘述，如下所示。請確實了解其運作的邏輯。

```
int min = num1;
if (num2 < min) min = num2;
if (num3 < min) min = num3;
```

所有按鈕的事件處理程序的完整程式碼，請參考專案【CH05\MaxMinDemo_win】的表單【ThreeNumbers.cs】。

5-2　錯誤檢查與處理

程式執行時難免會有一些無法預期的情況發生。例如：除數為零、輸入資料型別不符、記憶體不足、網路突然無預警斷線等，這些都會導致系統不正常運作，造成使用者困擾。

錯誤處理是指在程式執行時，如果發生不正常執行狀態時，我們可以在程式裡以事先安排的措施處理這些錯誤。錯誤處理的目的是為了讓程式能夠更穩固（Robust），當程式遇到不尋常情況，也不會造成程式掛掉（Crashing），同時能給使用者一些必要的錯誤訊息和引導。

錯誤的檢查與處理是一件很瑣碎但是很重要的工作。我們已學會條件判斷式與基本的單選結構，可以做一些簡單的錯誤檢查與處理的程式練習。

程式練習

整數範圍的檢查。

我們針對第 2 章的整數除法運算（DivisionDemo 專案）做進一步的改良。例如，我們限定整數的範圍是 0 到 99，當使用者輸入的數字太小或太大時，輸出錯誤的提示訊息，讓使用者重新輸入合法的數字。

目前我們只學到單選結構，所以就以這些語法來處理。假設數字一小於 0，就輸出 " 錯誤：數字一小於 0" 的訊息。因為此時已有錯誤，程式不需要往下處理，應該馬上離開 Main 程序，同時讓執行流程回到系統。

在 C# 裡，馬上離開處理程序的動作，可以用 return 敘述來達成，程式碼如下：

```
if (num1 < 0) {
    Console.WriteLine("錯誤：數字一小於0");
    return;    // 程式的執行流程不會往下走，而是轉回呼叫者
}
```

接著，程式以相同的邏輯來檢查數字一是否大於 99，程式碼如下：

```
if (num1 > 99) {
    Console.WriteLine("錯誤：數字一超過99");
    return;
}
```

如果通過上述兩個檢查，表示數字一在範圍之內。數字二的範圍檢查依照相同的邏輯來處理。當 num1 和 num2 都通過有效範圍的檢查時，則可以進行除法運算並且輸出結果。程式碼請參考「**主控台應用程式**」專案【**CH05\DivisionDemo2**】，如下所示：

CH05\DivsionDemo2\Program.cs

```
1   namespace DivisionDemo2  {
2       class Program  {
3           static void Main(string[] args)  {
4               Console.Write("數字一: ");
5               int num1 = Convert.ToInt32(Console.ReadLine());
6               // 檢查數字一
7               if (num1 < 0) {
8                   Console.WriteLine("錯誤：數字一小於0");
9                   return;
10              }
11              if (num1 > 99) {
12                  Console.WriteLine("錯誤：數字一超過99");
```

```
13                  return;
14              }
15          Console.Write("數字二: ");
16          int num2 = Convert.ToInt32(Console.ReadLine());
17          // 檢查數字二
18          if (num2 < 0) {
19              Console.WriteLine("錯誤：數字二小於0");
20                  return;
21          }
22          if (num2 > 99) {
23              Console.WriteLine("錯誤：數字二超過99");
24                  return;
25          }
26          double result = (double) num1 / num2;
27          // 精確到小數點2位的格式化輸出
28          Console.WriteLine("{0} / {1} = {2:0.00}", num1, num2, result);
29      }
30    }
31  }
```

執行結果

程式說明

- 第 4 行到第 5 行是先取得使用者的輸入，轉換成整數並且存入 num1。

- 第 7 行到第 10 行檢查 num1 是否在範圍之內。假設 num1 小於 0，就輸出「錯誤：數字一小於 0」的訊息，同時利用 return 敘述馬上離開處理程序；否則，程式繼續往下處理。

- 第 11 行到第 14 行以相同的方式檢查 num1 是否超過 99，如果成立，就輸出「錯誤：數字一超過 99」的訊息，同時利用 return 敘述離開處理程序；否則，程式繼續往下處理。

- 第 15 行到第 16 行是取得使用者輸入的整數 num2。

- 第 18 行到第 25 行檢查 num2 是否在範圍之內。

- 第 26 行到第 28 行，num1 和 num2 都通過有效範圍的檢查，因此，進行除法運算並且輸出結果。

程式練習

使用邏輯運算子進一步改寫除法運算的範圍檢查。

在上述的除法運算中，我們使用兩個簡單的比較運算式，分別判斷輸入值是否落在有效範圍，一旦發覺範圍不符，就顯示錯誤訊息，不再處理。程式邏輯如下：

```
if (num1 < 0) { Console.WriteLine("錯誤：數字一小於0"); return ; }
if (num1 > 99) { Console.WriteLine("錯誤：數字一超過99"); return ; }
```

這樣的分開檢查範圍以及顯示訊息或許太瑣碎，我們統一以「數字一範圍不符，必須 0 到 99」來表達就可以了，如此，程式碼可以用複合條件式來改寫，會讓程式碼更加的簡潔，如下所示：

```
if (num1 < 0 || num1 > 99) {
    Console.WriteLine("錯誤：數字一範圍不符，必須0到99");
    return;
}
```

數字二也以相同的邏輯來處理。完整程式碼如下所示，你不妨自己試試改寫。

```
1  tatic void Main(string[] args)  {
2      Console.Write("數字一: ");
3      int num1 = Convert.ToInt32(Console.ReadLine());
4      if (num1 < 0 || num1 > 99) {
5          Console.WriteLine("錯誤：數字一範圍不符，必須0到99");
6          return;
7      }
8      Console.Write("數字二: ");
```

```
 9          int num2 = Convert.ToInt32(Console.ReadLine());
10          if (num2 < 0 || num2 > 99) {
11              Console.WriteLine("錯誤:數字二範圍不符,必須0到99");
12              return;
13          }
14          double result = (double) num1 / num2;
15          Console.WriteLine("{0} / {1} = {2:0.00}", num1, num2, result);
16  }
```

5-3　例外處理（Exception Handling）

之前我們學到:錯誤處理是指在程式執行時,如果發生不正常執行狀態,程式以事先安排的措施處理這些錯誤,讓程式能夠更穩固（Robust）。我們已經針對整數的除法運算,利用單一選擇的 if 條件判斷式,做了一些簡單的範圍檢查與錯誤訊息的提示。

但是,還有許多可能的錯誤會發生,例如:除數為零、輸入資料型別不符等。我們當然可以針對每一種狀況再以 if 條件判斷式來檢查和處理,可是太多的 if 敘述以及錯誤處理的程式碼,會破壞程式正常邏輯的可讀性,讓程式變得冗長、不易理解。

因此,C# 語言對於在程式執行時,常見的異常執行狀態,例如:除以 0、格式不符等,預先定義了例外類別（Exception Classes）,同時,提供結構化的例外處理的程式敘述 try／catch／finally,其控制結構如下所示:

```
try {
    //測試的程式碼 (可能有例外發生)
}
catch (Exception ex) { //可以有多個catch
    //例外處理的程式碼
    //顯示錯誤訊息:ex.ToString()或ex.Message
}
finally {
    //選擇性的程式區塊。如果有的話,一定會執行。
}
```

我們把可能出現例外的程式碼寫在 try 程式區塊內。如果 try 程式區塊的程式碼發生錯誤,系統會捕捉到,同時把程式的流程轉入 catch 程式區塊,參數 ex 將收到傳入的 Exception 例外物件。

在 catch 程式區塊可以使用 ex.ToString() 方法或 ex.Message 取得錯誤資訊，同時可以建立例外處理的補救程式碼。不同的例外，對應到不同的例外類別；可以有多個 catch 程式區塊來捕捉不同的例外。

finally 程式區塊是選擇性的，不論錯誤是否產生，都會執行此區塊的程式碼，通常是用來作為釋放已佔有之資源等善後的程式碼。

你可以看出來，經由這種例外捕捉的機制，可以把許多錯誤處理的程式碼隔離在 catch 程式區塊內，明顯地增加程式邏輯的結構性和可讀性。

這裡要特別提出的是：本書並不打算介紹這些例外類別。只要記得這些例外類別都可以用最一般化的 Exception 類別來捕捉就可以了，詳細的例外類別的介紹請查閱線上文件的說明。

程式練習

針對整數的除法運算，做進一步的改良。除了原先的範圍檢查，還要加上除數為零、輸入資料型別不符兩項例外檢查。

作法很簡單，我們不使用 if 條件判斷式來處理；而是使用 try 程式區塊將原先的程式碼括起來，再以 catch 程式區塊來捕捉這兩種例外。

請注意，原先的程式邏輯還保留著。當輸入正確時，就只會執行 try 程式區塊的程式碼；當有例外發生時，程式流程才會進入 catch 程式區塊內執行。

因為，我們只要顯示錯誤訊息而已，所以目前我們並不需要區分這兩種例外，全部用 Exception 類別來捕捉，再使用例外物件的 Message 屬性，取得精簡的錯誤資訊來顯示即可。當你輸入 "12a" 這種資料時，Convert.ToInt32( ) 無法將其轉換成整數，因此產生例外，錯誤訊息是 " 輸入字串格式不正確 "。當你輸入的第二個數字為 0 時，也會產生例外，錯誤訊息是 " 嘗試以零除 "。

請確實了解其運作原理。程式碼請參考「**主控台應用程式**」專案【CH05\DivisionExceptionDemo】，如下所示：

CH05\DivisionExceptionDemo\Program.cs

```
1  namespace DivisionExceptionDemo  {
2     class Program  {
3        static void Main(string[] args)  {
4           try {
5              Console.Write("數字一: ");
6              int num1 = Convert.ToInt32(Console.ReadLine());
```

```
7              // 檢查數字一
8              if (num1 < 0 || num1 > 99) {
9                  Console.WriteLine("錯誤：數字一範圍不符，必須0到99");
10                 return;
11             }
12             Console.Write("數字二: ");
13             int num2 = Convert.ToInt32(Console.ReadLine());
14             // 檢查數字二
15             if (num2 < 0 || num2 > 99) {
16                 Console.WriteLine("錯誤：數字二範圍不符，必須0到99");
17                 return;
18             }
19             double result = num1 / num2;
20             Console.WriteLine("{0} / {1} = {2:0.00}", num1, num2, result);
21         } catch (Exception ex) {
22             Console.WriteLine("錯誤：" + ex.Message);
23             //Console.WriteLine("錯誤：" + ex.ToString());
24         }
25     }
26   }
27 }
```

執行結果

程式說明

- 第 4 行到第 21 行是 try 程式區塊，將原先的程式碼括起來。

- 第 5 行到第 6 行是先取得使用者的輸入，轉換成整數並且存入 num1。

- 第 8 行到第 11 行檢查 num1 是否在範圍之內。假設 num1 的值在範圍之外，就輸出「錯誤：數字一範圍不符，必須 0 到 99」的訊息，同時利用 return 敘述馬上離開處理程序；否則，程式繼續往下處理。

- 第 12 行到第 13 行是取得使用者輸入的整數 num2。

- 第 15 行到第 18 行以相同的方式檢查 num2 是否在範圍之內。

- 第 19 行到第 20 行，num1 和 num2 都通過有效範圍的檢查，因此，進行除法運算並且輸出結果。**請注意：為了測試「除數為零」的例外檢查，第 19 行的除法運算並沒有進行 double 型態轉換。**

- 第 21 行到第 24 行是 catch 程式區塊，使用例外物件的 Message 屬性，取得精簡的錯誤資訊來顯示。也可以使用例外物件的 ToString() 方法，取得較詳細的錯誤資訊來顯示。

程式練習

利用自行產生例外，統一範圍檢查與例外的處理。

在上述的程式練習中，當輸入的數字超出範圍時，我們使用 Console.WriteLine() 顯示錯誤訊息，再利用 return 敘述離開執行流程，例如下列的程式碼：

```
1  if (num1 < 0 || num1 > 99) {
2      Console.WriteLine("錯誤：數字一範圍不符，必須0到99");
3      return;
4  }
```

如果我們想要將例外訊息的顯示統一交給 try ／ catch ／ finally 來處理，那要如何做呢？利用 throw 指令自行丟出例外即可達到目的。自行丟出例外的語法如下所示：

```
throw new 例外類別名稱("提供的錯誤訊息")
```

我們可以依據實際需要定義自訂的例外類別，目前為了簡單起見，我們全部只用 throw 指令自行丟出系統既有之 Exception 類別的例外物件，改良後的程式碼請參考「**主控台應用程式**」專案【CH05\ThrowExceptionDemo】，如下所示：（**請注意第 5 行和第 9 行的 throw 指令**）

```
1  try  {
2     Console.Write("數字一: ");
3     int num1 = Convert.ToInt32(Console.ReadLine());
4     // 檢查數字一
5     if (num1 < 0 || num1 > 99) throw new Exception("數字一範圍不符，必須0到99");
6     Console.Write("數字二: ");
7     int num2 = Convert.ToInt32(Console.ReadLine());
8     // 檢查數字二
9     if (num2 < 0 || num2 > 99) throw new Exception("數字二範圍不符，必須0到99");
10    double result = num1 / num2;
11    Console.WriteLine("{0} / {1} = {2:0.00}", num1, num2, result);
12 } catch (Exception ex) {
13    Console.WriteLine("錯誤: " + ex.Message);
14    //Console.WriteLine("錯誤: " + ex.ToString());
15 }
```

5-4 區域變數和實體變數

在應用程式中，有時必須保留變數值，讓方法或事件處理程序能夠共同存取該變數值。此時必須有變數的生命週期和使用範圍的觀念，才能在適當的地方正確地宣告變數。本節先說明區域變數和實體變數的特性。

☷ 變數的生命週期（Life Time）和使用範圍（Scope）

我們必須知道，變數代表一塊記憶體，但是變數有其生命週期和勢力（使用）範圍。生命週期是指變數之記憶體的存在期間；變數範圍是指那些可以存取到該變數之敘述所構成的範圍。也就是說，變數並不一定都會一直存在，也不是所有敘述都可以存取到該變數。

☷ 區域變數

在方法、事件處理程序或程式敘述區塊（Block）內宣告的變數稱為區域變數（Local Variable）。

當程式流程進入方法（程序）或程式區塊內時，才會配置區域變數的記憶體，而且該變數只對此方法或區塊內的敘述有效（可以存取）。一旦離開此方法或區塊之後，變數（記憶體）即不存在，因此，也不能被存取。

從以上的說明可以看出，區域變數有一個特質，它不適合用來保留或共享其變數值，因為，離開方法或區塊後，變數就不存在了，下次再進入時，又是新的記憶體和新的值了。

我們做一個簡單的測試，介面和程式碼請參考「Windows Forms App」專案【CH05\
LocalandInstanceVarDemo】的表單【LocalandInstanceVar.cs】，如下所示：

圖 5-4

```
1  private void button1_Click(object sender, EventArgs e) {
2      int x = 0;   // 區域變數
3      x = x + 1;
4      lblResult.Text = "x = " + x;
5  }
```

我們在「區域變數 x + 1」鈕的事件處理程序 button1_Click 之內宣告區域變數 x，你可以發現：每次進到處理程序時，x 值都會加一，並且顯示結果。但是下次再進到處理程序時，又是新的 x 而且歸零，因此，不管你按幾次按鈕，永遠只會看到「x = 1」的結果，如圖 5-4 所示。

實體變數

實體變數（Instance Variable）是類別的屬性成員，在類別內宣告，而且是宣告在方法（或事件處理程序）之外。

當由類別產生物件時，這些實體變數的記憶體就會被配置。只要物件存在，實體變數就存在，而且該類別的所有實體方法（或事件處理程序）都可以使用這些實體變數。因此，實體變數可以用來保留或共享其變數值。

同樣的，我們做一個簡單的測試，介面和程式碼如下所示：

 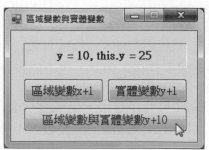

圖 5-5

CH05\LocalandInstanceVarDemo\LocalandInstanceVar.cs

```
1   public partial class LocalandInstanceVar : Form
2       ......(省略)
3       int y = 0;    //實體變數
4       private void button2_Click(object sender, EventArgs e){
5           y = y + 1;    //實體變數
6           lblResult.Text = "y = " + y;
7       }
8       private void button3_Click(object sender, EventArgs e){
9           int y = 0;          //區域變數
10          y += 10;            //區域變數優先
11          this.y += 10;      //實體變數
12          lblResult.Text = "y = " + y + ", this.y = " + this.y;
13      }
14  }
```

請注意，我們在表單類別 LocalandInstanceVar 之內，所有事件處理程序之外宣告實體變數 y，因此，y 是屬於表單的實體變數，只要表單存在，y 就存在。

你可以發現，每次進入「實體變數 y+1」鈕的事件處理程序 button2_Click 時，y 都會加一，並且顯示結果。因為實體變數可以保留其變數值。所以，每按一次「實體變數 y+1」鈕，都會將 y 累加 1，如圖 5-5 所示。

請特別注意，當區域變數和實體變數同名，使用時以區域變數為優先。例如，當區域變數和實體變數都宣告為 y 時，使用 y 是指區域變數 y 。若想存取實體變數 y，則必須以 this.y 來明確的指明。

你可以發現，每次進入「區域變數與實體變數 y+10」鈕的事件處理程序 button3_Click 時，永遠只會看到區域變數「y = 10」的結果。但因為實體變數 this.y 可以共享。所以，每按一次「區域變數與實體變數 y+10」鈕，都會將 this.y 累加 10，如圖 5-5 所示。

請確實了解區域變數和實體變數在宣告和運作上的差異，以便正確的運用這兩種變數，這是程式設計非常重要的基本功。

程式練習

簡易時間顯示器（第二種作法）。

我們已經有區域變數和實體變數的觀念，現在，我們來改寫 4-6 節的電子鐘的程式。先新增一個「CH05\TimerProject」的「Windows Forms App」專案，將表單檔案名稱更名為「clock_2.cs」，介面和屬性的設定完全一樣，不再描述。

在 4-6 節的程式中，每隔一秒就會向系統要一次當時時間的 DateTime 物件，來顯示其時間資訊。有沒有其他的作法呢？

其實，我們只要在表單載入時向系統要一次現在時間的 DateTime 物件就夠了。程式可以把現在時間的時、分、秒資訊儲存在變數中，然後**自行維護這些時間資訊**，再顯示就可以了。

在本程式中，我們將只在表單載入時向系統要一次現在時間的 DateTime 物件，然後，把現在時間的時、分、秒資訊儲存在變數中。之後，Tick 事件發生時，表示已過了 1 秒，所以，我們在 Tick 事件處理程序中，更新這些時間資訊（遞增 1 秒），再顯示就可以了。

宣告實體變數

假設以 h、m、s 來記錄時、分、秒的資訊，應該如何宣告這些變數呢？

因為這些變數必須保留著，以便每次 Tick 事件發生時可以遞增 1 秒，同時，這些變數必須讓表單載入處理程序和 Tick 事件處理程序所共用，因此，我們必須將這些變數宣告為實體變數，亦即宣告在方法或事件處理程序之外，如下所示：

```
int h, m, s;    // 宣告為實體變數
```

表單載入事件

表單載入的事件處理程序如下所示：

```
1  private void clock_2_Load (object sender, EventArgs e) {
2      DateTime dt = DateTime.Now;
3      h = dt.Hour;
4      m = dt.Minute;
5      s = dt.Second;
6      lblHour.Text = h.ToString();
7      lblMin.Text = m.ToString();
8      lblSec.Text = s.ToString();
9  }
```

在取得現在時間的 DateTime 物件之後，我們利用屬性 Hour、Minute、Second 取得現在時間的時、分、秒，同時儲存在實體變數 h、m、s 中，並且顯示在對應之標籤上。

計時器 Tick 事件

Tick 事件處理程序如下所示：

```
1   private void timer1_Tick(object sender, EventArgs e) {
2       s = s + 1;
3       if (s >= 60) {
4           m++; s = 0;
5       }
6       if (m >= 60) {
7           h++; m = 0;
8       }
9       if(h >= 24) h = 0;
10      lblHour.Text = h.ToString();
11      lblMin.Text = m.ToString();
12      lblSec.Text = s.ToString();
13  }
```

因為每一秒觸發 Tick 事件一次，所以，在 Tick 事件處理程序中，必須將時間遞增 1 秒。先把秒數 s 的值加 1。若 s 超過 60，則必須把 m 加 1 分，然後把秒數歸零。同樣的道理，如果 m 超過 60，則必須把 h 加 1 小時，然後把 m 歸零。更新完時間資訊之後，再顯示就可以了。

本範例的完整程式碼，請參考專案【CH05\TimerProject】的表單【clock_2.cs】。

程式練習

猜數字遊戲。

隨機產生一個二位數（0～99），讓使用者猜，系統會提示大小，過程以文字盒顯示。可以看答案，也可以產生數字重玩，介面如下所示：

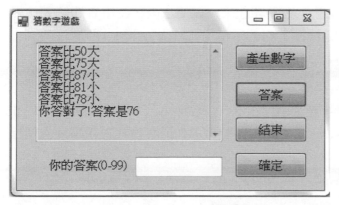

圖 5-6

🎲 控制項的屬性設定

先新增一個「CH05\guessNumberProject」的「Windows Forms App」專案,其中「CH05」為方案名稱。將表單檔案名稱更名為「guessNumber.cs」,然後,依人機介面的設計,在表單中依序加入標籤、文字盒、按鈕等通用控制項,然後在屬性視窗中設定控制項屬性。本例中,控制項的屬性設定如下所示:

(1) 表單的 Name 設為「guessNumber」,Text 為「猜數字遊戲」,Font 大小為 12pt。

(2) 將輸入答案之文字盒的 Name 設為 txtAnswer。

(3) 另一個顯示訊息之文字盒的 Name 設為 txtMessage。

請注意,因為要顯示多行,所以,屬性 MultiLine 要設為 True;屬性 ReadOnly 要設為 True,以限定只能看,不能輸入;再者,因為輸出的訊息可能超過文字盒在表單上的範圍,所以,將屬性 ScrollBar 設為 Both,以便超過時顯示水平和垂直捲軸。記得,屬性 WordWrap 要設為 False,這樣訊息太長時才不會折回來,水平捲軸才會出現。

(4) 按鈕「產生數字」、「答案」、「結束」、「確定」的 Name 分別設為 btnNewNumber、btnAnswer、btnClose、btnInput,Text 的值,如介面所示。

🎲 表單載入和按下「產生數字」鈕的處理

在表單載入或按下「產生數字」鈕時,程式必須隨機產生 0 ~ 99 的新數字,因此,我們可以把 Random 物件宣告為實體變數,如下所示:

```
Random rd = new Random();
```

如何產生 0 ~ 99 的新數字呢?我們利用 Next(int1, int2) 方法,將界定範圍的參數設為 0 和 100 即可。同時,此數字必須存起來,以便之後和使用者的輸入比對,我們宣告整數變數 answer 來記錄此隨機值,如下所示:

```
answer = rd.Next (0, 100) ;    // 0 ~ 99
```

因為變數 answer 必須讓「產生數字」、「答案」、「確定」等按鈕的 Click 事件處理程序所共用,所以,將 answer 宣告為實體變數,亦即必須宣告在事件處理程序之外,如下所示:

```
int answer;
```

記得，新遊戲開始時，要將答案欄和訊息欄清空，如下所示：

```
txtAnswer.Text = "";
txtMessage.Text = "";
```

綜合上述，表單載入和「產生數字」鈕的事件處理程序程式碼，如下所示：

```
1   Random rd = new Random();
2   int answer;
3   private void btnNewNumber_Click(object sender, EventArgs e) {
4       answer = rd.Next(0, 100);
5       txtAnswer.Text = "";
6       txtMessage.Text = "";
7   }
8   private void guessNumber_Load(object sender, EventArgs e) {
9       …… // 和事件處理程序 btnNewNumber_Click相同
10  }
```

「答案」鈕的處理

再來，我們先處理「答案」鈕的 Click 事件處理程序。很簡單，只要把變數 answer 的值以 MessageBox 來顯示即可，如下所示：

```
MessageBox.Show(answer.ToString(), " 答 案 ", MessageBoxButtons.OK,
                MessageBoxIcon.Information);
```

因為 answer 是整數，必須先以 ToString() 方法轉成字串，才能傳給 Show() 顯示。

「確定」鈕的處理

(1) 取得輸入

當使用者按下「確定」鈕，我們先看是否有輸入資料，如果沒有，則以 MessageBox 顯示提示的訊息，同時，以 return 敘述把控制權歸還給系統，如下所示：

```
if (txtAnswer.Text == "") {
    MessageBox.Show(" 沒 有 輸 入 答 案 ", " 錯 誤 ", MessageBoxButtons.OK,
                    MessageBoxIcon.Error);
    return;
}
```

如果有輸入資料，我們假設輸入的是有效的數字，這時候可以取得輸入值，並且和 answer 進行大小比較。我們把使用者的輸入儲存到變數 input 中，同時宣告 output 字串變數，用來儲存比較之後的訊息。如下所示：

```
int input = Convert.ToInt32(txtAnswer.Text);
string output = "";
```

(2) 比對輸入值和答案

變數 input 和 answer 的比較只有三種可能：等於、小於、大於，我們以三個單選的結構來完成所有的比較情況。

注意：所有可能的比較情況都必須考慮到，才不會造成程式的漏洞和錯誤，這是程式設計的重要觀念，請務必記得。

在本例中，當 input 和 answer 相等，表示答對了；當 input 小於 answer，表示答案比使用者猜的值大；當 input 大於 answer，表示答案比使用者猜的值小。我們依個別比較的結果，把對應的訊息儲存在 output 中，如下所示：

```
if (input == answer) output = "你答對了!答案是" + answer;
if (input < answer) output = "答案比" + input + "大";
if (input > answer) output = "答案比" + input + "小";
```

現在，必須把儲存在 output 中的訊息顯示在目前文字盒上訊息的最後面，讓使用者了解所有猜測後的提示資訊，作為進一步猜測的依據。

(3) 文字盒的跳行與輸出

注意：每一次的提示資訊之後都必須跳行，**在 C# 裡，文字盒內是以字串 "\r\n" 達到跳行的效果。**

所以，我們先取得文字盒 txtMessage 上的 Text 屬性值，這是目前文字盒上的資料，然後串接 output 中的訊息，再串接跳行的字串。記得：要把最後的串接結果，存回 txtMessage 的 Text 屬性，文字盒上的訊息才會被更新，使用者才看得到最新的結果。程式如下所示：

```
txtMessage.Text = txtMessage.Text + output + "\r\n";
```

也可以寫成下列敘述：

```
txtMessage.Text += output + "\r\n";
```

(4) 介面的反應

接著，我們可以把將答案欄清空，同時讓答案欄取得焦點，方便使用者輸入下一個
猜測值，如下所示：

```
txtAnswer.Text = "";
txtAnswer.Focus();
```

「確定」鈕的事件處理程序程式碼，如下所示：

```
1  private void btnInput_Click(object sender, EventArgs e) {
2      if (txtAnswer.Text == "") {
3          MessageBox.Show("沒有輸入答案", "錯誤", MessageBoxButtons.OK,
4  MessageBoxIcon.Error);
5          return;
6      }
7      int input = Convert.ToInt32(txtAnswer.Text);
8      string output = "";
9      if (input == answer) output = "你答對了!答案是" + answer;
10     if (input < answer) output = "答案比" + input + "大";
11     if (input > answer) output = "答案比" + input + "小";
12     txtMessage.Text += output + "\r\n";
13     //可在此處理捲軸出現的位置
14     txtAnswer.Text = "";
15     txtAnswer.Focus();
16 }
```

⬡ 介面操作的改良

我們已經完成本程式的主要邏輯，你可能發現：本程式的人機互動上有許多可以更
友善（User-Friendly）的地方。

(1) 人機互動改良 –1

例如：每次文字盒輸出的捲軸都會出現在最前面，使用者必須把捲軸拉到最後面，
才能看到最新的比較訊息，其實並不方便。

如何讓文字盒的捲軸顯示在最後面呢？最簡單的作法是在文字盒的訊息輸出之後，
再執行下面兩行敘述：

```
txtMessage.SelectionStart = txtMessage.TextLength;
txtMessage.ScrollToCaret();
```

屬性 TextLength 可以取得文字盒上文字的總數，而屬性 SelectionStart 用來設定文字盒上選取文字的起點。我們先把文字選取的起點，設在文字盒上所有文字的最後面，作為插入號位置，然後，利用方法 ScrollToCaret() 將捲軸捲動到目前選取的插入號位置即可。

(2) 人機互動改良 –2

你不妨再想一想還有哪些可以加強的地方，然後，嘗試著把它解決，對於提升你的程式功力，將有莫大的助益。

例如，答對之後，使用者應該不能再輸入數字和按「確定」鈕。我們可以將控制項的 Enabled 屬性設為 false，讓它們呈現灰色無法作用，即可達到目的。所以，在 input 和 answer 相等時，可以加入下列粗體字的敘述：

```
if (input == answer) {
    output = "你答對了!答案是" + answer;
    // 介面操作的改良 (新增下列敘述)
    txtAnswer.Enabled = false;
    btnInput.Enabled = false;
}
```

當按下「產生數字」鈕時，代表開始新回合的遊戲，此時，必須重新打開輸入答案之文字盒和「確定」鈕的作用功能，同時，讓輸入答案之文字盒取得焦點，方便使用者輸入猜測的數字以進行遊戲。所以，在「產生數字」鈕的 Click 事件處理程序中可以加入下列粗體字的敘述：

```
private void btnNewNumber_Click(object sender, EventArgs e) {
    answer = rd.Next(0, 100);
    txtAnswer.Text = "";
    txtMessage.Text = "";
    // 介面操作的改良
    txtAnswer.Enabled = true;
    btnInput.Enabled = true;
    txtAnswer.Focus();
}
```

(3) 人機互動改良 –3

假如在文字盒 txtAnswer 輸入答案之後，直接按 Enter 鍵，能夠相當於按下「確定」鈕 btnInput 之功能的話，則可以捕捉文字盒 txtAnswer 的 KeyPress 事件。在其事件處理程序中，透過 e.KeyChar 取得使用者按下的鍵值。若該值等於 Enter 鍵的逸出字元（Escape char）'\r' 時，呼叫「確定」鈕對應的事件處理程序即可。程式碼如下所示：

```
private void txtAnswer_KeyPress(object sender, KeyPressEventArgs e) {
    if (e.KeyChar == '\r') btnInput_Click(sender, e);
}
```

(4) 人機互動改良 –4

按下「結束」鈕，跳出一個詢問的對話盒，讓使用者可以考慮是否真的要關閉表單，其程式碼如下所示：

```
private void btnClose_Click(object sender, EventArgs e) {
    DialogResult result = MessageBox.Show("確定結束程式嗎?", "詢問",
                       MessageBoxButtons.YesNo, MessageBoxIcon.Question);
    if (result == DialogResult.Yes) Close();
}
```

若希望按下表單的「X」鈕，也要有相同效果的話，可以捕捉表單的 FormClosing 事件。在真正關閉表單之前，詢問使用者是否真的要關閉表單。若使用者不想關閉表單的話，將 e.Cancel 設為 true 以取消關閉表單。其程式碼如下所示：

```
private void guessNumber_FormClosing(object sender, FormClosingEventArgs e) {
    DialogResult result = MessageBox.Show("確定結束程式嗎?", "詢問",
                       MessageBoxButtons.YesNo, MessageBoxIcon.Question);
    if (result == DialogResult.No) e.Cancel = true;  // 取消關閉表單
}
```

你不妨嘗試著動手做做看，以確實了解這些程式碼在操作介面上所帶來的功能變化。本範例的完整程式碼，請參考專案【CH05\guessNumberProject】的表單【guessNumber.cs】。

記得，程式可以有很多種寫法，本書提供的只是一種可能的作法，你可以試試看屬於自己的想法，以及寫出其對應的程式碼。當然，你現在的想法可能有限，所學到的程式功能也不多，但是，模仿是第一步，當你看得越多、學得越多、想得越多，你的程式基本功自然地就在不知不覺中不斷的增長。請持之以恆！

習題

▶ 選擇題

( ) 1. 如果 C# 程式需要條件敘述，而且只有在變數 s 等於 6 時執行，其寫法為何？

(A)if s = 6 then　(B)if s == 6 then　(C)if s == 6　(D)if (s == 6)

( ) 2. 如果需要建立條件敘述判斷人數超過 1000 人時，顯示熱門商品的文字內容，沒有超過則不需要任何處理，此時可以使用哪一種條件敘述？

(A)if/else　(B)if/else/if　(C)switch　(D)if

( ) 3. 請問，下列哪一個關鍵字可以從 C# 語言的函數來傳回值？

(A)default　(B)break　(C)return　(D)exit

( ) 4. 要判斷 num 的值是否小於 100，如果沒有達到 100，就要讓 num 的值 +1，請問下面哪個程式碼是錯誤的？（註：num 已經宣告）

```
(A) if (num < 100);           (B) if (num < 100)
    {                             {
        num = num+1;                  num++;
    }                             }
```

( ) 5. 請問，執行下列程式碼之後，主控台視窗顯示的結果為何？

```
int num = 0;
if(num == 1){
    num = num +2;
}
    num = num +1;
if(num == 0)
    num = num -1;
}
Console.WriteLine( num.ToString() );
```

(A)0　(B)2　(C)1　(D)-1

( ) 6. 在 C# 中，測試 s 的值是否小於 0，大於 100 的條件式為何？

(A)(s < 0 AndAlso s > 100)　　　　(B)(0 >s>100)

(C)(s<0 || s>100)　　　　(D)(s<0 && s>100)

( ) 7. 假設 if 的條件判斷式為 (x && y || z)，試問下列何者會讓 if 條件式的結果為 false？

(A)x=true ; y=true ; z=false;　　　(B)x=true ; y=true ; z=true;

(C)x=false ; y=true ; z=false;　　　(D)x=false ; y=true ; z=true;

( ) 8. 在 C# 中，s 的值是否介於 0 到 100 之間的條件式寫法為何？

(A)(s >= 0 && s <= 100)　　　(B)(0 <=s<=100)

(C)(s>=0 || s<=100)　　　(D)(s >= 0 & s <= 100)

( ) 9. 在多行文字方塊控制項中，可以取得選取文字內容的屬性是哪一個？

(A)SelectedText　(B)Text　(C)SelectionStart　(D)SelectionLength

( ) 10. 在 C# 裡，要讓變數共享，應該宣告為下列哪種變數？

(A) 區域變數　(B) 實體變數　(C) 整數變數　(D) 字串變數

▶ 填充題

1. 請說明 C# 的例外處理敘述？其中_____程式區塊是可有可無的程式區塊。

2. 請問，實體變數和區域變數，哪種變數可以用來保留或共享其變數值？

▶ 實作題

1. 請建立 C# 應用程式，任意輸入三個整數，將數字由小到大排列輸出。程式介面如下所示：

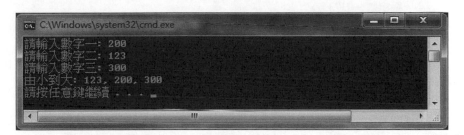

2. 請撰寫一支程式，讀取 100 到 999 的整數，將此整數加以反轉。

提示：使用 % 運算子取出各個位數，使用 / 運算子移除取出的位數。例如，123%10 得到 3，123/10 得到 12。程式介面如下所示：

(a) 檢查輸入的資料格式與數字範圍

(b) 反轉三位數整數的結果

3. 請建立 C# 視窗應用程式，任意輸入三個整數，按下「排序」鈕之後，將數字由小到大排列輸出。介面如下：

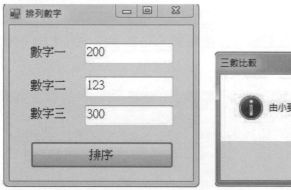

4. 請撰寫一支程式，讀取 100 到 999 的整數，將此整數加以反轉。

提示：使用 % 運算子取出各個位數，使用 / 運算子移除取出的位數。例如，123%10 得到 3，123/10 得到 12。程式介面如下所示：

(a) 原始介面

(b) 檢查輸入的資料格式與數字範圍

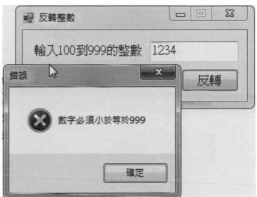

(c) 反轉三位數整數的結果

5. 請寫一個能夠「練習 1-10 四則運算」的 C# 應用程式，其題目是隨機出題，可以跳過不答，程式會記錄出題總數、答題過程和成績，GUI 介面如下所示：

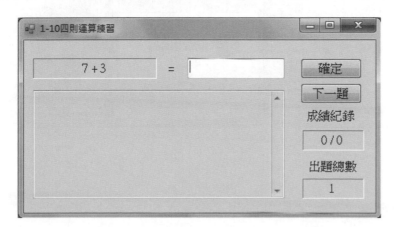

(a) 答對時的訊息與介面

(b) 答錯時的訊息與介面

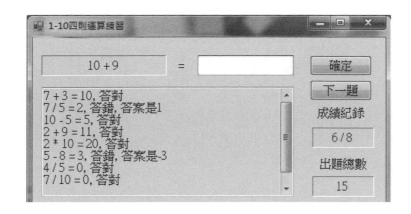

6. 請撰寫一支剪刀石頭布遊戲的程式。此程式隨機產生分別代表剪刀、石頭、布的數字 0、1、2。接著,使用者可點選「剪刀」、「石頭」、「布」的按鈕,程式將顯示使用者或電腦輸贏或平手的訊息。接著,程式會再自動隨機產生下一回合的剪刀石頭布,讓使用者繼續比賽,程式也會不斷更新使用者輸贏或平手的次數。程式的執行介面如下所示:

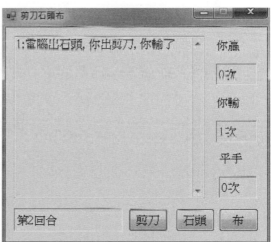

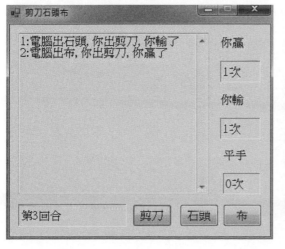

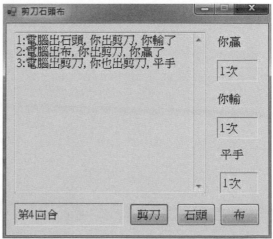

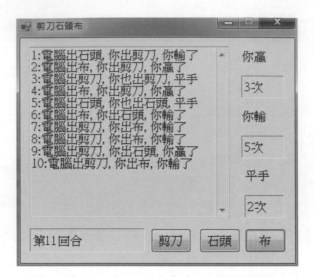

選擇結構與選擇控制項

本章探討選擇結構中的二選一（double selection）和多選一（multiple selection），同時介紹多種選擇控制項，以便建立具有選擇功能之使用者介面的程式。

6-1 選擇結構：二選一（if ~ else ~）

if條件敘述是一種是否執行的單選決策，如果條件是擁有排它情況的 2 個程式區塊，只能二選一，則我們可以下列兩個單選敘述來表示，如下所示：

```
if ( C ) { ST } //兩個互斥的單選
if ( !C ) { SF }
```

但是，這種表示方式不是很方便。我們可以有另一種選擇：在 if 條件敘述之後加上 else 關鍵字，形成 if~else 的二選一敘述（two-way if-else statement）。如果 if 條件為 true，就執行 if 之後、else 之前的程式區塊；若條件為 false，則執行 else 之後的程式區塊，其語法如下所示：

```
if ( 條件運算式 ) {
    ST程式區塊
} else {
    SF程式區塊
}
```

所以，上述二選一決策，若以 if~else 敘述來表示，其敘述如下所示：

```
if ( C ) { ST }
else { SF }
```

而對應的流程圖如圖 6-1 所示，可以看出來，隨著條件的真或假，只有其中一個流程會被執行。

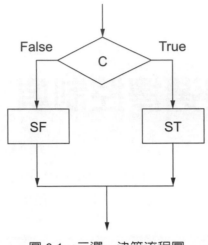

圖 6-1　二選一決策流程圖

程式練習

判斷成績是否及格。

假設整數變數 score 記錄的是某一科目的成績，如何寫出「判斷成績是否及格」的決策敘述？假設以字串變數 result 記錄判斷的結果，宣告如下：

```
int score = 0;
string result = "";
```

當成績大於或等於 60 分時表示及格；否則表示不及格。所以，我們可以用兩個互斥的 if 敘述來表示此判斷的邏輯，如下所示：

```
if (score >= 60) result = "及格";
if (score < 60) result = "不及格";
//也可以寫成 if( !(score >= 60) ) result = "不及格";
```

當然，用二選一的 if ~ else ~ 敘述來表示此判斷的邏輯，會更簡潔和清楚，如下所示：

```
if (score >= 60) result = "及格";
else result = "不及格";
```

程式碼請參考「主控台應用程式」專案【CH06\ScorePassFail】，如下所示：

CH06\ScorePassFail\Program.cs

```
 1  static void Main(string[] args)  {
 2      int score = 0;
 3      string result = "";
 4
 5      Console.Write("輸入成績: ");
 6      score = Convert.ToInt32(Console.ReadLine());
 7      // 兩個互斥的 if 敘述
 8      if (score >= 60) result = score + ": 及格";
 9      if (score < 60) result = score + ": 不及格";
10      Console.WriteLine(result);
11      //  if ~ else ~ 敘述
12      if (score >= 60) result = score + ": 及格";
13      else result = score + ": 不及格";
14      Console.WriteLine(result);
15  }
```

執行結果

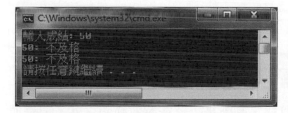 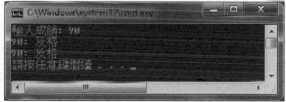

程式說明

- 第 5 行到第 6 行是先取得使用者所輸入的成績。

- 第 8 行到第 9 行利用兩個互斥的 if 敘述來判斷成績是否及格。

- 第 12 行到第 13 行利用 if ~ else ~ 敘述來判斷成績是否及格。

程式練習

判斷成績是否落在 0 和 100 之間，若符合則繼續判斷是否及格；不符合則顯示錯誤訊息。這是一個更複雜的條件判斷，因此，有很多種角度以及表達方式都可以達成此判斷目標。

C#

▶ **第一種方式**：先使用簡單的比較運算式逐一排除無效值，再處理及格與否

首先，我們先各別判斷是否落在有效範圍之外，區分太大或太小，一旦發覺範圍不符，就顯示錯誤訊息，而且不再往下處理；確定是有效值之後，再判斷是否及格。程式碼請參考「主控台應用程式」專案【CH06\ScoreRangePass1】，如下所示。

```
1  int score = 0;
2  string result = "";
3  Console.Write("輸入成績: ");
4  score = Convert.ToInt32(Console.ReadLine());
5
6  // 第一種方式：先使用簡單的比較運算式逐一排除無效值，再處理及格與否
7  if (score > 100) {
8      Console.WriteLine("錯誤: 成績超過 100");
9      return;
10 }
11 if (score < 0) {
12     Console.WriteLine("錯誤: 成績低於 0");
13     return;
14 }
15 //確定是有效值，處理及格與否
16 if (score >= 60) result = score + ": 及格";
17 else result = score + ": 不及格";
18 Console.WriteLine(result);
```

▶ **第二種方式**：使用複合條件式排除無效值，再處理及格與否

我們可以使用邏輯運算子來連接比較運算式，判斷是否落在有效範圍之外，但是並不區分太大或太小，這種複合條件式會讓程式碼更加的簡潔，程式碼請參考「主控台應用程式」專案【CH06\ScoreRangePass2】，如下所示：

```
1  // 第二種方式：使用複合條件式排除無效值，再處理及格與否
2  if (score > 100 || score < 0) {
3  Console.WriteLine("錯誤: 無效的成績!");
4  return;
5  }
6  //確定是有效值，處理及格與否
7  if (score >= 60) result = score + ": 及格";
8  else result = score + ": 不格";
9  Console.WriteLine(result);
```

▶ **第三種方式**：使用複合條件式與巢狀條件敘述

我們可以再換個角度來想，我們可以使用 if – else 判斷輸入值是否落在有效範圍，若在有效範圍，則再使用 if – else 判斷是否及格；否則，就顯示錯誤訊息，不再處理。這種 if 條件敘述之中，還包含其他 if 條件敘述的流程控制結構，就稱之爲「巢狀條件敘述」。程式碼請參考「主控台應用程式」專案【CH06\ScoreRangePass3】，如下所示：

```
1   // 第三種方式：使用複合條件式與巢狀條件敘述
2   if (score <= 100 && score >= 0)  { //巢狀條件敘述
3       //確定是有效值，處理及格與否
4       if (score >= 60) result = score + ": 及格";
5       else result = score + ": 不及格";
6   } else {
7       /*顯示錯誤訊息*/
8       result = "錯誤：無效的成績!";
9   }
10  Console.WriteLine(result);
```

當然還可以有其他的表達方式，你不妨自己試試看，只要確定程式碼的邏輯能表達出正確的流程，同時，所有可能的狀況都有考慮到，不會造成邏輯錯誤即可。

6-2 選擇結構：多選一

多選一的選擇結構可以依照條件的不同來執行對應的程式區塊。有很多種方式可以表達欲完成的多選一選擇結構，最直接的方式就是使用多個互斥的 if 條件敘述；另一種是使用巢狀 if-else 條件敘述，也可以使用 switch 多條件敘述來完成。

請務必記得，這些條件敘述的條件判斷式必須互斥，而且必須涵蓋所有可能的情況，這樣才不會造成條件遺漏而導致程式邏輯上的錯誤。

1. 多選一條件敘述

我們使用一個範例來說明。假設成績的範圍是 0 ～ 100，共分成五個等級：100 ～ 90 是 A；89 ～ 80 是 B；79 ～ 70 是 C；69 ～ 60 是 D；60 以下是 E。請寫出判斷成績等級的條件敘述。

因爲成績只會落在這五個等級之一，所以，這是多選一的選擇結構，至少有兩種多選一條件敘述的表達方法。

▶ **多個互斥的 if 敘述**

我們先以多個互斥的 if 條件敘述來表示，每個 if 條件敘述分別對應一個等級的成績範圍，程式雛型如下所示：

```
1  if (score >= 90) /*這是等級 A*/ ;
2  if (score <= 89 && score >= 80) /*這是等級 B*/ ;
3  if (score <= 79 && score >= 70) /*這是等級 C*/ ;
4  if (score <= 69 && score >= 60) /*這是等級 D*/ ;
5  if (score < 60) /*這是等級 E*/ ;
```

這五個 if 敘述的條件運算式都會被測試過，只有一個條件會滿足，所以，當條件滿足時，其餘測試就是多餘的。

▶ **多選一 if-else 敘述**（multi-way if-else statement）

我們可以使用多選一 if-else 敘述來改善多餘測試的狀況。我們先以等級 A 當作分割點，當成績 >= 90 時，就是等級 A，不用再測試其他條件；否則，就不是等級 A，可能是 B、C、D、E。此時，再以等級 B 當作分割點，然後以相同的邏輯依序測試即可。這是標準的多選一 if-else 結構。程式雛型如下所示：

```
1  if (score >= 90) /*這是等級 A*/ ;
2  else if (score >= 80) /*這是等級 B*/ ;
3  else if (score >= 70) /*這是等級 C*/ ;
4  else if (score >= 60) /*這是等級 D*/ ;
5  else /*這是等級 E*/ ;
```

上述程式的執行流程如下圖所示：

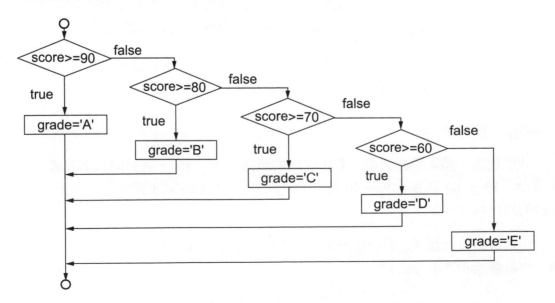

你可以發現，在此種 if-else-if 條件敘述中，當條件滿足時，就不會再測試其餘的條件了。你也可以用不同的分割方式來依序測試其對應的條件，你不妨試試看還有哪些可能的作法。

▶ **else 敘述所配對的 if 敘述**

請注意，else 敘述總是對應到同一區塊中最接近且尚未配對的 if 敘述。觀察下列巢狀條件敘述：

```
1  int i = 10, j = 20, k = 30;
2  if (i > j)
3  if (i > k)    // 與else配對的if
4      Console.WriteLine("情況一");
5  else
6      Console.WriteLine ("情況二");
```

其 else 敘述會與第二個 if 敘述配對，由於 (i > j) 為 false，所以，不會顯示任何輸出結果。

如果想要強制 else 敘述對應到第一個 if 敘述，則應加上 "{ }" 來加以分隔其他的 if 敘述，如下列敘述所示：

```
1  int i = 10, j = 20, k = 30;
2  if (i > j)  {   // 與else 配對的 if
3     if (i > k)
4         Console.WriteLine("情況一");
5  } else
6      Console.WriteLine ("情況二");
```

由於 (i > j) 為 false，所以，會執行 else 敘述而輸出「情況二」。

程式練習

判斷成績等級。

根據上述討論的邏輯將輸入的成績轉換成對應的等級，程式碼請參考「主控台應用程式」專案【CH06\MultiwaySelection】，如下所示：

CH06\MultiwaySelection\Program.cs

```
1  static void Main(string[] args)  {
2     int score = 0;
3     char grade = 'A';
4
5     Console.Write("輸入成績: ");
6     score = Convert.ToInt32(Console.ReadLine());
```

```
7          // 多個互斥的 if 條件敘述
8          if (score >= 90) grade = 'A' ;
9          if (score <= 89 && score >= 80) grade = 'B';
10         if (score <= 79 && score >= 70) grade = 'C';
11         if (score <= 69 && score >= 60) grade = 'D';
12         if (score < 60) grade = 'E';
13         Console.WriteLine(score + " 的等級是 " + grade);
14         //   多選一 if-else 敘述 (multi-way if-else statement)
15         if (score >= 90) grade = 'A';
16         else if (score >= 80) grade = 'B';
17         else if (score >= 70) grade = 'C';
18         else if (score >= 60) grade = 'D';
19         else grade = 'E';
20         Console.WriteLine(score + " 的等級是 " + grade);
21    }
```

執行結果

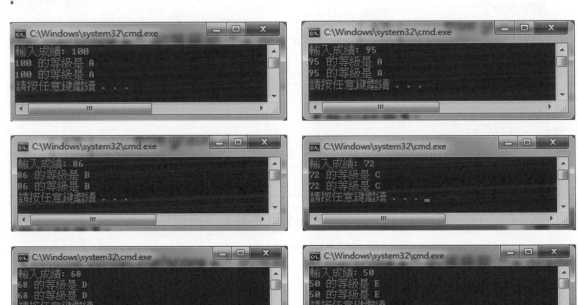

程式說明

- 第 5 行到第 6 行是先取得使用者所輸入的成績。

- 第 8 行到第 13 行利用多個互斥的 if 敘述來判斷成績等級。

- 第 15 行到第 20 行利用多選一 if-else 敘述來判斷成績等級。

2. switch 多條件敘述

　　C# 的另一種多選一選擇結構是 switch 多條件敘述，它的程式碼比多選一 if-else 結構來得簡潔。switch 是依照符合的條件來執行不同程式區塊的程式碼，其語法如下所示：

```
switch( 運算式 /*整數或字串*/ ) {
case 值 1:程式區塊 1 ;
        break;
case 值 2:程式區塊 2 ;
        break;
......
[ default: 程式區塊 N; //可有可無
        break; ]
}
```

　　switch 條件只擁有一個運算式，其值必須是整數或字串。每一個 case 值也是整數或字串。

　　電腦會依 switch 運算式的值，逐一比較每一個 case 值，如果符合，就執行相對應的程式區塊，直到遇到 break 關鍵字才會離開 switch 敘述。

　　最後的 default 關鍵字是一個預設條件，可有可無，如果 case 條件都沒有符合，就執行 default 程式區塊。

　　請注意，每個 case 區塊之後（不論最後一個區塊是 case 陳述式或是 default 陳述式都包括在內）都需要跳躍陳述式（Jump Statement），例如 break，以離開 switch 敘述，否則會造成編譯錯誤。不同於 C++ switch 陳述式，C# 不支援從 case 標籤繼續到下一個的隱含程序，唯一的例外是 case 陳述式沒有程式碼。

程式練習

　　以 switch 敘述來表示判斷成績等級的邏輯。

　　switch 條件只擁有一個運算式，如何表達 switch 運算式以及可能的 case 值呢？最簡單的方式是以 score 作為 switch 條件，而 0 到 100 的每個成績都當作一個 case 值；這當然是一種正確的作法，但是應該不會有人這樣寫程式，因為要寫太多的 case，造成程式太冗長了。有沒有更好的作法呢？

　　我們觀察五個等級的成績範圍，可以發現：成績除以 10 的商數具有一點規律性，亦即，所有可能的商數是 0、1、2、3、4、5、6、7、8、9、10，而等級 A 的商只會是 9 和 10、等級 B 的商是 8、等級 C 的商是 7、等級 D 的商是 6、其餘的都是等級 E。

因此，商數 6、7、8、9、10 可分別表示一個 case 值，default 可以用來表示其餘的 case 值，而 switch 運算式就必須取得成績除以 10 的商數，這是一個整數。這樣的作法顯然漂亮多了，其程式碼雛型如下所示：

```
1  switch( (int) (score / 10) ) {
2     case 10 :
3     case 9 : /*這是等級 A*/ break ;
4     case 8 : /*這是等級 B*/ break ;
5     case 7 : /*這是等級 C*/ break ;
6     case 6 : /*這是等級 D*/ break ;
7     default : /*這是等級 E*/ break ;
8  }
```

根據上述討論的邏輯，利用 switch 敘述將輸入的成績轉換成對應的等級，程式碼請參考專案【CH06\SwitchSelection】，如下所示：

CH06\SwitchSelection\Program.cs
```
1  static void Main(string[] args)  {
2     int score = 0;
3     char grade = 'A';
4     Console.Write("輸入成績: ");
5     score = Convert.ToInt32(Console.ReadLine());
6
7     switch ((int)(score / 10)) {
8        case 10:
9        case 9: grade = 'A'; break;
10       case 8: grade = 'B'; break;
11       case 7: grade = 'C'; break;
12       case 6: grade = 'D'; break;
13       default: grade = 'E'; break;
14     }
15
16    Console.WriteLine(score + " 的等級是 " + grade);
17 }
```

程式說明

- 請注意第 8 行和第 9 行中 break 關鍵字的位置，因為 case 10 和 case 9 都是等級 A，所以，case 10 並沒有 break，而是和 case 9 共用同一個 break，以便跳出 switch 敘述。

3. 選擇結構的綜合範例

程式練習

輸入五個成績，計算共有幾人及格，各等級分別有多少人，五個成績的平均是幾分。
輸出入的人機介面如下圖所示：

當程式依序取得使用者輸入的五個成績後，必須計算和輸出及格人數、各等級人數
和平均分數。

▶ **要宣告哪些變數來記錄必要的資訊**

我們先想想，在計算過程要記錄哪些資訊呢？首先，我們利用變數 pass 來記錄及
格人數，而各等級人數分別用變數 A、B、C、D、E 來記錄。我們要先算出成績總和，
再除以 5，就能算出不均分數，所以，利用變數 sum 來記錄總分數，這些變數的初
值都是 0，宣告如下：

```
int pass = 0;
int A = 0, B = 0, C = 0, D = 0, E = 0;
int sum = 0;
```

▶ **紀錄輸入的成績**

再來就是取得成績，然後開始計算。總共有五個成績，我們要宣告五個變數來記錄
這五個成績嗎？仔細想想，只要逐一取得成績，然後累計及格人數、各等級人數和
總分就可以了，所以，只要宣告一個變數 socre 來記錄正在處理的成績即可：

```
int score;
```

▶ 逐一計算取得的成績

現在，我們逐一取得成績，並且進行必要的處理。先取得第一個成績，存入 score：

```
Console.Write("輸入成績1: ");
score = Convert.ToInt32(Console.ReadLine());
```

接著，判斷 score 是否及格，若是及格，表示及格人數（由變數 pass 來記錄）必須加 1，這是一個單選的結構，如下所示：

```
if (score >= 60) pass++;
```

再來，判斷 score 的成績等級，然後將對應的記錄變數加 1，這是一個多選一的結構，如下所示：

```
if (score >= 90) A++;
else if (score >= 80) B++;
else if (score >= 70) C++;
else if (score >= 60) D++;
else E++;
```

最後，將 score 累加到記錄總分的變數 sum，如下所示：

```
sum += score;
```

之後，依序取得各個成績，存入 score，並且以相同的邏輯來處理。所有成績都處理之後，把記錄的統計資訊輸出就可以了。

▶ 完整程式碼

根據上述討論的邏輯所寫的程式碼，請參考「主控台應用程式」專案【CH06\FiveScoresDemo】，如下所示：

```
 1  int pass = 0;
 2  int A = 0, B = 0, C = 0, D = 0, E = 0;
 3  int sum = 0;
 4  int score;
 5
 6  Console.Write("輸入成績1: ");
 7  score = Convert.ToInt32(Console.ReadLine());
 8  if (score >= 60) pass++;
 9  if (score >= 90) A++; //也可以使用 switch敘述來完成
10  else if (score >= 80) B++;
```

```
11  else if (score >= 70) C++;
12  else if (score >= 60) D++;
13  else E++;
14  sum += score;
15
16  //成績2、成績3、成績4、成績5的成績依相同的方式處理
17  Console.Write("輸入成績2: ");
18  score = Convert.ToInt32(Console.ReadLine());
19  if (score >= 60) pass++;
20  if (score >= 90) A++; //也可以使用 switch敘述來完成
21  else if (score >= 80) B++;
22  else if (score >= 70) C++;
23  else if (score >= 60) D++;
24  else E++;
25  sum += score;
26
27  Console.Write("輸入成績3: ");
28  score = Convert.ToInt32(Console.ReadLine());
29  if (score >= 60) pass++;
30  if (score >= 90) A++; //也可以使用 switch敘述來完成
31  else if (score >= 80) B++;
32  else if (score >= 70) C++;
33  else if (score >= 60) D++;
34  else E++;
35  sum += score;
36
37  Console.Write("輸入成績4: ");
38  score = Convert.ToInt32(Console.ReadLine());
39  if (score >= 60) pass++;
40  if (score >= 90) A++; //也可以使用 switch敘述來完成
41  else if (score >= 80) B++;
42  else if (score >= 70) C++;
43  else if (score >= 60) D++;
44  else E++;
45  sum += score;
46
47  Console.Write("輸入成績5: ");
48  score = Convert.ToInt32(Console.ReadLine());
49  if (score >= 60) pass++;
50  if (score >= 90) A++; //也可以使用 switch敘述來完成
51  else if (score >= 80) B++;
52  else if (score >= 70) C++;
53  else if (score >= 60) D++;
54  else E++;
55  sum += score;
56
```

```
57   // 輸出統計資訊
58   string res = "及格: " + pass + "人\n";
59   res += "等級 A: " + A + "人\n";
60   res += "等級 B: " + B + "人\n";
61   res += "等級 C: " + C + "人\n";
62   res += "等級 D: " + D + "人\n";
63   res += "等級 E: " + E + "人\n";
64   res += "平均 = " + (sum / 5.0);
65   Console.WriteLine("\n五個成績的統計資訊如下:\n" + res);
```

程式說明

- 第 1 行到第 4 行宣告變數來記錄必要的資訊。

- 第 6 行到第 55 行逐一計算取得的成績。

- 第 58 行到第 65 行輸出統計資訊。

你會發現程式碼有很多重複的地方，沒關係，等後續章節學到更多程式語言的功能時，我們就可以把程式碼改寫成更精簡的方式了。

程式練習

上一個「主控台應用程式」很容易轉成「視窗應用程式」。輸出入的人機介面如圖6-2 所示：

圖 6-2

先新增一個「CH06\FiveScoresProject」的「Windows Forms App」專案，其中「CH06」為方案名稱。將表單檔案名稱更名為「FiveScores.cs」，然後，依人機介面的設計，在表單中依序加入標籤、文字盒、按鈕等通用控制項，然後在屬性視窗中設定控制項屬性。本例中，控制項的屬性設定如下所示：

(1) 表單的 Name 設為 FiveScores，Text 為「五個成績」，Font 大小為 12pt。

(2) 將輸入成績之五個文字盒的 Name 分別設為 txtNum1、txtNum2、txtNum3、txtNum4、txtNum5。

(3) 另一個顯示訊息之文字盒的 Name 設為 txtOutput，因為要顯示多行，所以，屬性 MultiLine 要設為 True；屬性 ReadOnly 設為 True，以限定只能看，不能輸入；將屬性 ScrollBar 設為 Vertical；屬性 WordWrap 設為 False；屬性 BorderStyle 設為 Fixed3D。

(4) 按鈕「成績計算」的 Name 設為 btnCompute。

當使用者輸入五個成績，按下「成績計算」鈕時，程式必須取得這五個成績，然後計算及格人數、各等級人數和平均分數。成績處理的邏輯如前例所述，不同的地方是視窗應用程式必須由文字盒控制項取得輸入的成績，如下所示：

```
s = Convert.ToInt32(txtNum1.Text);
```

而統計資訊則是輸出到多行文字盒上，如下所示：

```
txtOutput.Text = res;
```

「成績計算」鈕之事件處理程序的程式碼，如下所示：

```
1  private void btnCompute_Click(object sender, EventArgs e) {
2      int pass = 0;
3      int A = 0, B = 0, C = 0, D = 0, E = 0;
4      int sum = 0;
5      int score;
6
7      score = Convert.ToInt32(txtNum1.Text);
8      if (score >= 60) pass++;
9      if (score >= 90) A++;       //也可以使用 switch 敘述來完成
10     else if (score >= 80) B++;
11     else if (score >= 70) C++;
12     else if (score >= 60) D++;
13     else E++;
14     sum += score;
15
16     score = Convert.ToInt32(txtNum2.Text);
17     //txtNum2、txtNum3、txtNum4、txtNum5 的成績依相同的方式處理
18     ......
19     string res = "及格: " + pass + "人\r\n";      //輸出統計資訊
20     res += "等級 A: " + A + "人\r\n";
```

```
21    res += "等級 B: " + B + "人\r\n";
22    res += "等級 C: " + C + "人\r\n";
23    res += "等級 D: " + D + "人\r\n";
24    res += "等級 E: " + E + "人\r\n";
25    res += "平均 = " + (sum / 5.0);
26    txtOutput.Text = res;
27 }
```

6-3 選擇控制項

C# 程式可以利用多種選擇控制項的選取與否來配合條件敘述，以便建立多種選擇功能的使用介面。常見的選擇控制項包括選項按鈕（RadioButton）、核取方塊（CheckBox）以及群組方塊（GroupBox）。

選項按鈕

選項按鈕是作為二選一或多選一的選擇控制項，使用者只能在一組選項按鈕中選取一個選項，它是一個互斥的單選，具有排他性。

由「工具箱」很容易建立選項按鈕控制項。其屬性 Name 是控制項的識別名稱，該名稱通常以 rdb 開頭；屬性 Text 是選項按鈕上的文字；屬性 Checked 記錄該選項按鈕是否被選取，預設是 False（沒有被選取）。

程式可以使用 if 條件敘述來檢查選項按鈕的 Checked 屬性，以判斷是否已選取該選項按鈕。

核取方塊

核取方塊是一個開關，可以讓使用者選擇是否開啓功能或設定某些選項。在表單中的每一個核取方塊控制項都是獨立選項，換句話說，它允許複選。

其屬性 Name 是控制項的識別名稱，該名稱通常以 chk 開頭；屬性 Text 是核取方塊上的文字；屬性 Checked 記錄該核取方塊是否被選取，預設是 False（沒有被選取）。

同樣的，程式可以使用 if 條件敘述來檢查核取方塊的 Checked 屬性，以判斷是否勾選該核取方塊的選項。

群組方塊

「群組方塊」是一種容器控制項。在功能上，群組方塊除了可以美化控制項的版面外，還可以將表單上眾多的選擇控制項組織成不同的群組。

我們可以先新增群組方塊，然後在此控制項中新增所需的控制項，以便讓其中的控制項屬於同一群組。同一群組中的選項按鈕才具有排他性，也就是說，單一群組中只能選取一個選項按鈕，若要選取兩個選項按鈕，則必須建立兩個群組方塊。

「群組方塊」常見的是 Text 屬性，用來描述群組的標題，它將出現在方框左上角，若沒有指定此屬性，則只顯示方框。

程式練習

我們來寫一個簡單的點餐系統，人機介面如圖 6-3 所示：

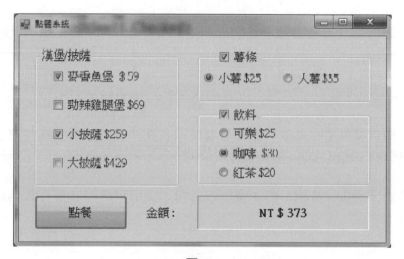

圖 6-3

先新增一個「CH06\OrderProject」的「Windows Forms App」專案，其中「CH06」為方案名稱。將表單檔案名稱更名為「order.cs」，然後，依人機介面的設計，在表單中依序加入群組方塊、核取方塊、選項按鈕、標籤、按鈕等通用控制項，然後在屬性視窗中設定控制項屬性。

本例中，控制項的屬性設定如下所示：

(1) 表單的 Name 設為「order」，Text 為「點餐系統」，Font 大小為 12pt。

(2) 第一個群組方塊的 Text 屬性設為「漢堡 / 披薩」；其中加入 4 個核取方塊，屬性 Name 分別設為 chkFish、chkChicken、chkSPizza、chkBPizza，屬性 Checked 全部設為 False，而其屬性 Text 的值如介面所示。

(3) 第二個群組方塊不用設定 Text 屬性。在群組方塊上面擺一個核取方塊，Name 設為 chkFries、Text 設為「薯條」、屬性 Checked 設為 False。在群組方塊裡面加入 2 個選項按鈕，Name 分別設為 rdbSmall、rdbBig，將選項按鈕 rdbSmall 的屬性 Checked 設為 True、rdbBig 的 Checked 設為 False，而其 Text 的值如介面上所示。

(4) 第三個群組方塊不用設定 Text 屬性。在群組方塊上面擺一個核取方塊，Name 設為 chkDrink、Text 設為「飲料」、屬性 Checked 設為 False。在群組方塊裡面加入 3 個選項按鈕，Name 分別設為 rdbCoke、rdbCoffee、rdbBlackTea，將選項按鈕 rdbCoke 的屬性 Checked 設為 True、其餘的 Checked 設為 False，而其 Text 的值如介面上所示。

(5) 顯示總計金額之標籤的 Name 設為 lblOutput，屬性 AutoSize 要設為 False，屬性 BorderStyle 設為 Fixed3D，屬性 TextAlign 設為 MiddleCenter。

(6) 按鈕「點餐」的 Name 設為 btnOrder。

「點餐」鈕的處理非常直觀，我們先以變數 totalAmount 來記錄總計的金額，初值為 0，宣告如下：

```
int totalAmount = 0;
```

再來依序檢查屬性 Checked 的值，看看使用者在介面上選擇了哪些選項，把這些選項對應的金額加到 totalAmount 就可以了。

我們先檢查「漢堡 / 披薩」的 4 個核取方塊，使用單選的 if 條件敘述就可以了，程式碼如下所示：

```
1  if (chkFish.Checked) totalAmount += 59;
2  if (chkChicken.Checked) totalAmount += 69;
3  if (chkSPizza.Checked) totalAmount += 259;
4  if (chkBPizza.Checked) totalAmount += 429;
```

接著，檢查「薯條」，先看看是否有勾選「薯條」，如果有，再檢查到底是選了哪一種薯條；我們使用巢狀的 if 敘述來完成此功能，程式碼如下所示：

```
1  if (chkFries.Checked) {
2        if (rdbSmall.Checked) totalAmount += 25;
3        else totalAmount += 35;
4  }
```

接著，檢查「飲料」，先看看是否有勾選「飲料」，如果有，再檢查到底是選了哪一種飲料；一樣使用巢狀的 if 敘述來完成此功能，程式碼如下所示：

```
1  if (chkDrink.Checked) {
2        if (rdbCoke.Checked) totalAmount += 25;
3        else if(rdbCoffee.Checked) totalAmount += 30;
4        else totalAmount += 20;
5  }
```

最後，將總計金額輸出到介面上就可以了，程式碼如下所示：

```
lblOutput.Text = "NT $ " + totalAmount;
```

把上述的程式碼整合起來，就是「點餐」鈕 Click 事件處理程序的完整程式碼。你可以想想看，這個簡單的點餐系統還可以如何改良或者再新增哪些功能，你不妨練習把這些改進的功能完成，讓此點餐系統更具有實務性，同時，增加你寫程式的成就感。

本範例的完整程式碼，請參考專案【CH06\OrderProject】的表單【order.cs】。

習題

▶ 選擇題

(　　) 1. 請問，執行下列 C# 程式片段後，變數 Output 的值為何？程式碼如下所示：

```
string Output = "";
int x = 0;
switch (x) {
    case 1: Output += "2";
    case 0: Output += "1";
    case 2: Output += "3";
}
```

(A) 編譯錯誤　(B)213　(C)21　(D)13

(　　) 2. 請指出下列哪一個是表示 switch 條件敘述中例外條件的關鍵字？

(A)for　(B)default　(C)break　(D)all

(　　) 3. 如果需要建立條件敘述判斷性別，請問下列哪一種是最佳的條件敘述？

(A)if/else　(B)if/else/if　(C)switch　(D)if

( )4.
```
int a = 5 , b = 3;
if( a > 5 && b == 3) a = a + b;
else a = a - b;
```
請問最後 a 等於多少？

(A)8　(B)5　(C)3　(D)2

( )5. 假若成績大於或等於 60 分時表示及格，其餘表示不及格，以下程式碼何者正確？

(A)
```
if(score >= 60) result = " 及 格 ";
    if(score < 60) result = " 不及格 ";
```
(B)
```
if(score >= 60) result = " 及 格 ";
    if(!(score >= 60)) result = " 不及格 ";
```
(C)
```
if(score >= 60) result = " 及 格 ";
    else result = " 不及格 ";
```
(D) 以上皆是

( )6. 請問執行下列程式碼之後，result 的值是什麼？
```
int x=2,y=3,z=4, w=3;
if(x<y && z<w){
    w = y++;
    result = (x + y / z - w).ToString();
}
else{
    z = ++y;
    result = (x + y / z - w).ToString();
}
```
(A)0　(B)-0.25　(C)-1.75　(D)-2

▶ 填充題

1. 給定下列程式片段：
```
string label1 = "";
string label2 = "";
int x=2,y=3,z=4, w=3;
if(x<y && z<w){
    w = y++;
    label1 = ((x + y) * (z - w)).ToString();
    label2 = (x + y * z - w).ToString();
} else{
```

```
    z = ++y;
    label1 = ((x + y) * (z - w)).ToString();
    label2 = (x + y * z - w).ToString();
}
```

請問 label1 與 label2 會分別儲存什麼樣的結果？

2. 給定下列程式片段：

```
    string label1 = "";
    string label2 = "";
    int p=6, q=4, r=2, s;
    s =r--;
    if(q != r){
        if(q<r){
            label1 = (p * q + r).ToString();
        }
        label2 = (p * (q + r)).ToString();
    } else{
        label1 = (p * q - r).ToString();
        label2 = (p * (q - r)).ToString();
    }
```

請問 label1 與 label2 會分別儲存什麼樣的結果？

3. 請完成 button2_Click 內的事件處理程序，當使用者輸入小於 0、末輸入數值或輸入非數值資料時，能透過錯誤訊息方塊來提醒錯誤訊息。

```
private void button2_Click(object sender, EventArgs e){
const double PI = 3.1415;
    [a]    {
        int radius = Convert.ToInt32(textBox1.Text);
        if (  [b]  )
            [c]  .  [d]  ("半徑不得小於0 ", "輸入錯誤", MessageBoxButtons.OK,
[e] );
        else label1.Text = "圓面積:" + PI * Math.Pow(radius, 2);
    }
    [f]    (  [g]  ex){
        [h]  .  [i]  ("未輸入數值或其型別不符", "輸入錯誤", MessageBoxButtons.
OK, [j]  );
    }
}
```

4. 若要知道選項按鈕是否被選取,要檢查哪個屬性值? _____

5. 如果以變數 age 來儲存年齡,當年齡大於等於 18,在 lblOutput 標籤控制項顯示「擁有投票權」;如果小於 18 顯示「沒有投票權」。請使用 if/else 敘述,完成其程式碼,如下所示:

```
if (_____)
_____= "擁有投票權";
_____
_____= "沒有投票權";
```

▶ 實作題

1. 撰寫一個應用程式,輸入購買金額後,依照下表購買金額的折扣計算實付金額。例如,輸入購買金額 8000 元,其實付金額為 6800 元。折扣表和程式介面如下:

購買金額	購買折扣
0 到 1000 元	6%
1001 到 5000 元	10%
5001 到 20000 元	15%
20001 到 50000 元	20%
大於 50000 元	25%

2. 撰寫一個應用程式,輸入購買金額後,依照下表購買金額的折扣計算實付金額。例如,輸入購買金額 8000 元,其實付金額為 6800 元。折扣表和 GUI 介面如下:

購買金額	購買折扣
0 到 1000 元	6%
1001 到 5000 元	10%
5001 到 20000 元	15%
20001 到 50000 元	20%
大於 50000 元	25%

3. 請寫一個能夠「練習 1-10 四則運算」的 C# 應用程式，其題目根據點選的運算符號來隨機出題，可以跳過不答，程式會記錄答題過程和成績，GUI 介面如下所示：

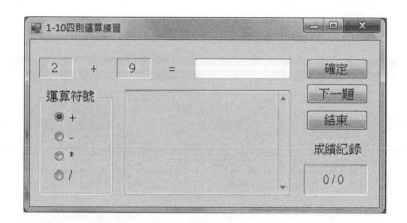

(A) 輸入格式不正確的情況

(B) 答錯時的訊息與介面

(C) 點選運算符號，按下「下一題」隨機出題的介面

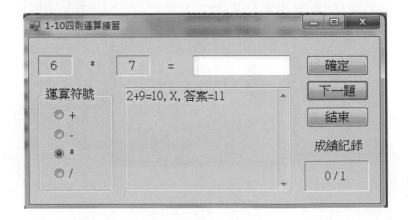

(D) 答對時的訊息與介面

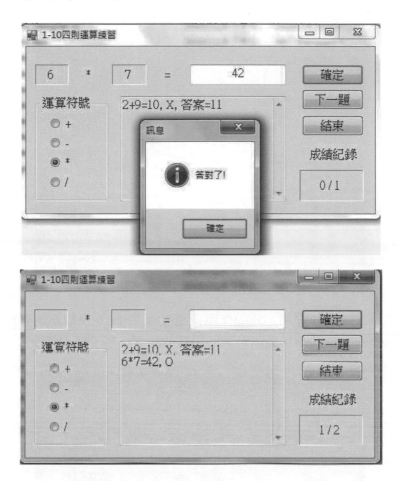

4. 請撰寫一支 1-10 整數四則運算測驗的程式。程式功能的說明如下所示：

(a) 程式的起始介面如下所示：

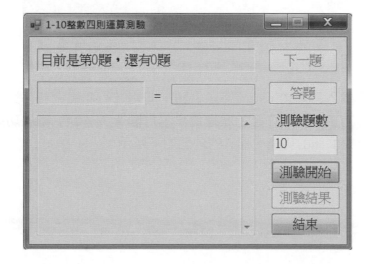

(b) 輸入測驗題數後，按「測驗開始」鈕，開始進行測驗。測驗題數必須至少
3 題，否則會有錯誤提示訊息，程式的介面如下所示：

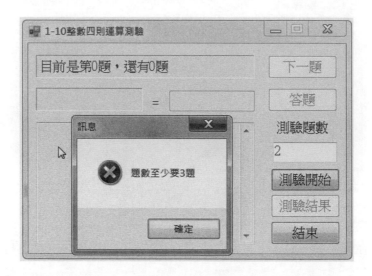

(c) 程式停止「測驗開始」鈕的作用，隨機產生 1-10 整數四則運算的題目，讓
使用者作答，同時不斷更新剩餘題數的訊息，程式的介面如下所示：

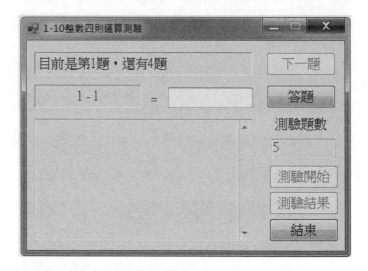

(d) 使用者輸入答案後，按「答題」鈕，開始進行測驗。若答對了，程式將顯
示訊息方塊，更新作答的歷程資訊，打開「下一題」鈕的功能，同時，停
止「答題」鈕的功能，程式的介面如下所示：

(e) 使用者按「下一題」鈕，隨機產生 1-10 整數四則運算的題目，更新剩餘題數的訊息。同時，停止「下一題」鈕的功能和打開「答題」鈕的功能。程式的介面如下所示：

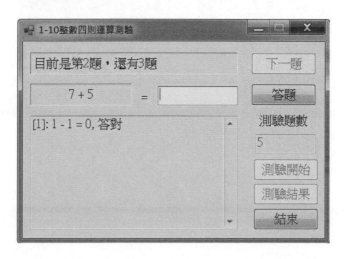

(f) 答錯時，程式的介面變化如下所示：

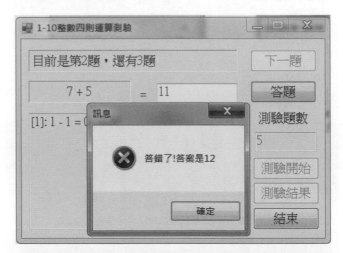

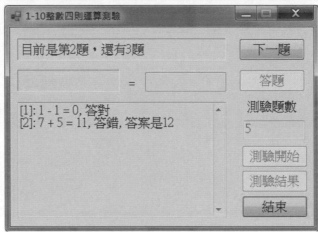

(g) 依序產生下一題作答，程式的介面如下所示：

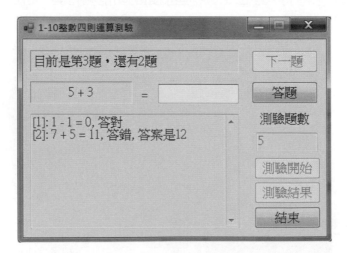

(h) 答完所有題目時,會出現測驗結束的訊息方塊,停止「下一題」鈕和「答題」
鈕的功能。同時,打開「測驗開始」鈕和「測驗結果」鈕的功能。程式的
介面如下所示:

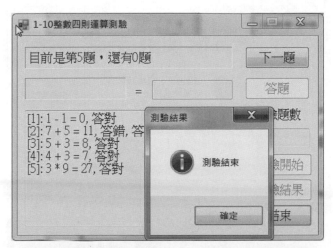

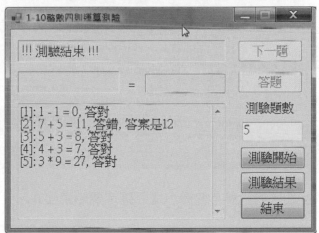

(i) 按「測驗結果」鈕,顯示答題的統計結果,正確率超過 60% 時表示通過測
驗,否則,表示未通過測驗。程式的介面如下所示:

(j) 按「結束」鈕，以訊息方塊提示是否確定要結束程式。介面如下所示：

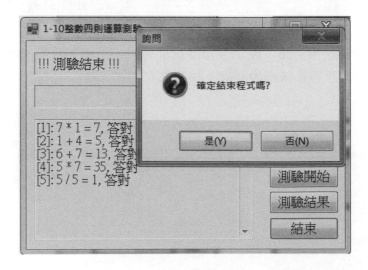

流程控制：迴圈結構

本章探討程式語言裡很重要的迴圈控制結構，有了迴圈結構，程式的邏輯與運作流程將更完整，且富有更多樣的變化，程式的功能也將更強大。但是初學者對迴圈結構的流程和應用並不容易了解，我們將在本章的許多範例中逐步地介紹它的威力。

7-1　單迴圈結構

一個簡單的問題

假如我們想印出 5 列「我喜歡寫程式！」，程式可以這樣寫：

```
1  Console.WriteLine("我喜歡寫程式!") ;
2  Console.WriteLine("我喜歡寫程式!") ;
3  Console.WriteLine("我喜歡寫程式!") ;
4  Console.WriteLine("我喜歡寫程式!") ;
5  Console.WriteLine("我喜歡寫程式!") ;
```

相同的輸出敘述寫 5 次就可以完成了。如果要印出 50 列呢？難道要寫 50 次相同的輸出敘述嗎？有沒有更好的寫法呢？很明顯這是重複輸出相同字串的動作，因此，迴圈結構就可以派上場了。

單迴圈結構的流程

在解決問題的邏輯中，常常會有一些動作是必須重複進行的，用來表達這種重複執行的流程控制結構，就是迴圈結構。每繞迴圈一次，完成動作的程式區塊就會執行一次。

一般而言，我們會使用變數的狀態來決定迴圈是否要繼續繞下去，該變數稱之為控制變數。我們必須學會如何建立和善用控制變數，以控制迴圈結構的運作。

基本之單迴圈結構的流程如圖 7-1 所示：

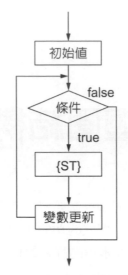

圖 7-1　單迴圈結構流程圖

迴圈的流程說明

一開始必須先設定控制變數的初始值，這個初始值設定只做一次。

接著，必須根據基於控制變數的條件運算式，來決定是否要進入迴圈。若是條件運算式的結果是 false，則結束迴圈的執行，這是離開迴圈的出口；若是 true，則進入迴圈執行程式區塊的功能。

完成此次迴圈的動作後，必須更新控制變數的狀態，然後回到條件運算式，再次判斷是否要進入或者離開迴圈。

你會發現，流程圖中存在一個迴路，所以，這是一個單迴圈控制結構。請注意：迴圈控制結構要有離開迴圈的出口，否則會形成無窮迴圈，程式將無法停止。因此，繞完迴圈一次之後，記得要更新控制變數的狀態，這樣才有機會在下一次測試時離開迴圈。

for 迴圈（for-loop）敘述的語法

單迴圈結構的流程可以用 for 迴圈（for-loop）敘述來表示，其語法如下所示：

```
for (變數初始值; 條件運算式; 變數更新) {
    //記得，在 for-loop程式區塊中宣告的變數為區域變數
    ST (程式敘述區塊)
}
```

在 for 迴圈敘述的小括號中包含三個部分，分別是變數初始值、條件運算式和變數更新，這三個部分以分號隔開。請務必將 for 迴圈敘述的語法和迴圈的流程進行對照，以確實了解 for 迴圈敘述是如何運作的。

另外，請注意：以上是 for 迴圈敘述的標準語法格式，小括號內的三個部分可以依需要適當的省略。例如：

```
for( ; ; ) { … }
```

當三個部分全部省略時（分號不可以省略），形成無窮迴圈。這時候，要如何離開迴圈呢？我們可以使用 if 條件敘述，當某個條件成立時，以 break 關鍵字來離開迴圈，如下所示：

```
for( ; ; ) {  //無窮迴圈
    ......
    if( 條件運算式 ) break;      //迴圈的出口
    ......
}
```

這也是 for 迴圈敘述常見的用法。

for 迴圈解決簡單的重複輸出問題

假如我們想以 for 迴圈印出 5 列「我喜歡寫程式！」，程式可以這樣寫：

```
1  for(int i = 1; i <= 5; i++) {
2      Console.WriteLine("我喜歡寫程式!") ;
3  }
```

控制變數 i 由初值 1 變到上限值 5，每次加 1，讓迴圈繞了 5 次，所以總共做了 5 次輸出敘述。如果要印出 50 列呢？我們可以先把上限值 5 存入變數 n，由 n 的值作為上限來決定迴圈的執行次數，如下所示：

```
1  int n = 5;
2  for(int i = 1; i <= n ; i++) {
3      Console.WriteLine("我喜歡寫程式!") ;
4  }
```

然後，n 若設為 50，迴圈就會繞 50 次，執行 50 次的輸出敘述。若進一步任意的輸入 n 值，輸出的列數就會更有彈性，很明顯，以迴圈結構來重複進行相同的輸出動作，會是比較好的寫法。

我們可以進一步強化程式的彈性。例如,動態的輸入顯示的訊息和次數,同時,在輸出訊息的前面加上是「第幾次」的說明。請注意,本程式中控制變數 i 除了控制迴圈執行的次數外,也剛好可以同時用在「第幾次」的顯示上。程式的執行結果,如下所示:

完整的程式碼請參考「主控台應用程式」專案【CH07\SingleLoopDemo】,如下所示:

CH07\SingleLoopDemo\Program.cs

```
 1  class Program  {
 2     static void Main(string[] args)  {
 3        Console.WriteLine("=== 重複輸出固定的訊息 ===");
 4        Console.WriteLine("我喜歡寫程式!");
 5        Console.WriteLine("我喜歡寫程式!");
 6        Console.WriteLine("我喜歡寫程式!");
 7        Console.WriteLine("我喜歡寫程式!");
 8        Console.WriteLine("我喜歡寫程式!");
 9        Console.WriteLine("=== 以 for loop 重複輸出 ===");
10        int n = 5;
11        for(int i = 1; i <= n; i++) {
12            Console.WriteLine("我喜歡寫程式!");
13        }
14        Console.WriteLine("=== 輸入顯示的訊息和次數 ===");
15        Console.Write("顯示的訊息: ");
16        string message = Console.ReadLine();
17        Console.Write("顯示的次數: ");
18        n = Convert.ToInt32( Console.ReadLine() );
19        for (int i = 1; i <= n; i++)   {
20            Console.WriteLine("第 " + i + " 次: " + message);
21        }
22     }
23  }
```

7-2 單一for迴圈（Single for-loop）的範例說明

假如我們要寫出 1 加到 n 之總和的程式碼。我們以此作為範例，來說明如何使用迴圈結構解決問題。基本原則是：只要必須重複執行的動作，就可以考慮使用迴圈結構。

觀察解決問題的基本想法

現在，我們要處理的問題是 1 加到 n 的總和。假設總和將存到變數 s 中，假如 n 是 5，我們可以下列敘述來完成：

```
s = 1 + 2 + 3 + 4 + 5;
```

但是 n 並不是固定值，C# 語言無法寫出下列敘述：

```
s = 1 + 2 + 3 + 4 + …… + n;
```

我們換個角度想，把它看成是「將數字依序累加到 s」中，就可以利用 for-loop 敘述來解決。

以 n = 5 觀察是否有重複的流程

同樣的，以 n 是 5 為例，一開始將儲存總和的變數 s 設為 0，再以 5 個重複的累加敘述來完成：

```
s = 0;
s = s + 1;
s = s + 2;
s = s + 3;
s = s + 4;
s = s + 5;
```

看到了嗎？重複的動作是累加敘述。但是，這 5 個重複的累加敘述並不一樣，因為累加值不相同。

尋找規律性

再觀察一下，你會發現累加的數值會改變，而且有規律可循，亦即每次遞增 1。所以，我們使用變數 i 來表示累加值的變化，此時，累加敘述可以全部改寫成：

```
s = s + i;
```

🥝 轉成 for-loop 迴圈結構

　　你可以看出此敘述要重複 5 次，i 的值由 1 變化到 5 為止，每次遞增 1。所以，我們可以用變數 i 作為 for-loop 敘述是否繼續執行的控制變數。i 的初值設為 1，當 i 的值小於等於 5 時，會進入迴圈執行累加敘述；否則，離開迴圈。每繞迴圈一次，將 i 的值加 1，作為下次要累加的數值，程式碼如下所示：

```
1  int s = 0 ;
2  for (int i = 1; i <= 5; i++) {
3         s = s + i;
4  }
```

🥝 1 加到 n 的總和，n 並不是固定值

　　可是，我們是要算 1 加到 n 的總和，如何處理呢？很簡單，差別只是迴圈要重複 n 次，所以，只要將條件運算式的測試上限改成 n 就可以了，如下所示：

```
1  int s = 0 ;
2  for (int i = 1; i <= n; i++) {
3         s = s + i;
4  }
```

　　另外，請注意 for 迴圈程式區塊中宣告的變數為區域變數，所以，變數 i 只在 for 區塊中存在和存取，離開 for 迴圈之後，變數 i 就不存在了，當然也就不能存取。

　　那可以像變數 s 一樣，在 for 迴圈之外宣告變數 i 嗎？當然可以，如果離開 for 迴圈之後，還要使用變數 i 的值，就應該將變數 i 宣告在 for 迴圈之外，這是重要的觀念，請多留意。

程式練習

　　輸入起始值和終止值，然後輸出其間數字的累加總和。

　　首先，取得起始值與終止值，並且存入變數 start 和 end，如下所示：

```
Console.Write("輸入起始值：");
int start = Convert.ToInt32(Console.ReadLine());
Console.Write("輸入終止值：");
int end = Convert.ToInt32(Console.ReadLine());
```

　　再來，以變數 sum 來記錄累加總和，初值設為 0，如下所示：

```
int sum = 0;
```

接著，利用變數 i 作為控制變數，以單迴圈累加 i 的值。此例中，i 的值由 start 變化到 end 為止，每次遞增 1。所以，i 的初值設為 start，當 i 的值小於等於 end 時，會進入迴圈執行累加敘述；否則，離開迴圈，如下所示：

```
for (int i = start; i <= end; i++)
        sum += i;
```

最後，依照輸出的格式，將運算的結果顯示在主控台視窗上，如下所示：

```
Console.WriteLine(start + " 加到 " + end + " = " + sum);
```

程式碼請參考專案【CH07\AddNumDemo】，如下所示：

CH07\AddNumDemo\Program.cs

```
 1  namespace AddNumDemo {
 2      class Program  {
 3          static void Main(string[] args)  {
 4              // 取得起始值與終止值
 5              Console.Write("輸入起始值: ");
 6              int start = Convert.ToInt32(Console.ReadLine());
 7              Console.Write("輸入終止值: ");
 8              int end = Convert.ToInt32(Console.ReadLine());
 9
10              // 利用變數 i 作為控制變數，以單迴圈累加 i 的值
11              int sum = 0;
12              for (int i = start; i <= end; i++)
13                  sum += i;
14
15              // 輸出運算的結果
16              Console.WriteLine(start + " 加到 " + end + " = " + sum);
17          }
18      }
19  }
```

執行結果

程式說明

- 第 5 行到第 8 行是先取得使用者所輸入的始值與終止值。

- 第 11 行宣告 sum 用來記錄累加的值。

- 第 12 行到第 13 行利用變數 i 作為控制變數，以單迴圈累加 i 的值到 sum 內。

- 第 16 行輸出運算的結果。

延伸練習 1

允許程式可以反覆輸入和計算累加的總和。每一次輸出結果後，使用者可以輸入 "y" 或 "Y" 來繼續執行程式，輸入其他字串則結束程式。介面如下所示：

因為程式完成一次計算後不會馬上結束，而是要反覆輸入和計算總和，這也是一個迴圈結構，如前所述，我們可以利用一個無窮迴圈來達到一直執行程式的目的。此時，「輸入和計算總和」變成是要重複進行的動作，輸入 "y" 或 "Y" 則成為是否要離開迴圈的條件。程式邏輯如下所示：

```
for ( ; ; ) {  // 無窮迴圈
    輸入和計算總和
    輸出結果
    提示使用者輸入是否繼續執行
    if ( 輸入的不是 "y" 也不是 "Y" ) break;  // 迴圈的出口
}
```

每一次計算和輸出結果後，提示使用者是否繼續執行，如果使用者輸入 "y" 或 "Y" 則程式會再一次執行「計算總和」的動作，輸入其他字串則會以 break 敘述結束迴圈，提示和判斷的程式碼如下所示：

```
// 是否繼續計算
Console.Write("輸入 (y 或 Y) 繼續計算, 否則結束程式: ");
string input = Console.ReadLine();
if (input != "y" && input != "Y") break;
```

程式碼請參考專案【CH07\AddNumDemo2】，如下所示：

```
CH07\AddNumDemo2\Program.cs
1   static void Main(string[] args)  {
2       for (;;) {
3           // 取得起始值與終止值
4           Console.Write("輸入起始值: ");
5           int start = Convert.ToInt32(Console.ReadLine());
6           Console.Write("輸入終止值: ");
7           int end = Convert.ToInt32(Console.ReadLine());
8           // 利用變數 i 作為控制變數，以單迴圈累加 i 的值
9           int sum = 0;
10          for (int i = start; i <= end; i++)
11              sum += i;
12          // 輸出運算的結果
13          Console.WriteLine(start + " 加到 " + end + " = " + sum);
14          // 是否繼續計算
15          Console.Write("輸入 (y 或 Y) 繼續計算, 否則結束程式: ");
16          string input = Console.ReadLine();
17          if (input != "y" && input != "Y") break;
18      }
19  }
```

程式說明

- 第 2 行到第 18 行是一個無窮迴圈，達到一直反覆執行特定功能的目的。
- 第 15 行到第 17 行是提示和判斷是否繼續計算。
- 第 17 行是迴圈的出口條件。

延伸練習 2

如果是視窗應用程式，只要視窗不關閉，使用者就可以反覆輸入和計算累加的總和。如此，就不需要再以迴圈反覆提示使用者是否繼續執行新的加總運算。視窗應用程式的介面如下所示：

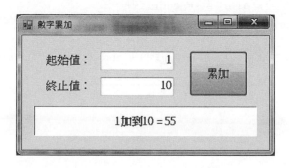

先新增一個「CH07\AddNumDemo_win」的「Windows Forms App」專案，其中
「CH07」爲方案名稱。將表單檔案名稱更名爲「addnum.cs」，然後，依人機介面
的設計，在表單中依序加入標籤、文字盒、按鈕等通用控制項，然後在屬性視窗中
設定控制項屬性。本例中，控制項的屬性設定如下所示：

(1) 表單的 Name 設爲 addnum，Text 爲「數字累加」，Font 大小爲 12pt。

(2) 將輸入起始值和終止值之文字盒的 Name 分別設爲 txtStart、txtEnd，TextAlign
    設爲 Right。

(3) 顯示累加結果之標籤的 Name 設爲 lblResult，屬性 AutoSize 要設爲 False，屬
    性 BorderStyle 設爲 Fixed3D，屬性 TextAlign 設爲 MiddleCenter，BackColor 設
    爲 ControlLightLight。

(4) 按鈕「累加」的 Name 設爲 btnAdd。

「累加」鈕的處理邏輯如前所述，不同的地方是視窗應用程式必須由文字盒控制項
取得輸入的起始值與終止值，如下所示：

```
int start = Convert.ToInt32(txtStart.Text);
int end = Convert.ToInt32(txtEnd.Text);
```

而加總的結果則是輸出到標籤控制項 lblResult 上，如下所示：

```
lblResult.Text = start + " 加到 " + end + " = " + sum;
```

「累加」鈕 Click 事件處理程序的完整程式碼，請參考專案【CH07\AddNumDemo_
win】，如下所示：

CH07\AddNumDemo_win\addnum.cs
| ```
 1  private void btnAdd_Click(object sender, EventArgs e) {
 2      int start = Convert.ToInt32(txtStart.Text);
 3      int end = Convert.ToInt32(txtEnd.Text);
 4      int sum = 0;
 5
 6      for (int i = start; i <= end; i++)
 7          sum += i;
 8
 9      lblResult.Text = start + "加到" + end + " = " + sum;
10  }
``` |
```

延伸練習 3

輸入起始值和終止值，然後輸出其間「偶數」的累加總和。

因為是求偶數和，所以必須是偶數才可以累加，這至少有兩種做法。第一種做法是先以「除以 2 餘數為 0」來判斷每一個值是否為偶數，如下所示：

```
for (int i = start; i <= end; i++)
        if(i % 2 == 0) sum += i;
```

第二種做法是先確認第一個數是偶數，之後每次加 2 的值一定也是偶數，如此，不需要再判斷即可直接累加，如下所示：

```
int newStart; // 確保 newStart 是偶數
if (start % 2 == 0) newStart = start;
else newStart = start + 1;
for (int i = newStart; i <= end; i += 2)
        sum += i;
```

程式碼請參考專案【Ch07\AddEvenNumDemo】，如下所示：

CH07\AddEvenNumDemo\Program.cs
```
 1  static void Main(string[] args) {
 2      // 取得起始值與終止值
 3      Console.Write("輸入起始值: ");
 4      int start = Convert.ToInt32(Console.ReadLine());
 5      Console.Write("輸入終止值: ");
 6      int end = Convert.ToInt32(Console.ReadLine());
 7
 8      // 第一種作法：判斷偶數i的值再累加
 9      int sum = 0;
10      for (int i = start; i <= end; i++)
11              if(i % 2 == 0) sum += i;
12      Console.WriteLine(start + " 到 " + end + " 的偶數和 = " + sum);
13
14      // 第二種作法：先確認第一個數是偶數，之後每次加2一定也是偶數
15      sum = 0;
16      int newStart;   // 確保 newStart是偶數
17      if (start % 2 == 0) newStart = start;
18      else newStart = start + 1;
19      for (int i = newStart; i <= end; i += 2)
20              sum += i;
21      Console.WriteLine(start + " 到 " + end + " 的偶數和 = " + sum);
22  }
```

執行結果

7-3 迴圈結構的範例：數字系統轉換程式

　　我們將以另一個簡單的數字系統轉換程式，來進一步熟悉單迴圈結構的流程和用法。使用者先輸入一個十進位數字，然後，選擇要轉換的 n 進位數字，n 分別為 2 進位、8 進位或 16 進位，程式將把輸入的十進位數字轉換成 n 進位數字，介面如下圖所示：

📖 數字系統的轉換

　　數字系統的轉換是學資訊科學的人一定會知道的基本知識。一般使用的是十進位數，逢十就進位。數位電腦裡只有 0 和 1，所以，使用的是 2 進位系統，亦即逢 2 就進位。為了數字表示（Representation）上的方便，有時會使用逢 8 進位的 8 進位系統，或逢 16 進位的 16 進位系統來表示資料。因此，常常需要進行數字系統的轉換。

十進位數轉換為 n 進位數的邏輯

以 n = 2 來說，如何把十進位數轉換為 2 進位數呢？我們必須了解數字系統的表示邏輯，才能知道爲什麼可以用迴圈結構來解決此轉換問題。

例如：一般的數字 123，若以十進位來看，它代表的是 $1×10^0+2×10^1 + 3×10^2$，其中個位是 10^0、十位是 10^1、百位是 10^2。如何得到個別位數的數字 1、2、3 呢？很容易就可以取得個位數，把 123 除以 10，可以得到餘數 3，這就是個位數 3。

十位數 2 呢？我們知道 123 除以 10 的商數是 12，所以，以相同的邏輯，把 12 除以 10，可以得到餘數 2，這就是十位數 2。

百位數 1 呢？把現在的商數 1，除以 10，可以得到餘數 1，這就是百位數 1。此時的商數變成 0，表示沒有更高的位數了，所以，這個不斷取得餘數的程序就可以停止了。

你應該可以發現，這是一個重複進行的動作，而且具有停止的條件，因此，很自然地可以用迴圈結構來取得所有位數的數字。現在，把這些連續取得的餘數 3、2、1，依序串到左邊，所得到的字串「123」，就是我們看到的十進位數字 123。

同理，當十進位數轉換爲 2 進位數時，我們只要依序算出 2 進位數之每個位數的數字（不是 1 就是 0），然後，把這些 0 或 1 的數字依序串到左邊，就是所要的 2 進位數了。

十進位數轉換為 2 進位數的過程範例

以十進位數字 13 爲例，其轉換過程如表 7-1 所示：

表 7-1　十進位數轉換為 2 進位數

數字	13	6	3	1	0
除以 2 的商數	6	3	1	0	
除以 2 的餘數	1	0	1	1	
串到左邊	1	01	101	1101	

首先，13 是欲轉換的十進位數，將它除以 2，可以得到餘數 1，這就是最小位（2^0）的數字 1。下一個 2^1 位的數字要由尚未轉換的部分，亦即商數 6 來取得，因此，下一輪以 6 作爲欲轉換的數字。重複這個動作，一直到尚未轉換的數字變成 0 爲止。將每一輪算出來的餘數串起來，就是最後的結果，亦即 1101。我們驗算看看，$1×2^3 + 1×2^2 + 0×2^1 + 1×2^0 = 13$，結果是正確的。

迴圈結構的轉換程序

我們可以肯定，這是一個迴圈結構的轉換程序。我們以尚未轉換的數字是否大於 0，作為是否要繼續轉換動作的依據。

假設把尚未轉換的數字存入控制變數 a，一開始，變數 a 的初始值就是欲轉換的原始數字，測試條件就是 a 是否大於 0，重複的動作就是把餘數串起來，而每繞一次，都要把變數 a 更新為下一輪要轉換的數字，也就是目前的商數。

轉換程序如下：

```
for(設定變數a為原始數字； a > 0 ； 將 a更新為商數 /*尚未轉換的部分*/) {
        把餘數串到左邊
}
```

數字系統轉換程式的說明

現在，我們終於可以寫程式了。先想想，除了控制變數 a 之外，還要記錄哪些資訊？我們以字串變數 s 來記錄轉換的結果，其初始值為空字串，以變數 n 來記錄轉換的 n 進位，以變數 r 來記錄餘數，宣告如下所示：

```
int a , n , r ;
string s = "" ;
```

接著，我們先取得使用者輸入的十進位數，如下所示：

```
Console.Write("請輸入十進位數: ");
a = Convert.ToInt32(Console.ReadLine());
```

再取得使用者欲轉換的 n 進位，如下所示：

```
Console.Write("轉換成 n 進位, 請選擇 n = (1) 2 (2) 8 (3) 16 : ");
int choice = Convert.ToInt32(Console.ReadLine());
if (choice == 1) n = 2;
else if (choice == 2) n = 8;
else n = 16;
```

再來，我們以上述的 for 迴圈來進行轉換，「把餘數串到左邊」的部分以下列敘述來完成：

```
r = a % n ;   //先取得餘數
s = r + s ;    //再串到左邊
```

「將 a 更新為商數」的部分以下列敘述來完成：

```
a = a / n
```

因為「設定變數 a 為原始數字」的部分已經做了，所以，在 for 迴圈內，此部分可以省略。程式碼如下所示：

```
for( ; a > 0 ; a = a / n) {
      r = a % n ; //取得餘數
      s = r + s ; //串到左邊
}
```

最後，把結果輸出，如下所示：

```
Console.WriteLine("十進位數 " + value + " 轉換成 " + n + " 進位是 " + s);
```

請注意，若一開始輸入的 a 值為 0，則會立即離開迴圈，不會發生任何轉換，因此，不會有任何的輸出。這是不正確的結果，應該輸出 0 才對。為了處理這個邏輯上的漏洞，我們在轉換之前補上測試 a 值為 0 的敘述。另外，在轉換之前，我們也把原始的輸入值存入變數 value 中方便最後的輸出，如下所示：

```
if (a == 0) {
    Console.WriteLine("十進位數 0 轉換成 " + n + "進位是 0");
    return;
}
int value = a; // 儲存輸入的十進位數
```

📚16 進位系統的處理

現在，你可以執行程式，以不同的案例來測試程式的運作是否正確。

你會發現，2 進位和 8 進位的轉換是對的。例如：輸入十進位數 13，轉換為 8 進位時，結果是「15」。8 進位的「15」，代表的十進位值是 $1 \times 8 + 5 \times 1 = 13$，這是正確的答案。

但是，16 進位的轉換正確嗎？16 進位系統是以 16 為基底，逢十六就進位的數字系統。使用 0、1、2、3、4、5、6、7、8、9、A、B、C、D、E、F 等 16 個基本符號來表示數字，其中 A 代表 10、B 代表 11、C 代表 12、D 代表 13、E 代表 14、F 代表 15。

在程式中輸入十進位數 13，轉換為 16 進位時，結果是「13」。但這是錯的答案，因為 16 進位的「13」，代表的十進位值是 $1 \times 16 + 3 \times 1 = 19$。正確的答案應該是 D 才對。

這種錯誤發生的原因，是因為 13 除以 16 的餘數是 13，我們直接把 13 串到結果上，但是「13」代表的是兩位數，而非一位數，所以造成錯誤的結果。

為了解決這個錯誤，必須修正程式的邏輯。觀察一下，很明顯可以歸納出來，只要餘數是 0 到 9，直接串到結果上，都不會造成問題。要額外處理的是 10 到 15 這 6 個餘數，我們必須把它分別對應成 A、B、C、D、E、F 等 6 個符號之後，才能串到結果上。

如何對應呢？要完成這種個別對應的簡單方法，就是使用 switch 敘述，以餘數 r 作為條件運算式（開關），將 10 到 15 這 6 個 case 分別對應成 A 到 F，再串到左邊，而其餘的 case（0 到 9）則不變，直接串到左邊即可。修正後的程式碼如下所示：

```
for ( ; a > 0; a = a / n) {
    r = a % n; //取得餘數
    switch (r) {
        case 10: s = "A" + s; break; //對應後再串到左邊
        case 11: s = "B" + s; break;
        case 12: s = "C" + s; break;
        case 13: s = "D" + s; break;
        case 14: s = "E" + s; break;
        case 15: s = "F" + s; break;
        default: s = r + s; break;    //0-9直接串到左邊
    }
}
```

把上述的程式碼整合起來就是數字系統轉換程式的完整程式碼。現在，你可以再執行程式，你會發現所有轉換都正確了。

程式碼請參考專案【CH07\DigitSystemDemo】，如下所示：

```
CH07\DigitSystemDemo\Program.c
1  static void Main(string[] args)  {
2      int a, n, r;
3      string s = "";
4
5      Console.Write("請輸入十進位數: ");
6      a = Convert.ToInt32(Console.ReadLine());
7
8      Console.Write("轉換成 n 進位, 請選擇 n = (1) 2 (2) 8 (3) 16 : ");
9      int choice = Convert.ToInt32(Console.ReadLine());
10     if (choice == 1) n = 2;
11     else if (choice == 2) n = 8;
12     else n = 16;
```

```
13
14      if (a == 0) {
15          Console.WriteLine("十進位數 0 轉換成 " + n + "進位是 0");
16          return;
17      }
18      int value = a; // 儲存輸入的十進位數
19
20      for (; a > 0; a = a / n) {
21          r = a % n; // 取得餘數
22          // s = r + s; ; // 串到左邊 (16進位時會有錯誤)
23          switch (r) { // 處理16進位
24              case 10: s = "A" + s; break; // 對應後再串到左邊
25              case 11: s = "B" + s; break;
26              case 12: s = "C" + s; break;
27              case 13: s = "D" + s; break;
28              case 14: s = "E" + s; break;
29              case 15: s = "F" + s; break;
30              default: s = r + s; break;   // 0-9直接串到左邊
31          }
32      }
33      Console.WriteLine("十進位數 " + value + " 轉換成 " + n + " 進位是 " + s);
34 }
```

程式說明

- 第 5 行到第 6 行是取得使用者輸入的十進位數。

- 第 8 行到第 12 行是取得使用者欲轉換的 n 進位。

- 第 14 行到第 17 行是在轉換之前測試 a 值為 0 的敘述。

- 第 18 行，在轉換之前，把原始的輸入值存入變數 value 中。

- 第 20 行到第 32 行是迴圈結構的轉換程序。

- 第 23 行到第 31 行是處理 16 進位數字的對應。

- 第 33 行是結果的輸出。

C#

視窗版數字系統轉換程式的介面如下所示：

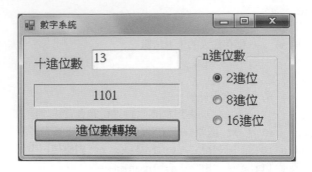

先新增一個「CH07\DigitSystemDemo_win」的「Windows Forms App」專案，其中「CH07」為方案名稱。將表單檔案名稱更名為「digitsystem.cs」，然後，依人機介面的設計，在表單中依序加入標籤、文字盒、按鈕、群組方塊、選項按鈕等通用控制項，然後在屬性視窗中設定控制項屬性。本例中，控制項的屬性設定如下所示：

(1) 表單的 Name 設為「digitsystem」，Text 為「數字系統」，Font 大小為 12pt。

(2) 將輸入十進位數之文字盒的 Name 分別設為 txtNum。

(3) 顯示轉換結果之標籤的 Name 設為 lblResult，屬性 AutoSize 要設為 False，屬性 BorderStyle 設為 Fixed3D，屬性 TextAlign 設為 MiddleCenter。

(4) 群組方塊的 Text 屬性設為「n 進位數」；其中加入 3 個選項按鈕，Name 分別設為 rdb2、rdb8、rdb16，將選項按鈕 rdb2 的屬性 Checked 設為 True、其餘的 Checked 設為 False，而其屬性 Text 的值如介面所示。

(5) 按鈕「進位數轉換」的 Name 設為 btnConvert。

數字轉換的處理邏輯如前所述，不同的地方是視窗應用程式必須由文字盒控制項取得輸入的十進位數值，如下所示：

```
a = Convert.ToInt32(txtNum.Text);
```

以及由 3 個選項按鈕取得「n 進位數」：

```
if (rdb2.Checked) n = 2;
else if (rdb8.Checked) n = 8;
else n = 16;
```

而轉換的結果則是輸出到標籤控制項 lblResult 上，如下所示：

```
lblResult.Text = s;
```

「進位數轉換」鈕 Click 事件處理程序的完整程式碼，請參考專案【CH07\
DigitSystemDemo _win】的【digitsystem.cs】，如下所示：

CH07\DigitSystemDemo_win\digitsystem.cs

```
1  private void btnConvert_Click(object sender, EventArgs e)  {
2      int a, n, r;
3      string s = "";
4      a = Convert.ToInt32(txtNum.Text);
5      if (a == 0) {
6          lblResult.Text = "0";
7          return;
8      }
9      if (rdb2.Checked) n = 2;
10     else if (rdb8.Checked) n = 8;
11     else n = 16;
12     for ( ; a > 0; a = a / n) {
13         r = a % n;        // 取得餘數
14         switch (r) {   // 處理16進位
15             case 10: s = "A" + s; break; // 對應後再串到左邊
16             case 11: s = "B" + s; break;
17             case 12: s = "C" + s; break;
18             case 13: s = "D" + s; break;
19             case 14: s = "E" + s; break;
20             case 15: s = "F" + s; break;
21             default: s = r + s; break;   // 0-9直接串到左邊
22         }
23     }
24     lblResult.Text = s;
25  }
```

7-4 while迴圈與do/while迴圈

1. while 迴圈（前測試條件迴圈）

　　while 迴圈是另一種常用的單迴圈敘述。圖 7-1 的單迴圈結構的流程，除了可以用
for 迴圈敘述來表示之外，還可以用 while 迴圈（while-loop）敘述來表示，其對應的語
法格式如下所示：

```
設定初始值
while( 測試的條件 ){
        //在 while-loop中宣告的變數為區域變數
        ST （程式敘述區塊）
        變數更新
}
```

　　while 迴圈又稱為前測試條件迴圈,因為 while 迴圈敘述會先檢查測試的條件,當測試條件為 true 時,才會進入迴圈中執行;否則,會離開迴圈。請務必將 while 迴圈敘述的語法和迴圈結構的流程進行對照,以確實了解 while 迴圈敘述是如何運作的。

▶ 改寫 for 迴圈之數字累加的程式

　　之前,我們以 for 迴圈完成數字之累加總和的程式;現在,我們可以用 while 迴圈敘述來改寫這個 for 迴圈的程式碼,如下所示:

```
int sum = 0;
int i = start; //設定控制變數 i的初始值
while ( i <= end ){ //測試條件
        sum += i;
        i = i + 1; //更新控制變數 i
}
```

▶ 不斷執行的 while 迴圈

　　如同之前不斷執行的 for 迴圈,我們也可以利用如下的 while 敘述,讓程式反覆的執行特定功能,然後,當滿足特定的條件時,再以 break 敘述來跳出迴圈。

```
while ( true ) {   // 不斷執行的迴圈
    ......
if( 條件運算式 ) break;   //離開迴圈
    ......
}
```

　　同樣地,我們可以利用無窮 while 迴圈,讓程式可以反覆輸入和計算累加的總和。上述改寫的程式碼請參考專案【CH07\WhileLoopDemo】,如下所示:

CH07\WhileLoopDemo\Program.cs

```
1   static void Main(string[] args)  {
2      while ( true ) {   // 不斷執行的 while 迴圈
3          // 取得起始值與終止值
4          Console.Write("輸入起始值: ");
5          int start = Convert.ToInt32(Console.ReadLine());
6          Console.Write("輸入終止值: ");
7          int end = Convert.ToInt32(Console.ReadLine());
8
9          // 以 while 迴圈改寫之數字累加
10         int sum = 0;
11         int i = start;   //設定控制變數 i的初始值
12         while (i <= end) {   //測試條件
```

```
13                         sum += i;
14                         i = i + 1;    //更新控制變數 i
15                  }
16
17              // 輸出運算的結果
18              Console.WriteLine(start + " 加到 " + end + " = " + sum);
19
20              // 是否繼續計算
21              Console.Write("輸入 (y 或 Y) 繼續計算, 否則結束程式: ");
22              string input = Console.ReadLine();
23               if (input != "y" && input != "Y")  break ;  //離開迴圈
24          }
25    }
```

┊程式說明┊

- 第 2 行到第 24 行是一個無窮 while 迴圈，達到一直反覆執行特定功能的目的。

- 第 10 行到第 15 行是以 while 迴圈改寫之數字累加的程式。

- 第 23 行是迴圈的出口條件。

2. do/while 迴圈（後測式條件迴圈）

另外，C# 語言還有一種後測式 do/while 迴圈，它是在迴圈的結尾才檢查測試條件，當條件為 true 時，會再繼續繞回到迴圈中執行；否則，會離開迴圈。其語法如下所示：

```
do {
        //在 do/while-loop中宣告的變數為區域變數
        程式敘述區塊
} while( 測試的條件 );
```

do/while 迴圈和 while 迴圈的差異是它在迴圈的結尾才檢查條件，也就是說，do/while 迴圈的程式區塊至少會執行一次。同時，記得 do/while 迴圈的 while（測試條件）後面必須加上分號。你可以自行練習以 do/while 迴圈改寫上述之數字累加總和的程式碼。

你可以發現，同樣的迴圈結構流程，可以用 for 迴圈敘述、while 迴圈敘述、do/while 迴圈敘述來表示。

一般而言，當我們知道迴圈要繞幾次時，會選擇使用 for 迴圈敘述來表示，所以，for 迴圈又稱為記數式迴圈。當我們事先不知道迴圈會繞幾次時，可以選擇使用 while 迴圈敘述來表示。如果肯定迴圈至少會執行一次時，可以使用 do/while 迴圈敘述。

當然，這只是一般的考量原則而已，我們應該以實際的狀況，選擇最適合的迴圈敘述來表示當時的迴圈結構的流程。

3. 關鍵字 break 與 continue

我們知道 break 可以跳出迴圈，另一個和執行迴圈有關的關鍵字是 continue。break 關鍵字可以立即中止並且離開迴圈；continue 關鍵字則是在不離開迴圈的情況下，忽略位在 continue 之後的程式區塊程式碼，同時，直接繼續迴圈的下一個回合。

例如，下列程式 for 迴圈片段可以輸出「1 2 3 4 5 6 7 8 9 10」。

```
for (i = 1; i <= 10; i++) {
    Console.Write(i + " " );
}
```

如果加上下列的 break 敘述，如下所示：

```
for (i = 1; i <= 10; i++) {
    if ( i == 5 ) break;
    Console.Write(i + " " );
}
```

當 i 等於 5 時，break 會立即中止迴圈的執行，所以，其執行的結果是「1 2 3 4」。而下列程式片段：

```
for (i = 1; i <= 10; i++) {
    if ( i == 5 ) continue;
    Console.Write(i + " " );
}
```

當 i 等於 5 時，continue 會忽略此回合的輸出而繼續迴圈的下一個回合。所以，5 不會被輸出，其執行的結果是「1 2 3 4 6 7 8 9 10」。

7-5 巢狀迴圈（Nested Loop）

巢狀迴圈是在迴圈之中包含其他迴圈的流程結構。例如：在 for 迴圈內包含 for 迴圈或 while 迴圈。巢狀迴圈可以有很多層，太多層之巢狀迴圈的程式碼並不容易理解和維護，也不常見，本節我們以三個典型的例子來探討最常見的雙迴圈（Double Loop）結構，並且熟悉其程式運作的流程。

程式範例 1

使用者輸入一個 1 到 9 的數字，該數字是所要列出數字列的最大列數，第一列列出 1 到 1、第二列 1 到 2、第三列 1 到 3、依此類推，一直列到最大列數為止。介面如下所示：

▶ **歸納解決問題的邏輯**：印出 n 列（迴圈）

一般而言，在寫程式之前，我們會先分析問題的要求，歸納出可能的規律性，以便轉換成解決問題的邏輯。

我們觀察程式的輸入與輸出結果，假如輸入的列數是 n，則程式必須依序重複列出第一列、第二列、一直到第 n 列為止。這是一個依序重複進行的控制結構，因此，可以使用一個總共繞 n 次的 for 迴圈來處理。

我們使用變數 i 來控制迴圈的次數，同時表示進入迴圈時所進行的動作是「列出第 i 列」，然後「跳行」，虛擬流程如下：

```
for(int i = 1 ; i <= n;i++) {   //迴圈會繞n次（外迴圈）
        //列出第i列
        //跳行
}
```

▶ **列出第 i 列（迴圈）**

如何處理「列出第 i 列」這個動作呢？觀察一下，很容易可以看出來「列出第 i 列」是由 1 依序列到 i 為止，這也是一個重複進行的控制結構，因此，可以使用一個總共繞 i 次的 for 迴圈來處理。

我們使用變數 j 來控制此迴圈的次數，同時表示進入迴圈時所進行的動作是「列出數字 j」。把這個處理「列出第 i 列」的迴圈敘述套入上述的 for 迴圈中，得到如下的虛擬流程：

```
for(int i = 1 ; i <= n;i++) {   //迴圈會繞n次（外迴圈）
        //列出第i列
        for(int j = 1 ; j <= i;j++) {   //迴圈會繞i次（內迴圈）
                //列出數字j
        }
        //跳行
}
```

你可以立即看出來，這是一個標準的雙迴圈結構。

請注意：此例中控制變數 i 和 j 不只用來控制迴圈的次數，同時也用來表達和輸出有關的資訊。例如：「列出第 i 列」、「列出數字 j」等。由此可知，善用迴圈的控制變數，也是寫程式時很重要的基本觀念。

▶ **雙迴圈結構的執行流程**

程式設計者也必須確實了解此雙迴圈結構的執行流程，如下所示：

首先，外迴圈 i 設為 1，接著，內迴圈 j 由 1 列到 1；
再來，外迴圈 i 變成 2，接著，內迴圈 j 由 1 列到 2；
再來，外迴圈 i 變成 3，接著，內迴圈 j 由 1 列到 3；

依此類推，一直到外迴圈 i 超過 n，結束外迴圈為止。

▶ **程式碼說明**

現在，我們可以寫程式了。我們先取得列數，存入整數變數 n，如下所示：

```
Console.Write("輸入列印的列數 (1-9): ");
int n = Convert.ToInt32( Console.ReadLine());
```

再來，利用雙迴圈結構將結果輸出。注意：在「列出數字 j」時，我們並不是逐一把「數字 j」直接輸出到介面上，而是先串到字串變數上，最後再把此儲存結果的字串變數整個輸出到介面上。請記得，這樣的作法會比較有效率。

我們先宣告儲存結果的字串變數 res，初值為空字串，如下所示：

```
string res = "";
```

接著，利用雙迴圈結構將結果串到字串變數 res 上，如下所示：

```
for (int i = 1; i <= n; i++) {  // 第 i列
      for (int j = 1; j <= i; j++)  // 數字 j
          res += j;
      res += "\n";  //跳行
}
```

注意：內迴圈的程式區塊只有一行敘述，所以，它的左右大括號可以省略。還有，在主控台視窗內是以控制字串 "\n" 來表示跳行的動作。

最後，記得將結果字串顯示在主控台視窗上即可。

```
Console.WriteLine( res );
```

把上述的程式碼整合起來，就是完整程式碼。

程式碼請參考專案【CH07\DoubleLoopDemo】，如下所示：

CH07\DoubleLoopDemo\Program.cs

```
1   static void Main(string[] args)  {
2       Console.Write("輸入列印的列數 (1-9): ");
3       int n = Convert.ToInt32( Console.ReadLine());
4       string res = "";
5
6       for (int i = 1; i <= n; i++) {  // 第i列
7             for (int j = 1; j <= i; j++)  // 數字j
8                   res += j;
9             res += "\n";  //跳行
10      }
11
12      Console.WriteLine( res ); }
```

程式範例 2

「九九乘法表」的處理，其輸出結果如下所示。

「九九乘法表」是常用來示範雙迴圈結構的例子。如果您已經了解上一個例子，要完成此程式就很容易了。

觀察一下就可以發現規律性。我們必須由第一列依序印到第 9 列，這是一個依序重複進行的控制結構，因此，使用一個繞 9 次的 for 迴圈來處理。我們使用變數 i 來控制此迴圈的次數。

再來，每一列中，我們必須由第一項依序印到第 9 項，這也是一個重複的控制結構，因此，使用繞 9 次的 for 迴圈來處理，同時，以變數 j 來控制此內迴圈的次數。虛擬流程如下所示：

```
for(int i = 1 ; i <= 9;i++) {   // 外迴圈繞9次，列出第i列
        for(int j = 1 ; j <= 9;j++) {   // 內迴圈繞9次
            // 列出第i列的第j項
        }
        // 跳行
}
```

如何處理「列出第 i 列的第 j 項」呢？其實很簡單，把變數 i、j 和 i 乘以 j 的結果，依照要求的格式串接起來即可，格式如下所示：

```
i + "*" + j + "=" + (i*j)
```

「九九乘法表」的完整程式碼請參考專案【CH07\MultiplicationTable】，如下所示：

CH07\MultiplicationTable\Program.cs

```
 1  static void Main(string[] args)  {
 2      string res = "";
 3
 4      for (int i = 1; i <= 9; i++) {   // 外迴圈繞9次
 5          for (int j = 1; j <= 9; j++)   // 內迴圈繞9次
 6              res += (i + "*" + j + "=" + (i * j) + "\t");   // 第i列的第j項
 7          res += "\n";   // 跳行
 8      }
 9
10      Console.WriteLine( res );
11  }
```

程式說明

- 第 2 行宣告字串變數 res，用來儲存輸出的結果，初值是空字串。

- 第 4 行外迴圈繞 9 次，每繞一次就列出第 i 列。

- 第 5 行內迴圈繞 9 次，每繞一次就列出第 i 列的第 j 項。

- 第 6 行將第 i 列第 j 項輸出到字串變數 res。請注意，爲了讓輸出結果能夠每行對齊，我們在每一項的後面加上定位點控制字元 "\t"。你可以試試看有沒有 "\t" 會對輸出結果造成什麼影響，就可以了解定位點的作用了。

- 第 7 行列出第 i 列之後跳行。

- 第 10 行將結果字串顯示在主控台視窗上。

程式範例 3

「顯示菱形」的處理，其輸出結果如下所示。使用者輸入一個 1 到 9 的數字，該數字是所要列出菱形的 size，上半部有 size 列，其星號每列遞增 2 個；下半部有 size - 1 列，其星號每列遞減 2 個，依此類推。介面如下所示：

 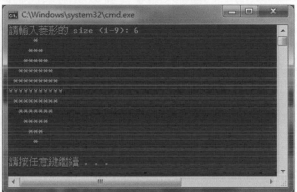

先觀察一下就可以發現規律性。我們可以先印菱形的上半部，再印菱形的下半部。

菱形的上半部有 size 列，因此，可以由使用一個繞 size 次的 for 迴圈來處理，我們使用變數 i 來控制此迴圈的次數。

每一列有幾個星號呢？觀察一下可以發現其星號數由 1, 3, 5, … 遞增，假如讓 i 由 1, 2, 3, … 遞增到 size，則其星號數會等於 (2 * i - 1)。因此，使用一個繞 (2 * i - 1) 次的 for 迴圈，每次印一個星號，就可以印出列 i 中正確的星號數。

但是，每一列都是先印空白，再印星號，問題是每一列有幾個空白呢？以 size = 5 來觀察：

i = 1 時，空白數是 4
i = 2 時，空白數是 3
i = 3 時，空白數是 2
i = 4 時，空白數是 1
i = 5 時，空白數是 0

可以發現規則：列 i 的空白數等於 (size - i)。因此，使用一個繞 (size - i) 次的 for 迴圈，每次印一個空白，就可以印出列 i 中正確的空白數。

印出菱形上半部的程式碼如下所示：

```
for (int i = 1; i <= size; i++) {      // i由1遞增到size
    // 印出列 i
    // 列 i 的空白數: size-i
    for (int j = 1; j <= size - i; j++) output += " ";
    // 列 i 的星號數: 2*i-1
    for (int j = 1; j <= 2 * i - 1; j++) output += "*";
    output += "\n";  // 跳行
}
```

菱形的下半部有 size - 1 列，可以利用相同的邏輯來處理。我們使用一個繞 size - 1 次的 for 迴圈來處理，變數 i 用來控制此迴圈的次數。因為菱形下半部的星號每列遞減 2 個，所以此時 i 必須由 size – 1 遞減到 1。請注意以變數遞減的方式來控制迴圈執行的寫法有何不同。

「顯示菱形」的完整程式碼請參考專案【CH07\DiamondDemo】，如下所示：

CH07\DiamondDemo\Program.cs

```
 1  static void Main(string[] args) {
 2      Console.Write("請輸入菱形的 size (1-9): ");
 3      int size = Convert.ToInt32( Console.ReadLine());
 4
 5      string output = "";
 6
 7      // 印出菱形的上半部
 8      for (int i = 1; i <= size; i++) {  //  i由1遞增到size
 9              // 印出排i
10              // 排i的空白數: size-i
11              for (int j = 1; j <= size - i; j++) output += " ";
12              // 排i的星號數: 2*i-1
13              for (int j = 1; j <= 2 * i - 1; j++) output += "*";
14              output += "\n";     // 跳行
15      }
16
17      // 印出菱形的下半部
18      for (int i = size - 1; i >= 1; i--) {  //  i由size-1遞減到1
19              for (int j = 1; j <= size - i; j++) output += " ";
20              for (int j = 1; j <= 2 * i - 1; j++) output += "*";
21              output += "\n";
22      }
23
24      Console.WriteLine( output );
25  }
```

程式說明

- 第 5 行宣告字串變數 output，用來儲存輸出的結果，初值是空字串。

- 第 8 行到第 15 行印出菱形的上半部。

- 第 11 行印出印出 (size − i) 個空白。

- 第 13 行印出印出 (2*i-1) 個星號。

- 第 14 行列出第 i 列之後跳行。

- 第 18 行到第 22 行印出菱形的下半部。

- 第 24 行將結果字串顯示在主控台視窗上。

習題

▶ 選擇題

( )1. 假如 total 的初值為 0，請問 for (i = 1; i <= 10; i +=2) total += i; 迴圈結束後 total 值為何？

(A)10　(B)35　(C)55　(D)25

( )2. 請問執行下列 C# 程式片段後，x 值為何？

```
int x;
for ( x = 0; x < 10; x++ ) {}
```

(A)0　(B)1　(C)9　(D)10

( )3. 請問，C# 語言的 do/while 迴圈保證可以執行幾次？

(A)0　(B)1　(C)9　(D)10

( )4. 請指出下列哪一個 C# 語言的迴圈是在結尾進行條件檢查？

(A)for　(B)foreach　(C)do/while　(D)while

( )5. 執行下列程式，結束迴圈後，n 的值為何？

```
int n;
for (n = 1; n <= 5; n = n + 2)
Console.WriteLine("n={0}", n);
Console.WriteLine("結束迴圈後 n={0} ", n);
```

(A)1　(B)3　(C)5　(D)7

( ) 6. 請問，下列哪一個 C# 語言的 for 迴圈敘述是正確的？

(A)for(s=1;s<=5;s++)　(B)for(s=1;s<=5)　(C)for(s=1; s++)　(D) for 1 to 5

( ) 7. 請問，以下程式碼的執行結果為何？

```
string res = "" ;
for (int i = 1; i <= 3; i++) {
    for (int j = 1; j <= i; j++)
        res += j;
    for (int j = 3; j >= i; j--)
        res += "*";
    res += "\r\n";
}
```

(A)1***　(B)***1　(C) 1***　(D) ***1
　　12**　　**12　　21**　　**21
　　123*　　*123　　321*　　*321

( ) 8. 請問下列程式片段，for 迴圈結束後，(sum, i) 的結果為何？

```
int sum = 0;
int i;
for(i =1 ; i <=9 ; i +=2) {sum += i; }
```

(A)(25, 9)　(B)(25, 11)　(C)(35, 9)　(D)(35, 11)

( ) 9. 假設變數 i 宣告為整數，下列 for 迴圈何者會造成無窮迴圈？

(A)for(i =0; ; i +=2)
(B)for(i =0; i <=0; i--)
(C)for(i =0; i >=0; i++)
(D) 以上都會

( ) 10. 請問下列程式片段執行之後，變數 output 的結果為何？

```
string output = "";
for(int i = 0; i <= 5; i++) {
if (i == 2) continue;
if (i == 4) break;
output += i + " ";
}
```

(A)0 1 2 3 4 5　(B)0 1 3 5　(C)0 1 3　(D)0 1 2 3 4

( ) 11. 請問，下列的哪一個 C# 關鍵字可以中斷迴圈的執行？

(A)exit　(B)continue　(C)break　(D)loop

(　　) 12. 執行 for 迴圈時，如果想要提前離開迴圈，應使用何種指令？

(A)break　(B)return　(C)exit　(D)pause

(　　) 13. 下列哪一個指令可在迴圈中跳過後面的敘述直接回到迴圈的開頭？

(A)exit　(B)return　(C)continue　(D)pause

▶ 簡答題

1. 請簡單說明程式設計的三種流程控制結構。

2. 請寫出下列程式碼輸出到 txtOutput 的結果為何，如下所示：

```
string txtOutput = "";
int n = 1;
while ( n <= 64 ) {
    n = 2*n;
    txtOutput += n + "\n";
}
```

3. 請寫出下列程式碼輸出到 txtOutput 的結果為何，如下所示：

```
string txtOutput = "";
int i, total = 0;
for ( i = 0 ; i <= 10; i++ ) {
    if ((i % 2) != 0 ) {
        total += i;
        txtOutput += i + "\n";
    }
    else
        total = total -1;
}
txtOutput += total + "\n";
```

4. 請問執行下面程式碼後，textBox1 的內容為何？

```
string res ="";
for (int i = 0; i <= 5; i++ ) {
    for (int j = 0; j <= i; j++) res += "*";
    res +="\n";
}
textBox1 = res;
```

5. 將以下程式用 for 迴圈改寫，並將 sum 的結果寫出來。

```
int sum = 0;
int i = 0 , end = 5;
while (i <= end){
    sum += i;
    i = i + 1;
}
```

6. 以下程式執行之後，ad 的結果為何？

```
int a = 2;
string ad = "";
for (int i = 0 ; i <= a ; i++) {
    for (int j = i ; j <= a ; j++) ad += "*";
    ad += "\n";
}
```

7. 請問下列程式碼片段執行後，textBox1 顯示的結果為何？

(a)
```
string str = "";
for (int y = 1; y <= 5; y++){
    for (int x = 1; x <= 3; x++){
        str += "*";
        if (y <= 2){
            if (x == y) break;
        }else{
            if (x == 6- y) break;
        }
    }
    str += "\n";
}
textBox1 = str;
```

(b)
```
string str = "";
for (int y = 1; y <= 6; y++){
    for (int x = 1; x <= 6; x++){
        if (x > 6 - y)str += "*";
        else str += "  ";
    }
    str += "\n";
}
textBox1 = str;
```

(c)
```
string str = "";
for (int y = 1; y <= 6; y++) {
    for (int x = 1; x <= 6; x++){
        str += "*";
        if (x == y) break;
    }
    str += "\n";
}
textBox1 = str;
```

8. 執行下列程式片段之後，txtOutput 的內容為何？

```
string txtOutput = "";
for (int i = 1; i < 20; i++)
    if ( i % 5 == 0) { txtOutput += i + "\n"; }
    else { txtOutput += i + " "; }
```

9. 請問，下列程式片段 while 迴圈結束後，number 和 sum 的值分別為何？

```
int sum = 0, number = 0;
while(number <100) {
    number++;
    sum += number;
    if(sum >= 100) break;
}
```

10. 請問，下列程式片段 while 迴圈結束後，sum 的值為何？

```
int sum = 0, number = 0;
while(number < 20) {
    number++;
    if(number == 10 || number == 15) continue;
    sum += number;
}
```

C#

▶實作題

1. 請輸入列數,然後顯示對應的星號圖形,程式介面如下所示:

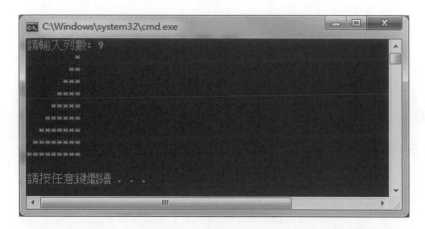

2. 請輸入 1 到 9 的列數,然後顯示對應的數字圖形,程式介面如下所示:

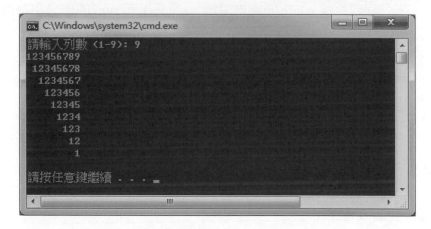

3. 請撰寫一支程式,提示使用者輸入 1 到 9 的整數,並以下圖的結果顯示數字金字塔,程式介面如下所示:

4. 請撰寫一支程式，提示使用者輸入所要列出菱形的 size，上半部有 size 列，下半部有 size - 1 列，並以下圖的結果顯示中空的菱形，程式介面如下所示：

 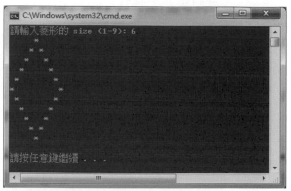

5. 將文字盒的字型屬性設為 Courier New 或 Consolas（其字體大小固定，才會對齊），完成下列介面的功能。

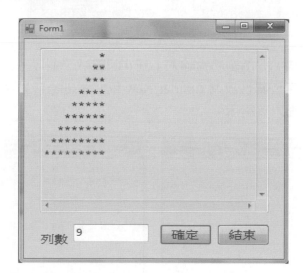

6. 將文字盒的字型屬性設為 Courier New 或 Consolas（其字體大小固定，才會對齊），完成下列介面的功能。

7. 請撰寫一支程式，提示使用者輸入 1 到 9 的整數，並以下圖的結果顯示數字金字塔。請將文字盒的字型屬性設為 Courier New 或 Consolas（其字體大小固定才會對齊），程式介面如下所示：

8. 請撰寫一支程式，提示使用者輸入 1 到 9 的整數，並以下圖的結果顯示圖形。請將文字盒的字型屬性設為 Courier New 或 Consolas（其字體大小固定才會對齊），程式介面如下所示：

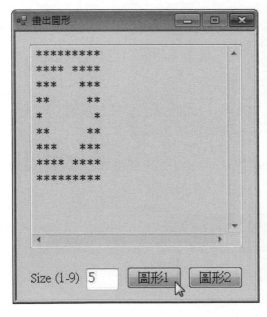

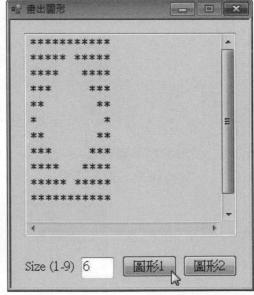

9. 請撰寫一支程式，提示使用者輸入 1 到 9 的整數，並以下圖的結果顯示圖形。
請將文字盒的字型屬性設為 Courier New 或 Consolas（其字體大小固定才會對
齊），程式介面如下所示：

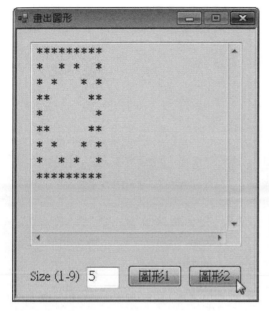
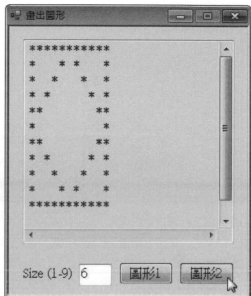

陣列

本章探討程式語言裡很重要而且很基本的資料結構——陣列（Array），有了陣列來組織資料，搭配我們已經學會的控制流程結構，程式的變化將更多樣化，功能也將更強大和完整。

8-1　一維陣列（One-Dimensional Array）

資料量很龐大時，譬如：若要處理一個班上 50 位同學的成績，宣告 50 個變數是不適當的作法，而且要寫出計算總分、平均、最高分等功能的程式碼也很不方便（你可以想想你必須怎麼寫出這些程式碼，是不是真的很不方便？）。

為了解決大批資料的處理，我們必須學習組織資料的有效方式，陣列就是處理大量同類型資料的最基本工具。

1. 一維陣列的基本觀念

陣列是同類型資料所構成的資料結構，系統會配置一塊連續的記憶體來儲存這些資料。每個資料視為陣列的元素，這些元素共用同一陣列名稱，所以，不管這組資料有多少個，都只需要宣告一個陣列變數名稱，然後，利用索引（Index）來區分每一個元素。

也就是說， n 個元素的陣列，只要使用陣列變數名稱加上索引，就可以存取指定的元素，語法如下所示：

```
陣列名稱[ index ], index = 0, 1, ….. (n-1)
```

請注意， C# 的陣列元素的 index 必須由 0 開始。

你可能已經想到，如果我們以迴圈的控制變數來表示元素的索引，讓控制變數由 0 遞增到 (n-1)，那就可以利用單迴圈來逐一走訪，並且存取一維陣列的各個元素，如此，要寫出計算所有元素的總分、平均、最高分等功能的程式碼就變得很容易了。

2. 一維陣列的宣告與建立

C# 的陣列是一種參考資料型態,陣列型態對應到 .NET Framework 的 System.Array 類別,C# 陣列資料(實體)就是 System.Array 類別的物件。

記得,C# 是以間接存取的方式來處理參考型態變數的存取(請參閱第 2 章)。C# 中,陣列變數和儲存陣列元素的記憶體(稱為陣列實體)是分開的。陣列變數存放的是陣列實體的記憶體位址,透過該位址可以找到陣列實體,然後,才能存取陣列實體的元素。

下列是**宣告陣列變數**的語法:

```
資料型態[ ] 陣列名稱;
```

其中,資料型態宣告的是陣列元素的資料型態,此時,只是宣告一個陣列變數,陣列實體尚未存在。

若要同時**建立陣列實體**,則必須利用 new 運算子,語法如下所示:

```
資料型態[ ] 陣列名稱 = new 資料型態[陣列大小] ;
```

其中,陣列大小指定陣列元素的個數。例如:下列敘述宣告和建立一個包含了 4 個整數的陣列,陣列變數的名稱是 a:

```
int[ ] a = new int[4] ;
```

其記憶體的示意圖,如圖 8-1 所示:

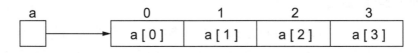

圖 8-1　陣列記憶體配置示意圖

請注意,此時陣列元素已有預設值,因為元素的資料型態是 int ,所以,其值是 int 型態的預設值 0 。另外,以陣列的 Length 屬性可以取得陣列的元素個數,此例 a.Length 等於 4 。

3. 指定陣列元素的值

當陣列實體存在時,我們可以利用指定運算子(Assignment Operator)來設定陣列元素的值。例如:

```
a[0] = 98;   a[1] = 75 ;
a[2] = 56;   a[3] = 88 ;
```

請注意：若陣列實體不存在（陣列變數 a 的值是 null），則上述的指定敘述會產生 NullReferenceExecption 的執行例外。若是執行下列敘述：

```
a[4] = 0;   // IndexOutOfRangeExecption 例外
```

則會產生 IndexOutOfRangeExecption 的執行例外，因為 4 落在有效的索引範圍 （0-3）之外。

你也可以在建立陣列實體時，同時指定陣列元素的初值。例如：上述例子的陣列和 下列敘述同義。

```
int[] b = new int[] {98, 75, 56, 88} ;
```

我們也可以把其中的 new int[] 省略，如下所示：

```
int[] b = {98, 75, 56, 88} ;
```

4. 陣列元素的輸出與計算

之前提到，程式設計者可以利用單迴圈來逐一走訪，並且存取一維陣列的各個元 素，如此，我們可以輸出或者計算陣列的元素，請務必記得這個重要的觀念。

例如：下列 for 迴圈敘述可以逐一輸出陣列 a 的所有元素，

```
for (int i = 0; i < a.Length; i++)
     Console.Write( a[i] + " " );
```

C# 另外提供 foreach 迴圈，來顯示物件集合（Collection）或陣列的所有元素，特別 適合在不知道有多少元素的物件集合或陣列時，其語法如下所示：

```
foreach (元素資料型態 變數名稱 in 陣列名稱) {
        程式敘述;
}
```

其中，變數和陣列元素屬於相同資料型態，用來逐一儲存陣列中的每個元素。迴圈 自動從第一個元素開始，每執行一次迴圈就依序取得一個元素，存入變數中，然後，執 行區塊中的程式敘述，之後，自動移至下一個元素，直到沒有元素為止。

下列是使用 foreach 敘述，逐一輸出陣列 a 所有元素的程式碼：

```
foreach (int element in a)
        Console.Write( element + " " ) ;
```

請注意：int element 必須宣告在 foreach() 之內，否則會有錯誤發生。

程式練習

本節的測試程式碼請參考專案【CH08\OneDimArrayDemo】，其程式碼如下所示：

```
CH08OneDimArrayDemo\Program.cs
1   class Program {
2       static void Main(string[] args) {
3           int[] a = new int[4];
4
5           Console.WriteLine("陣列元素預設值...");
6           for (int i = 0; i < a.Length; i++)
7               Console.Write(a[i] + " ");
8           Console.WriteLine();
9
10          a[0] = 98; a[1] = 75;
11          a[2] = 56; a[3] = 88;
12          //a[4] = 0; // IndexOutOfRangeExecption 例外
13
14          Console.WriteLine("指定陣列元素值...");
15          for (int i = 0; i < a.Length; i++)
16              Console.Write(a[i] + " ");
17          Console.WriteLine();
18
19          int[] b = {98, 75, 56, 88};
20
21          Console.WriteLine("設定陣列元素初始值...");
22          foreach (int element in b)
23              Console.Write(element + " ");
24          Console.WriteLine();
25      }
26  }
```

執行結果

```
C:\Windows\system32\cmd.exe

陣列元素預設值...
0 0 0 0
指定陣列元素值...
98 75 56 88
設定陣列元素初始值...
98 75 56 88
請按任意鍵繼續 . . .
```

┃程式說明

- 第 3 行宣告和建立整數陣列。

- 第 5 行到第 8 行使用 for 迴圈印出陣列元素預設值。

- 第 10 行到第 11 行利用指定運算子來設定陣列元素的值

- 第 14 行到第 17 行使用 for 迴圈印出指定陣列元素後的陣列內容。

- 第 19 行建立陣列實體時，同時指定陣列元素的初值。

- 第 21 行到第 24 行使用 foreach 迴圈印出陣列內容。

8-2　一維陣列的應用

1. 一維陣列的查表應用

陣列可作為查表的工具。查表就是一個對應的動作（Mapping），索引可以視為對應前的值，該索引的陣列元素就是對應後的結果。也就是說：

```
index → 陣列[ index ]
```

在第 7 章專案【DigitSystemDemo】處理數字的 16 進位轉換時，我們利用 switch 敘述將 0 到 15 等餘數，分別對應成 0、1、2、3、4、5、6、7、8、9、A、B、C、D、E、F 等 16 個符號。

現在，我們以 0 到 15 等餘數作為索引，0、1、2、3、4、5、6、7、8、9、A、B、C、D、E、F 等 16 個符號是其對應的陣列元素，下列一維陣列所形成的表格可以達到同樣的對應目的。

0	1	2	3	...	9	10	11	12	13	14	15
"0"	"1"	"2"	"3"	...	"9"	"A"	"B"	"C"	"D"	"E"	"F"

現在，我們以查表的方式取代 switch 敘述，來改寫數字系統的轉換。我們必須宣告和建立一維的字串陣列 m，作為對應的表格，如下所示：

```
string[] m = {"0", "1", "2", "3", "4", "5", "6", "7",
              "8", "9", "A", "B", "C", "D", "E", "F"};
```

然後，在 for 迴圈裡，以餘數作為索引，對應出表示的符號，再串到左邊即可，改寫後的 for 迴圈敘述如下所示：

```
for ( ; a > 0; a = a / n) {
     r = a % n;          //取得餘數
     s = m[ r ] + s;   //查表，串列左邊
}
```

現在，程式碼變得非常簡潔了，請記得這個很好用的查表技巧。其餘的程式部分都一樣，就不再說明了，請確實測試改寫後的程式碼，就可以了解了。

程式碼請參考改寫後的專案【CH08\DigitSystemDemo】，如下所示：

CH08\DigitSystemDemo\Program.cs

```
1   static void Main(string[] args)  {
2        //  16 進位轉換對應表
3        string[] m = {"0", "1", "2", "3", "4", "5", "6", "7",
4                      "8", "9", "A", "B", "C", "D", "E", "F"};
5        int a, n, r;
6        string s = "";
7
8        Console.Write("請輸入十進位數: ");
9        a = Convert.ToInt32(Console.ReadLine());
10
11       Console.Write("轉換成 n 進位, 請選擇 n = (1) 2 (2) 8 (3) 16 : ");
12       int choice = Convert.ToInt32(Console.ReadLine());
13       if (choice == 1) n = 2;
14       else if (choice == 2) n = 8;
15       else n = 16;
16
17        if (a == 0) {
18            Console.WriteLine("十進位數 0 轉換成 " + n + "進位是 0");
19            return;
20        }
21        int value = a; // 儲存輸入的十進位數
22
23        for (; a > 0; a = a / n) {
24            r = a % n;          // 取得餘數
25            s =  m[r] + s; ;  // 查表，串到左邊
26        }
27         Console.WriteLine("十進位數 " + value + " 轉換成 " + n + " 進位是 " + s);
28   }
```

2. 一維陣列的最大值與最小值

第五章討論過如何求得三個整數中最大值的最典型的作法，如何求得一維陣列的最大值呢？

觀念是一樣的，只是現在要比較的對象是陣列中的每一個元素，利用單迴圈來逐一走訪各個元素並且進行比較就可以了。

我們要的只是最大值，所以，先宣告一個變數 max 用來記錄最大值。假設陣列名稱是 numArray，我們先把第一個數當作最大值，因此存入 max，如下所示：

```
int max = numArray[0];
```

然後，利用迴圈逐一把每個元素拿來和 max 比較，如果該元素比 max 大，代表該元素是目前的最大值，所以存入 max 以取代原先的最大值，如下所示：

```
for (int i = 1; i < numArray.Length; i++)
    if (numArray[i] > max) max = numArray[i];
```

所有的元素都比較過了，max 內記錄的就是最後的最大值。

以相同的邏輯可以求得一維陣列的最小值，直接看程式碼就可以了解了。

3. 一維陣列的排序

排序是一維陣列最常見的應用，有很多種排序方法，此處介紹選擇排序法（selection sort）。

假設要將資料由小到大排序。選擇排序法的基本想法是在未排序的資料中，先找出（選擇）最小值，然後，將該值經由交換放到最前面，如此，最前面的資料就會在正確的排序位置上。其他的資料重複相同的定序動作，逐一讓資料就定位，就可以完成所有資料的排序。

簡單的例子如下所示：

(1)　98, 80, 50, 76, 69
swap

(3)　50, 69, 98, 76, 80
swap

(2)　50, 80, 98, 76, 69
swap

(4)　50, 69, 76, 98, 80
swap

排序完成：50, 69, 76, 80, 98

　　首先，找到序列裡的最小數字 50，接著將其與第一個元素 98 做對調，此時，數字 50 已經就定位。接著，第二回合再找其餘未完成排序數字中的最小數字 69，再與第二個元素 80 做對調，如此，數字 69 也會就定位。依此類推，直到只剩下一個數字為止，就完成所有資料的排序。

　　從邏輯上來看，假如有 n 個資料，則選擇排序法需要 n-1 回合，讓每個位置的資料依序就定位。這是一個重複結構，利用一個執行 n-1 次的迴圈可以完成。

　　在每一個回合中，都必須先找出最小值，再進行交換；如前所述，利用迴圈走訪各個元素並且進行比較就可以找出最小值。因此，選擇排序法是一個典型的雙迴圈結構的演算法。

　　取得陣列的最小值以及兩數交換等方法都已經詳述過，此處不再多做說明，直接看程式碼應該就可以了解了。需要特別注意的是，這裡除了要找陣列的最小數字之外，還得紀錄其索引位置，以便後續交換兩個位置的數字。

　　程式碼請參考專案【CH08\OneDimArrayMinMaxSort】，如下所示：

CH08\OneDimArrayMinMaxSort\Program.cs

```
1   static void Main(string[] args)  {
2       int[] numArray = { 98, 80, 50, 76, 69 };
3
4       string res = " ";
5       for (int i = 0; i < numArray.Length; i++)
6               res += numArray[i] + " ";
7       Console.WriteLine("陣列: [ " + res + "]");
8
9       // 一維陣列的最小值
10      int min = numArray[0];
11      for (int i = 1; i < numArray.Length; i++)
12              if (numArray[i] < min) min = numArray[i];
13      // 一維陣列的最大值
14      int max = numArray[0];
15      for (int i = 1; i < numArray.Length; i++)
16              if (numArray[i] > max) max = numArray[i];
17
18       Console.WriteLine("\n最小值是" + min + ", 最大值是" + max);
19
20       // 選擇排序法(selection sort)
21       for (int i = 0; i < numArray.Length - 1; i++) {
22           // 每一回合中，i 是要就定位的位置
23           // 先找出numArray[i] 到 numArray[numArray.Length-1] 之間
24           // 的最小值及其索引值
```

```
25              int minVal = numArray[i];
26              int minIdx = i;
27              for (int j = i + 1; j < numArray.Length; j++)
28                      if (numArray[j] < minVal) {
29                          minVal = numArray[j];
30                          minIdx = j;
31                      }
32              // 將找出的最小值minVal（其索引值是minIdx）與 numArray[i] 交換
33              if (minIdx != i) {
34                      numArray[minIdx] = numArray[i];
35                      numArray[i] = minVal;
36              }
37          }
38
39      res = " ";
40      for (int i = 0; i < numArray.Length; i++)
41              res += numArray[i] + " ";
42      Console.WriteLine("\n排序後陣列: [ " + res + "]\n");
43  }
```

執行結果

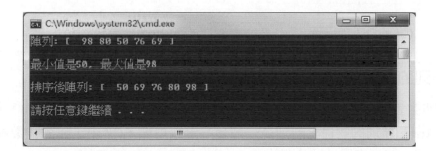

程式說明

- 第 2 行宣告和建立整數陣列。
- 第 4 行到第 7 行使用 for 迴圈印出原始陣列。
- 第 10 行到第 12 行取得一維陣列的最小值。
- 第 14 行到第 16 行取得一維陣列的最大值。
- 第 18 行輸出最小值和最大值。
- 第 21 行到第 37 行使用選擇排序法將一維陣列由小到大排序。
- 第 25 行到第 31 行找出每一回合中未完成排序數字中的最小數字與索引位置。
- 第 33 行到第 36 行將找出的最小值與該回合要定序位置的元素交換。
- 第 39 行到第 42 行印出由小到大排序後的陣列。

8-3 二維陣列（Two-Dimensional Array）

我們已經學會了一維陣列的各種用法，現在，我們來介紹二維陣列。二維陣列或多維陣列都是一維陣列的擴充，二維陣列在日常生活中的應用非常廣泛，只要是平面的表格，都可以轉換成二維陣列來表示，例如：成績單、月曆和課表等。

之前介紹過，陣列是同類型資料所構成的資料結構，系統會配置一塊連續的記憶體來儲存這些資料。每個資料視為陣列的元素，這些元素共用同一陣列名稱，所以，不管這組資料有多少個，都只需要宣告一個陣列變數名稱，然後，利用索引（Index）來區分每一個元素。

1. 二維陣列的基本觀念

二維陣列以表格的方式來表示其陣列元素，也就是說，二維陣列擁有 2 個索引，第一維索引 index1 指出元素位在哪一列（Row），第二維索引 index2 指出位在哪一行（Column），使用 2 個索引值就可以存取指定的二維陣列元素，語法如下所示：

```
陣列名稱[ index1, index2 ]
```

請注意：C# 的陣列元素的索引必須由 0 開始。

2. 二維陣列的宣告與建立

C# 的陣列對應到 .NET Framework 的 System.Array 類別，C# 陣列資料（實體）就是 System.Array 類別的物件。陣列是一種參考資料型態，C# 中，陣列變數和儲存陣列元素的記憶體（陣列實體）是分開的。

下列是宣告二維陣列變數的語法：

```
資料型態[ , ] 陣列名稱;
```

其中，資料型態宣告的是陣列元素的資料型態，此時，只是宣告一個二維陣列變數，陣列實體尚未存在。

若要同時建立陣列實體，則必須利用 new 運算子，語法如下所示：

```
資料型態[ , ] 陣列名稱 = new 資料型態[列數, 行數] ;
```

例如：下列敘述宣告和建立一個 2 列 3 行，總共 6 個整數的二維陣列 s：

```
int[ , ] s = new int[2, 3] ;
```

其記憶體的示意圖，如圖 8-2 所示：

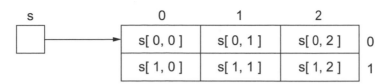

圖 8-2 記憶體的示意圖

同樣地，整數元素的預設值是 0，利用屬性 Length 可以取得二維陣列的元素個數，如下所示：

```
s.Length → 6
```

另外，可以使用屬性 Array.Rank 以取得維度的數目（number of dimensions），然後使用方法 Array.GetLength(int dimension) 以取得特定維度的長度（the length of a specific dimension）。請注意，維度的編號由 0 開始。例如：

```
s.Rank→ 2 （二維）
s.GetLength(0)→ 2 （兩列）
s.GetLength(1)→ 3 （三行）
```

3. 指定二維陣列元素的值

當陣列實體存在時，我們可以利用指定運算子（Assignment Operator）來設定二維陣列的元素值，例如：

```
s[0, 0] = 54; s[0, 1] = 68; s[0, 2] = 93;
s[1, 0] = 67; s[1, 1] = 78; s[1, 2] = 89 ;
```

請注意：若陣列實體不存在，則上述的指定敘述會產生執行的例外。你也可以在建立陣列實體時，同時指定陣列元素的初值。例如：上述例子的陣列和下列敘述同義。

```
int[ , ] b = new int[2, 3] { {54, 68, 93}, {67, 78, 89} };
```

我們也可以把其中的 new int[,] 省略，如下所示：

```
int[ , ] b = { {54, 68, 93}, {67, 78, 89} };
```

4. 二維陣列元素的輸出與計算

我們可以利用雙迴圈來逐一走訪並且存取二維陣列的各個元素，如此，我們可以輸出或者計算二維陣列的元素，請務必記得這個重要的觀念。

例如：下列 for 雙迴圈敘述可以逐一輸出陣列 s 的所有元素，

```
for (int i = 0; i < s.GetLength(0); i++) {          //處理第 i 列
    for (int j = 0; j < s.GetLength(1); j++)        //處理第 j 行
        output += s[i, j] + "\t";      //輸出第 i 列第 j 行的元素
    output += "\n"; //跳行
}
```

程式練習

本節的測試程式碼請參考專案【CH08\TwoDimArrayDemo】，其程式碼如下所示：

CH08\TwoDimArrayDemo\Program.cs

```
1  class Program {
2      static void Main(string[] args) {
3          int[,] s = new int[2, 3];
4
5          string res = "二維陣列的資訊...\n";
6          res += "元素個數:" + s.Length + "\n";
7          res += "陣列維度:" + s.Rank + "\n";
8          res += "第一維:" + s.GetLength(0) + "列\n";
9          res += "第二維:" + s.GetLength(1) + "行\n";
10
11         res += "二維陣列元素預設值...\n";
12         for (int i = 0; i < s.GetLength(0); i++) {
13             for (int j = 0; j < s.GetLength(1); j++) {
14                 res += s[i, j] + "\t";
15             }
16             res += "\n";
17         }
18
19         res += "指定二維陣列元素值...\n";
20         s[0, 0] = 54; s[0, 1] = 68; s[0, 2] = 93;
21         s[1, 0] = 67; s[1, 1] = 78; s[1, 2] = 89;
22
23         for (int i = 0; i < s.GetLength(0); i++) {
24             for (int j = 0; j < s.GetLength(1); j++) {
25                 res += s[i, j] + "\t";
26             }
27             res += "\n";
28         }
29
30         res += "設定二維陣列元素初始值...\n";
31         int[ , ] b = { { 54, 68, 93 }, { 67, 78, 89 } };
```

```
32
33          for (int i = 0; i < b.GetLength(0); i++) {
34              for (int j = 0; j < b.GetLength(1); j++) {
35                  res += b[i, j] + "\t";
36              }
37              res += "\n";
38          }
39
40          Console.WriteLine( res );
41      }
42  }
```

執行結果

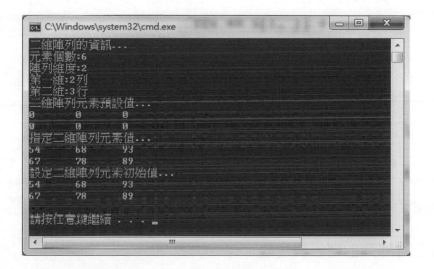

程式說明

- 第 3 行宣告和建立二維整數陣列。

- 第 5 行宣告字串變數 res 用來記錄輸出的結果。

- 第 6 行到第 9 行取得二維陣列的維度資訊。

- 第 12 行到第 17 行使用雙迴圈印出二維陣列元素預設值。

- 第 20 行到第 21 行利用指定運算子來設定二維陣列元素的值

- 第 23 行到第 28 行使用雙迴圈印出指定二維陣列元素後的陣列內容。

- 第 31 行建立二維陣列實體時，同時指定二維陣列元素的初值。

- 第 33 行到第 38 行使用雙迴圈印出二維陣列內容。

- 第 40 行輸出字串變數 res 的內容。

8-4 不規則二維陣列

C# 還有另一種二維陣列或多維陣列的表示方法，稱之爲不規則多維陣列（Jagged Array）或鋸齒式陣列。 C# 語言的陣列元素可以是變數值，也可以是另一個陣列，這些陣列可以不定大小，因此形成不規則多維陣列。本節將探討不規則二維陣列的建立與存取。

1. 不規則二維陣列的基本觀念

前一節中我們已經學會了規則二維陣列的用法，若第二維配置的元素個數都相同，有時會造成記憶體的浪費。例如：圖 8-3 中，3 個班級的學生人數並不相同：

班級一	"郭靖"	"黃蓉"	
班級二	"楊過"	"小龍女"	"周伯通"
班級三	"張無忌"	"趙敏"	

圖 8-3　3 個班級的學生人數示意圖

若以規則二維陣列來儲存時，我們必須配置一個 3 列 3 行的二維陣列才能儲存這些資料，很明顯地，有些空間是沒有資料的，因此，造成記憶體的浪費。此時，就是不規則二維陣列派上用場的時候了。

2. 不規則二維陣列的宣告與建立

在 C# 裡，陣列是一種參考資料型態，宣告規則二維陣列是使用「[,]」，但是，不規則二維陣列的宣告是使用「[ ][ ]」。例如：宣告儲存圖 8-3 中的 3 個班級學生姓名的不規則陣列，如下所示：

```
string[ ][ ] classes = new string[3][ ];
```

此時，第一維有 3 個元素，這些元素都是一個一維陣列，但是，這些一維陣列的實體尚未存在。我們利用 new 運算子動態地建立第一維各個元素的一維陣列實體，如下所示：

```
classes[0] = new string[2];
classes[1] = new string[3];
classes[2] = new string[2];
```

這些一維陣列的大小是不定的，此時，形成一個不規則的二維陣列（Jagged Array），其記憶體配置與對應的索引值如圖 8-4 所示：

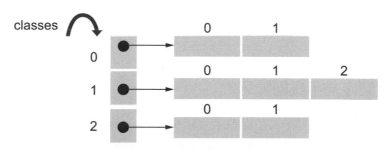

圖 8-4　記憶體配置與對應的索引值

請注意，字串元素的預設值是空字串，另外，我們可以使用 Length 屬性取得各維度的元素個數，例如：第一維是 classes.Length 等於 3， 第二維中，分別是 classes[0].Length 等於 2，classes[1].Length 等於 3，classes[2].Length 等於 2。

3. 指定不規則二維陣列的元素值

當陣列實體存在時，我們可以利用指定運算子來設定元素值。假如，第一維索引值是 index1，第二維索引值是 index2，則存取指定之二維陣列元素的語法如下所示：

```
陣列名稱[ index1 ][ index2 ]
```

例如：儲存圖 8-3 中的 3 個班級學生姓名的指定敘述如下所示：

```
classes[0][0] = "郭靖"; classes[0][1] = "黃蓉";
classes[1][0] = "楊過"; classes[1][1] = "小龍女"; classes[1][2] = "周伯通";
classes[2][0] = "張無忌"; classes[2][1] = "趙敏";
```

請注意：若陣列實體不存在，則上述的指定敘述會產生執行的例外。

另外，你也可以在建立陣列實體時，同時指定陣列元素的初值。例如：上述例子所建立的陣列和下列敘述同義。

```
string[ ][ ] classes = new string [3][ ];
classes[0] = new string[ ] /*不可省略*/{ "郭靖", "黃蓉" };
classes[1] = new string[ ] { "楊過", "小龍女", "周伯通" };
classes[2] = new string[ ] { "張無忌", "趙敏" };
```

請注意：此種宣告方式，其 new string[ ] 是不可以省略的。另一種宣告方式也可以達到相同的目的：

```
string[ ][ ] classes - new string[ ][ ] /*可以省略*/ {
        new string[ ] { "郭靖", "黃蓉" },
        new string[ ] { "楊過", "小龍女", "周伯通" },
        new string[ ] { "張無忌", "趙敏" }
};
```

請注意：此種宣告方式，其 new string[ ][ ] 是可以省略的，但是，new string[ ] 不可以省略。

4. 使用巢狀迴圈走訪不規則陣列

我們可以利用雙迴圈來逐一走訪，並且存取二維不規則陣列的各個元素，如此，我們可以輸出或者計算二維陣列的元素，請務必記得這個重要的觀念。

例如：下列 for 雙迴圈敘述可以逐一輸出陣列 classes 的所有元素：

```
for (int i = 0; i < classes.Length; i++) {
    for (int j = 0; j < classes[i].Length; j++)
        Console.Write("[" + classes[i][j] + "] ");
    Console.WriteLine();
}
```

使用 foreach 迴圈敘述也可以達到相同的目的，如下所示：

```
foreach (string[] c in classes) {
        foreach (string s in c) Console.Write("[" + s + "] ");
        Console.WriteLine();
}
```

請注意：第一個 foreach 迴圈依序處理第一維的各個元素，這些元素是一個一維字串陣列；第二個 foreach 迴圈依序處理指定之一維字串陣列（第二維）的各個元素，這些元素是一個字串。

程式練習

本節的測試程式碼請參考專案【CH08\JaggedTwoDimArrayDemo】，其程式碼如下所示：

CH08\JaggedTwoDimArrayDemo\Program.cs

```
1   class Program {
2       static void Main(string[] args) {
3           string[][] classes = new string[3][];
4           classes[0] = new string[2];
5           classes[1] = new string[3];
6           classes[2] = new string[2];
7
8           Console.WriteLine("不規則二維陣列元素預設值...(空字串)");
9           for(int i = 0; i < classes.Length; i++) {
10              for (int j = 0; j < classes[i].Length; j++)
11                  Console.Write("[" + classes[i][j] + "] ");
```

```
12              Console.WriteLine();
13          }
14
15          classes[0][0] = "郭靖"; classes[0][1] = "黃蓉";
16      classes[1][0] = "楊過"; classes[1][1] = "小龍女"; classes[1][2] = "周伯通";
17          classes[2][0] = "張無忌"; classes[2][1] = "趙敏";
18
19          Console.WriteLine("\n指定不規則二維陣列元素值...");
20          for (int i = 0; i < classes.Length; i++) {
21              for (int j = 0; j < classes[i].Length; j++)
22                  Console.Write("[" + classes[i][j] + "] ");
23              Console.WriteLine();
24          }
25
26          string[][] classes2 = new string[][] /*可以省略*/ {
27                  new string[ ] { "郭靖", "黃蓉" },
28                  new string[ ] { "楊過", "小龍女", "周伯通" },
29                  new string[ ] { "張無忌", "趙敏" }
30          };
31
32          Console.WriteLine("\n設定不規則二維陣列元素初始值...");
33          foreach (string[] c in classes2) {
34              foreach (string s in c) Console.Write("[" + s + "] ");
35              Console.WriteLine();
36          }
37      }
38  }
```

執行結果

程式說明

- 第 3 行到第 6 行宣告和建立不規則二維陣列。

- 第 9 行到第 13 行使用 for 雙迴圈印出不規則二維陣列元素預設值。

- 第 15 行到第 17 行利用指定運算子來設定不規則二維陣列元素的值

- 第 20 行到第 24 行使用 for 雙迴圈印出指定不規則陣列元素後的陣列內容。

- 第 26 行到第 30 行建立不規則二維陣列實體時,同時指定陣列元素的初值。

- 第 33 行到第 36 行使用 foreach 雙迴圈印出不規則二維陣列內容。

習題

▶ 選擇題

(　　)1. 如果沒有使用索引值,請問 C# 可以使用下列哪一種迴圈來走訪陣列?

(A)while　(B)for　(C)do/while　(D)foreach

(　　)2. 定義陣列:「string[] A = { "apple", "bear", "cat" };」,則 A[1] =?

(A)apple　(B)bear　(C)cat　(D) 以上皆非

(　　)3. 請問,下列哪一個是 C# 陣列索引預設的起始值?

(A)-1　(B)0　(C)1　(D)2

(　　)4. 當宣告陣列變數 string[] name = new string[6]; 後,請問我們是宣告了幾個元素的字串陣列?

(A)4　(B)5　(C)6　(D)7

(　　)5. 請問,下列哪一個是存取陣列 quiz 第 1 個元素的程式碼?

(A)quiz(0)　(B)quiz(1)　(C)quiz[0]　(D)quiz[1]

(　　)6. 請問,以下程式碼,變數 B 的結果為何?

```
int[] A = { 1, 2, 3, 4, 5 };
int B = A[1] + A[2];
```

(A)3　(B)4　(C)5　(D)6

(　) 7. 　 `string[] n = { "小一", "小二", "小三", "小四" };`

請插入程式碼 ①
請插入程式碼 ②
`string res = "姓名\t身高\體重\n";`
`for (int i = 0; i <= 3; i++) {`
`    res += n[i] + "\t";`
`    res += height[i] + "\t";`
`    res += weight[i]+"\n";`
`}`
`Console.WriteLine( res );`

姓名	身高	體重
小一	150	50
小二	160	64
小三	145	45
小四	180	78

試將程式碼①、②完成，使得執行結果如右所示：

(A) ① height = { 150, 160, 145, 180 };
　　 ② weight = { 50, 64, 45, 78 };。

(B) ① int height = { 150, 160, 145, 180 };
　　 ② int weight = { 50, 64, 45, 78 };。

(C) ① int[] height = { 150, 160, 145, 180 };
　　 ② int[] weight = { 50, 64, 45, 78 };

(D) ① int[] height = [150, 160, 145, 180];
　　 ② int[] weight = [50, 64, 45, 78];

(　) 8. 陣列宣告 int[,] A = new int[11, 11]; ，則陣列 A 中共有多少個元素？
(A)10　(B)100　(C)121　(D)144

(　) 9. 「int[,] Score = {{60, 85}, {78, 92}, {79, 82}};」的二維陣列中，Score[1, 1] 的值為何？
(A)85　(B)78　(C)92　(D)79

(　) 10. 請問，下列何者可獲得二維陣列 A 之元素總數？
(A)A.Rank()　(B)A.Length()　(C)A.Rank　(D)A.Length

(　) 11. 請問，執行下列程式碼之後，label1 的內容為何？

```
int[,] s = {{1,2},{3,4},{5,6}};
int num = 1;
for (int i = 0; i < ((s.Length)/2); i++){
    for (int j = 0; j < 2; j++){
        if (s[i, j] % 2 == 0)continue;
        num += s[i, j];
    }
}
string label1 = num.ToString();
```

(A)8　(B)10　(C)12　(D)13

▶ 簡答題

1. 請問，執行下面的程式碼之後，變數 output 的內容為何？

```
string output ="";
string[] name = {"王一","李二","陳三","趙四"};
int[] math = { 98, 75, 56, 88 };
for (int i = 0; i <= 3; i++)
output += name[i] + ", " + math[i] + "\r\n";
```

2. 請寫出敘述以建立一個包含了 4 個整數的陣列，陣列變數的名稱是 a。

3. 請將下列國文以及數學分數以二維陣列表示。

   國文：78, 69, 93, 56, 85
   數學：80, 90, 65, 79, 95

4. 承上題，請用雙迴圈輸出國文和數學的成績和平均。

5. 請問，執行下列程式碼之後，label1 和 label2 的內容為何？

```
int[,] s = {{1,2,3,4},{5,6,7,8}};
int num = 0;
string label1 = s[1,1].ToString();
for (int i = 0; i < ((s.Length)/4); i++){
   for (int j = 0; j < 4; j++){
      if (s[i, j] % 2 == 0)continue;
      num += s[i, j];
   }
}
string label2 = num.ToString();
```

6. 宣告下列陣列，請問，S.Length、S.Rank、S.GetLength(0)、S.GetLength(1) 所取得的值分別為何？

```
int[,] S = new int[3,4];
```

7. 請舉例說明二維陣列與不規則二維陣列（Jagged Array）的差異與適用情況？

8. 如何取得不規則二維陣列中各個維度的元素個數？

9. 給定一個不規則二維陣列 x，如下所示：

```
int[][] x = { new int[] {1, 2},
new int[] {3, 4, 5},
new int[] {6, 7, 8, 9}};
```

(A) 請問，x.Length、x[0].Length、x[1].Length 和 x[2].Length 分別是多少？

(B) 請利用陣列的 Length 屬性，寫出將陣列 x 所有元素輸出的程式碼。

(C) 執行 int[][] y = x; 請問 y[2][1] 的值是多少？

▶ 實作題

1. 請建立 C# 應用程式宣告 5 個元素的一維陣列後，使用亂數類別來產生陣列的
   元素值，其範圍是 1~200 的整數，然後將陣列內容排序後，顯示在主控台視窗
   上。程式介面如下所示。

2. 請撰寫程式，產生 30 個介於 0 到 9 的隨機整數，接著，請先以一列 10 個數字
   的方式，印出此 30 個隨機整數，再顯示各數字的個數。介面如下所示：

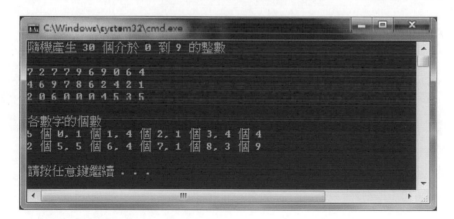

3. 給定如下的表格：

92	82	91	76
88	7	16	52
17	93	43	34
62	78	69	12

請撰寫程式，顯示該表格的內容，同時顯示每一列的最小值與最大值，以及每一行的最小值與最大值。程式介面如下圖所示。

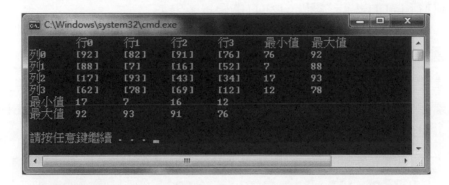

函式與參數傳遞

　　簡單的說，寫程式的目的就是以特定邏輯的程式碼來進行資料處理。當程式要完成的功能變得較龐大時，必須依賴有效的資料和程式碼的組織方式，讓軟體易於擴充和維護。

　　陣列是非常有用的資料組織方式，本章要介紹非常重要的程式碼組織方式——函式（Functions），包括函式的定義、函式呼叫的參數傳遞。

　　函式又可稱之為程序（Procedures）或副程式（Subroutines）；在物件導向程式設計裡，類別中的成員函式（Member Functions）又可稱為方法（Methods）。在不混淆的前提下，本書會交替使用「函式」和「方法」這兩個同義詞。最後，本章也將介紹方法多載（Method Overloading）的觀念和運用。

9-1　可重用碼：函式的特色

1. 為什麼需要函式

　　目前為止，在我們完成的程式中，你應該會發現一件事：許多完成特定功能的程式片段，會在不同的地方重複使用到。例如：在第 6-2 節「輸入 5 個成績，計算幾人及格，各等級有多少人」的程式練習中，這 5 個成績是依相同的邏輯來處理，所以，相同的程式碼片段也是重複寫了五次。

　　這種重複的程式碼雖然正確，但是造成程式碼冗長，而且不易維護。例如：當實現特定功能的程式邏輯改變時，這些重複的程式片段都必須更改，假如有程式片段沒有改到，將造成邏輯不一致，導致程式執行的錯誤。

　　為了讓程式更富邏輯結構、易於維護且更具可讀性，我們可以將「完成特定功能的程式片段」組織成「函式（方法）」。函式是一種可重用碼（Reusable Code），函式的程式碼只要寫一次，就可以被重複呼叫來使用，以達成相同的功能。

2. 如何使用函式

函式是一個可以重複執行的程式區塊，依其功能定義和「實作」（Implementation）之後，並不會主動執行。執行函式是透過函式呼叫（Function Call）。在呼叫函式時，呼叫者（Caller）並不需要了解函式內部程式碼的「實作」內容。事實上，也不需要知道其細節。

也就是說，函式可視為一個「黑盒子」（Black Box），只要告訴我們如何使用黑盒子的「使用介面」（Interface）或其原型規格（Prototype Specification）即可，包括函式名稱、傳入的資料參數和回傳結果的資料型態。例如：我們只要知道 Convert 類別的函式 ToInt32() 的名字與功能、傳入的參數是數字字串、回傳的結果是整數，就可以使用該函式，完全不用管該函式內部的程式碼是如何實作轉換功能的。

當呼叫者呼叫特定的函式時，會將資料以參數傳遞的方式傳給函式處理，因此，程式的執行流程會移轉進入函式中，函式依其功能處理完資料後，會將處理的結果回傳給呼叫者，如圖 9-1 所示。

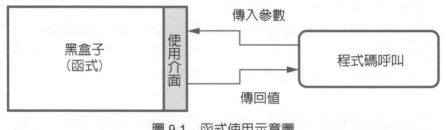

圖 9-1　函式使用示意圖

例如：呼叫 Convert 類別的 ToInt32 函式時，只要傳入字串 "123"，該函式就可以幫我們將其轉換成數字 123，並且回傳給我們。

3. 善用 .NET Framework 類別函式庫

函式原型是函式和外部呼叫者溝通的使用介面，實際的程式碼內容是隱藏在使用介面後。這種運作方式讓程式碼易於組織、更新維護和使用。

事實上，我們已經使用現成的函式在設計程式了。Visual C# 支援一個龐大且具有良好組織架構的 .NET Framework 類別函式庫，每個類別的設計都是為了完成特定的功能。例如，Console 類別提供了主控台輸入輸出的方法，Convert 類別支援許多字串轉換成數字的方法等。

另外，視窗應用程式中的表單、標籤、文字盒、按鈕等控制項都有對應的類別，也各自提供好用的方法來操作控制項。控制項的事件處理程序也是一種回應事件的函式，

Visual C# 已經設計好事件處理程序的原型及其呼叫的機制，程式設計師只須依應用的需要，撰寫處理事件的程式碼。

程式設計師並不需要獨自開發所有的程式碼，透過多看好的程式碼和學會閱讀線上文件，來了解有哪些好用的類別，以及如何使用這些類別的資訊，就可以善用 .NET 豐富的類別函式庫，以開發各式各樣功能的應用程式。

4. 自行設計類別和方法

當然，程式設計師也可以自行設計好用的類別和方法來使用，甚至分享給別人使用。本章先介紹如何定義「自訂功能的函式」，來代表特定功能的程式區塊，如此，該程式區塊將可使用呼叫「函式名稱」來代替，以便執行該函式對應的特定功能。

舉例來說，在第 6-2 節「輸入 5 個成績，計算幾人及格，各等級有多少人」的程式練習中，處理這 5 個成績的程式碼是相同的，也是重複寫了五次，以「成績轉換成等級」為例，其虛擬碼如圖 9-2 左側所示：

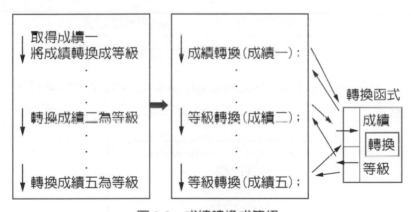

圖 9-2　成績轉換成等級

我們可以定義一個「成績轉換成等級」的函式，如圖 9-2 右側所示，傳入一個成績資料後，它會負責將該成績轉換成對應的等級，同時傳回來。

當需要轉換成績等級時，只要呼叫該成績轉換函式來幫忙完成即可，改寫後的虛擬碼如圖 9-2 中間所示。成績轉換函式的程式碼只寫了一次，使用了五次，大幅精簡了程式碼。

請注意：圖中的箭頭方向代表程式流程的執行方向，你可以發現，改寫前後的程式，其程式碼執行的流程順序和完成的功能是一樣的，只是程式碼的組織方式改成使用函式呼叫而已。

9-2 模組化程式設計：工作分解

函式是完成特定功能的**程式碼**，其功能可大可小。函式具有模組化（Module）的效果，我們可以將複雜的功能分解成多個子功能，這些功能除了可以交由不同的程式設計師來加速程式開發之外，還可以方便某些函式的重複使用。

假設有一個資料處理的程式，它的功能是先取得資料，然後進行資料分析，最後是輸出結果。資料分析又分成兩部分，先進行分析一，再進行分析二。該程式的工作分解示意圖如圖 9-3 所示：

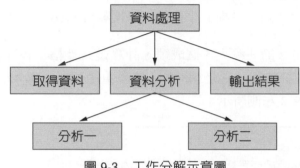

圖 9-3　工作分解示意圖

我們可以使用**單一函式** DataProcessing() 來完成整個程式的處理流程，其程式虛擬碼如圖 9-4 所示：

```
void DataProcessing(){
    //宣告變數
    ...
    //取得資料
    ...
    //分析一
    ...
    //分析二
    ...
    //輸出結果
    ...
}
```

圖 9-4　單一函式 DataProcessing()

我們也可以利用**模組化程式設計**的方式來完成整個程式的功能。由程式的工作分解示意圖可知，「資料處理」包含三個子功能：「取得資料」、「資料分析」和「輸出結果」，假設分別由函式 getData()、analyzeData() 和 outputData() 來完成，所以，完成「資料處理」之主函式 DataProcessing() 的程式虛擬碼可表示如圖 9-5：

```
void DataProcessing(){
    //宣告變數
      ...
    getData(~);
    analyzeData(~);
    outputData(~);
}
```

圖 9-5　DataProcessing() 的程式虛擬碼

而函式 getData()、analyzeData() 和 outputData() 的程式虛擬碼可表示如圖 9-6：

```
void getData(~){
...
}
void analyzeData(~){
    analysis1(~);
    analysis2(~);
}
void outputData(~){
...
}
```

圖 9-6　函式 getData()、analyzeData() 和 outputData()

同樣地，「資料分析」之函式 analyzeData() 又可分為「分析一」和「分析二」兩個子功能，假設分別由函式 analysis1() 和 analysis2() 來完成，其程式虛擬碼如圖 9-7 所示：

```
void analysis1(~){
      ...
}
void analysis2(~){
      ...
}
```

圖 9-7　函式 analysis1() 和 analysis2()

模組化程式設計把分解的每個子功能以一個函式來完成，每一個函式都可以解決一個小問題，等到所有小問題都解決了，使用函式組合而成的應用程式也就開發完成。

這種設計方式讓程式更富邏輯結構，也增加程式的可讀性和可重用性，使程式更易於開發和維護。

C#

9-3 函式的定義與呼叫

1. 函式的定義

C# 函式（方法）是由函式名稱、參數、回傳值型態以及大括號內的程式碼區塊所組成，語法如下所示：

```
[存取修飾詞] [static] 傳回值型態 方法名稱(參數1, 參數2, …) {
        宣告變數
        程式碼
        return 值 | 運算式;
}
```

請注意，C# 是物件導向程式語言，方法必須定義在類別之內，不可以獨立在類別之外。

在上述函式定義最前面的「存取修飾詞」（Access Modifiers）可以宣告函式的存取範圍，若是 public，代表函式可以在專案程式碼的任何地方進行呼叫，包括其他類別；private 則代表函式只能在宣告的同一個類別內進行呼叫。存取修飾詞可有可無，在介紹物件導向程式設計時再做進一步的討論。

在方法前面加上 static 修飾詞，表示該方法為靜態方法。**靜態方法不需要使用 new 建立其所屬類別的物件，即可被呼叫使用。**省略 static 的方法為實體方法，必須建立物件才可以被呼叫。

主控台應用程式預設會自動宣告一個 Program 類別，內含主函式 Main()，這是程式執行的入口，也是一個標準的靜態方法，所以，不需要產生物件即可呼叫。

另外，假如函式沒有傳回值，則傳回值型態必須宣告為 void。假如傳回值型態不是 void，就表示函式擁有傳回值，函式需要使用 return 關鍵字傳回一個值或運算式的運算結果，其型態必須和宣告的傳回值型態一致。

在函式名稱後的括號可以定義傳入的參數列，參數間以逗號隔開，如果函式沒有參數，就是空括號。

請注意：函式的參數以及在函式內宣告的變數都是區域變數，也就是說，當程式流程進入函式時，才會配置區域變數的記憶體，而且該變數只對此函式內的敘述有效（可以存取）。一旦離開此函式之後，區域變數的記憶體即不存在，因此，也不能被存取。

2. 函式的呼叫

函式依其功能定義之後，並不會主動執行。要執行函式必須透過函式呼叫。C# 的函式呼叫需要使用函式名稱。C# 以下列方式呼叫實體方法：

```
物件名稱.實體方法名稱(~)
```

例如：我們之前使用下列敘述：

```
Random rd = new Random() ;
int RandomNumber = rd.Next(0, 100);
```

先產生物件變數 rd 所參考的 Random 物件，在呼叫該物件的 Next(~) 實體方法取得一個隨機數。

若是靜態方法，其呼叫語法如下所示：

```
類別名稱.靜態方法名稱(~)
```

例如：我們之前使用的 Console.WriteLine(~) 方法和 Convert.ToInt32(~) 方法，其中，Console 和 Convert 是類別名稱，而 WriteLine(~) 和 ToInt32(~) 是靜態方法。

請注意，若是呼叫者和被呼叫的靜態方法位在相同的類別內，例如，都是定義在 Program 類別內，則類別名稱可以省略。本章的例子以相同 Program 類別內的靜態方法來說明。

▶ 呼叫沒有參數列的函式

若函式沒有參數列，其呼叫語法如下所示：

```
函式名稱();
```

例如：我們定義一個「在主控台視窗上，顯示固定訊息 "C# 程式設計 "」的函式，此函式不需要傳回值和參數列，名稱為 showTitle，如下所示：

```
static void showTitle() {
    Console.WriteLine( "C#程式設計" );
}
```

因為函式 showTitle 沒有參數列，所以，呼叫此函式時，只需使用函式名稱和空括號，如下所示：

```
showTitle();
```

當函式 showTitle 被呼叫時，程式執行的流程會移轉進入函式中。函式在在主控台視窗上顯示「C# 程式設計」後，程式執行的控制權會交回給呼叫者。

▶ **呼叫有參數列的函式**

如果函式擁有參數列，在呼叫時就需要指定參數列的參數值，參數值之間以逗號隔開。呼叫相同的函式時，若指定的參數值不同，可以得到不同的執行結果，使用上將更有彈性。

擁有參數的函式呼叫語法如下所示：

```
函式名稱( 參數列的參數值 );
```

(a) 例子一：**「判斷成績是否及格」的函式**

假如我們想定義一個「判斷成績是否及格」的函式，其名稱為 isPass。此函式需要傳入一個成績參數，假如成績及格，則傳回 true；否則傳回 false。所以，傳回值的資料型態為 bool。「判斷成績是否及格」的程式邏輯很簡單，如下所示：

```
static bool isPass (int s) {
    if (s >= 60) return true;
    else return false;
}
```

當呼叫此函式時，呼叫者需傳入一個成績，如下所示：

```
isPass(95);
```

此時，函式 isPass 會先配置一個區域變數 s，用來儲存傳入的成績 95，然後，程式執行的流程會移轉進入函式中。函式判斷成績 95 是及格後，會將處理的結果 true 回傳給呼叫者。此時，區域變數 s 的記憶體將被收回，同時，程式執行的控制權會交回給呼叫者。

呼叫者可以進一步處理函式的回傳值。例如：將其暫存到變數中，方便後續的使用，如下所示：

```
bool result = isPass(95);
```

(b) 例子二：**「將成績轉換成對應等級」的函式**

再舉一個例子。假如想要**定義一個「將成績轉換成對應等級」的函式**，其名稱為 ScoreToGrade。此函式需要傳入一個成績參數，然後將成績轉換成 ABCDE 五個等級之一，所以，傳回值的資料型態可以宣告為 char。

「成績轉換成等級」的函式定義如下所示：

```
static char ScoreToGrade (int s) {
    if (s >= 90) return 'A';
    else if(s >= 80) return 'B';
    else if(s >= 70) return 'C';
    else if(s >= 60) return 'D';
    else return 'E';
}
```

當呼叫此函式時，呼叫者需傳入一個成績，如下所示：

```
ScoreToGrade (95);
```

此時，成績 95 會傳給函式 ScoreToGrade 的區域變數 s，然後，程式執行的流程會移轉進入函式中。函式將成績 95 對應成等級 A 之後，將結果 'A' 回傳給呼叫者，執行的控制權會交回給呼叫者，同時收回區域變數 s 的記憶體。

呼叫者可以進一步將函式的回傳值輸出，如下所示：

```
Console.WrileLine( "成績 95的等級為" + ScoreToGrade (95) );
```

9-4　函式的應用

【程式練習】：輸入五個成績，分別顯示各成績是否及格，對應的等級是什麼？輸出入的人機介面如下圖所示：

我們利用上一節定義的 isPass(int) 和 ScoreToGrade (int) 兩個函式分別來「判斷成績是否及格」以及「將成績轉換成對應等級」。假如字串變數 output 用來儲存輸出結果，當程式取得使用者輸入的成績 score 之後，就可以呼叫這兩個函式，以取得是否及格以及等級的輸出資訊，如下所示：

```
Console.Write("請輸入成績1: ");
int score = Convert.ToInt32( Console.ReadLine() );
if ( isPass(score) ) output += score + ": 及格, ";   // 判斷是否及格
else output += score + ": 不及格, ";
output += "等級為 " + ScoreToGrade(score) + "\n";   // 成績等級
```

題目要求輸入五個成績,那上述的程式碼要重複寫五次嗎?當然不用,我們學過迴圈,重複的動作讓迴圈結構來完成即可。

我們將 for 迴圈的控制變數 i 的值由 1 逐一遞增到 5,除了控制迴圈繞 5 次以取得 5 個成績之外,也同時用來表示正在輸入的是第 i 個成績。

另外,因為這五個成績只須要逐一各別的處理和輸出,所以,我們並不須要宣告五個變數來記錄這五個成績,只要宣告一個變數 socre 來記錄正在處理的成績即可。

所有成績都處理之後,把記錄的資訊輸出就可以了。

▶ 完整程式碼

根據上述討論的邏輯所寫的程式碼,請參考專案【CH09\LoopFunctionsDemo】,如下所示:

CH09\LoopFunctionsDemo\Program.cs

```
 1  class Program {
 2      // 判斷是否及格
 3      static bool isPass(int s) {
 4          if (s >= 60) return true;
 5          else return false;
 6      }
 7      //對應的成績等級
 8      static char ScoreToGrade(int s) {
 9          if (s >= 90) return 'A';
10          else if (s >= 80) return 'B';
11          else if (s >= 70) return 'C';
12          else if (s >= 60) return 'D';
13          else return 'E';
14      }
15
16      static void Main(string[] args)  {
17          string output = "";
18
19          Console.WriteLine("<<< 請輸入 5 個成績 >>>");
20
21          for (int i = 1; i <= 5; i++) {
```

```
22              Console.Write("請輸入成績" + i + ": ");
23              int score = Convert.ToInt32(Console.ReadLine());
24              if (isPass(score)) output += score + ": 及格, "; // 判斷是否及格
25              else output += score + ": 不及格, ";
26              output += "等級為 " + ScoreToGrade(score) + "\n"; // 成績等級
27          }
28
29          Console.WriteLine("\n" + output);
30      }
31 }
```

程式說明

- 第 3 行到第 6 行定義 isPass(int) 靜態函式，不需要產生物件就可以被呼叫。
- 第 8 行到第 14 行定義 ScoreToGrade(int) 靜態函式。
- 第 21 行到第 27 在 for 迴圈中呼叫函式逐一處理取得的成績。
- 第 29 行輸出結果。

延伸練習 1

組合相關的函式完成更複雜的工作。

你應該發現：上述程式碼的可讀性提高，也變得很簡潔。程式碼可以改寫得更簡潔嗎？觀察一下，可以發現處理成績的邏輯包含「及格與否」以及「對應等級」兩個部分的輸出，你可以將成績處理的整個邏輯用一個新函式 scoreProcessing(int s) 來完成，傳入成績之後，將「及格與否」以及「對應等級」的輸出資訊以字串的形式回傳，程式碼如下所示：

```
static string scoreProcessing(int s) {
    string res = "";
    if ( isPass(s) ) res += s + ":及格, ";
    else res += s + ":不及格, ";
    res += "等級為" + ScoreToGrade( s ) + "\n";
    return res;
}
```

你會發現：函式 scoreProcessing(s) 會進一步呼叫函式 isPass(s) 和 ScoreToGrade(s)來處理成績及格與否和轉換等級的工作。也就是說，函式可以依需要加以組合來完成更複雜的工作，組合的方式甚至可以達到很多層。

現 在 有 了 函 式 scoreProcessing(s) 之 後，只要依次讀取成績，呼叫函式 scoreProcessing(s) 來處理即可。根據上述討論的邏輯所寫的程式碼，請參考專案【CH09\MultilayerFunctonsDemo】，如下所示：

```
CH09\MultilayerFunctonsDemo\Program.cs
1   static bool isPass(int s){……}
2   static char ScoreToGrade(int s){……}
3   static string ScoreProcessing(int s) {
4       string res = "";
5       if ( isPass(s) ) res += s + ": 及格, ";   //  判斷是否及格
6       else res += s + ": 不及格, ";
7       res += "等級為 " + ScoreToGrade(s) + "\n"; // 成績等級
8       return res;
9   }
10
11  static void Main(string[] args)  {
12      string output = "";
13
14      Console.WriteLine("<<< 請輸入 5 個成績 >>>");
15
16      for (int i = 1; i <= 5; i++) {
17          Console.Write("請輸入成績" + i + ": ");
18          int score = Convert.ToInt32(Console.ReadLine());
19
20          output += ScoreProcessing(score);
21      }
22
23      Console.WriteLine("\n" + output);
24  }
```

延伸練習 2

利用陣列儲存成績。

假如輸入五個成績後，除了分別顯示各成績是否及格，對應的等級是什麼之外，也要求計算成績平均，以及那些成績高於平均值，輸出入的人機介面如下圖所示：

很明顯，必須輸入所有成績之後，才能計算平均值，也才能比較個別成績是否高於平均值。要如何儲存所有讀入的資料呢？使用陣列就可以了。

我們先以一個 for 迴圈讀入成績，並且存到陣列 score 中。在讀入成績的過程中，同時累計成績的總和，如此，迴圈結束後，將總和除以筆數就可以取得平均值了，程式碼如下所示：

```
for (int i = 0; i < 5; i++) {
    Console.Write("請輸入成績" + (i + 1) + ": ");
    score[i] = Convert.ToInt32(Console.ReadLine());
    sum += score[i];
}
double avg = sum / 5.0;
```

有了平均值之後，就可以再利用一個 for 迴圈逐一處理陣列中的成績，並且判斷該成績是否高於平均值，所有成績都處理之後，把記錄的資訊輸出就可以了

▶ 完整程式碼

根據上述討論的邏輯所寫的程式碼，請參考專案【CH09\ArrayLoopFunctionsDemo】，如下所示：

```
CH09\ArrayLoopFunctionsDemo\Program.cs
1   static bool isPass(int s){……}
2   static char ScoreToGrade(int s){……}
3   static void Main(string[] args) {
4       int[] score = new int[5];
5       string output = "";
6       int sum = 0;
7
8       Console.WriteLine("<<< 請輸入 5 個成績 >>>");
9       for (int i = 0; i < 5; i++) {
10          Console.Write("請輸入成績" + (i + 1) + ": ");
11          score[i] = Convert.ToInt32(Console.ReadLine());
12          sum += score[i];
13      }
14      double avg = sum / 5.0;  // 計算平均值
15
16      output += "\n平均 = " + avg + "\n";
17      for (int i = 0; i < 5; i++) {
18          // 判斷是否及格
19          if (isPass(score[i])) output += score[i] + ": 及格, ";
20          else output += score[i] + ": 不及格, ";
21          // 對應的成績等級
```

```
22        output += "等級爲 " + ScoreToGrade(score[i]);
23        // 是否高於平均
24        if (score[i] > avg) output += ", 高於平均";
25        output += "\n";
26      }
27
28      Console.WriteLine("\n" + output);
29  }
```

程式說明

- 第 9 行到第 13 行在 for 迴圈中讀入成績,並且存到 score 陣列,同時,累加成績總和。

- 第 14 行計算平均值。

- 第 16 行輸出平均值。

- 第 17 行到第 26 在 for 迴圈中呼叫函式逐一處理陣列中的成績,並且判斷該成績是否高於平均值。

- 第 28 行輸出結果。

從本範例的討論中,你可以學到「**善用函式、陣列和迴圈能夠大幅度精簡程式碼,同時讓程式碼易於了解和維護**」。另外,你也應該了解到,隨著「功能的分解」和「資料表示法」的不同,程式碼可以有非常多不同的變化和寫法。

程式練習

改寫第 6-2 節「輸入五個成績,計算幾人及格,各等級分別有多少人,平均是幾分」的程式。輸出入的人機介面如下圖所示:

在第 6-2 節專案【CH06\FiveScoresDemo】中，以相同的邏輯來處理這五個成績，相同的程式碼重複了五次。在這裡，我們利用一維陣列來儲存這五個成績，方便在單迴圈中呼叫函式依序處理每個成績。

同樣地，我們宣告變數 pass 來記錄及格人數，變數 A、B、C、D、E 來記錄各等級人數，變數 sum 來記錄總分數，這些變數的初值都是 0。接著，以迴圈的控制變數作為陣列索引取得成績，進行及格人數、各等級人數和總分數的更新，最後，將結果輸出即可。

根據上述討論的邏輯所寫的程式碼，請參考專案【CH09\FiveScoresDemo2】，如下所示：

```
CH09\FiveScoresDemo2\Program.cs
1   static bool isPass(int s){……}
2   static char ScoreToGrade(int s){……}
3
4   static void Main(string[] args)  {
5       int[] score = new int[5];
6       int pass = 0, A = 0, B = 0, C = 0, D = 0, E = 0;
7       int sum = 0;
8
9       for (int i = 0; i < 5; i++) {
10          Console.Write("輸入成績" + (i + 1) + ": ");
11          score[i] = Convert.ToInt32(Console.ReadLine());
12      }
13
14      for (int i = 0; i < 5; i++) {
15          if ( isPass(score[i]) ) pass++;
16          switch ( ScoreToGrade(score[i]) ) {   // 計算各等級人數
17                  case 'A': A++; break;
18                  case 'B': B++; break;
19                  case 'C': C++; break;
20                  case 'D': D++; break;
21                  case 'E': E++; break;
22          }
23          sum += score[i];
24      }
25      // 紀錄輸出結果
26      string res = "及格: " + pass + "人\r\n";
27      res += "等級A: " + A + "人\n";
28      res += "等級B: " + B + "人\n";
29      res += "等級C: " + C + "人\n";
30      res += "等級D: " + D + "人\n";
31      res += "等級E: " + E + "人\n";
32      res += "平均 = " + (sum / 5.0);
33
34      Console.WriteLine("\n五個成績的統計資訊如下:\n" + res);
35  }
```

....

程式碼可以再精簡。

你應該有發現「計算各等級人數」和「輸出等級結果」的程式碼中,每個等級都處理一次,這些敘述除了「等級字元」不同之外,其餘部分皆相同,有沒有方法**可以再精簡呢**?

在這裡我們利用將「連續字元」對應成「連續數字」的技巧,將字元 'A'、'B'、'C'、'D'、'E' 減掉字元 'A',可以分別得到數字 0、1、2、3、4。利用轉換後的「連續數字」,程式碼就可以再改良。

首先,我們可以宣告五個整數的計數陣列 ctr 來記錄各等級人數;以等級 A、B、C、D、E 所對應的數字 0、1、2、3、4 作為陣列索引,就可以分別存取其人數。整數陣列 ctr 的元素初值皆為 0,宣告如下所示:

```
int[] ctr = {0, 0, 0, 0, 0};    // 使用陣列來記錄各等級人數
```

現在,不用 switch 敘述進行各等級人數的更新,而是將「等級字元」對應成「索引數字」,直接累加該「索引」的元素計數值即可,程式碼如下所示:

```
ctr[ ScoreToGrade(s[i]) - 'A' ]++;
```

另外,輸出等級人數的程式碼則可以改用迴圈來完成,程式碼如下所示:

```
for (int i = 0; i < 5; i++)
    res += "等級" + (char)('A' + i) + ": " + ctr[i] + "人\n";
```

要注意的是:我們反過來將「索引數字」(整數)加上字元 'A',得到其等級字元的內碼,此時是一個整數,必須轉型成字元型態,才能輸出正確的等級字元。

▶ **完整程式碼**

根據上述討論的邏輯所寫的程式碼,請參考專案【CH09\FiveScoresDemo3】,如下所示:

CH09\FiveScoresDemo3\Program.cs
| ```
1  static bool isPass(int s){……}
2  static char ScoreToGrade(int s){……}
3  static void Main(string[] args) {
4      int[] score = new int[5];
5      int pass = 0;
6      int[] ctr = { 0, 0, 0, 0, 0 }; // 使用陣列來記錄各等級人數
7      int sum = 0;
8
9      for (int i = 0; i < 5; i++) {
``` |
```

```
10              Console.Write("輸入成績" + (i + 1) + ": ");
11              score[i] = Convert.ToInt32(Console.ReadLine());
12          }
13
14      for (int i = 0; i < 5; i++) {
15              if ( isPass(score[i]) ) pass++;
16              ctr[ ScoreToGrade(score[i]) - 'A' ]++;
17              sum += score[i];
18          }
19
20      string res = "及格: " + pass + "人\n";
21      for (int i = 0; i < 5; i++)
22              res += "等級" + (char)('A' + i) +": " + ctr[i] + "人\n";
23      res += "平均 = " + (sum / 5.0);
23
24      Console.WriteLine("\n五個成績的統計資訊如下:\n" + res);
25  }
```

程式說明

- 第 9 行到第 12 行在 for 迴圈中讀入成績，並且存到 score 陣列。
- 第 14 行到第 18 在 for 迴圈中呼叫函式逐一處理陣列中的成績。
- 第 16 行利用將「等級字元」對應成「索引數字」的技巧，直接累加計數值。
- 第 21 行到第 22 行利用迴圈完成各等級人數的輸出。請注意：將「索引數字」加上字元 'A'，得到對應之等級字元的技巧。
- 第 24 行輸出結果。

9-5 參數的傳遞

我們針對函式的參數傳遞方式再做進一步的討論。C# 函式提供三種參數傳遞方式，如表 9-1 所示：

表 9-1　C# 函式參數傳遞方式

呼叫方式	關鍵字	說明
傳值呼叫	無	將變數值傳入函式，在函式內無法變更原變數的內容值
傳址呼叫	ref	函式內可以取得傳入變數的記憶體位址，所以在函數內可以變更原變數的內容值
傳出呼叫	out	和傳址呼叫的主要差異在於其傳入變數不需指定初值，而傳址呼叫的傳入變數一定要指定初值

1. 傳值呼叫（Call by Value）

C# 函式預設是使用傳值呼叫 (Call by Value)，所以並不需要宣告特別的關鍵字。

傳值呼叫會將變數值（複製一份）傳給函式的參數，在函式內無法知道變數的記憶體位置，因此，也無法變更此變數的值。目前為止的例子都是使用傳值呼叫。

▶ 傳入值的隱含轉換

請注意：當傳入值的資料型態和接收的參數資料型態不相同時，會進行隱含（自動）轉換。隱含轉換會確保資料的值或精確度不會流失，否則，會造成編譯錯誤。程式設計師可以選擇進行明顯轉換，以嘗試通過編譯，但是，執行的結果要由程式設計師自行負責。

例如：執行 ScoreToGrade(86.5) 時，傳入值 86.5 是 double 型態，接收的參數是 int 型態，double 無法自動轉換成 int，因此會造成編譯錯誤。將 86.5 明顯轉型成 int，再呼叫 ScoreToGrade((int) 86.5) 就可以正常執行。關於資料型態轉換的較詳細討論，請參考第 2-4 節的說明。

▶ 陣列的傳遞：傳值呼叫

在 C# 函式中，陣列也是以傳值呼叫的方式來傳遞，只是此傳入值是陣列的 reference 值而已（因為陣列是一種參考資料型態）。

如何定義和使用「接收陣列參數」的函式呢？我們以一個例子來說明。假設函式 SumArray() 可以接收一個整數陣列，其傳回值是整數陣列中元素的累加值，則其函式定義如下所示：

```
static int SumArray( int[] a ) {
    int sum = 0;
    for (int i = 0; i < a.Length; i++) sum += a[ i ];
    return sum;
}
```

我們延續上一節的例子，讓程式可以「輸出五個成績的和與平均」，只是現在是呼叫函式 SumArray() 將傳入的成績陣列加總，取得函式回傳的總和之後，就可以輸出成績的和與平均了，程式碼如下所示：

```
int sum = SumArray( score );
string res = "和 = " + sum + "\n";
res += "平均 = " + (sum / 5.0) + "\n";
```

程式練習

輸入五個成績，以整數陣列來儲存，將陣列傳給函式 SumArray(int[]) 取回陣列元素的總和，然後，輸出「五個成績的和與平均」。另外，設計一個函式 MaxMinArray(int[], out int, out int)，其功能也是「傳入一個整數陣列」，同時，使用傳出呼叫取得「整數陣列中元素的最大和最小值」，然後，輸出「五個成績的最高分和最低分」。輸出入的人機介面如下圖所示：

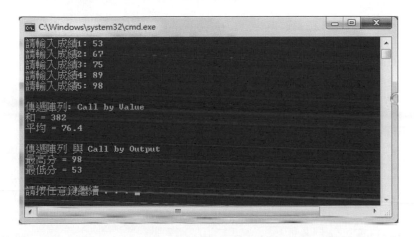

根據上述討論的邏輯所寫的程式碼，請參考專案【CH09\CallbyValueOutputDemo】，如下所示：

CH09\CallbyValueOutputDemo\Program.cs

```
1   class Program {
2       static int sumArray(int[] a) {
3           int sum = 0;
4           for (int i = 0; i < a.Length; i++) sum += a[i];
5           return sum;
6       }
7       // 使用傳出呼叫取得「整數陣列中元素的最大和最小值」
8       static void MaxMinArray(int[] a, out int max, out int min) {
9           max = a[0];
10          min = a[0];
11          for (int i = 1; i < a.Length; i++) {
12              if (a[i] > max) max = a[i];
13              if (a[i] < min) min = a[i];
14          }
15      }
16
17      static void Main(string[] args) {
18          int[] score = new int[5];
19          for (int i = 0; i < 5; i++) {
```

```
20                  Console.Write("請輸入成績" + (i + 1) + ": ");
21                  score[i] = Convert.ToInt32(Console.ReadLine());
22          }
23
24          string res = "傳遞陣列: Call by Value\n";
25          int sum = sumArray( score );
26          res += "和 = " + sum + "\n";
27          res += "平均 = " + (sum / 5.0) + "\n";
28
29          res += "\n傳遞陣列 與 Call by Output\n";
30          int max, min;
31          MaxMinArray(score, out max, out min);
32          res += "最高分 = " + max + "\n";
33          res += "最低分 = " + min + "\n";
34
35          Console.WriteLine( "\n" + res );
36      }
37  }
```

程式說明

- 第 2 行到第 6 行定義 sumArray(int[] a) 靜態函式。

- 第 8 行到第 15 行定義 MaxMinArray(int[], out int, out int) 靜態函式，**此為傳出呼叫的函式，其定義的方式將於稍後的「傳出呼叫」中說明。**

- 第 25 行到第 27 行呼叫函式 sumArray(int[] a) 取回陣列元素的總和，然後，輸出總和與平均。

- 第 30 行到第 33 行呼叫函式 MaxMinArray(int[], out int, out int)，使用傳出呼叫取得陣列元素的最大和最小值，然後，輸出最高分和最低分。**傳出呼叫函式的參數傳遞方式將於稍後的「傳出呼叫」中說明。**

2. 傳址呼叫（Call by Reference）

　　定義函式時，若在宣告的參數前特別加上 **ref 關鍵字**，表示該參數是以傳址呼叫的方式來傳遞。在呼叫函式時，傳址呼叫之參數所對應的傳入變數前也需要加上 ref 關鍵字。

　　如此，函式內可以取得傳入變數的記憶體位址，透過該位址可以存取該傳入變數。也就是說，在函式內可以變更原變數的內容值，它具有方便性，但這是傳址呼叫函式的副作用（Side Effect），必須要謹慎使用。

　　我們以一個「交換兩變數值的函式」為例，來說明「傳值呼叫」和「傳址呼叫」的差異。

▶ **傳值呼叫的 swap 函式**

假設我們要設計一個函式，將傳入的兩個變數的內容值交換，以下列傳值呼叫的方式來宣告其參數可以辦到嗎？

```
static void swap(int a, int b) {
    int t = a;
    a = b;
    b = t;
}
```

假設宣告傳入變數及函式呼叫的程式碼如下所示：

```
int a = 10, b = 5;
swap(a, b);  // 傳值呼叫
```

要注意的是：傳入變數 a、b 和函式參數 a、b 的名字雖然相同，但卻是不同的變數，因為它們的記憶體並不一樣。

函式呼叫時，會將變數值傳給對應的參數，在函式內確實將參數 a、b 的值交換了，但是，傳入變數 a、b 完全沒有受到影響。從函式返回後，傳入變數 a、b 仍然是呼叫前的值，所以，傳值呼叫的函式無法將傳入變數的內容值交換。

▶ **傳址呼叫的 swap 函式**

這時候，就可以使用傳址呼叫的函式了，函式定義及其參數的宣告方式，如下所示：

```
static void swap(ref int a, ref int b) {
    int t = a;
    a = b;
    b = t;
}
```

和傳值呼叫不同的是：其宣告的參數前必須加上 ref 關鍵字。宣告傳入變數及函式呼叫的程式碼如下所示：

```
int a = 10, b = 5;
swap(ref a, ref b);  // 傳址呼叫
```

請注意：在呼叫函式時，傳入變數 a、b 前也需要加上 ref 關鍵字，而且必須指定初值。此時，函式參數 a、b 和傳入變數 a、b 參考到相同的記憶體，因此，在函式內透過參數可以存取對應的傳入變數。

也就是說，在函式內變更參數的值就相當於變更傳入變數的值。所以，在函式內將參數 a、b 的值交換了。從函式返回後，可以發現傳入變數 a、b 的值也被交換了，換句話說，傳址呼叫的函式能夠將傳入變數的內容值交換。

▶ 完整程式碼

根據上述討論的邏輯所寫的測試程式碼,請參考專案【CH09\CallbyRefDemo】, 如下所示:

```
CH09\CallbyRefDemo\Program.cs
1   class Program {
2       // 傳值呼叫的 swap 函式
3       static void swap(int a, int b) {
4           int t = a;
5           a = b;
6           b = t;
7       }
8       // 傳址呼叫的 swap 函式
9       static void swap(ref int a, ref int b) {
10          int t = a;
11          a = b;
12          b = t;
13      }
14
15      static void Main(string[] args) {
16          int a = 10, b = 5;
17          // Call by Value
18          string result = "Call by Value...\n";
19          result += "交換前: a = " + a + ", b = " + b + "\n";
20          swap(a, b);
21          result += "交換後: a = " + a + ", b = " + b + "\n";
22
23          // Call by Reference
24          a = 10;
25          b = 5;
26          result += "\nCall by Reference...\n";
27          result += "交換前: a = " + a + ", b = " + b + "\n";
28          swap(ref a, ref b);
29          result += "交換後: a = " + a + ", b = " + b + "\n";
30
31          Console.WriteLine(result);
32      }
33  }
```

執行結果

```
C:\Windows\system32\cmd.exe
Call by Value...
交換前: a = 10, b = 5
交換後: a = 10, b = 5

Call by Reference...
交換前: a = 10, b = 5
交換後: a = 5, b = 10

請按任意鍵繼續 . . .
```

程式說明

- 第 3 行到第 7 行定義「傳值呼叫的 swap(int, int) 函式」。

- 第 9 行到第 13 行定義「傳址呼叫的 swap(ref int, ref int) 函式」。

- 第 16 行到第 21 行測試「傳值呼叫的 swap 函式」在交換兩個變數值的效果。

- 第 24 行到第 29 行測試「傳址呼叫的 swap 函式」在交換兩個變數值的效果。

3. 傳出呼叫（Call by Output）

　　定義函式時，若在宣告的參數前特別加上 out 關鍵字，表示該參數是以傳出呼叫的方式來傳遞。在呼叫函式時，傳出呼叫之參數所對應的傳入變數前也需要加上 out 關鍵字。

　　顧名思義，傳出呼叫是用來接收函數傳出來的值。當呼叫函式後，需要回傳多個資料時，就很適合使用傳出呼叫。

　　和傳址呼叫一樣，「傳出呼叫的參數」和「對應的變數」參考到相同的記憶體，所以，函式內可以透過參數存取傳入變數的值。不同的是：「傳出呼叫的傳入變數不需指定初值」，而「傳址呼叫的傳入變數一定要指定初值」。

　　我們以一個例子來說明「傳出呼叫」的使用。假設我們要設計一個函式 MaxMinArray()，其功能是「傳入一個整數陣列」，然後可以計算「整數陣列中元素的最大和最小值」。

　　「傳遞陣列參數」不是問題，然而，函式要傳回最大和最小兩個值，所以，可以使用「傳出呼叫的參數」來達成此功能，其函式定義如下所示：

```
static void MaxMinArray(int [] a, out int max, out int min) {
    max = a[0]; min = a[0];
    for (int i = 1; i < a.Length; i++) {
```

```
        if( a[ i ] > max ) max = a[ i ];
        if( a[ i ] < min ) min = a[ i ];
    }
}
```

請注意：其宣告的傳出參數前面必須加上 out 關鍵字。函式執行之後，呼叫者透過和「傳出參數」對應的變數就可以取得傳出值。

如何呼叫呢？我們延續上一個「輸入五個成績」的程式練習，讓程式可以「輸出五個成績的最高分和最低分」。我們呼叫函式 MaxMinArray() 計算傳入之成績陣列的最大和最小值，並且透過傳出參數取得計算結果，就可以輸出成績的最高分和最低分了。程式碼如下所示：

```
int max, min;
MaxMinArray(score, out max, out min);
res += "最高分 = " + max + "\r\n";
res += "最低分 = " + min + "\r\n";
```

請注意：在呼叫函式時，和「傳出參數」對應的變數 max、min 前面也需要加上 out 關鍵字，但是並不需要指定初值。

根據上述討論的邏輯所寫的程式碼，請參考之前的專案【CH09\Callby ValueOutputDemo】。

9-6 方法多載（Method Overloading）

C# 的類別允許擁有兩個以上的同名方法，只需傳遞的參數個數或資料型態不同即可，此機制稱為多載（Overloading）。

也就是說，方法多載時，各方法的「簽名（Signature）」不可以相同。所謂的「簽名」，是指方法名稱以及方法中參數的個數和資料型態，但不包含方法回傳值的型態。

建立多載方法（Overloading Methods）就是建立多個同名但仍可透過簽名而區別的方法。例如：MessageBox.Show(~) 共有 21 個多載方法，其參數個數或資料型態各不相同。Random.Next(~) 是另一個我們常用的多載方法。當呼叫多載方法時，編譯器（Compiler）會自動根據方法的參數個數和資料型態，決定要呼叫哪一個多載方法。

沒有多載機制時的問題

方法多載機制簡化了函式命名的過程。假設你要設計一個兩數相加的方法，傳入的資料型態可以是 int 和 double。如果沒有多載的機制，您必須要針對不同的資料型態定義一個不同函式名稱的方法，如下所示：

```
int addInt (int a, int b) { return a + b; }
double addDouble(double a, double b) { return a + b; }
```

如果允許的參數個數和型態變多時，函式命名就顯得很麻煩，而且在使用上也不方便，因為您必須依照參數型態的不同而呼叫不同的方法。例如：

```
addInt(5, 10);          //int相加，結果是15
addDouble(5.2, 10.3);   //double相加，結果是15.5
```

多載機制的好處

如果利用方法多載機制，你可以定義簽名不同的同名方法，如下所示：

```
int add(int a, int b) { return a + b; }
double add(double a, double b) { return a + b; }
```

方法呼叫時，不用去理會傳入數值的型態為何，只要知道是資料相加，就直接使用同名的 add 方法即可，十分方便，如下所示：

```
add(5, 10);        //呼叫int相加的函式，結果是15
add(5.2, 10.3);    //呼叫double相加的函式，結果是15.5
```

至於到底是會呼叫哪一個方法，編譯器會根據方法的簽名，自動決定其呼叫的是哪一個多載方法。

呼叫多載方法的討論

請注意：呼叫多載方法時，如果沒有任何方法的簽名和傳入變數完全符合，則編譯器會藉由「隱含轉換」，由多載方法中找出最符合（相近），而且能處理的方法來執行。

例如：呼叫 add(5, 10.3) 時，雖然並沒有定義「add(int a, double b)」的方法，由於 int 可以自動轉型成 double 型態，所以，會呼叫「double add(double a, double b)」這個多載方法，其結果是 15.3。

但是，程式中不能以「add(5, "10")」的方式來呼叫目前設計的多載方法，因為，字串值並不能隱含轉換成數值型態。因此，在編譯時，會產生「引數 '2': 無法從 'string' 轉換為 'int'」等編譯錯誤。

我們再討論一個例子。之前我們寫過一個函式 SumArray()，它的功能是將整數陣列元素相加，現在，我們將該函式名稱改成 add，如下所示：

```
int add( int[] a ) {
    int sum = 0;
    for (int i = 0; i < a.Length; i++)
        sum += a[i];
    return sum;
}
```

然後，執行下列程式碼：

```
int[] intArray = {1, 2, 3, 4, 5};
int sum = add( intArray );  //OK
txtOutput.Text = sum.ToString();
```

你會發現「add(intArray)」會呼叫此整數陣列元素相加的方法，結果是 15。

現在，我們宣告一個 double 陣列，然後，呼叫方法 add 來相加，如下所示：

```
double[] dArray = {10.1, 20.2, 30.3, 40.4, 50.5};
double dSum = add( dArray );
```

因為最符合的是將整數陣列元素相加的 add 方法，結果出現「無法從 double[] 轉換為 int[]」的編譯錯誤。即使你使用明顯轉型「add((int[]) dArray)」來呼叫，也會得到相同的錯誤訊息。

我們可以另外定義一個能處理 double 陣列元素相加的 add 方法，來解決這個錯誤，如下所示：

```
double add( double[] a ) {
    double sum = 0.0;
    for (int i = 0; i < a.Length; i++) sum += a[ i ];
    return sum;
}
```

此時，依參數型態的不同，「add(dArray)」會自動呼叫對應的多載方法「double add(double[] a)」來執行，結果是 151.5。你可以依序實作上述的程式碼，觀察其結果，以便確實了解方法多載的重要觀念和用法。本節範例的執行結果如下圖所示：

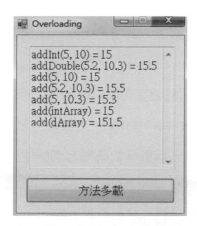

本範例的完整程式碼，請參考「Windows Forms App」專案【CH09\OverloadingDemo】的表單【Overloading.cs】。「方法多載」鈕的 Click 事件處理程序如下所示：

```
private void btnOverloading_Click(object sender, EventArgs e) {
    string res = "";
    res += "addInt(5, 10) = " + addInt(5, 10) + "\r\n";
    res += "addDouble(5.2, 10.3) = " + addDouble(5.2, 10.3) + "\r\n";

    res += "add(5, 10) = " + add(5, 10) + "\r\n";
    res += "add(5.2, 10.3) = " + add(5.2, 10.3) + "\r\n";
    res += "add(5, 10.3) = " + add(5, 10.3) + "\r\n";

    //res += add(5, "10") + "\r\n"; // error

    int[] intArray = { 1, 2, 3, 4, 5 };
    int sum = add(intArray);  //OK
    res += "add(intArray) = " + sum.ToString() + "\r\n";

    double[] dArray = { 10.1, 20.2, 30.3, 40.4, 50.5 };
    double dSum = add(dArray);
    res += "add(dArray) = " + dSum.ToString();

    txtOutput.Text = res;
}
```

C#

習題

▶ 選擇題

( ) 1. 在建立好 test() 函數後，請問下列哪一個是正確的函數呼叫？

(A)call test;　(B)s = call test();　(C)test();　(D)test;

( ) 2. 請問，下列哪一個關鍵字可以宣告函數的傳出參數？

(A)val　(B)ref　(C)by　(D)out

( ) 3. 請問，下列關於 C# 函數參數傳遞方式的說明，哪一個是錯誤的？

(A)C# 語言提供傳址呼叫功能
(B) 傳值呼叫並不會變更呼叫變數的值
(C)C# 函數有三種不同的參數傳遞方式
(D) 傳出呼叫和傳值呼叫的功能相同

( ) 4. 請問，下列哪一個關於 C# 函式傳回值的說明是不正確的？

(A) 函式可以沒有傳回值
(B) 函式傳回值可以為 true 或 false
(C) 函式傳回值是使用 break 關鍵字
(D) 函式可以傳回運算的結果

( ) 5. 請問，下列 abs() 函數的哪一列程式碼是錯誤的，如下所示：

```
1: public int abs(int n) {
2: if ( n < 0 ) return (-n);
3: else { (n); }
4: }
```

(A)1　(B)2　(C)3　(D)4

( ) 6. 類別的方法允許使用多個相同名稱，系統會根據傳入的參數來判斷應執行哪一個方法，此種方式稱為：

(A) 繼承　(B) 覆載　(C) 介面　(D) 多載

▶ 簡答題

1. 請寫出一個 C# 函數 int max(int a, int b, int c) 可以傳回 a, b, c 三者當中最大的值。

2. 試說明傳址呼叫（call by reference）與傳值呼叫（call by value）的差別。

3. 請定義一個方法滿足下列要求：

   回傳類型：int，方法名稱：sum

   三個整數參數：名稱分別為 x1，x2，x3

   該方法能將傳進來的三個參數加在一起，並回傳結果。

4. 給定下列兩函式：

```
int Fun (int y){
    y = y + 1;
    return y;
}
double Fun (double y) {
    y = y + 5;
    return y;
}
```

   請問執行下列程式片段之後，變數 a 的值為何？

```
double a = 5.7;
a = Fun (a);
```

5. 給定下列兩函式：

```
int Fun (ref int n) {
    n = n + 1;
    return n;
}
int Fun (int n) {
    n = n + 10;
    return n;
}
```

   請問執行下列程式片段之後，變數 a 與變數 b 的值各為多少？

```
int a = 5, b = 10;
Fun (ref a);
Fun (b);
```

C#

▶ 實作題

1. 請建立 arrMin() 函數傳入整數陣列，傳回值是陣列的最小值。請建立 C# 應用程式，讓使用者輸入 6 個數字，存入陣列中，然後呼叫 arrMin() 函數找出其中的最小值。程式介面如下所示。

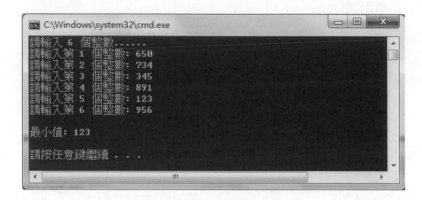

2. 請建立 arrMin() 函數傳入整數陣列，傳回值是陣列的最小值。請建立 C# 應用程式的表單介面，讓使用者輸入 6 個數字，存入陣列中，然後呼叫 arrMin() 函數找出其中的最小值。程式介面如下所示：

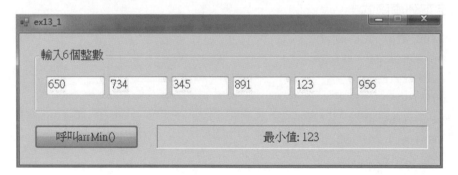

一維陣列的綜合應用

本章結合目前所學的流程控制以及視窗程式設計功能，進一步探討一維陣列（One-Dimensional Array）的基本應用，包括學生成績資料的陣列處理與線性搜尋。本章也介紹字串的常見運算子，並且以「數字比對遊戲」的程式來示範這些觀念的應用。

10-1 多個一維陣列

本節進一步探討一維陣列的應用，利用陣列來組織資料，同時搭配控制流程結構，來了解和熟悉各種處理陣列資料的方法。

為了簡化和方便示範起見，假設有 5 位學生的名字、數學、國文成績（實際上可以有任意多筆的資料），**要如何表示和儲存這些資料呢？**這是我們第一個要面對的問題，因為不同的表示和儲存方式，就決定了不同的存取方法。

我們可以從學生的角度定義「學生類別」來組織學生的名字、數學、國文等相關的資料，但是，我們還沒介紹類別的定義語法，所以，在這裡我們先不考慮類別的表示方式。

陣列是組織大量同類型資料的有效方法，如何以陣列來表示和儲存這些資料呢？我們從個別的資料來想：名字是字串資料、數學和國文成績是整數資料，所以，可以把名字放在一起、數學成績放在一起、國文成績放在一起，如下所示：

	0	1	2	3	4
Name	"王一"	"李二"	"陳三"	"趙四"	"馬五"

math	98	80	50	76	69

chin	85	90	78	54	67

也就是說，我們可以建立三個一維陣列來分別儲存每一位學生的名字、數學成績和國文成績，陣列 name 儲存 5 位學生的名字、陣列 math 儲存學生的數學成績、陣列 chin 儲存學生的國文成績，如下所示：

```
string[] name = {"王一", "李二", "陳三", "趙四", "馬五"};
int[] math = {98, 80, 50, 76, 69};
int[] chin = {85, 90, 78, 54, 67};
```

有了資料的儲存方式，接著，我們來探討處理這些資料的功能和人機介面的設計。

程式練習

假設一開始會顯示所有的學生資料。然後，使用者可以對學生成績進行統計處理，包括計算每個人的平均成績、每個人不及格的科目數、每個人的名次以及每個科目的平均成績。使用者可以依照自己的需要勾選要處理的功能選項，介面如下圖所示：

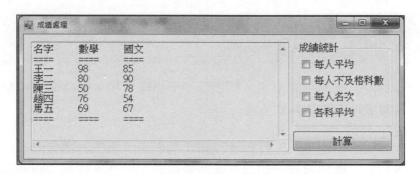

圖 10-1

▶ **設定控制項屬性**

先新增一個「CH10\OneDimAppsDemo」的「Windows Forms App」專案，其中「CH10」為方案名稱。將表單檔案名稱更名為「Multi_1DArray.cs」，然後，依人機介面的設計，在表單中依序加入文字盒、群組方塊、核取方塊、按鈕等通用控制項，然後在屬性視窗中設定控制項屬性。本例中，控制項的屬性設定如下所示：

(1) 表單的 Name 設為「Multi_1DArray」，Text 為「成績處理」，Font 大小為 12pt。

(2) 將顯示結果之文字盒的 Name 設為 txtOutput，因為要顯示多行而且唯讀，所以，屬性 MultiLine 要設為 True、屬性 ReadOnly 要設為 True；同時將屬性 ScrollBar 設為 Both；屬性 WordWrap 設為 False；屬性 BorderStyle 設為 Fixed3D。

(3) 群組方塊的 Text 屬性設為「成績統計」；其中加入 4 個核取方塊，屬性 Name 分別設為 chkAvg、chkFailNum、chkRank、chkCourseAvg，屬性 Checked 全部設為 False，而其屬性 Text 的值如介面所示。

(4) 按鈕「計算」的 Name 設為 btnCompute。將其 tabIndex 屬性設為 0。

▶ **陣列的宣告**

在之前的討論，我們決定建立三個一維陣列 name、math、chin 來分別儲存學生的名字、數學成績和國文成績。這三個陣列應該在哪裡宣告呢？

依照程式的需求，一開始，表單載入時會先顯示所有的學生資料，然後，使用者可以勾選要處理的功能選項，並且點選「計算」鈕對學生成績進行統計處理。

因為表單載入和「計算」鈕的事件處理程序都會使用到陣列資料，所以，我們將陣列資料宣告為實體變數，方便陣列資料的共享。

▶ **表單載入時學生資料的顯示**

觀察輸出的畫面格式，除了顯示學生資料之外，還必須顯示資料欄位表頭和分隔線。在這裡，資料欄位表頭和分隔線是固定的，比較好處理。

還是再提醒一次，為了增加程式的效率，在輸出結果時，我們並不是逐一把輸出資料串到文字盒 txtOutput 的介面上，而是先串到一個儲存輸出結果的字串變數上，最後再把此結果字串整個輸出到文字盒介面上。

我們先宣告字串變數 res 來儲存表頭字串，如下所示：

```
string res = "名字\t數學\t國文\r\n";  //表頭字串
```

請注意：我們以定位點控制字元 "\t" 來對齊名字、數學和國文等資料欄位，同時以控制字元 "\r\n" 來跳行。

接著，我們將**分隔線字串**加到字串變數 res 上，如下所示：

```
res += "====\t====\t====\r\n";  //分隔線字串
```

再來，就是**逐筆顯示學生資料了**，依照輸出的格式，一位學生的資料顯示一列，而且先顯示名字、接著是數學和國文成績。

很明顯，「逐筆顯示學生資料」是一個重複的動作，總共有 5 位學生，所以，可以使用一個重複 5 次的 for 迴圈來處理，變數 i 用來控制此 for 迴圈的次數，如下所示：

```
for ( int i = 0; i < 5; i++ ) {
    // 逐筆顯示學生資料，每一筆佔一列（要跳行）
}
```

如何取得某一筆學生資料呢？請記得：學生的三個欄位資料是分別以三個陣列來儲存的，透過學生所對應的陣列索引，可以分別取出三個陣列的指定元素，這就是該學生的資料。

上述 for 迴圈的控制變數 i，剛好可以用來表示學生的陣列索引，也就是說， i=0 時可以取得第一位學生的資料；i=1 時可以取得第二位學生的資料，依此類推。

所以，以控制變數 i 的值作為索引，逐一到三個陣列中取出學生的欄位資料，將其串接到字串變數 res 上即可，記得要跳行，如下所示：

```
for ( int i = 0; i < 5; i++ ) {
    res += name[i] + "\t";  //每一筆佔一列
    res += math[i] + "\t";
    res += chin[i] + "\r\n";  //跳行
}
```

從這裡，你應該可以了解，當資料以一維陣列儲存時，利用單迴圈逐一走訪和存取陣列的每個元素，是一個很方便的作法，請牢記這個重要的程式設計的技巧。

最後，再將**分隔線字串**加到字串變數 res 上，同時，把結果字串 res 輸出到文字盒 txtOutput 的介面上，就完成了表單載入時，學生資料的顯示了。其事件處理程序完整的程式碼，如下所示：

```
1   string[] name = {"王一", "李二", "陳三", "趙四", "馬五"};
2   int[] math = {98, 80, 50, 76, 69};
3   int[] chin = {85, 90, 78, 54, 67};
4   private void Multi_1DArray_Load(object sender, EventArgs e) {
5           string res = "名字\t數學\t國文\r\n"; //表頭字串
6           res += "====\t====\t====\r\n"; //分隔線字串
7           for (int i = 0; i < 5; i++) {
8               res += name[i] + "\t"; //每一筆佔一列
9               res += math[i] + "\t";
10              res += chin[i] + "\r\n"; //跳行
11          }
12          res += "====\t====\t====\r\n"; //分隔線字串
13          txtOutput.Text = res;
14  }
```

▶ 「計算」鈕的 Click 事件處理程序：

當使用者勾選不同的功能選項，介面會呈現不同的輸出畫面。四個選項全選時的輸出畫面，如圖 10-2 所示：

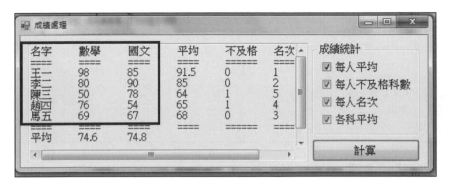

圖 10-2

首先要注意的是：輸出畫面中有些部分是固定的、有些部分是不固定的。虛線框起來的部分是固定的，其實這也是表單一開始載入時，學生資料的顯示部分。其他關於統計資訊的顯示部分並非是固定的，當功能選項被勾選時，介面才會呈現該統計資訊。程式要如何處理呢？

我們再仔細觀察輸出畫面，可以發現：輸出中包含三種資料：**欄位表頭、分隔線、成績與統計資訊**，而且都有固定和不固定的部分。

因此，為了方便起見，程式所採用的基本原則是：把這三種處理後的資料，先暫存到變數中，再依照輸出格式把它們串到一個儲存結果的字串變數上，最後再把此結果字串輸出到文字盒介面上。

我們逐步說明處理的方法，但是請記得：這只是一種比較容易理解的方法，等你完全了解之後，應該再想一想此程式可以進一步改善的地方。請嘗試改寫它，這樣才能有效累積寫程式的功力。

(1) 我們先處理欄位表頭及分隔線

一開始要列出欄位表頭及分隔線，所以，我們先處理它。我們使用字串變數 h 和字串變數 sep 來分別儲存欄位表頭和分隔線。

因為有固定和不固定的部分，所以，我們先將固定的表頭字串和分隔線字串儲存在變數 h 和 sep 中，然後，逐一檢查功能選項，如果某個功能選項有被勾選，就將對應的欄位表頭和分隔線串接到變數 h 和 sep 中。程式碼如下所示：

```
1  string h = "名字\t數學\t國文"; //固定的表頭字串
2  string sep = "====\t====\t===="; //固定的分隔線字串
3  if (chkAvg.Checked) {  //檢查勾選的項目，加上對應的字串
4      h += "\t平均";
5      sep += "\t====";
6  }
7  if (chkFailNum.Checked) {
```

```
 8        h += "\t不及格";
 9        sep += "\t======";
10   }
11   if (chkRank.Checked) {
12        h += "\t名次";
13        sep += "\t====";
14   }
```

(2) **輸出的格式處理**

在寫程式時，我們通常希望程式盡快能執行，有了實際的執行結果，程式設計師可以觀察程式邏輯是否正確，以便即時改進它。所以，可以完成一部分功能之後，就先測試該功能的執行是否正確，這種逐步推進的開發方法，是程式設計時很有用的技巧。

(a) **表頭及分隔線的輸出**

為了先看看欄位表頭及分隔線的處理是否正確，我們暫時不處理個別勾選項目的成績統計，而是先測試表頭及分隔線的輸出。

假設儲存輸出結果的字串變數是 res，觀察輸出畫面，我們可以歸納出輸出的格式，如下所示：

```
/*
      計算個別勾選項目的成績統計
*/
// 輸出的格式處理
string res = h +"\r\n" + sep +"\r\n";          //輸出表頭及分隔線
/* 輸出成績與統計資訊 */
res += sep +"\r\n";                            //輸出分隔線
/*輸出各科平均*/
txtOutput.Text = res;                          //把結果字串輸出到文字盒
```

你現在可以執行程式，試著勾選不同的功能選項，應該可以看到欄位表頭及分隔線處理的正確反應。

(b) **輸出成績與統計資訊**

在「輸出成績與統計資訊」這個部分，因為名字和成績是固定的資料，我們可以使用 for 迴圈將其逐筆輸出，以測試其執行結果，如下所示：

```
for (int i = 0; i < 5; i++) {
        res += name[i] + "\t";          // 輸出名字和成績資料
        res += math[i] + "\t";
```

```
        res += chin[i] + "\t";
        // 依需求輸出統計資訊
        res += "\r\n"; //跳行
}
```

因為還沒有計算勾選項目的成績統計，所以，我們先以註解保留其輸出的部分，將來有了成績的統計資訊之後，再補上對應的程式碼即可。這是利用註解輔助程式設計的重要技巧，請多加熟練。再一次執行程式，勾選不同的功能選項，你應該可以看到如圖 10-3 的畫面：

圖 10-3

(3) 勾選項目的成績統計與輸出

現在，我們準備計算勾選項目的成績統計了，請注意，是先計算統計資訊再輸出這些資訊，所以，統計成績的程式碼必須寫在輸出統計資訊的程式碼之前。

我們同樣採用逐步推進的方式來說明。為了方便程式的了解，我們的處理方式是把成績統計後的結果，先暫存到陣列中，然後再依照格式輸出。請記得：這種作法是可以再加以改良的。

(a) 「每人平均」的處理

首先，我們討論「每人平均」的處理。我們先配置陣列來暫存每一位學生的平均成績，如下所示：

```
double[] avg = new double [5];   //暫存平均的結果
```

接著，我們檢查是否勾選「每人平均」功能選項，若有勾選，則以單迴圈掃描成績陣列，計算每個人的平均成績，並且儲存到陣列 avg 對應的元素中，如下所示：

```
if (chkAvg.Checked) {
    for (int i = 0; i < 5; i++)
        avg[i] = (math[i] + chin[i]) / 2.0;
}
```

現在，我們先測試「每人平均」的輸出。同樣的，若有勾選才必須把計算出來的平均成績逐筆的輸出。程式碼如下所示：

```
if (chkAvg.Checked) res += avg[i] + "\t";
```

請注意，此敘述必須寫在「輸出成績與統計資訊」的 for 迴圈中，找到「依需求輸出統計資訊」的部分，然後，將該敘述加在每人成績的輸出後面。執行程式之後，請勾選「每人平均」，就可以看到每個人的平均成績了。

(b) 「每人不及格科數」的處理

再來，我們進行「每人不及格科數」的處理。同樣地，我們先配置陣列來暫存每一位學生的不及格科數，如下所示：

```
int[] fail = new int [5];
```

接著，我們檢查是否勾選「每人不及格科數」功能選項，若有勾選，則以單迴圈掃描成績陣列，當某一位學生有一科成績小於 60 分時，就將其不及格科數加一，如下所示：

```
if( chkFailNum.Checked ) {
    for( int i = 0; i < 5; i++ ) {
        fail[i] = 0;
        if ( math[i] < 60 ) fail[i] += 1;
        if ( chin[i] < 60 ) fail[i] += 1;
    }
}
```

現在，我們可以測試「每人不及格科數」的輸出。同樣的，若有勾選才必須把計算出來的不及格科數逐筆的輸出。程式碼如下所示：

```
if( chkFailNum.Checked ) res += (fail[i] + "\t");
```

請注意：此敘述必須寫在「每人平均」的輸出之後，因為成績統計資訊的輸出必須和表頭的欄位對齊。執行程式之後，請勾選「每人不及格科數」，就可以看到每個人的不及格科數了。

(c) 「每人名次」的處理

下一步，我們進行「每人名次」的處理。我們先配置陣列來暫存每一位學生的成績名次，如下所示：

```
int[] rank = new int [5];
```

接著，我們檢查是否勾選「每人名次」功能選項，若有勾選，則程式必須算出學生的名次，同時，儲存到陣列 rank 對應的元素中。

但是，**如何算出學生的名次呢？**這可以有許多種作法，我們就以目前已學會的程式語言功能，介紹一種最直觀的方法。**其基本邏輯是先假設某位學生的名次是第一名，接著，將該生的成績總分逐一和每位學生的總分比較，只要有人的總分比較高，該生的名次即遞增 1。所有的學生都比較過後，就可以獲得該生最後的名次。**

我們必須把這樣的想法轉換成程式碼。首先，我們必須依序算出每位學生的名次，這是一個重複的動作，所以，可以使用 for 迴圈來處理。控制變數 i 用來控制迴圈的次數，同時，用來表示學生的索引，如下所示：

```
for ( int i = 0; i < 5; i++ ) {
    //計算學生 i的名次

}
```

如何「計算學生 i 的名次」？依照之前所說的想法，必須將學生 i 的成績總分逐一和每位學生的總分比較，這又是一個重複的動作，所以，可以使用 for 迴圈來處理，控制變數 j 用來表示每一位將要比較之學生的索引，然後，將上述計算名次的邏輯轉換成程式碼，如下所示：

```
1  for( int i = 0; i < 5; i++ ) {
2      rank[i] = 1;    //先假設學生i的名次為 1
3      int sum = math[i] + chin[i];    //計算學生i的總分
4      /*依序和每一位學生j比較總分，只要學生j比較高分，
5          學生i的名次即遞增1*/
6      for( int j = 0; j < 5; j++)
7          if( math[j] + chin[j] > sum ) rank[i] += 1;
8  }
```

這又是一個標準雙迴圈的用法，你應該已經相當熟悉了。現在，我們可以測試「每人名次」的輸出。同樣的，若有勾選才必須把計算出來的名次逐筆的輸出。程式碼如下所示：

```
if( chkRank.Checked ) res += rank[i] + "\t";
```

請注意：此敘述必須寫在「每人不及格科數」的輸出之後，以便和表頭的欄位對齊。執行程式之後，請勾選「每人名次」，就可以看到每個人的名次了。

(d) 「各科平均」的處理

最後，我們進行「各科平均」的處理。因為只有兩個科目，所以，宣告兩個變數來儲存兩個科目的總分，如下所示：

```
int sumMath = 0, sumChin = 0;
```

接著，我們檢查是否勾選「各科平均」功能選項，若有勾選，則利用單迴圈掃描成績陣列，逐一將陣列的每個成績累加到儲存總分的變數中，如下所示：

```
if( chkCourseAvg.Checked ) {
    for( int i = 0; i < 5; i++) {
        sumMath += math[i];
        sumChin += chin[i];
    }
}
```

現在，我們可以測試「各科平均」的輸出。同樣的，若有勾選才必須把計算出來的各科平均輸出。程式碼如下所示：

```
if( chkCourseAvg.Checked ) {
    res += "平均\t";
    res += sumMath/5.0 + "\t";
    res += sumChin/5.0 + "\r\n";
}
```

請注意：此敘述必須出現在「輸出的格式處理」之「輸出各科平均」的部分 (下面分隔線之後)。執行程式之後，請勾選「各科平均」，就可以看到各科的平均分數了。

好不容易把各功能選項的作法完整說明了。程式有一點長，但卻是一個很好的範例，可以深刻了解陣列和迴圈的用法，也把前幾章學到的東西做了完整的整合。希望大家能熟悉這些重要的程式設計的觀念和技巧。

請記得：本程式的作法是可以再加以改良的。例如：有些成績統計後的結果，是可以不用先暫存到陣列中，而是可以逐筆計算後立即輸出的。大家不妨想想可以如何改善此程式，我們把完整程式碼列出供大家參考，方便大家進行改寫。「計算」鈕的 Click 事件處理程序的完整程式碼，請參考專案【CH10\OneDimAppsDemo】的表單【Multi_1DArray.cs】，如下所示：

CH10\ OneDimAppsDemo\ Multi_1DArray.cs

```
1   private void btnCompute_Click(object sender, EventArgs e) {
2       string h = "名字\t數學\t國文"; //固定的表頭字串
3       string sep = "====\t====\t===="; //固定的分隔線字串
4       if (chkAvg.Checked) { //檢查勾選的項目，加上對應的字串
5           h += "\t平均"; sep += "\t====";
6       }
7       if (chkFailNum.Checked) {
8           h += "\t不及格"; sep += "\t======";
9       }
10      if (chkRank.Checked) {
11          h += "\t名次"; sep += "\t====";
12      }
13  /*-------------------------------------*
14   *          計算個別勾選項目的成績統計          *
15   *-------------------------------------*/
16      double[] avg = new double[5]; //每人平均
17      if (chkAvg.Checked) {
18      for (int i = 0; i < 5; i++)
19          avg[i] = (math[i] + chin[i]) / 2.0;
20      }
21      int[] fail = new int[5]; //每人不及格科數
22      if (chkFailNum.Checked) {
23          for (int i = 0; i < 5; i++) {
24              fail[i] = 0;
25              if(math[i] < 60) fail[i] += 1;
26              if(chin[i] < 60) fail[i] += 1;
27          }
28      }
29      int[] rank = new int[5];//每人名次
30      if (chkRank.Checked) {
31          for (int i = 0; i < 5; i++) {
32              rank[i] = 1; //先假設名次為 1
33              int sum = math[i] + chin[i]; //計算其總分
34              /*依序和他人比較，只要有人較高分，其名次即遞增 1*/
35              for (int j = 0; j < 5; j++)
36                  if (math[j] + chin[j] > sum) rank[i] += 1;
37          }
38      }
39      int sumMath = 0, sumChin = 0; //各科平均
41      if (chkCourseAvg.Checked) {
42          for (int i = 0; i < 5; i++) {
43              sumMath += math[i];
44              sumChin += chin[i];
45          }
46      }
```

```
47  /*--------------------------------------*
48   *              輸出的格式處理              *
49   *--------------------------------------*/
50      string res = h + "\r\n" + sep + "\r\n"; //輸出表頭及分隔線
51      for (int i = 0; i < 5; i++) { /*輸出成績與統計資訊*/
52          res += name[i] + "\t";
53          res += math[i] + "\t";
54          res += chin[i] + "\t";
55          if (chkAvg.Checked) res += avg[i] + "\t";
56          if (chkFailNum.Checked) res += fail[i] + "\t";
57          if (chkRank.Checked) res += rank[i] + "\t";
58          res += "\r\n";
59      }
60      res += sep + "\r\n"; //輸出分隔線
61      if (chkCourseAvg.Checked) { /*輸出各科平均*/
62          res += "平均\t";
63          res += sumMath / 5.0 + "\t";
64          res += sumChin / 5.0 + "\r\n";
65      }
66      txtOutput.Text = res;//把結果字串輸出到文字盒
67  }
```

10-2　一維陣列的線性搜尋（Linear Search）

在程式設計裡，我們常常需要在一堆資料中，尋找某個特定的資料是否存在其中，這個動作就是搜尋（Searching）。搜尋的處理方法和資料的儲存與組織方式有關。資料結構與演算法的課程會探討很多知名的搜尋方法，在這裡我們只打算針對陣列資料，介紹一種簡單的線性搜尋法。

線性搜尋法是針對沒有排序的資料執行搜尋，它從第 1 個資料開始依序比對，以確認資料是否存在。因此，又被稱為循序搜尋法（Sequential Search）。因為線性搜尋法是逐一比對資料，所以，當資料量太龐大時，它是一個沒有效率的方法。但是，線性搜尋法非常簡單，資料是否排序都無所謂，而且當資料量不大時，它確實是一個很有用的搜尋方法。

當資料是以陣列來儲存時，線性搜尋法使用迴圈來走訪陣列，以便逐一比較陣列中是否有指定的元素。在搜尋的過程中，有兩種情況會離開迴圈。一種是找到指定的元素時，立即離開迴圈；另一種是已經掃描過陣列所有的元素，仍然沒有發現符合的資料，而自然結束迴圈的執行。

這裡有兩個問題可以討論。首先,如何立即離開迴圈呢?很簡單,在討論迴圈結構時我們已知道,當測試條件不滿足時,可以自然離開迴圈之外,還可以透過 break 關鍵字來立即跳出迴圈。

另一個問題是:我們如何知道是因為 break 而跳出迴圈(找到資料);還是因為繞完所有的迴圈回合而離開迴圈(沒有找到資料)呢?一般而言,我們會利用一個布林型態的旗標變數來區分這兩種狀況。現在,假設旗標變數的名稱是 Flag,則我們可以列出線性搜尋法的基本處理流程,如下所示:

```
1   bool Flag = false; //將旗標變數設為false
2   for ( /* 利用迴圈逐一檢查各個陣列元素 */ )
3       if ( /* 發現符合的資料 */ ) {
4           Flag = true; //將旗標變數設為true
5           break; //找到,跳出迴圈
6       }
7   //離開迴圈之後,根據Flag判斷是否找到
8   if ( Flag是 true ) { /* 找到資料時要進行的處理 */ }
9   else { /* 沒有找到資料時要進行的處理 */ }
```

程式練習

延續前一節學生成績的處理,我們加上搜尋個人成績的功能。

我們新增「搜尋成績」的介面,使用者可以輸入學生名字,如果找到該學生,則列出其名字、數學成績和國文成績;如果找不到,則顯示錯誤訊息 "??? 學生 ××× 的資料不存在 ??? ",介面如圖 10-4 所示,其中,輸入名字之文字盒的屬性 name 設為 txtName,按鈕「搜尋成績」的 name 設為 btnSearch。

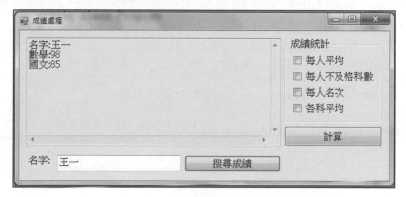

圖 10-4

▶ 字串比對

我們先取得使用者輸入的學生名字，由字串變數 n 來參考，如下所示：

```
string n = txtName.Text;
```

接著，我們利用線性搜尋法逐一檢查陣列 name 中是否存在名字 n。很明顯，我們必須進行字串的比較。

請注意：雖然字串屬於參考資料型態，但是，C# 的比較運算子，「==」和「!=」，比較的是字串（物件）的內容，而不是字串的參考位址。

所以，我們以下列條件運算式來比較名字 n 和學生 i 的名字是否相同：

```
n == name[i]
```

若是此比較運算式的結果 true，代表兩字串相同；否則就是相異。

▶ 以線性搜尋法逐一比對名字

我們將旗標變數命名為 isFound，一開始先假設未找到，所以 isFound 的初值設為 false。接著，我們以 for 迴圈逐一比對陣列 name 的元素和 n 是否相同。

若有相同，表示找到該名字，所以，將 isFound 設為 true，然後以 break 跳出迴圈。若是比對完所有的陣列元素，都沒有找到相同者，此時也會離開迴圈，而且，isFound 沒有被重設過，還是原來的 false。

因此，離開迴圈後，可以根據 isFound 的真與假，來判斷是否找到名字 n。如果找到該學生（isFound 為 true），則依照輸出格式列出找到之學生 i 的名字、數學成績和國文成績；如果找不到（isFound 為 false），則顯示錯誤訊息。

「搜尋成績」鈕的 Click 事件處理程序的完整程式碼，請參考專案【CH10\OneDimAppsDemo】的表單【Multi_1DArray.cs】，如下所示：

```
1  private void btnSearch_Click(object sender, EventArgs e) {
2      string n = txtName.Text;
3      bool isFound = false;        //一開始先假設未找到
4      int i;
5      for ( i = 0; i < 5; i++ )        //利用迴圈逐一檢查各個元素
6          if ( n == name[i] ) {
7              isFound = true;   //找到名字n的學生
8              break; //跳出迴圈
9          }
10     if ( isFound ) {                //找到學生i
11         txtOutput.Text = "名字：" + name[i] + "\r\n"+ "數學：" + math[i]
12             + "\r\n"+ "國文：" + chin[i] + "\r\n";
13     } else txtOutput.Text = "??? 學生" + n + "的資料不存在 ???\r\n";
14 }
```

▶ **兩個討論**

請注意：我們將控制變數 i 宣告在 for 迴圈之外。為什麼？因為若是找到學生 i，則離開迴圈後，還必須透過變數 i 作為陣列索引，以取得學生 i 的名字、數學成績和國文成績。所以，變數 i 不可以宣告成 for 迴圈程式區塊內的區域變數，而必須宣告在 for 迴圈之外，使得離開 for 迴圈後還可以使用變數 i。

另一個值得討論的地方是：本例以旗標變數 isFound 的真與假，來區分是因為找到資料，還是沒有找到資料，而離開迴圈。實際上，可以省略旗標變數 isFound，而改以控制變數 i 的值，來區分這兩種情況。以本例而言，當 i < 5 時，可知是以 break 跳出迴圈，所以，表示有找到資料。假如 i >= 5，則是因為繞完所有的迴圈回合而離開迴圈，所以，表示沒有找到資料。請仔細想一想，確保你了解此種區分的方法。

10-3　字串與一維陣列

C# 語言提供的 string 資料型態對應到 .NET Framework 的 System.String 類別。在 C# 中，字串資料，包括常數字串（一組使用「"」號括起的 char 字元集合），都是以物件的方式來維護。

記得，C# 是以間接存取的方式來處理參考型態變數的存取（請參閱第 2 章）。C# 中，字串變數和儲存字串資料的記憶體（物件）是分開的。字串變數存放的是字串物件的記憶體位址，透過該位址可以找到字串物件，然後，才能存取字串物件的資料。

🔖 string 字串的特性

string 型態的字串資料並不能更改其內容值；但是，string 型態的字串變數是可以重新指定的。例如：

```
string str = "C#程式設計";
```

宣告了字串變數 str，該變數參考的字串資料是 "C# 程式設計 "。我們可以讓變數 str 參考到別的字串資料，如下所示：

```
str = "MicroSoft Visual Studio";
```

C#

string 字串的好用運算子與屬性

C# 以物件的方式來維護字串資料，其內容值不能更改。但是，字串是一種非常常用的資料，所以，C# 提供許多好用的運算子來處理字串資料。

例如：字串串接運算子「+」，可以連接兩個字串成為一個新的字串，如下列敘述：

```
string str = "MicroSoft " + "Visual C#";
```

使用「+」號連接兩個字串，所以，變數 str 參考到新的字串資料 "MicroSoft Visual C#"。請注意：原字串 "MicroSoft" 和 "Visual C#" 並沒有改變。

也請記得：C# 的比較運算子「==」和「!=」應用到字串資料時，其比較的是字串（物件）的內容，而不是字串的參考位址。

C# 提供字串的 [] 運算子，可以如同陣列一般，從字串中取出指定位置的字元，[] 運算子的索引位置是從 0 起算，如下所示：

```
string str = "Visual C#";
char c = str[2];
```

上述程式碼可以取出字串 "Visual C#" 的第 3 個字元，即 's'。

另外，我們可以利用字串的屬性 Length 取得字串的長度。例如，下列敘述可以知道變數 str 所參考的字串 "Visual C#"，其字串長度是 9。

```
str.Length → 9
```

程式練習

數字比對遊戲。

每次使用者按下「重玩」鈕，程式會重新隨機產生一組 4 個不同的數字，讓使用者猜。程式會比對使用者輸入的 4 個不同的數字，並且提示有多少個數字出現在答案中，以及其出現的位置是否相同。

出現的位置相同者以「A」來表示；位置不相同者以「B」來表示。例如：「1A1B」表示有兩個數字猜對了，其中一個連位置也相同；另一個則是位置不相同。

猜數字的過程會顯示在文字盒上，同時會顯示猜測的次數。使用者也可以按下「答案」鈕來看答案，介面如圖 10-5 所示：

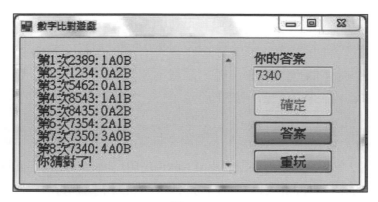

圖 10-5

▶ **設定控制項屬性**

先新增一個「CH10\ MatchNumbersDemo」的「Windows Forms App」專案，其中「CH10」為方案名稱。將表單檔案名稱更名為「matchNumbers.cs」，然後，依人機介面的設計，在表單中依序加入標籤、文字盒、按鈕等通用控制項，然後在屬性視窗中設定控制項屬性。本例中，控制項的屬性設定如下所示：

(1) 表單的 Name 設為 「matchNumbers」，Text 為「數字比對遊戲」，Font 大小為 12pt。

(2) 將輸入答案之文字盒的 Name 設為 txtInput。同時，將屬性 MaxLength 設為 4，以限定使用者最多只能輸入 4 個數字。

(3) 另一個顯示訊息之文字盒的 Name 設為 txtOutput，因為要顯示多行，所以，屬性 MultiLine 要設為 True；屬性 ReadOnly 要設為 True，以限定只能看，不能輸入；再者，將屬性 ScrollBar 設為 Both，屬性 WordWrap 設為 False。

(4) 按鈕「重玩」、「答案」、「確定」的 Name 分別設為 btnReset、btnAnswer、btnEnter， Text 的值如介面所示。由於遊戲一開始，尚未產生欲猜測的 4 個數字，所以，先將輸入盒 txtInput、「確定」鈕 btnEnter、「答案」鈕 btnAnswer 的 Enabled 狀態設為 False，讓這些按鈕失去作用。僅允許「重玩」鈕 btnReset 有作用，以便讓使用者按「重玩」鈕，隨機產生 4 個不同的數字，然後，開始進行遊戲。

▶ **產生 4 個不同的隨機數字**

我們先想想如何儲存這 4 個隨機產生的數字呢？最直接的方式就是使用一維整數陣列，如下所示：

```
int[] answer = new int [4];
```

因為「重玩」鈕、「答案」鈕、「確定」鈕的 Click 事件處理程序都要用到此陣列，所以，陣列 answer 必須宣告為實體變數，讓這些處理程序共享。

如何隨機產生這 4 個不同的數字呢？當然，還是使用 Random 類別。我們可以把 Random 物件宣告為實體變數，如下所示：

```
Random rd = new Random();
```

如何產生 0～9 的數字呢？我們利用 rd.Next(0, 10) 方法，將數字範圍設為 0 到 9 即可。我們逐一產生 4 個隨機數字，同時將其存入陣列 answer 中，如下所示：

```
int i = 0;
while (i < 4) {
    answer[i] = rd.Next(0, 10); //隨機產生位置i的數字
    i = i + 1; //處理下一個位置的數字
}
```

但是，此程式碼可能產生相同的數字，因此，**必須檢查數字是否有重複**，如何檢查呢？這時候，線性搜尋就可以派上用場了。

那怎麼檢查呢？每次產生 answer[i] 的數字時，我們就以線性搜尋法檢查該數字是否已出現在前面的數字中。如果已經出現過，就必須再一次嘗試產生位置 i 的數字，我們以關鍵字 continue 來完成此目的；如果尚未出現過，就可以產生下一個位置的數字了。如下所示：

```
1  int i = 0;
2  while (i < 4) {        //產生並檢查位置 i的數字，i = 0, 1, 2, 3
3      answer[i] = rd.Next(0, 10);   //隨機產生位置i的數字
4      //檢查是否有和之前的數字重複（線性搜尋）
5      bool isDuplicate = false;  //先假設未重複
6      for (int j = 0; j < i; j++)    //注意，測試條件是 j < i
7          if (answer[j] == answer[i]) {
8                  isDuplicate = true;    //發現重複的數字
9                  break;
10         }
11     if (isDuplicate) continue;    //有重複，重新產生位置i的數字
12     i = i + 1;    //沒有重複，處理下一個位置的數字
13 }
```

▶ 「重玩」鈕的 Click 事件處理

現在，我們可以來完成「重玩」鈕的 Click 事件處理程序了。我們先利用上述的程式碼隨機產生 answer 陣列的 4 個不同數字。

此時，是新遊戲的開始，使用者可以輸入 4 個數字進行比對，也可以看答案，因此，必須將輸入盒 txtInput、「確定」鈕 btnEnter、「答案」鈕 btnAnswer 的 Enabled 狀態設為 true，讓這些按鈕具有作用，程式碼如下所示：

```
txtInput.Enabled = true;
btnEnter.Enabled = true;
btnAnswer.Enabled = true;
```

因為是新遊戲的開始，前一次遊戲的輸入數字與顯示的提示資料也必須全部清除，程式碼如下所示：

```
txtOutput.Text = "";
txtInput.Text = "";
```

記得：遊戲過程中會顯示猜測的次數，所以，我們宣告整數變數 guessCtr 來記錄使用者目前的猜測次數，如下所示：

```
int guessCtr = 0;   //必須宣告為實體變數
```

注意：按「重玩」鈕會將 guessCtr 歸零，每按一次「確定」鈕都會更新並且顯示 guessCtr 的值，所以，變數 guessCtr 必須宣告為實體變數。

另外，每次進入「重玩」鈕的 Click 事件處理程序，都代表是新遊戲的開始，所以，必須將記錄的次數重設為 0，如下所示：

```
guessCtr = 0;
```

「重玩」鈕的 Click 事件處理程序的完整程式碼，請參考專案【CH10\MatchNumbersDemo】的表單【matchNumbers.cs】，如下所示：

```
1   int[] answer = new int[4];
2   Random rd = new Random();
3   int guessCtr = 0;
4   private void btnReset_Click(object sender, EventArgs e) {
5       int i = 0;
6       while (i < 4) {            // 產生並檢查位置i的數字，i = 0, 1, 2, 3
7           answer[i] = rd.Next(0, 10);      //隨機產生位置i的數字
8           // 檢查有否和之前的數字重複 (線性搜尋)
9           bool isDuplicate = false; // 先假設未重複
10          for (int j = 0; j < i; j++)
11              if (answer[j] == answer[i]) {
12                  isDuplicate = true;
13                  break;
14              }
15          if (isDuplicate) continue;    // 有重複，重新產生位置 i 的數字
```

```
16              i = i + 1;      // 沒有重複，處理下一個位置的數字
17      }
18      txtInput.Enabled = true;
19      btnEnter.Enabled = true;
20      btnAnswer.Enabled = true;
21      txtOutput.Text = "";
22      txtInput.Text = "";
23      guessCtr = 0;
24 }
```

▶ 「答案」鈕的 Click 事件處理

當使用者按「重玩」鈕後，會隨機產生 4 個不同的數字，同時開始進行遊戲。使用者可以按下「答案」鈕來看答案，我們先來完成「答案」鈕的 Click 事件處理程序。很簡單，先以 for 迴圈將 Answer 陣列中的數字串接起來，然後，利用 MessageBox 顯示即可，程式碼如下所示：

```
private void btnAnswer_Click(object sender, EventArgs e) {
    string output = "答案: ";
    for (int i = 0; i < 4; i++) output += answer[i];
    MessageBox.Show(output, "答案", MessageBoxButtons.OK,
                         MessageBoxIcon.Information);
}
```

▶ 「確定」鈕的 Click 事件處理

最後，我們來完成「確定」鈕的 Click 事件處理程序。

(1) 取得輸入與準備輸出訊息

此時，我們假設使用者已輸入其猜測的 4 個數字（也就是說，先不處理輸入資料的檢查，你應該可以自行完成檢查資料的程式碼），所以，先取得使用者的輸入以便進行比對，我們宣告字串變數 input 來參考使用者輸入的字串，如下所示：

```
string input = txtInput.Text;
```

接著，我們將猜測的次數加 1，同時，將猜測次數的資訊以及輸入的字串，按照輸出的格式先串接起來，由字串變數 message 來參考，等比對數字後，再串接「幾 A 幾 B」的資訊以便輸出，如下所示：

```
guessCtr += 1;    //猜測次數加 1
string message = "第" + guessCtr + "次" + input + ": ";    //後接幾A幾B
```

(2) 比對數字，判斷「幾 A 幾 B」

如何比對字串 input 與整數陣列 answer 呢？基本的想法是以 for 迴圈逐一取得字串 input 在位置 i 的字元，將其轉換成數字，然後，檢查該數字是否有出現在陣列 answer 中。如果有出現，再判斷出現的位置是否為 i；如果出現位置是 i 的話，表示位置相同，「A」必須加一個；否則，表示位置不相同，將「B」加一個。

在這個想法裡，有兩個地方必須加以探討和說明。

(a) 首先：如何將字串 input 在位置 i 的數字字元，轉換成對應的數字呢？

例如：將數字字元 '7' 轉換成數字 7。我們介紹一種簡單的作法。在 C# 裡，字元內碼是以 Unicode 來表示，數字字元的 Unicode 是循序增加的，也就是說：'1' 的 Unicode 比 '0' 的 Unicode 多 1、'2' 的 Unicode 比 '1' 的 Unicode 多 1、依此類推。

所以，可以將 '1' 的 Unicode 減掉 '0' 的 Unicode 得到整數 1、將 '2' 的 Unicode 減掉 '0' 的 Unicode 得到整數 2，依此類推。

因此，我們先以 C# 的 [] 運算子，從字串 input 中取出位置 i 的字元，再減掉 '0'，就可以算出該字元對應的數字了，如下所示：

```
int num = input[i] - '0';
```

(b) 另外，如何檢查該數字是否有出現在陣列 answer 中呢？

很簡單，只要以線性搜尋法將該數字和陣列 answer 中的每一個數字進行比對，就可以達成了。

我們宣告整數 A 和 B 來分別記錄 A 和 B 的個數，如果該數字有出現在陣列 answer 中，則進一步判斷其位置；若是位置相同，將 A 加一；否則，將 B 加一。字串 input 與整數陣列 answer 的比對，請參考下面所列的【matchNumbers.cs】程式碼。

(3) 輸出比對結果

在比對數字之後，就可以將「幾 A 幾 B」的資訊串接在字串變數 message 之後輸出了，如下所示：

```
message += A + "A" + B + "B";    // 串接「幾 A幾 B」的輸出資訊
```

「確定」鈕的 Click 事件處理程序的程式碼，請參考專案【CH10\MatchNumbersDemo】的表單【matchNumbers.cs】，如下所示：

```
1    private void btnEnter_Click(object sender, EventArgs e) {
2        string input = txtInput.Text;
3        guessCtr += 1; // 猜測次數加1
4        string message = "第" + guessCtr + "次" + input + ": ";//後接幾A幾B
5
6        // 比對字串 input 與整數陣列 answer
7        int A = 0, B = 0;        // 記錄A、B的個數
8        for (int i = 0; i < 4; i++) {
9            // 取出字串 input在位置i的字元，轉成整數
10           int num = input[i] - '0';
11           // 判斷 num是否存在answer陣列中(線性搜尋)
12           bool isFound = false;
13           int a;    // 記錄answer陣列中的位置
14           for (a = 0; a < 4; a++)
15               if (answer[a] == num) {
16                   isFound = true;
17                   break;
18               }
19           if (isFound) {      // 找到該數字，判斷位置是否相同
20               if (i == a) A++;
21               else B++;
22           }
23       }
24       message += A + "A" + B + "B";    // 串接「幾 A幾 B」的輸出資訊
25       // 是否完全猜對4A 的處理
26   }
```

(4)「確定」鈕的 4A 處理

最後，還有一個地方要處理：亦即我們必須判斷使用者是否已完全猜對。

當變數 A 的值等於 4 時，表示已完全猜對，此時，除了輸出變數 message 的訊息外，還必須加上 " 你猜對了 !" 的提示；同時，不再讓使用者輸入數字與進行比對，所以，將輸入盒 txtInput 與確定鈕 btnEnter 的 Enabled 狀態設為 false，讓這些按鈕失去作用。

當變數 A 的值不等於 4 時，表示尚未完全猜對，此時，只要輸出變數 message 的訊息，讓使用者繼續猜數字即可，程式碼如下所示：

```
if (A == 4) {
    txtOutput.Text += message + "\r\n" + "你猜對了!";
    txtInput.Enabled = false;
    btnEnter.Enabled = false;
}
else txtOutput.Text += message + "\r\n";
```

把上述的程式碼整合起來，就是「確定」鈕 Click 事件處理程序的完整程式碼了。本程式並未處理輸入資料格式與數字個數的檢查，你可以自行嘗試完成檢查資料的程式碼。當然，你可以再想一想本問題還可以有哪些資料表示和處理的方法，這部分就留給大家思考和練習了。

本範例的完整程式碼，請參考專案【CH10\MatchNumbersDemo】的表單【matchNumbers.cs】。

習題

▶ 選擇題

( ) 1. 如果沒有使用索引值，請問 C# 可以使用下列哪一種迴圈來走訪陣列？
(A)while　(B)for　(C)do/while　(D)foreach

( ) 2. 定義陣列：「string[] A = { "apple", "bear", "cat" };」，則 A[1] =?
(A)apple　(B)bear　(C)cat　(D) 以上皆非

( ) 3. 請問，下列哪一個是 C# 陣列索引預設的起始值？
(A)-1　(B)0　(C)1　(D)2

( ) 4. 當宣告陣列變數 string[] name = new string[6]; 後，請問我們是宣告了幾個元素的字串陣列？
(A)4　(B)5　(C)6　(D)7

( ) 5. 請問，下列哪一個是存取陣列 quiz 第 1 個元素的程式碼？
(A)quiz(0)　(B)quiz(1)　(C)quiz[0]　(D)quiz[1]

( ) 6. 請問，以下程式碼，變數 B 的結果為何？

```
int[] A = { 1, 2, 3, 4, 5 };
int B = A[1] + A[2];
```

(A)3　(B)4　(C)5　(D)6

( ) 7.
```
string[] n = { "小一", "小二", "小三", "小四" };
請插入程式碼 ①
請插入程式碼 ②
string res = "姓名\t身高\體重\r\n";
for (int i = 0; i <= 3; i++) {
    res += n[i] + "\t";
    res += height[i] + "\t";
    res += weight[i]+"\r\n";
}
txtoutput.Text = res;
```

試將程式碼①、②完成，使得執行結果如下所示：

姓名	身高	體重
小一	150	50
小二	160	64
小三	145	45
小四	180	78

(A) ① height = { 150, 160, 145, 180 };

　　② weight = { 50, 64, 45, 78 };。

(B) ① int height = { 150, 160, 145, 180 };

　　② int weight = { 50, 64, 45, 78 };。

(C) ① int[] height = { 150, 160, 145, 180 };

　　② int[] weight = { 50, 64, 45, 78 };

(D) ① int[] height = [150, 160, 145, 180];

　　② int[] weight = [50, 64, 45, 78];

(　　) 8. 下列哪一個指令可在迴圈中跳過後面的敘述直接回到迴圈的開頭？

(A)exit　(B)return　(C)continue　(D)pause

(　　) 9. 請問，下列哪一個程式碼可以取得 C# 字串 str 的長度？

(A)str.Length;　(B)Length(str);　(C)str.len;　(D)len(str);

▶ 簡答題

1. 請問，執行下面的程式碼之後，變數 output 的內容為何？

```
string output ="";
string[] name = {"王一","李二","陳三","趙四"};
int[] math = { 98, 75, 56, 88 };
for (int i = 0; i <= 3; i++)
output += name[i] + ", " + math[i] + "\r\n";
```

2. 請寫出敘述以建立一個包含了 4 個整數的陣列，陣列變數的名稱是 a。

3. ＿＿＿＿＿＿ 是針對沒有排列的資料進行搜尋，它從第 1 個資料開始，依序逐一比對，以確認資料是否存在。

4. 若要使按鈕控制項呈灰色無法點按，要設定哪個屬性？應設為何值？

＿＿＿＿＿＿

▶ 實作題

1. 請建立 C# 應用程式宣告 5 個元素的一維陣列後,使用亂數類別來產生陣列的元素值,其範圍是 1~200 的整數,然後將陣列內容排序後,顯示在標籤控制項。程式介面如下所示。

2. 請建立 C# 應用程式,可以輸入 6 個分數並且存入陣列中,輸入分數時必須檢查其範圍。使用者可以選擇進行不同的處理。各功能的程式介面如下所示。

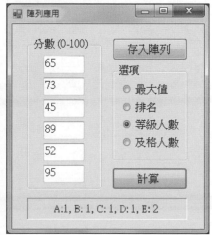

3. 請建立 C# 應用程式，可以輸入多個 0-100 的分數並且存入陣列中，然後，可以選擇進行不同的處理。輸入分數時必須檢查其範圍。各功能的程式介面如下所示。

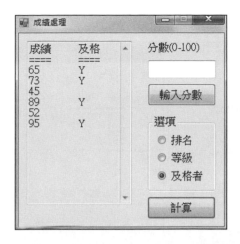

4. 請撰寫程式，產生 30 個介於 0 到 9 的隨機
整數，接著，請先以一列 10 個數字的方
式，印出此 30 個隨機整數，再顯示各數字
的個數。介面如右圖所示：

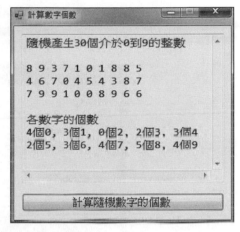

5. 請利用多個一維陣列製作簡易的早餐點餐
系統，功能如下，結帳、列表、搜尋、儲
存、讀取。檔案儲存和讀取請等到學完第 14 章「檔案處理」後再來完成。本
系統的介面如下所示。（提示：本例可以先用目前所學到的多個一維陣列來完
成。你會發現有許多沒有值的元素，造成記憶空間的浪費。也可以利用第 8 章
與第 12 章所學的不規則二維陣列，以更有效的記憶體管理來改寫此程式。）

(A) 點餐介面

(B) 結帳介面

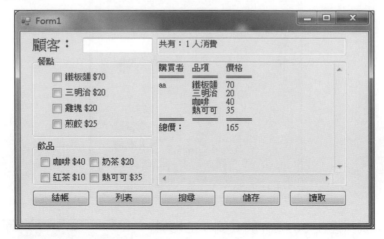

(C) 列表介面

(D) 搜尋介面

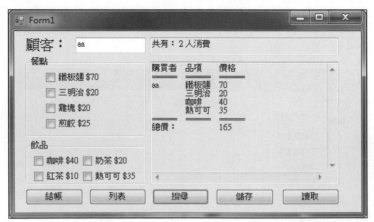

控制項陣列的應用

本章介紹 PictureBox（圖片盒）控制項，以及 ImageList（圖像清單）元件的用法。控制項（物件）陣列是管理多個圖片盒控制項與圖像物件資料的有用工具，本章將以「配對記憶遊戲」的程式來示範控制項陣列在管理這些多媒體物件上的應用。

11-1　PictureBox圖片盒控制項

在 Windows 應用程式中，可以使用 PictureBox 控制項來載入和顯示圖片檔案。PictureBox 控制項是一種圖片控制項，可以顯示點陣圖格式 BMP、GIF 或 JPG 等圖檔的內容，我們可以在設計階段和執行階段，指定要顯示在 PictureBox 控制項上之圖像。PictureBox 控制項的常用屬性，如表 11-1 所示：

表 11-1　PictureBox 控制項的常用屬性

屬性	說明
Name	控制項名稱
Image	設定和取得 BMP、GIF、JPG、ICO 和 WMF 等格式的圖像檔影像資料；在設計階段可以指定要顯示在 PictureBox 控制項上之圖像檔的儲存路徑
Size	控制項的大小，以像素為單位
SizeMode	圖片顯示方式，其值是 PictureBoxMode 列舉常數，Normal 是在控制項左上角顯示圖片，此為預設值；AutoSize 依圖片大小自動調整控制項大小；CenterImage 顯示在控制項中間；StretchImage 依控制項大小來調整；Zoom 可以在控制項顯示完整圖片
BorderStyle	框線樣式，可以是 None、FixedSingle 和 Fixed3D
BackColor	設定控制項的背景色彩，預設值是 Control

C#

使用 PictureBox 控制項載入和顯示圖像。

我們準備 9 張圖片，包括 Windows 7 所提供的 8 張範例圖片和一張額外的圖片來做示範。假設專案名稱為「ControlsArrayDemo」，則我們將這 9 張圖片儲存在目錄「ControlsArrayDemo\bin\Debug\Pictures」，圖像檔的名稱分別是 "Chrysanthemum.jpg"、"Desert.jpg"、"Hydrangeas.jpg"、"Jellyfish.jpg"、"Koala.jpg"、"Lighthouse.jpg"、"Penguins.jpg"、"Tulips.jpg"、"Smile Time.jpg"。

在設計階段，指定一開始要顯示在 PictureBox 控制項上之圖像檔為 "Penguins.jpg"，如圖 11-1(a)。程式執行時，當使用者按下「顯示圖片」鈕時，將 PictureBox 控制項上之圖像改成顯示圖像檔 "Koala.jpg"，如圖 11-1(b)。每次使用者按下「變換圖片」鈕時，程式會依序循環地顯示這 9 張圖像檔，介面如圖 11-1 所示：

圖 11-1(a)

圖 11-1(b)

▶ **設定控制項屬性**

先新增一個「CH11\ControlsArrayDemo」的「Windows Forms App」專案，其中「CH11」為方案名稱。將表單檔案名稱更名為「testPictures.cs」，然後，依人機介面的設計，在表單中依序加入 PictureBox 控制項和按鈕等通用控制項，然後在屬性視窗中設定控制項屬性。本例中，控制項的屬性設定如下所示：

(1) 表單的 Name 設為「testPictures」，Text 為「圖片控制項」，Font 大小為 12pt。

(2) 將顯示圖像之 PictureBox 控制項的 Name 設為 ptbDisplay。將屬性 Size 設為（200, 150）。將屬性 SizeMode 設為 StretchImage。在屬性 Image 中，指定一開始要顯示在 PictureBox 控制項上之圖像檔的路徑。

先點選 Image 的「…」鈕，進入「選取資源」視窗後，點選「本機資源」的「匯入」鈕，然後，在檔案「開啟」視窗中選擇圖像檔 "Penguins.jpg" 的路徑即可。將來，程式會依此路徑，將圖像載入到記憶體，同時顯示在 PictureBox 控制項上。

(3) 按鈕「顯示圖片」、「變換圖片」的 Name 分別設為 btnReset、btnChange，
　　Text 的值如介面所示。

▶ 「顯示圖片」鈕的處理

程式執行時，一開始會顯示圖像檔 "Penguins.jpg" 的圖像。當使用者按下「顯示圖片」鈕時，我們利用名稱空間 System.Drawing 中，類別 Image 的方法 FromFile（path）來載入新圖像檔。

我們將圖像檔 "Koala.jpg" 的檔案路徑傳給方法 FromFile，它會將圖像檔的圖像資料載入到記憶體中，並且以 Image 物件的方式儲存。我們將此 Image 物件指定給 PictureBox 控制項的屬性 Image，PictureBox 控制項上就會更新為 Image 物件的圖像。「顯示圖片」鈕的 Click 事件處理程序的程式碼如下所示：

```
private void btnReset_Click(object sender, EventArgs e) {
    ptbDisplay.Image = Image.FromFile(".\\Pictures\\Koala.jpg");   // 顯示新圖片
}
```

請注意：我們以**相對路徑的方式**來指定圖像檔 "Koala.jpg" 的檔案路徑。C# 應用程式的執行檔位在目錄「專案名稱 \bin\Debug」中，因此，程式執行時，目前的目錄預設為「專案名稱 \bin\Debug」。

在指定相對路徑時，「.」代表的就是目前的目錄，所以，相對路徑「.\Pictures\Koala.jpg」相當於路徑「專案名稱 \bin\Debug\Pictures\Koala.jpg」，因此，在該目錄下可以找到圖像檔 "Koala.jpg"。

也請記得：在字串中，字元「\」必須以逸出字元「\\」來表示。或者，也可以在路徑字串的最前面加上字元「@」，如此，就可以直接在路徑字串中使用字元「\」，而不必使用逸出字元「\\」了，如下所示：

```
ptbDisplay.Image = Image.FromFile(@".\Pictures\Koala.jpg");
```

▶ 「顯示圖片」鈕的延伸處理

假設顯示新圖片之後，過了 1 秒要恢復成原圖片，要如何處理呢？

我們可以利用「System.Threading.Thread.Sleep(1000);」來延遲 1 秒，然後，將原圖像檔 "Penguins.jpg" 的檔案路徑傳給方法 FromFile(path)，以便將其載入的 Image 物件指定給 PictureBox 控制項顯示。

但是，要特別說明的是：C# 對於 PictureBox 控制項及其任何子控制項的顯示優先權為最低，所以，控制項的重繪未必會立即在介面上反應出來。

以此例來說，會看不到新圖片的顯示，而是一直看到最後設定的原圖片。此時，可先執行物件的 Refresh() 方法強制更新控制項的內容。例如：

```
ptbDisplay.Refresh();
```

就可以**立即重繪**控制項 ptbDisplay 上的圖像內容。「顯示圖片」鈕的 Click 事件處理程序的程式碼，如下所示：

```
private void btnReset_Click(object sender, EventArgs e) {
    // 顯示新圖片
    ptbDisplay.Image = Image.FromFile(".\\Pictures\\Koala.jpg");
    // 1秒後顯示原圖片
    ptbDisplay.Refresh();          // 強制更新，以看到新圖片
    System.Threading.Thread.Sleep(1000);   // 延遲1秒
    ptbDisplay.Image = Image.FromFile(".\\Pictures\\Penguins.jpg");  // 顯示原圖片
}
```

▶ 「變換圖片」鈕的處理

當使用者按下「變換圖片」鈕時，程式會依序循環地顯示 9 張圖像中的一張圖像。

如何達到依序循環顯示的效果呢？我們給每張圖像一個代號，分別是 0、1、2 一直到 8。同時，以變數 i 來記錄要顯示的圖像，其初值設為 0，亦即第一次按下「變換圖片」鈕時，會顯示代號為 0 的圖像。此時，將 i 的值加 1，表示下一次是顯示代號為 1 的圖像，依此類推。

當 i 的值加到 9 時，因為沒有代號為 9 的圖像，所以，將變數 i 的值重設為 0，讓它再一次顯示代號 0 的圖像，如此，就可以達到依序循環顯示的效果。

如何顯示對應的圖像呢？我們利用 switch 敘述來判斷和建立代號 i 之對應圖像檔的相對路徑。之後，同樣是利用 Image.FromFile (path) 來載入圖像檔，同時將其 Image 物件指定給 PictureBox 控制項的屬性 Image，以更新顯示的圖像。「變換圖片」鈕的 Click 事件處理程序的程式碼如下所示：

```
1  int i = 0;     // 必須宣告為實體變數
2  private void btnChange_Click(object sender, EventArgs e) {
3      string path = ".\\Pictures\\";      // 圖像檔之儲存目錄的相對路徑
4      switch (i) {
5          case 0:
6              path += "Chrysanthemum.jpg"; break;
7          case 1:
8              path += "Desert.jpg"; break;
9          case 2:
```

```
10          path += "Hydrangeas.jpg"; break;
11      case 3:
12          path += "Jellyfish.jpg"; break;
13      case 4:
14          path += "Koala.jpg"; break;
15      case 5:
16          path += "Lighthouse.jpg"; break;
17      case 6:
18          path += "Penguins.jpg"; break;
19      case 7:
20          path += "Tulips.jpg"; break;
21      case 8:
22          path += "Smile Time.jpg"; break;
23   }
24   ptbDisplay.Image = Image.FromFile(path);      // 顯示對應的圖像
25   i++;                          // 依序顯示
26   if (i >= 9) i = 0;                  // 循環顯示，使用敘述 i = i % 9; 亦可
27 }
```

請注意：每次離開「變換圖片」鈕的 Click 事件處理程序後，變數 i 的值必須保留著，所以，變數 i 必須宣告為實體變數。

本 範 例 的 完 整 程 式 碼 ， 請 參 考 專 案【CH11\ControlsArrayDemo】 的 表 單【testPictures.cs】。

程式練習

使用表格對應出欲載入之圖像的檔案名稱。

前述之「變換圖片」功能還可以有不同的作法和變化。例如：可以將所有圖像的檔案名稱以字串陣列來儲存，然後，藉由查表對應的方式就能取代 switch 敘述，來取得欲載入之圖像的檔案名稱。為了方便使用相同的圖檔目錄來測試，我們不另外建立專案，而是在專案【ControlsArrayDemo】中，建立新的表單「changePictures.cs」，進行相關圖片變換的練習，人機介面如下所示：

表單的 Name 設為「changePictures」，Text 為「變換圖片」，Font 大小為 12pt。PictureBox 控制項的屬性設定和前例相同。

接著加入「查表切換」、「圖庫切換」、「輪播開始」、「輪播停止」等四個按鈕，其屬性 Name 分別設為 btnChangeByMapping、btnChangeByImageList、btnStart、btnStop，屬性 Text 的值如介面所示。

我們仍然以實體變數 i 來記錄要顯示的圖像編號，並且以字串陣列 files 來儲存所有圖像的檔案名稱，如下所示：

```
int i = 0;
string[] files = {"Chrysanthemum.jpg",  "Desert.jpg",  "Hydrangeas.jpg",
                  "Jellyfish.jpg",  "Koala.jpg", "Lighthouse.jpg",
                  "Penguins.jpg",  "Tulips.jpg",  "Smile Time.jpg"};
```

如此，利用 files[i] 就可以直接取得 i 所對應的圖像檔案名稱。「查表切換」鈕之 Click 事件處理程序的程式碼很直觀，我們就不再解釋了，如下所示：

```
private void btnChangeByMapping_Click(object sender, EventArgs e){
    string path = ".\\Pictures\\" + files[i];
    ptbDisplay.Image = Image.FromFile(path);
    i++;
    i = i % 9;
}
```

本範例的程式碼，請參考專案【CH11\ControlsArrayDemo】的表單【changePictures.cs】。在 Program.cs 的 Main() 函式的最後面，輸入下列敘述：

```
Application.Run( new changePictures() );
```

將欲執行的起始表單名稱指定為 changePictures，即可進行此表單的測試。

11-2 ImageList（圖像清單）元件

當程式必須讀取和載入大量的圖像檔案，例如：依照時間播放連續的圖像檔，我們可以利用 ImageList 類別的物件來進行有效的管理。ImageList 物件是一種管理圖像清單的元件，可用來管理相關圖像檔所構成之圖庫。我們可以在設計階段和執行階段，新增和刪除圖庫中的圖像。

ImageList 類別裡，最重要的屬性是 Images，它以物件陣列的方式來管理圖庫，假如 ImageList1 是一個 ImageList 元件，則我們可以利用陣列索引來存取其管理的個別圖像，如下所示：

```
ImageList1.Images[i]
```

我們也可以將 Images 物件陣列中的特定圖像，指定給 PictureBox 控制項的屬性 Image，以便顯示該圖像，如下所示：

```
PictureBox1.Image = ImageList1.Images[i];
```

透過 ImageList 類別的屬性 ImageSize，可以設定圖庫中圖片的大小，若原始圖檔的大小和 ImageList 指定的 ImageSize 不同，則會被縮放成 ImageList 裡設定的大小。另外，我們可以利用 ImageList1.Images.Count 來取得圖庫的大小，亦即圖庫中的圖片數量。

程式練習

使用 ImageList 元件管理和載入圖像。

前面的程式範例中，我們利用 switch 敘述來建立代號 i 之對應圖像檔的相對路徑，以及利用 Image.FromFile (path) 來載入圖像檔。這个是一個很好的方法。當然，使用表格對應的方式取得欲載入之圖像檔的路徑，會是比較好的做法，但是，仍然要利用 Image.FromFile (path) 來載入圖像檔。

本範例中，我們將使用 ImageList 元件管理和載入這 9 張圖像。每次使用者按下「圖庫切換」鈕時，程式會依序循環地顯示這 9 張圖像檔。

我們先由工具箱，將 ImageList 元件拉進專案裡，表單設計視窗的下方會加入一個名為 imageList1 的物件。我們先將 imageList1 的屬性 ImageSize 設為（200, 150），然後，點選其屬性 Images 的「…」鈕，進入「影像集合編輯器」視窗後，點選「加入」鈕，然後，在檔案「開啟舊檔」視窗中，將路徑切換到「專案名稱 \ bin\Debug\Pictures」，選擇欲加入圖庫中的圖像檔即可，可以一次選取多個加入的圖像檔。

加入 9 張圖像檔後，直接利用陣列索引來取得 imageList1 的個別圖像，並且指定給 PictureBox 控制項來顯示該圖像即可，程式碼變得非常精簡。「圖庫切換」鈕 Click 事件處理程序的程式碼如下所示：

```
int i = 0;        // 必須宣告為實體變數
private void btnChangeByImageList_Click(object sender, EventArgs e) {
    ptbDisplay.Image = imageList1.Images[i];
```

```
    i++;        // 依序顯示
    if (i >= imageList1.Images.Count) i = 0;        //循環顯示
}
```

程式練習

圖片的輪播。

前述之程式範例以使用者按下按鈕來切換圖片。那麼,要如何製造出自動圖片輪播的效果呢?很簡單,加入 Timer 控制項,將 Interval 屬性設為 1000,如此,每 1 秒都會觸發 Tick 事件。在 Tick 事件處理程序中,進行圖片的切換,即可製造出圖片輪播的效果,如下所示:

```
private void timer1_Tick(object sender, EventArgs e){
    ptbDisplay.Image = imageList1.Images[i];
    i++;   //依序顯示
    if (i >= imageList1.Images.Count) i = 0; //循環顯示
}
```

我們點選「輪播開始」和「輪播停止」按鈕來控制 Timer 控制項,以啟動和停止圖片的輪播功能,程式碼如下所示:

```
private void btnStart_Click(object sender, EventArgs e){
    timer1.Enabled = true;
}

private void btnStop_Click(object sender, EventArgs e){
    timer1.Enabled = false;
}
```

本節所有範例的程式碼,請參考專案【CH11\ControlsArrayDemo】的表單【changePictures.cs】。

11-3 配對記憶遊戲

我們將以 4×4 的「配對記憶遊戲」程式來說明 PictureBox 控制項、ImageList 元件,以及物件陣列的應用。我們必須準備 9 張圖片,包括 Windows 7 所提供的 8 張範例圖片和一張額外的圖片來做示範。同時把這 9 張圖片儲存在目錄「專案名稱 \bin\Debug\Pictures」中。

因為是配對記憶，所以 8 張範例圖片乘以 2 可排成 4×4 的形狀，另一張圖片則作為背面圖形，介面如圖 11-2、圖 11-3 所示。

圖 11-2

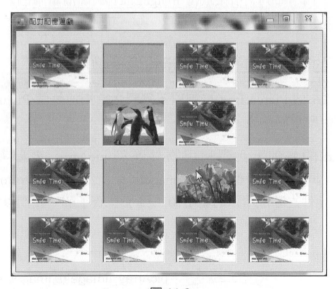

圖 11-3

GUI 設計

在專案【ControlsArrayDemo】中，再新增表單「memory.cs」，表單的 Name 設為 「memory」，Text 為「配對記憶遊戲」，Font 大小為 12pt。我們由通用控制項中加入 16 個 PictureBox 控制項（物件）到表單中，排成 4×4 的形狀。這 16 個 PictureBox 控制項的 Name 分別為 pictureBox1、pictureBox2，一直到 pictureBox16。我們將這些 pictureBox 控制項的屬性 Size 設為 (102, 76)，將屬性 SizeMode 設為 StretchImage。

仔細觀察表單介面，可以發現這些 pictureBox 控制項有三種狀態：蓋著、翻開、拿走圖片。

當 PictureBox 控制項載入背面圖形時，表示圖片是蓋著的狀態。當 PictureBox 控制項中載入對應的圖像時，使用者可以看到該圖像，就好像是使用者翻開該圖片。

如何表示拿走圖片的狀態呢？本例中，我們以 PictureBox 控制項不載入任何圖像，同時，將 PictureBox 控制項的屬性 BackColor 設為特定的顏色，來表示拿走圖片的狀態。所以，本例中，我們將這 16 個 pictureBox 控制項的屬性 BackColor 全部都設為 GradientActiveCaption。

我們利用 ImageList 元件來管理相關圖像檔所構成之圖庫，以便快速的存取圖像。

首先，由「工具箱 > 元件 > ImageList」，在表單中加入一個名為 imageList1 的元件，將 imageList1 元件的屬性 ImageSize 設為 (102, 76)。然後，點選其屬性 Images 的「…」鈕，進入「影像集合編輯器」視窗後，點選「加入」鈕，然後，在檔案「開啟舊檔」視窗中，將路徑切換到「專案名稱 \bin\Debug\Pictures」，選擇欲加入圖庫中的 9 張圖像檔。

之後，可以直接利用陣列索引來取得 imageList1 圖像清單中個別的圖像，索引值由 0 開始，本例中，索引值 8 代表背面圖像。

🐸 「表單載入」的事件處理：如何表示和處理圖片

表單上總共有 16 個 PictureBox 控制項，我們必須知道每個 PictureBox 控制項所對應的圖像，才能進行配對的檢查。

為了方便程式的處理，我們利用物件陣列 picArray 來參考和管理這 16 個 PictureBox 控制項。同時，利用整數陣列 imageId 來記錄各 PictureBox 控制項的圖像，其位於 imageList1 元件之圖像清單的索引值。為了易於了解，我們以簡化的方式來示意整個記憶體的組織，如圖 11-4 所示。

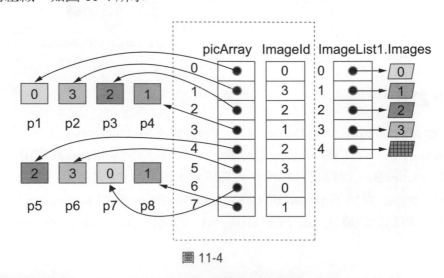

圖 11-4

(1) picArray **物件陣列：**

我們宣告一維的物件陣列 picArray 來管理這 16 個 PictureBox 控制項，以方便程式的處理。陣列 picArray 的宣告如下所示：

```
PictureBox[] picArray = new PictureBox[16];
```

記得將物件陣列 picArray 宣告為實體變數。

在「**表單載入**」時，將每個 PictureBox 控制項指定給對應的物件陣列元素來參考，如下所示：

```
for(int i = 0; i < 16; i++)
    picArray[i] = (PictureBox) this.Controls[ "pictureBox" + (i+1) ];
```

接著，我們將背面圖像載入每一個 PictureBox 控制項，以顯示圖形是蓋著的狀態。因為我們已經以一維物件陣列來管理這 16 個 PictureBox 控制項，所以使用單迴圈結構就可以輕易完成此目的，如下所示：

```
for(int i = 0; i < 16; i++)
    picArray[i].Image = imageList1.Images[8];
```

你可以試著執行程式，看看表單的內容是什麼，是不是如你所預期的結果。

(2) imageId **陣列：**

我們宣告整數陣列 imageId 來記錄每個 PictureBox 控制項的圖像 id（代號），此圖像 id 就是該圖像位於 imageList1 元件之圖像清單的索引值。

透過圖像 id，我們可以知道每個 PictureBox 控制項要顯示的是哪一張圖像，也可以進行配對的檢查。陣列 imageId 的宣告如下所示：

```
int[] imageId = new int[16];
```

記得將整數陣列 imageId 宣告為實體變數。

(a) **產生陣列 imageId 的隨機成對值**

如何產生陣列 imageId 的內容值呢？在「**表單載入**」時，我們以隨機的方式決定每一個 PictureBox 控制項所顯示之圖像的 id，並且存在陣列 imageId 之中，以便使用者猜測、記憶和配對。

同時，要記得每個圖像 id 只能出現兩次。如何達成此需求呢？簡單的想法是先將成對的圖像 id 依序存入陣列 imageId 之中，之後，再隨機打散即可。

本例中，陣列 imageId 要記錄之圖像 id 的範圍為 0 到 7，所以，我們先將 0,
0, 1, 1, 2, 2, …, 6, 6, 7, 7 存入陣列中。我們可以使用 16 個指定敘述將這些值
存入對應的陣列元素中。

但是，仔細觀察可以發現：要存入值 i 的陣列位置是 (2*i) 和 (2*i+1)，例如：
存入 0 的陣列位置是 0 和 1、存入 1 的位置是 2 和 3、存入 2 的位置是 4 和
5，依此類推。因為有此規律性，所以，使用單迴圈結構就可以完成此目的，
這樣的程式寫法較精簡，也比較容易擴充。如下所示：

```csharp
for ( int i = 0; i < 8; i++ ) {
    imageId[ i * 2 ] = i ;
    imageId[ i * 2 + 1 ] = i ;
}
```

接著，我們使用單迴圈將陣列 imageId 中每一個位置的圖像 id 隨機打散。
當處理位置 i 的圖像 id 時，我們先隨機決定要交換的位置 t，然後，將位置
i 和 t 的圖像 id 交換，即可達到隨機打散圖像 id 的目的，如下所示：

```csharp
Random rd = new Random();
for ( int i = 0; i < 16; i++ ) {
    int t = rd.Next(0, 16);        //決定要交換的位置
    //交換位置i和t的圖像id
    int temp = imageId[ i ];
    imageId[ i ] = imageId[ t ];
    imageId[ t ] = temp;
}
```

(b) 依陣列 imageId 載入圖像

現在，我們可以將陣列 imageId 中各圖像 id 所索引的圖像，載入到對應的
PictureBox 控制項中，以顯示這些圖像。你可以看看這些圖片是否有隨機打
散的效果，同時，確認每一張圖像都只出現兩次。程式碼如下所示：

```csharp
for ( int i = 0; i < 16; i++ ) {
    int id = imageId[ i ];      // 取得圖像id
    picArray[ i ].Image = imageList1.Images[ id ];      // 載入圖像
}
```

顯示了這些圖像，也確認有達到程式的要求之後，記得把這段程式碼註解
掉，畢竟，這段程式碼只是用來測試目前的資料內容是否有滿足要求而已。

我們列出變數宣告與「表單載入」事件處理程序的程式碼，供大家參考，完整程式碼請參考專案【CH11\ControlsArrayDemo】的表單【memory.cs】，如下所示：

```
1  PictureBox[] picArray = new PictureBox[16];
2  int[] imageId = new int[16];
3  int firstPicPos = -1;     //尚未有任何翻開的圖片
4  int counter = 0;
5  DateTime start;
6
7  private void memory_Load(object sender, EventArgs e) {
8      for(int i = 0; i < 16; i++)
9          picArray[i] = (PictureBox) this.Controls[ "pictureBox" + (i+1) ];
10     // 顯示背面圖像
11     for (int i = 0; i < 16; i++)
12         picArray[i].Image = imageList1.Images[8];
13     // 產生隨機打散的圖像資料
14     for (int i = 0; i < 8; i++) {
15         imageId[i * 2] = i;
16         imageId[i * 2 + 1] = i;
17     }
18     Random rd = new Random();
19     for (int i = 0; i < 16; i++) {
20         int t = rd.Next(0, 16);        // 決定要交換的位置
21         //交換位置i和t的圖像id
22         int temp = imageId[i];
23         imageId[i] = imageId[t];
24         imageId[t] = temp;
25     }
26     /*for (int i = 0; i < 16; i++) {
27             int id = imageId[i];
28             picArray[i].Image = imageList1.Images[id];
29     }*/
30     start = DateTime.Now;
31 }
```

處理每個 PictureBox 控制項的 Click 事件

現在，使用者可以和程式互動了，當使用者點選 PictureBox 控制項之後，程式必須加以回應。因為點選每一個 PictureBox 控制項之後的處理動作都一樣，所以，我們讓每一個 PictureBox 控制項共用同一個 Click 事件處理程序。

(1) 共用事件處理程序

如何讓控制項共用事件處理程序呢？我們先在控制項 pictureBox1 上快按兩下，以產生預設的 Click 事件處理程序，如下所示：

```
private void pictureBox1_Click(object sender, EventArgs e) {
}
```

之後，逐一選取其他的 PictureBox 控制項，再到其屬性視窗的閃電圖示點一下，會列出該控制項所有的事件。找到 Click 事件，然後在該欄位的下拉式選單內選取 pictureBox1_Click，即可共用此事件處理程序。

因為點選每一個 PictureBox 控制項之後，程式的執行流程都會進入事件處理程序 pictureBox1_Click 之中，所以，我們必須先在事件處理程序中判斷是哪一個 PictureBox 控制項觸發此 Click 事件。

請記得：我們已經以物件陣列 picArray 來管理這 16 個 PictureBox 控制項，所以，使用單迴圈就可以輕易完成逐一比較和判斷的目的。

我們宣告變數 picPos 來記錄觸發此 Click 事件的 PictureBox 控制項位於陣列 picArray 的位置，如下所示：

```
int picPos = 0;
// 取得目前被按的PictureBox，將其位置記錄在picPos
for ( int i = 0; i < 16; i++ )
    if ( sender == picArray[ i ] ) {
        picPos = i;
        break;
    }
```

(2) PictureBox 控制項被按時，五種可能的狀態

本例是有點難度的問題，需要考慮許多可能的狀態，同時必須思考如何表示和記錄這些可能的狀態，以便進行對應的處理。

所有可能的情況都必須考慮到，否則程式就會有漏洞，導致執行邏輯上的錯誤。這是寫程式的基本功，多多訓練就可以建立紮實的基礎。

我們已經可以知道使用者點選哪一個 PictureBox 控制項了，接下來，必須根據當時的狀態，進行對應的處理。當 PictureBox 控制項被按時，有哪些可能的狀態呢？仔細觀察和歸納後，總共有下列五種可能的狀態：

(a) 圖片已取走：

陣列 imageId 記錄著每個 PictureBox 控制項的圖像 id，本例中，圖像 id 的範圍為 0 到 7，所以，我們以圖像 id 等於 -1 來表示「圖片已取走」的狀態。當然，你也可以利用別的方式來記錄和表示此種狀態（例如：使用布林變數），畢竟，寫程式並沒有唯一寫法，只要能正確的解決問題就可以了。

(b) 是否已有打開的第一張圖片？

我們以變數 firstPicPos 來記錄和判斷此種狀態。firstPicPos 記錄的就是已打開圖片之 PictureBox 控制項位於陣列 picArray 的位置。若 firstPicPos 是 -1，表示目前尚未打開任何一張圖片，若 firstPicPos 不是 -1，表示已經打開第一張圖片。

(c) 和打開的第一張是相同位置嗎？

請記得：變數 picPos 記錄著目前被點選之 PictureBox 控制項位於陣列 picArray 的位置；而 firstPicPos 記錄的是已打開之 PictureBox 控制項的位置，因此，比較變數 picPos 和 firstPicPos，若兩者相同，表示使用者點選了相同位置的圖片。

(d) 打開第二張圖片：

若 picPos 和 firstPicPos 不相同，表示使用者已經點選了兩張不同位置的圖片。延遲 0.5 秒之後，根據 picPos 和 firstPicPos 取出對應的圖像 id，就可以判斷翻開的兩張圖片是否相同。

(e) 是否已全部配對完成？

我們必須判斷是否已配對全部的圖片，以便顯示整個遊戲所花的時間。我們以變數 Counter 來記錄已經取走之圖片的數量，當 Counter 等於 16 時，表示全部的圖片都已經配對完成。

綜合上述，我們必須宣告變數 firstPicPos 和 Counter 來記錄對應的狀態，變數 firstPicPos 的初值是 -1（請想一想為什麼），而 Counter 的初值是 0，如下所示：

```
int firstPicPos = -1;
int Counter = 0;
```

當程式的執行流程離開事件處理程序 pictureBox1_Click 之後，仍然必須保留這兩個變數的狀態值，所以，記得將這兩個變數宣告為實體變數。

(3) 處理不同狀態的虛擬碼（Pseudo Code）

我們必須根據觀察和歸納後的不同狀態，進行對應的處理。在真正寫程式碼之前，我們可以先使用虛擬碼將程式處理的邏輯表達出來，確定程式邏輯（演算法）可以解決問題之後，再將其轉換成真正的程式碼。這是開發應用程式時常用的模式，請多加練習。

我們仔細思考本問題的要求，經由詳細的觀察和歸納之後，將處理不同狀態的虛擬碼，以近似口語的方式表達，邏輯上相當直接，大家應該可以了解。

我們簡單說明其基本的運作流程。如果使用者點選的是已取走的圖片，則不需要進一步的處理。

如果使用者點選的是尚未取走的圖片，我們就必須判斷「是否已有打開的第一張」，如果沒有，表示現在點選的是第一張，我們將該圖像載入（翻開），同時，記錄其位置。

如果已打開第一張，我們要先看看現在點選的是否為同一個位置。如果使用者有意無意間在同一個位置按兩次，則此時不需要進一步的處理。

如果不是同一個位置，表示使用者點選的是第二張圖片。此時，翻開該圖像，將畫面延遲 0.5 秒，讓使用者視覺暫留一下，之後，進行兩張圖像的比對。

如果是兩張相同的圖像，則取走此兩張圖片，更新記錄的資訊；反之，蓋上此兩張圖片。此時，都必須恢復成「未打開第一張」的狀態。請務必花些時間想一想，以確實了解本虛擬碼的執行邏輯。

```
if (是已取走的圖片) return;
if (尚未有第一張) 此為第一張，打開此圖片，記錄其位置
else {
    if (和第一張相同的位置) return;
    打開此圖片，延遲0.5秒，比較打開的兩張圖片
    if (兩張是相同的圖片) {
        取走此兩張圖片，記錄「已取走」的狀態。
        比對成功的圖片數加2
        if (已全部取走) 顯示使用的時間
    }
    else {
        蓋上此兩張圖片
    }
    恢復「未打開第一張」的狀態
}
```

(4) 程式碼的說明

確實了解本虛擬碼的執行邏輯之後，我們將其轉換成真正的程式碼。

目前，我們知道被按的 PictureBox 控制項，並且以區域變數 picPos 記錄其位於陣列 picArray 的位置。另外，實體變數 firstPicPos 記錄的是已打開之 PictureBox 控制項位於陣列 picArray 的位置，Counter 記錄的是已經取走之圖片的數量。

前面討論過，我們以圖像 id 等於 -1 來表示「圖片已取走」的狀態。所以，我們先取得被按的 PictureBox 控制項的圖像 id，如下所示：

```
int id = imageId[ picPos ];
```

(a) 已取走的圖片

　　如果圖像 id 等於 -1，表示使用者點選的是已取走的圖片，所以，不需要進一步的處理，如下所示：

```
if ( id == -1 ) return ;   // 已取走的圖片
```

(b) 「第一張」圖片

　　如果此時變數 firstPicPos 等於 -1，表示現在點選的是「第一張」圖片，我們根據圖像 id 載入（翻開）該圖像，同時，記錄其位置，如下所示：

```
picArray[ picPos ].Image = imageList1.Images[ id ];
firstPicPos = picPos;
```

　　如果變數 firstPicPos 不等於 -1，表示已有打開的圖片。

(c) 同一個位置按兩次

　　我們比較兩張圖片的位置，如果相同，表示使用者在同一個位置按兩次，則此時不需要進一步的處理，如下所示：

```
if ( picPos == firstPicPos ) return ;   //相同位置
```

(d) 「第二張」圖片

　　當使用者點選的是不同位置的「第二張」圖片，我們翻開該圖像，如下所示：

```
picArray[ picPos ].Image = imageList1.Images[ id ];
```

　　請注意：控制項的重繪未必會立即在介面上反應出來，但是，現在會根據兩張圖像是否相同，而馬上拿走或蓋上這兩張圖像，使用者將看不到翻開的第二張圖像。因此，我們執行 Refresh() 方法強制立即更新控制項上的圖像內容，如下所示：

```
picArray[ picPos ].Refrsh();
```

　　接著，我們利用類別 Thread 的方法 Sleep()，將畫面延遲 0.5 秒，讓使用者能看清楚這兩張圖像，如下所示：

```
Thread.Sleep(500);
```

請注意：我們必須先使用 using 指引指令匯入 System.Threading 名稱空間的類別。另外，參數值 500 代表 500 毫秒，相當於 0.5 秒。

記得：現在被按的 PictureBox 控制項是第二張圖片，其圖像 id 存在變數 id 之中；而「第一張」圖片的圖像 id 存在 imageId[firstPicPos] 之中。

(e) 兩張相同的圖像

如果變數 id 等於 imageId[firstPicPos]，表示這是兩張相同的圖像，我們先取走此兩個 PictureBox 控制項上的圖像。如何達成呢？將 PictureBox 控制項的屬性 Image 設為 null 即可，如下所示：

```
picArray[ picPos ].Image = null;    //不載入任何圖像
picArray[ firstPicPos ].Image = null;
```

同時必須將對應的圖像 id 設為 -1，表示「圖片已取走」的狀態，如下所示：

```
imageId[ firstPicPos ] = -1;
imageId[ picPos ] = -1;
```

而且比對成功的圖片數量也必須增加 2，如下所示：

```
Counter += 2;
```

當全部圖像都比對成功時，我們將顯示使用的時間，稍後再說明。

(f) 兩張不相同的圖像

另一方面，如果是兩張不相同的圖像，則必須蓋上此兩張圖片。將背面圖像載入對應的 PictureBox 控制項即可達成目的，如下所示：

```
picArray[ picPos ].Image = imageList1.Images[ 8 ];
picArray [ firstPicPos ].Image = imageList1.Images[ 8 ] ;
```

此時，處理完兩張圖像的比對後，不管是否相同，都必須恢復成「未打開第一張」的狀態，如下所示：

```
firstPicPos = -1 ;
```

(g) 顯示使用的時間

當變數 Counter 等於 16 時，表示已全部取走所有的圖像，如何顯示使用的時間呢？我們宣告實體變數 start 來記錄起始的時間，如下所示：

```
DateTime start;
```

然後，在「表單載入」的最後，取得起始的時間，如下所示：

```
start = DateTime.Now;
```

當已全部取走所有的圖像時，利用變數 end 來記錄終止的時間，如下所示：

```
DateTime end = DateTime.Now;
```

透過類別 TimeSpan 的屬性 TotalSeconds，我們可以很容易的計算 start 和 end 之間所使用的總秒數，再以 MessageBox 來顯示即可，如下所示：

```
TimeSpan t = end - start;
int ts = (int) t.TotalSeconds;
MessageBox.Show( "完成! 共花了" + ts + "秒", "記憶遊戲",
    MessageBoxButtons.OK, MessageBoxIcon.Information );
```

我們列出 PictureBox 控制項的 Click 事件處理程序的完整程式碼，供大家參考，如下所示：

```
1   private void pictureBox1_Click(object sender, EventArgs e) {
2       int picPos = 0;
3       // 取得目前被按的PictureBox，將其位置記錄在picPos
4       for(int i = 0; i < 16; i++)
5           if (sender == picArray[i]) {
6               picPos = i;
7               break;
8           }
9       int id = imageId[ picPos ];      // 取得目前的圖像id
10      if (id == -1) return;            // 已取走圖片
11      //是否為第一張？
12      if (firstPicPos == -1) {         // 此是第一張，記錄其位置並打開圖片
13          picArray[picPos].Image = imageList1.Images[id];
14          firstPicPos = picPos;
15      } else {        // 已有打開的圖片
16          if (picPos == firstPicPos) return;    // 相同位置
17          // 這是第二張，打開此圖片
18          picArray[picPos].Image = imageList1.Images[id];
19          picArray[picPos].Refresh();          // 強制更新，再延遲0.5秒
20          Thread.Sleep(500);
21          if (id == imageId[firstPicPos]) {      // 相同圖像，取走此兩張牌
22              picArray[picPos].Image = null;
23              picArray[firstPicPos].Image = null;
24              imageId[firstPicPos] = -1;
```

```
25          imageId[picPos] = -1;
26          counter += 2;
27          if (counter == 16) {          // 計算所花的時間
28              DateTime end = DateTime.Now;
29              TimeSpan t = end - start;
30              int ts = (int)t.TotalSeconds;
31              MessageBox.Show("完成! 共花了" + ts + "秒", "記憶遊戲",
32                  MessageBoxButtons.OK, MessageBoxIcon.Information);
33          }
34      } else {          // 圖像不相同，蓋上此兩張牌
35          picArray[firstPicPos].Image = imageList1.Images[8];
36          picArray[picPos].Image = imageList1.Images[8];
37      }
38      firstPicPos = -1;
39  }
40 }
```

「預覽」鈕的 Click 事件

這個程式還有許多有趣的功能可以延伸，例如：加上「預覽」鈕，給使用者看兩秒後再繼續玩；或者，可任意改變記憶圖片的數量等。我們列出「預覽」鈕 Click 事件處理程序，供大家參考，邏輯很簡單，相信大家仔細想一想之後，可以了解它的作法。完整程式碼如下所示：

```
1  for (int i = 0; i < 16; i++) {
2      int id = imageId[i];
3      if (id == -1) continue;    // 圖片已經取走
4      picArray[i].Image = imageList1.Images[id];   // 翻開圖片
5      picArray[i].Refresh();    // 強制更新
6  }
7
8  Thread.Sleep(2000);    // 延遲2秒
9
10 for (int i = 0; i < 16; i++) {
11     if(imageId[i] != -1)
12         picArray[i].Image = imageList1.Images[8];   //蓋上圖片
13 }
```

本節範例的完整程式碼，請參考專案【CH11\ControlsArrayDemo】的表單【memory.cs】。

習題

▶ 選擇題

( )1. 請問，下列哪一種控制項可以載入圖片檔案？

(A)TextBox (B)Label (C)Timer (D)PictureBox

( )2. 請問，在 C# 裡面，Thread.Sleep(3000) 的指令是讓程式暫停幾秒？

(A)0.03 (B)3 (C)0.3 (D)0.003

▶ 填充題

1. 當程式必須讀取和載入大量的圖像檔案時，例如，依照時間播放連續圖檔，我們可以利用 _____ 類別的物件來進行有效的管理。

2. 當每次離開「變換圖片」鈕的 Click 事件處理程序後，變數 i 的值必須保留著，所以，變數 i 必須宣告為 _____ 變數。

▶ 實作題

1. 請使用 ImageList 物件來管理圖片，再寫一個 C# 視窗應用程式，可以前後移動的方式來瀏覽圖片，同時顯示目前瀏覽的是第幾張圖片。程式介面如下所示。

2. 猜圖遊戲（使用 ImageList 元件來管理圖片）

　　(a) 起始畫面

　　(b) 點選「重新隨機出牌」後的畫面

(c) 點選「看牌記憶然後猜牌」的畫面（打開 5 秒後再蓋回去）

(d) 猜對（會取走圖片）與猜錯（蓋回去）的畫面

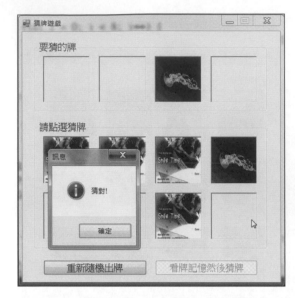

3. 請撰寫一支程式,此程式能一次隨機選擇 4 張不同的圖片,並且顯示在 4 個 PictureBox 控制項上。程式介面如下所示。

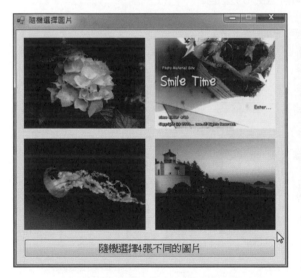

二維陣列的綜合應用

本章探討二維陣列的應用。不同的表示和儲存方式，就決定了不同的存取方法，我們將第 10 章之一維陣列的成績處理，改成以二維陣列來表示，同時改寫其對應之成績處理的程式碼。另外，本章也介紹規則二維陣列在井字遊戲（Tic-Tac-Toe）的應用，以及不規則二維陣列在顧客購物系統的應用。

12-1 成績處理——使用二維陣列來改寫

本節進一步探討二維陣列的應用。我們必須知道，資料可以有不同的表示和儲存的方式，即使程式功能相同，只要資料的表示不同，其存取的方式就會不一樣，當然，其實作的程式碼也會不同。第 10 章之「成績處理」範例是以兩個一維陣列來表示成績資料，本節我們將其改成以二維陣列來表示，同時改寫其對應之成績處理的程式碼。

同樣地，假設有 5 位學生的名字、數學、國文成績，因為名字是字串資料，而數學和國文成績是整數資料，無法只以一個二維陣列來表示，所以，我們用一維字串陣列 name 來表示名字資料，而把數學和國文成績放在一個二維整數陣列 score 中，第 0 列表示數學成績，第 1 列表示國文成績，如圖 12-1 所示：

	0	1	2	3	4
name	"王一"	"李二"	"陳三"	"趙四"	"馬五"

	0	1	2	3	4	
score	98	80	50	76	69	0
	85	90	78	54	67	1

圖 12-1

我們將這兩個陣列宣告成實體變數，方便陣列資料的共享，如下所示：

```
string[ ] name = { "王一", "李二", "陳三", "趙四", "馬五" };
int[ , ] score = {  {98, 80, 50, 76, 69},  {85, 90, 78, 54, 67}  } ;
```

本程式的人機介面和第 10 章幾乎相同，如圖 12-2 所示：

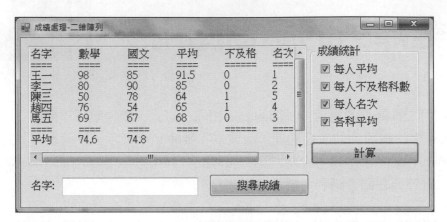

圖 12-2

假設一開始會顯示所有的學生資料，然後，使用者可以依照自己的需要勾選想要進行統計處理的功能選項。

設定控制項屬性

先新增一個「CH12\TwoDimAppsDemo」的「Windows Forms App」專案，其中「CH12」為方案名稱。將表單檔案名稱更名為「TwoDArray.cs」，然後，依人機介面的設計，在表單中依序加入文字盒、群組方塊、核取方塊、按鈕等通用控制項，然後在屬性視窗中設定控制項屬性。本例中，控制項的屬性設定如下所示：

1. 表單的 Name 設為「TwoDArray」，Text 為「成績處理 - 二維陣列」，Font 大小為 12pt。

2. 將顯示結果之文字盒的 Name 設為 txtOutput，因為要顯示多行而且唯讀，所以，屬性 MultiLine 要設為 True、屬性 ReadOnly 要設為 True；同時，將屬性 ScrollBar 設為 Both；屬性 WordWrap 設為 False；屬性 BorderStyle 設為 Fixed3D。

3. 群組方塊的 Text 屬性設為「成績統計」；其中加入 4 個核取方塊，屬性 Name 分別設為 chkAvg、chkFailNum、chkRank、chkCourseAvg，屬性 Checked 全部設為 False，而其屬性 Text 的值如介面所示。

4. 「計算」鈕和「搜尋成績」鈕的 Name 分別為 btnCompute 和 btnSearch。

🔖 表單載入時，學生資料的顯示。

觀察輸出的畫面格式，除了顯示學生資料之外，還必須顯示資料欄位表頭和分隔線。我們先宣告字串變數 res 來儲存表頭字串。接著，將分隔線字串加到字串變數 res 上。

再來，我們使用 for 迴圈來「逐筆顯示」陣列中的學生資料，依照輸出的格式，一位學生的資料顯示一列，而且先顯示名字，接著是數學和國文成績。

請注意：數學和國文成績是以二維整數陣列 score 來儲存，第 0 列表示數學成績，第 1 列表示國文成績，所以，第一維索引指出是哪個科目，第二維索引指出是哪一個學生，使用此 2 個索引值就可以存取指定的學生成績。例如：score[0, i] 是指學生 i 的數學成績、score[1, i] 是指學生 i 的國文成績。

最後，再將分隔線字串加到字串變數 res 上，同時，把結果字串 res 輸出到文字盒 txtOutput 的介面上就可以了。表單載入的事件處理程序完整的程式碼，如下所示：

```
1   string[] name = {"王一", "李二", "陳三", "趙四", "馬五"};
2   int[,] score = {  { 90, 80, 50, 78, 69 },       //Math
3                  { 85, 90, 78, 54, 67 }  },  //Chinese
4   private void TwoDArray_Load(object sender, EventArgs e) {
5       string res = "名字\t數學\t國文\r\n";  //表頭字串
6       res += "====\t====\t====\r\n";  //分隔線字串
7       for (int i = 0; i < 5; i++) {
8           res += name[i] + "\t";       //每一筆佔一列
9           res += score[0, i] + "\t";
10          res += score[1, i] + "\r\n";  //跳行
11      }
12      res += "====\t====\t====\r\n"; //分隔線字串
13      txtOutput.Text = res;
14  }
```

注意：我們也可以使用單迴圈來輸出學生的各科成績，但是，本例只有兩個科目，所以，我們就直接以兩行敘述來完成了。

🔖 「計算」鈕的 Click 事件處理程序

首先，仔細觀察輸出畫面，可以發現輸出中包含三種資料：欄位表頭、分隔線、成績與統計資訊，而且都有固定和不固定的部分。

學生資料的顯示部分是固定的；其他關於統計資訊的顯示部分並非是固定的，當功能選項被勾選時，介面才會呈現該統計資訊以及對應的欄位表頭和分隔線。

因此，為了方便起見，程式所採用的基本原則是：把這三種處理後的資料先暫存到變數中，再依照輸出格式把它們串到一個儲存結果的字串變數上，最後再把此結果字串輸出到文字盒介面上。請記得，這只是一種比較容易理解的方法，你可以進一步嘗試改寫它。

(1) 先處理欄位表頭及分隔線

一開始要列出欄位表頭及分隔線，所以，我們先將固定的欄位表頭和分隔線字串分別儲存在字串變數 h 和 sep 中，然後，逐一檢查有被勾選的功能選項，將其對應的欄位表頭和分隔線串接到 h 和 sep 中。程式碼如下所示：

```
 1  string h = "名字\t數學\t國文";   //固定的表頭字串
 2  string sep = "====\t====\t====";   //固定的分隔線字串
 3  if (chkAvg.Checked) {   //檢查勾選的項目，加上對應的字串
 4      h += "\t平均";
 5      sep += "\t====";
 6  }
 7  if (chkFailNum.Checked) {
 8      h += "\t不及格";
 9      sep += "\t======";
10  }
11  if (chkRank.Checked) {
12      h += "\t名次";
13      sep += "\t====";
14  }
```

(2) 輸出的格式處理

為了先看看欄位表頭及分隔線的處理是否正確，我們先測試表頭及分隔線的輸出。假設儲存輸出結果的字串變數是 res，則輸出格式的程式碼如下所示：

```
/*
    計算個別勾選項目的成績統計
*/
// 輸出的格式處理
string res = h +"\r\n" + sep +"\r\n";   //輸出表頭及分隔線
/* 輸出成績與統計資訊 */
res += sep +"\r\n";                      //輸出分隔線
/*輸出各科平均*/
txtOutput.Text = res;                   //把結果字串輸出到文字盒
```

你現在可以執行程式，試著勾選不同的功能選項，應該可以看到欄位表頭及分隔線處理的正確反應。

在「輸出成績與統計資訊」這個部分，因為名字和成績是固定的資料，我們可以使用 for 迴圈將其逐筆輸出，以測試其執行結果，如下所示：

```
for (int i = 0; i < 5; i++) {
        res += name[i] + "\t";          // 輸出名字
        res += score[0, i] + "\t";      // 輸出成績資料
        res += score[1, i] + "\t";
        // 依需求輸出統計資訊
        res += "\r\n"; //跳行
}
```

(3) 勾選項目的成績統計與輸出

現在，我們準備計算勾選項目的成績統計了。請注意：是先計算統計資訊再輸出這些資訊，所以，統計成績的程式碼必須寫在輸出統計資訊的程式碼之前。

為了方便程式的了解，我們的處理方式是把成績統計後的結果，先暫存到陣列中，然後再依照格式輸出。請記得：這種作法是可以再加以改良的。

(a) 「每人平均」的處理

首先，我們討論「每人平均」的處理。我們先配置陣列來暫存每一位學生的平均成績，如下所示：

```
double[] avg = new double [5];   //暫存平均的結果
```

接著，若有勾選「每人平均」功能選項，則以迴圈計算每個人的平均成績，並且儲存到陣列 avg 對應的元素中，如下所示：

```
if (chkAvg.Checked) {
    for (int i = 0; i < 5; i++)
        avg[i] = (score[0, i] + score[1, i]) / 2.0;
}
```

現在，我們可以先測試「每人平均」的輸出，程式碼如下所示：

```
if (chkAvg.Checked) res += avg[i] + "\t";
```

請注意，此敘述必須寫在「輸出成績與統計資訊」的 for 迴圈中，找到「依需求輸出統計資訊」的部分，然後，將該敘述加在每人成績的輸出後面。執行程式之後，請勾選「每人平均」，就可以看到每個人的平均成績了。

(b)「每人不及格科數」的處理

再來，我們進行「每人不及格科數」的處理。同樣地，我們先配置陣列來暫存每一位學生的不及格科數，如下所示：

```
int[] fail = new int [5];
```

接著，若有勾選「每人不及格科數」功能選項，則以迴圈掃描學生的各科成績，當有一科成績小於 60 分時，就將其不及格科數加一，如下所示：

```
if( chkFailNum.Checked ) {
    for( int i = 0; i < 5; i++ ) {
        fail[i] = 0;
        if ( score[0, i] < 60 ) fail[i] += 1;
        if ( score[1, i] < 60 ) fail[i] += 1;
    }
}
```

我們也可以使用「雙迴圈」來計算每人不及格的科數，如下所示：

```
if( chkFailNum.Checked ) {
    for( int i = 0; i < 5; i++ ) {
        fail[i] = 0;
        for(int s = 0; s < 2; s++)
            if ( score[s, i] < 60 ) fail[i] += 1;
    }
}
```

現在，我們可以測試「每人不及格科數」的輸出，程式碼如下所示：

```
if( chkFailNum.Checked ) res += (fail[i] + "\t");
```

請注意：此敘述必須寫在「每人平均」的輸出之後，因為成績統計資訊的輸出必須和表頭的欄位對齊。

(c)「每人名次」的處理

下一步，我們進行「每人名次」的處理。我們先配置陣列來暫存每一位學生的成績名次，如下所示：

```
int[] rank = new int [5];
```

接著，若有勾選「每人名次」功能選項，則程式必須算出學生的名次，同時，儲存到陣列 rank 對應的元素中。

但是，如何算出學生的名次呢？其基本邏輯是先假設某位學生的名次是第一名，接著，將該生的成績總分逐一和每位學生的總分比較，只要有人的總分比較高，該生的名次即遞增 1。所有的學生都比較過後，就可以獲得該生最後的名次。程式碼如下所示：

```
1  for( int i = 0; i < 5; i++ ) {
2      rank[i] = 1;    //先假設學生i的名次爲 1
3      int sum = score[0, i] + score[1, i];    //計算學生i的總分
4      /*依序和每一位學生j比較總分，只要學生j比較高分，
5          學生i的名次即遞增1*/
6      for( int j = 0; j < 5; j++)
7          if( score[0, j] + score[1, j] > sum) rank[i] += 1;
8  }
```

現在，我們可以測試「每人名次」的輸出，程式碼如下所示：

```
if( chkRank.Checked ) res += rank[i] + "\t";
```

請注意：此敘述必須寫在「每人不及格科數」的輸出之後，以便對齊表頭欄位。

(d) 「各科平均」的處理

最後，我們進行「各科平均」的處理。若有勾選「各科平均」功能選項，則先輸出「平均」的提示字串，再將各科的每個成績累加到儲存總分的變數 sum 中，以便計算該科的平均，程式碼如下所示：

```
if( chkCourseAvg.Checked ) {
    res += "平均\t";
    for (int s = 0; s < 2; s++) {
        int sum = 0;
        for (int i = 0; i < 5; i++) sum += score[s, i];
        res += (sum / 5.0) + "\t";
    }
    res += "\r\n";
}
```

請注意：此敘述必須出現在「輸出的格式處理」之「輸出各科平均」的部分（下面分隔線之後）。執行程式之後，請勾選「各科平均」，就可以看到各科的平均分數了。

請記得：本程式的作法是可以再加以改良的。例如：有些成績統計後的結果，是可以不用先暫存到陣列中，而是可以逐筆計算後立即輸出的。我們列出

「計算」鈕 Click 事件處理程序的完整程式碼，供大家參考和進行改寫，請
參考專案【CH12\TwoDimAppsDemo】的表單【TwoDArray.cs】，如下所示：

CH12\ TwoDimAppsDemo\ TwoDArray.cs

```
1   private void btnCompute_Click(object sender, EventArgs e) {
2       string h = "名字\t數學\t國文";              //固定的表頭字串
3       string sep = "====\t====\t====";     //固定的分隔線字串
4       if (chkAvg.Checked) {                       //檢查勾選的項目，加上對應的字串
5           h += "\t平均"; sep += "\t====";
6       }
7       if (chkFailNum.Checked) {
8           h += "\t不及格"; sep += "\t======";
9       }
10      if (chkRank.Checked) {
11          h += "\t名次"; sep += "\t====";
12      }
13      /*------------------------------------*
14       *          計算個別勾選項目的成績統計            *
15       *------------------------------------*/
16      double[] avg = new double[5];       //每人平均
17      if (chkAvg.Checked) {
18          for (int i = 0; i < 5; i++)
19              avg[i] = (score[0, i] + score[1, i]) / 2.0;
20      }
21      int[] fail = new int[5];                 //每人不及格科數
22      if (chkFailNum.Checked) {
23          for (int i = 0; i < 5; i++) {
24              fail[i] = 0;
25              if(score[0, i] < 60) fail[i] += 1;
26              if(score[1, i] < 60) fail[i] += 1;
27          }
28      }
29      int[] rank = new int[5];                 //每人名次
30      if (chkRank.Checked) {
31          for (int i = 0; i < 5; i++) {
32              rank[i] = 1; //先假設名次為 1
33              int sum = score[0, i] + score[1, i];   //計算其總分
34              /*依序和他人比較，只要有人較高分，其名次即遞增 1*/
35              for (int j = 0; j < 5; j++)
36                  if (score[0, j] + score[1, j] > sum) rank[i] += 1;
37          }
38      }
39      /*------------------------------------*
40       *          輸出的格式處理                    *
41       *------------------------------------*/
42      string res = h + "\r\n" + sep + "\r\n";    //輸出表頭及分隔線
```

```
43 │    for (int i = 0; i < 5; i++) {              /*輸出成績與統計資訊*/
44 │        res += name[i] + "\t";
45 │        res += score[0,i] + "\t";
46 │        res += score[1,i] + "\t";
47 │        if (chkAvg.Checked) res += avg[i] + "\t";
48 │        if (chkFailNum.Checked) res += fail[i] + "\t";
49 │        if (chkRank.Checked) res += rank[i] + "\t";
50 │        res += "\r\n";
51 │    }
52 │    res += sep + "\r\n";              //輸出分隔線
53 │    if (chkCourseAvg.Checked) {       /*輸出各科平均*/
54 │        res += "平均\t";
55 │        for (int s = 0; s < 2; s++) {     //兩個科目
56 │            int sum = 0;
57 │            for (int i = 0; i < 5; i++) sum += score[s, i];
58 │            res += (sum / 5.0) + "\t";
59 │        }
60 │        res += "\r\n";
61 │    }
62 │    txtOutput.Text = res;              //把結果字串輸出到文字盒
63 │ }
```

(4) 「搜尋成績」鈕的 Click 事件處理程序

我們先取得使用者輸入的學生名字，由字串變數 n 來參考，如下所示：

```
string n = txtName.Text;
```

接著，我們利用線性搜尋法逐一檢查陣列 name 中是否存在名字 n。請注意，
C# 的「==」運算子，比較的是字串的內容，而不是字串的參考位址。所以，
我們以下列條件運算式來比較名字 n 和學生 i 的名字是否相同：

```
n == name[i]
```

若比較結果為 true，代表兩字串相同，否則就是相異。

一開始先假設未找到，所以，我們將旗標變數 isFound 的初值設為 false。接著，
我們以 for 迴圈逐一比對陣列 name 的元素和 n 是否相同，若有相同，表示找到
該名字，所以，將 isFound 的值設為 true，然後以 break 跳出迴圈。

若是比對完所有的陣列元素，都沒有找到相同者，此時也會離開迴圈，而且，
isFound 沒有被重設過，還是原來的 false。

離開迴圈後，如果找到該學生（isFound 為 true），則依照輸出格式列出找到之學生 i 的名字、數學成績和國文成績；如果找不到（isFound 為 false），則顯示錯誤訊息。

「搜尋成績」鈕的 Click 事件處理程序的完整程式碼，請參考專案【CH12\TwoDimAppsDemo】的表單【TwoDArray.cs】，如下所示：

```
1   private void btnSearch_Click(object sender, EventArgs e) {
2       string n = txtName.Text;
3       bool isFound = false;          //一開始先假設未找到
4       int i;
5       for ( i = 0; i < 5; i++ )        //利用迴圈逐一檢查各個元素
6           if ( n == name[i] ) {
7               isFound = true;   //找到名字n的學生
8               break; //跳出迴圈
9           }
10      if ( isFound ) {                //找到學生i
11          txtOutput.Text = "名字:" + name[i] + "\r\n"
12                         + "數學:" + score[0, i] + "\r\n"
13                         + "國文:" + score[1, i] + "\r\n";
14      } else txtOutput.Text = "??? 學生" + n + "的資料不存在 ???\r\n";
15  }
```

請注意：控制變數 i 必須宣告在 for 迴圈之外，使得離開 for 迴圈後還可以使用變數 i。另外，我們可以省略旗標變數 isFound，而改以控制變數 i 的值來區分是否有找到資料。以本例而言，當 i < 5 時，可知是以 break 跳出迴圈，所以，表示有找到資料。假如 i >= 5，則是因為繞完所有的迴圈回合而離開迴圈，所以，表示沒有找到資料。你可以試著改寫程式碼，以確保你了解此種區分的方法。

12-2 井字遊戲（Tic-Tac-Toe）── 二維陣列的應用

井字遊戲棋盤上有 3 列 3 行總共 9 個格子，我們可以很自然地用二維陣列來表示它。要寫一個井字遊戲的程式，需要完成很多子功能，例如，(a) 如何判斷哪些格子位在同一條直線上、(b) 點選井字遊戲棋盤，如何依序填入 O 和 X、(c) 如何檢查是否已連成一線。我們依序說明完成井字遊戲所需的這些功能。

功能一：顯示井字遊戲棋盤上的同一條直線。

井字遊戲的棋盤與顯示同一條直線的人機介面如下圖所示：

先新增一個「CH12\ TicTacToeDemo」的「Windows Forms App」專案，其中「CH12」為方案名稱。將表單檔案名稱更名為「TicTacToe.cs」，然後，表單的 Name 是 TicTacToe，Text 是「井字遊戲」；而文字盒的 Name 是 txtLineNum，「顯示」鈕的 Name 是 btnDisplay。棋盤上 9 個按鈕的 Name，由左至右由上而下，分別是 button1, button2，一直到 button9。

我們以 9 個 Button 按鈕排成 3 列 3 行來表示井字遊戲的棋盤，同時，建立一個 3 列 3 行的二維 Button 陣列 board 來統一控管這 9 個 Button 按鈕。表單載入時的程式碼如下所示：

```
 1  Button[,] board = new Button[3, 3];
 2  private void TicTacToe_Load(object sender, EventArgs e) {
 3          board[0, 0] = button1;
 4          board[0, 1] = button2;
 5          board[0, 2] = button3;
 6          board[1, 0] = button4;
 7          board[1, 1] = button5;
 8          board[1, 2] = button6;
 9          board[2, 0] = button7;
10          board[2, 1] = button8;
11          board[2, 2] = button9;
12  }
```

這 9 個 Button 按鈕在二維 Button 陣列所對應的索引值如下表所示：

(0,0)	(0,1)	(0,2)
(1,0)	(1,1)	(1,2)
(2,0)	(2,1)	(2,2)

很明顯地，棋盤上有 8 條線，編號為 0 到 7，每條線有 3 個格子，其對應的 2 維索引整理如下表：

水平線 0	(0,0)	(0,1)	(0,2)
水平線 1	(1,0)	(1,1)	(1,2)
水平線 2	(2,0)	(2,1)	(2,2)
垂直線 3	(0,0)	(1,0)	(2,0)
垂直線 4	(0,1)	(1,1)	(2,1)
垂直線 5	(0,2)	(1,2)	(2,2)
對角線 6	(0,0)	(1,1)	(2,2)
對角線 7	(0,2)	(1,1)	(2,0)

如何在程式中表示這 8 條線的表格呢？請注意，每個格子有兩個索引值：列（Row）的索引值和行（Col）的索引值，所以，我們使用兩個 2 維陣列來儲存，rows 陣列儲存每個格子的列索引值，cols 陣列儲存每個格子的行索引值，如下所示：

```
int[,] rows = {  {0, 0, 0}, {1, 1, 1}, {2, 2, 2},
            {0, 1, 2}, {0, 1, 2}, {0, 1, 2},
            {0, 1, 2}, {0, 1, 2}
          };
int[,] cols = {   {0, 1, 2}, {0, 1, 2}, {0, 1, 2},
            {0, 0, 0}, {1, 1, 1}, {2, 2, 2},
            {0, 1, 2}, {2, 1, 0}
          };
```

舉例來說，第 k 條線的 3 個格子，所對應的索引值分別為：

```
(rows[k, 0], cols[k, 0]),  (rows[k, 1], cols[k, 1]),  (rows[k, 2], cols[k, 2])
```

現在，我們可以進行第一個測試。在文字盒 txtLineNum 上輸入直線編號 (0-7)，按下「顯示」鈕，則該直線上的三個 Button 將同時顯示該直線編號。記得在顯示直線編號之前，先將棋盤的 9 個 Button 清空，如下所示：

```
for (int r = 0; r < 3; r++)
   for (int c = 0; c < 3; c++)
      board[r, c].Text = "";
```

「顯示」鈕的程式碼如下所示：

```
 1  int[,] rows = {  {0, 0, 0}, {1, 1, 1}, {2, 2, 2}, {0, 1, 2}, {0, 1, 2}, {0, 1, 2},
 2                   {0, 1, 2}, {0, 1, 2}  };
 3  int[,] cols = {   {0, 1, 2}, {0, 1, 2}, {0, 1, 2}, {0, 0, 0}, {1, 1, 1}, {2, 2, 2},
 4                   {0, 1, 2}, {2, 1, 0}  };
 5  private void btnDisplay_Click(object sender, EventArgs e) {
 6      int line = Convert.ToInt32(txtLineNum.Text);
 7      if (line < 0 || line > 7) {
 8              MessageBox.Show("超過範圍", "錯誤", MessageBoxButtons.OK,
 9              MessageBoxIcon.Error);
10              return;
11      }
12  for (int r = 0; r < 3; r++)
13     for (int c = 0; c < 3; c++)
14        board[r, c].Text = "";
15     for (int i = 0; i < 3; i++)
16        board[ rows[line, i], cols[line, i] ].Text = line.ToString();
17  }
```

功能二：點選井字遊戲棋盤，依序填入 O 和 X；已有資料則不變。

　　現在我們依序點選棋盤上的格子（Button 物件）。假設第一次點選出現 O，第二次點選出現 X，依此類推。當然，如果格子上已有資料則不變，介面的變化如下圖所示：

　　因爲點選每一個 Button 物件所要做的事情是一樣的，因此，我們讓這 9 個 Button 按鈕共用同一個 button1_Click 事件處理程序（可參考第 11 章「配對記憶遊戲」的做法）。

　　我們宣告實體變數 counter，用來記錄已點選的 Button 數目。當點選某個 Button 按鈕時，會進入事件處理程序中。我們先以雙迴圈尋找被點選之 Button 所在的列索引（row）和行索引（col）。

　　如果該按鈕已被點選過，則不做任何處理。若尚未被點選過，則將 counter 加一，然後，判斷 counter 的值，若爲奇數則在按鈕上顯示 O，否則顯示 X。

　　請注意，其實，以雙迴圈尋找被點選之 Button 的列索引和行索引，這個動作在這裡是可以省略的，你不妨想一想爲什麼？但我們還是把它列出來，以示範如何以雙迴圈在二維陣列中尋找某個元素的列索引和行索引。目前的 button1_Click 事件處理程序的程式碼如下所示：

```
1   int counter = 0;
2   private void button1_Click(object sender, EventArgs e) {
3           //尋找哪一個Button被點選
4       int row = 0, col = 0;
5       bool isFound = false;
6       for (row = 0; row < 3; row++) {
7           for (col = 0; col < 3; col++){
8               if (board[row, col] == sender) {
9                       isFound = true; //離開內迴圈
10                      break;
11              }
12          }
13          if (isFound) break; //離開外迴圈
14      }
15      if(board[row, col].Text != "") return;   //已點選過
16      counter++;
17      if (counter % 2 == 1) board[row, col].Text = "O";
18      else board[row, col].Text = "X";
19      //檢查是否已有連成一直線
20      //檢查是否平手
21  }
```

📚功能三：點選井字遊戲棋盤，檢查是否已連成一線。

　　當使用者依序點選棋盤上的格子，不斷出現 O 和 X，程式必須不斷檢查是否已連成一線。若連成一線，則改變該線文字的顏色，並且顯示誰贏的訊息，然後，disable 棋盤，介面如下圖所示：

　　如何檢查是否已連成一線呢？如前所述，棋盤上有 8 條線，編號為 0 到 7，每條線有 3 個格子。我們使用兩個 2 維陣列來儲存各直線上 3 個格子的位置，其中 rows 陣列儲存每個格子的列索引值，cols 陣列儲存每個格子的行索引值。

　　因為只有 8 條線，所以，最簡單的作法就是每次點選格子之後，依序檢查這 8 條線，只要某條線上的 3 個格子具有相同的符號，就表示已有一條連線形成。

　　此時，改變該線上 3 個格子的文字顏色，並且顯示誰贏的訊息，然後，disable 棋盤的作用。程式碼如下所示，請將此段程式碼加在前述 button1_Click 事件處理程序之中，位於點選格子的處理之後。

```
1    // 檢查是否已有連成一直線
2    for (int line = 0; line < 8; line++) {
3        string marker = board[ rows[line, 0], cols[line, 0] ].Text;
4        if (marker == "") continue;
5        if(board[ rows[line, 1], cols[line, 1] ].Text != marker) continue;
6        if(board[ rows[line, 2], cols[line, 2] ].Text != marker) continue;
7        // line已連成一直線，改變該線文字的顏色
8        for (int p = 0; p < 3; p++)
9            board[ rows[line, p], cols[line, p] ].ForeColor = Color.Red;
10         //顯示誰贏了
11       MessageBox.Show(marker + "贏了!", "訊息", MessageBoxButtons.OK,
12       MessageBoxIcon.Information);
13         // disable棋盤
14       for (int r = 0; r < 3; r++)
15           for (int c = 0; c < 3; c++) board[r, c].Enabled = false;
16       return;
17   }
```

若是平手呢？此時顯示雙方平手，然後 disable 棋盤，介面如下圖所示：

　　如何知道平手呢？很簡單，當已點選的格子數目已到達 9，仍然沒有直線形成時就是了。因此，每次點選格子，檢查 8 條線，都沒有發現連成直線時，接下來就應該檢查變數 counter 的值是否等於 9，若是，則形成平手。程式碼如下所示，請將此段程式碼加在 button1_Click 事件處理程序中的最後面。

```
1   //檢查是否平手
2   if (counter == 9){
3       MessageBox.Show("雙方平手!", "訊息", MessageBoxButtons.OK,
4                   MessageBoxIcon.Information);
5       // disable棋盤
6       for (int r = 0; ɪ < 3; r++)
7           for (int c = 0; c < 3; c++) board[r, c].Enabled = false;
8   }
```

　　本範例的完整程式碼，請參考專案【CH12\TicTacToeDemo】的表單【TicTacToe.cs】。

　　我們已經完成一個簡單的井字遊戲，此處我們以一個 3 列 3 行的二維 Button 陣列來表示棋盤。其實，也可利用 9 個 Button 的一維陣列來表示棋盤，當然，程式碼就必須跟著修改了，你不妨練習看看，並且比較它們的差異。

　　另外，也可以延伸此程式，讓使用者和電腦玩，當然，決定電腦要下哪一個格子，就有很多作法和考量了。同樣地，你不妨練習寫看看，可以有多少種方法，並且比較它們的優劣。

12-3　不規則二維陣列的應用：顧客購物系統

　　我們打算寫一個陽春的購物系統，利用二維陣列記錄每個顧客購買的商品。因為每個顧客購買的商品數不會相同，因此，適合以動態配置的技巧建立不規則二維陣列作為儲存空間，來記錄購買的商品資訊。本程式的人機介面，如圖 12-3 所示：

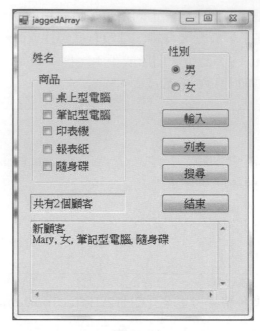

圖 12-3

　　假設有五種商品可供選擇，一開始會顯示「共有 0 個顧客」。使用者可以輸入姓名、性別、依照自己的需要勾選想要的商品選項，按「輸入」鈕後，會儲存和顯示新顧客的購物資訊，同時，更新和顯示顧客數量。按「列表」鈕後，會顯示所有顧客的購物資訊。輸入顧客姓名，按「搜尋」鈕後，會顯示該顧客的購物資訊。按「結束」鈕則會結束程式的執行。

設定控制項屬性

　　先新增一個「CH12\JaggedArrayDemo」的「Windows Forms App」專案，其中「CH12」為方案名稱。將表單檔案名稱更名為「jaggedArray.cs」，然後，依人機介面的設計，在表單中依序加入文字盒、群組方塊、核取方塊、選項按鈕、一般按鈕等通用控制項，然後在屬性視窗中設定控制項屬性。本例中，控制項的屬性設定如下所示：

1. 表單的 Name 設為「jaggedArray」，Text 為「jaggedArray」，Font 大小為 12pt。

2. 輸入姓名之文字盒的 Name 設為 txtName。

3. 商品群組方塊的 Name 為「groupBox2」，Text 屬性設為「商品」；其中加入 5 個核取方塊，屬性 Name 分別為 checkBox1 到 checkBox5，其屬性 Checked 全部設為 False，而其屬性 Text 的值如介面所示。

4. 性別群組方塊的 Name 為「groupBox1」，Text 屬性設為「性別」；其中加入 2 個選項按鈕，屬性 Name 分別設為 rdbMale、rdbFemale，其中選項按鈕 rdbMale 的 Checked 設為 True、Text 的值為「男」；而選項按鈕 rdbFemale 的 Checked 設為 False，屬性 Text 的值為「女」。

5. 將顯示顧客數量之標籤控制項的 Name 設為 lblCounter。

6. 將顯示顧客購物資訊之文字盒的 Name 設為 txtOutput，因為要顯示多行而且唯讀，所以，屬性 MultiLine 要設為 True、屬性 ReadOnly 要設為 True；同時將屬性 ScrollBar 設為 Both；屬性 WordWrap 設為 False；屬性 BorderStyle 設為 Fixed3D。

7. 「輸入」鈕、「列表」鈕、「搜尋」鈕和「結束」鈕的 Name 分別為 btnInput、btnListing、btnSearch 和 btnExit，其屬性 Text 的值如介面所示。

先處理最簡單的「結束」鈕

按「結束」鈕會結束程式的執行。請注意：結束程式後，所有資訊都將消失，本例著重在不規則二維陣列的應用，若要將所有顧客的相關購物資訊保存在磁碟中，則必須先學會檔案或資料庫的處理才能完成，後續章節將會介紹檔案處理的相關方法。結束程式執行的程式碼如下：

```
private void btnExit_Click(object sender, EventArgs e) {
    this.Close();
}
```

配置記憶體與表單載入時的處理

我們必須先配置儲存顧客相關購物資訊的記憶體，包括姓名、性別以及勾選的商品選項。

假設至多可以記錄 30 筆不同顧客的交易資訊，我們配置 30 個元素的字串陣列來儲存顧客名字，30 個元素的字元陣列來儲存對應的顧客性別。

每個顧客購買的商品數不相同，因此，以不規則二維陣列來記錄購買的商品資訊。先宣告第一維有 30 個元素（顧客），第二維的陣列大小則必須以顧客購買的商品數來動態配置。

另外，我們宣告變數 Counter 來記錄目前已儲存的交易筆數，初值為 0。在表單載入時，必須顯示顧客數量為「共有 0 個顧客」。程式碼如下所示：

```
string[][] trans = new string[30][];   //購買的商品資訊
string[] name = new string[30];        //顧客姓名
char[] gender = new char[30];          //顧客性別
int Counter = 0;
private void jaggedArray_Load(object sender, EventArgs e) {
    lblCounter.Text = "共有0個顧客";
}
```

輸入資料後，按「輸入」鈕的處理

當交易筆數超過 30 筆時，必須顯示「儲存空間已滿」的錯誤訊息；否則，可以取得顧客的姓名、性別以及勾選的商品選項，並且加以記錄，如下所示：

```
if (Counter >= 30) MessageBox.Show("儲存空間已滿", "錯誤");
else { /*記錄顧客及其交易的相關資訊，同時更新使用者介面*/ }
```

(1) 記錄顧客資訊

取得顧客的姓名及性別並且記錄很容易達成。請注意：變數 Counter 記錄目前已儲存的交易筆數，也是在陣列中儲存資訊的索引位置，如下所示：

```
name [ Counter ] = txtName.Text;
if (rdbMale.Checked) gender[ Counter ] = '男';
else gender[ Counter ] = '女';
```

(2) 記錄顧客的交易資訊

商品選項的記錄比較麻煩，必須先檢查顧客共買了多少商品，再動態配置儲存交易商品的陣列，之後才能儲存購買的商品名稱。首先，透過所有商品核取方塊的檢查，可以知道顧客共買了多少商品，請注意，商品群組方塊的 name 是 groupBox2，我們透過其 Controls 集合取得各個核取方塊來檢查勾選狀態，程式碼如下所示：

```
// 檢查共買了多少商品
int ctr = 0;
for (int i = 1; i <= 5; i++) {
    CheckBox chk = (CheckBox) groupBox2.Controls["checkBox" + i];
    if (chk.Checked) ctr++;
}
```

其中，變數 ctr 記錄了顧客購買的商品數量，所以，可以動態配置儲存交易商品的陣列，程式碼如下所示：

```
trans[ Counter ] = new string[ ctr ];
```

接著，就可以儲存購買的商品名稱了。我們以商品核取方塊的 Text 屬性來取得商品名稱，程式碼如下所示：

```
// 儲存購買的商品名稱
ctr = 0;
for (int i = 1; i <= 5; i++) {
```

```
        CheckBox chk = (CheckBox)groupBox2.Controls["checkBox" + i];
        if (chk.Checked) trans[Counter][ctr++] = chk.Text;
    }
```

(3) 更新顧客數量與使用者介面

我們先依照輸出的格式顯示新顧客的相關資訊，如下所示：

```
string output = "新顧客\r\n";
output += name[Counter] + ", " + gender[Counter];
for (int i = 0; i < ctr; i++) output += ", " + trans[Counter][i];
txtOutput.Text = output;
```

接著，將顧客數加 1，同時更新介面上的顧客數量，如下所示：

```
Counter++;
lblCounter.Text = "共有" + Counter + "位顧客";
```

最後，清除介面上輸入的資料，同時由輸入姓名的文字盒取得焦點，如下所示：

```
// 清除介面上輸入的資料
txtName.Text = "";
rdbMale.Checked = true;
for (int i = 1; i <= 5; i++) {
    CheckBox chk = (CheckBox)groupBox2.Controls["checkBox" + i];
    chk.Checked = false;
}
txtName.Focus();   // 取得焦點
```

「輸入」鈕的 Click 事件處理程序的完整程式碼如下所示：

```
1   private void btnInput_Click(object sender, EventArgs e) {
2       if (Counter >= 30) MessageBox.Show("儲存空間已滿","錯誤");
3       else {   //紀錄交易的相關資訊
4           name[Counter] = txtName.Text;
5           if(rdbMale.Checked) gender[ Counter ] = '男';
6           else gender[Counter] = '女';
7           // 檢查共買了多少商品
8           int ctr = 0;
9           for (int i = 1; i <= 5; i++) {
10              CheckBox chk = (CheckBox) groupBox2.Controls["checkBox" + i];
11              if (chk.Checked) ctr++;
12          }
13          // 動態配置儲存交易商品的陣列
```

```
14          trans[Counter] = new string[ctr];
15          // 儲存購買的商品名稱
16          ctr = 0;
17          for (int i = 1; i <= 5; i++) {
18              CheckBox chk = (CheckBox)groupBox2.Controls["checkBox" + i];
19              if (chk.Checked) trans[Counter][ctr++] = chk.Text;
20          }
21          // 顯示新交易資訊
22          string output = "新顧客\r\n";
23          output = name[Counter] + ", " + gender[Counter];
24          for (int i = 0; i < ctr; i++)
25              output += ", " + trans[Counter][i];
26          txtOutput.Text = output;
27          // 顧客數加1
28          Counter++;
29          lblCounter.Text = "共有" + Counter + "個顧客";
30          //清除介面上輸入的資料
31          txtName.Text = "";
32          rdbMale.Checked = true;
33          for (int i = 1; i <= 5; i++) {
34              CheckBox chk = (CheckBox)groupBox2.Controls["checkBox" + i];
35              chk.Checked = false;
36          }
37          txtName.Focus();   // 取得焦點
38      }
39  }
```

按「列表」鈕的處理

按「列表」鈕後，會以「一位顧客一列」的方式輸出所有顧客的購物資訊，包括：顧客編號、姓名、性別與其所購買的商品，人機介面如圖 12-4 所示。

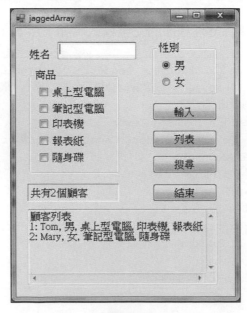

圖 12-4

我們利用雙迴圈來逐一走訪，並且存取二維不規則陣列的各個元素，同時依照格式將顧客姓名與性別輸出即可。請注意：目前的顧客數量記錄在變數 Counter 中，所以，外迴圈必須執行 Counter 次；而內迴圈執行的次數則由各顧客所購買的商品數量來決定。「列表」鈕的程式碼如下所示：

```
private void btnListing_Click(object sender, EventArgs e) {
    string str = "顧客列表\r\n";
    for (int i = 0; i < Counter; i++) {
        //建立第i位顧客的交易資訊
        str += (i + 1) + ": ";
        str += namc[i] + ", " + gender[i];
        //輸出購買的所有商品
        for (int j = 0; j < trans[i].Length; j++)
            str += ", " + trans[i][j];
        str += "\r\n";
    }
    txtOutput.Text = str;
    txtName.Focus();
}
```

按「搜尋」鈕的處理

輸入顧客姓名，按「搜尋」鈕後，會顯示該顧客的購物資訊。利用陣列的線性搜尋即可達成目的。

請注意：本例以控制變數 i 的值，來區分是因為找到資料或沒有找到資料而離開迴圈。以本例而言，當 i < Counter 時，可知是以 break 跳出迴圈，所以，表示有找到資料；否則，是因為繞完所有的回合而離開迴圈，所以，表示沒有找到資料。當找到顧客姓名時，再以單迴圈輸出該顧客的購物資訊即可，程式碼如下所示：

```
private void btnSearch_Click(object sender, EventArgs e) {
    string n = txtName.Text;
    int i;
    for (i = 0; i < Counter; i++) {
        if (name[i] == n) break;
    }
    if (i < Counter) {   //找到
        string str = "!!!搜尋結果!!!\r\n";
        str += name[i] + ", " + gender[i];
        for (int j = 0; j < trans[i].Length; j++)
```

```
            str += ", " + trans[i][j];
        txtOutput.Text = str;
    }
    else txtOutput.Text = "!!!搜尋結果!!!\r\n沒有找到" + n;
    txtName.Text = "";
    txtName.Focus();
}
```

本範例的完整程式碼，請參考專案【CH12\JaggedArrayDemo】的表單【jaggedArray.cs】。

習題

▶ **選擇題**

( )1. 陣列宣告 int[,] A = new int[11, 11];，則陣列 A 中共有多少個元素？

(A)10　(B)100　(C)121　(D)144

( )2. 「int[,] Score = {{60, 85}, {78, 92}, {79, 82}};」的二維陣列中，Score[1, 1] 的值為何？

(A)85　(B)78　(C)92　(D)79

( )3. 請問，下列何者可獲得二維陣列 A 之元素總數？

(A)A.Rank()　(B)A.Length()　(C)A.Rank　(D)A.Length

( )4. 請問，執行下列程式碼之後，label1 的顯示為何？

```
int[,] s = {{1,2},{3,4},{5,6}};
int num = 1;
for (int i = 0; i < ((s.Length)/2); i++){
    for (int j = 0; j < 2; j++){
        if (s[i, j] % 2 == 0)continue;
        num += s[i, j];
    }
}
label1.Text = num.ToString();
```

(A)8　(B)10　(C)12　(D)13

▶ 簡答題

1.　請將下列國文以及數學分數以二維陣列表示。

國文：78, 69, 93, 56, 85
數學：80, 90, 65, 79, 95

2.　承上題，請用雙迴圈輸出國文和數學的成績和平均。

3.　請問，執行下列程式碼之後，label1 和 label2 的顯示為何？

```
int[,] s = {{1,2,3,4},{5,6,7,8}};
int num = 0;
label1.Text =s[1,1].ToString();
for (int i = 0; i < ((s.Length)/4); i++){
    for (int j = 0; j < 4; j++){
        if (s[i, j] % 2 == 0)continue;
        num += s[i, j];
    }
}
label2.Text = num.ToString();
```

4.　宣告下列陣列，請問，S.Length、S.Rank、S.GetLength(0)、S.GetLength(1) 所取得的值分別為何？

```
int[,] S = new int[3,4];
```

5.　請舉例說明二維陣列與不規則二維陣列（Jagged Array）的差異與適用情況？

6.　如何取得不規則二維陣列中各個維度的元素個數？

7.　給定一個不規則二維陣列 x，如下所示：

```
int[][] x = { new int[] {1, 2},
new int[] {3, 4, 5},
new int[] {6, 7, 8, 9}};
```

(A) 請問，x.Length、x[0].Length、x[1].Length 和 x[2].Length 分別是多少？

(B) 請利用陣列的 Length 屬性，寫出將陣列 x 所有元素輸出的程式碼。

(C) 執行 int[][] y = x; 請問 y[2][1] 的值是多少？

▶實作題

1. 建立一個學生成績的計算系統，按「輸入」鈕後，可以儲存和顯示新輸入的學生成績，請利用一維陣列儲存學生姓名，二維陣列儲存學生國文、英文兩科的成績。按「列表」鈕後，會顯示出所有學生的成績；按「搜尋」鈕後，會顯示該學生的成績，同時計算總分和平均；按「結束」鈕則會結束程式的執行。程式介面如下所示。

   (A) 初始畫面：

   (B) 輸入畫面：

(C) 列表畫面：

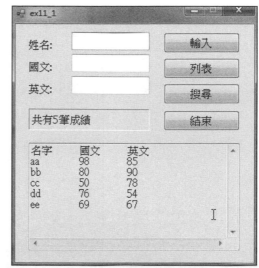

(D) 搜尋畫面：

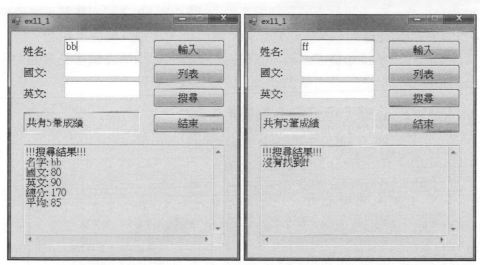

2. 請延伸 12-2 節的井字遊戲程式，讓使用者可以和電腦玩。使用者可以選擇 O 或 X，然後按「開始」鈕以 enable 棋盤的點選作用，由使用者先下來進行遊戲，程式介面如右圖及下圖所示。

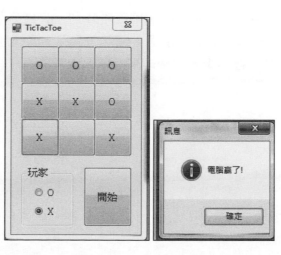

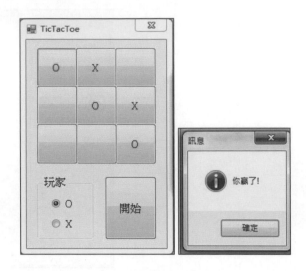

3. 請撰寫程式，在表單載入時，隨機產生 16 個 0 到 99 之間的整數，並且顯示在 4 列 4 行的按鈕陣列上，程式介面如下圖所示。當點選某個按鈕時，會將位在 「該列該行上的按鈕數字」顯示成紅色，同時，以對話盒顯示點選的列和行、 點選的數字、該列的最大數字、以及該行的最大數字。

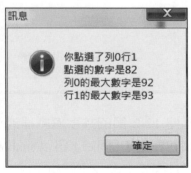

4. 請利用一維陣列和不規則二維陣列，改寫第 10 章的簡易早餐點餐系統，功能 包括結帳、列表、搜尋、儲存、讀取。同樣地，檔案儲存和讀取請等到學完第 14 章「檔案處理」後再來完成。本系統的介面如第 10 章習題所示。

5. 請撰寫一支簡易的購物程式，程式功能說明如下：

(a) 可輸入並且顯示顧客及其購物資訊，程式介面如下圖所示：

(b) 顯示所有顧客的購物清單，程式介面如下圖所示：

(c) 列出所有產品的銷售統計資訊。程式介面如下圖所示。

CHAPTER

13

遞迴

第 9 章已經介紹「函式與參數傳遞」以及方法多載（Method Overloading）的重要觀念與應用，本章將進一步介紹遞迴（Recursion）的觀念和運用。

13-1 遞迴（Recursion）與遞迴方法（Recursive Methods）

個方法可以呼叫自己來解決問題嗎？當然可以。方法自己呼叫自己，稱之為遞迴呼叫（recursive call）。一般來說，使用遞迴（recursion）解決問題，便是將問題分解為子問題，各個子問題本質上與原始問題相同，只是較簡單或規模較小。因此，您可以對各個子問題使用相同的方法呼叫來遞迴解決。

請注意，遞迴呼叫必須有停止條件，以避免無窮呼叫的發生。滿足停止條件的情況稱之為基本情況（base case）。

如果能以遞迴的方式思考（think recursively），有時可幫助使用者開發一個自然且直接的方法來解決其他方式難以解決的問題。在本章中，我們將以幾個經典的例子來示範使用遞迴解決問題的關鍵觀念。

📚 範例 1：計算階乘

數學上，非負整數 n 的階乘值（n!），定義為「由整數 1 依序乘到 n 的積」，而 0 階乘（0!）的值定義為 1，如下所示：

```
0! = 1;
n! = n * (n-1) * (n-2) * … * 1; n > 0
```

因為 n 階乘是 1 依序乘到 n 的積，所以可以很容易以迴圈來計算累乘的值。我們定義一個方法 factorial(int n) 傳入 n 的值，方法 factorial(n) 會傳回 n! 的值，程式碼如下所示：

```
long factorial(int n) {
    if (n == 0) return 1;
    else{
        long fact = 1;
        for (int i = 1; i <= n; i++) fact *= i;
        return fact;
    }
}
```

我們利用表單「Factorial」來測試 factorial(int n) 方法，表單的介面如下所示：

先新增一個「CH13\FactorialDemo」的「Windows Forms App」專案，其中「CH13」為方案名稱。將表單檔案名稱更名為「Factorial.cs」。然後，依人機介面的設計，在表單中依序加入標籤、文字盒、按鈕等通用控制項，並且在屬性視窗中設定控制項屬性。本例中，控制項的屬性設定如下所示：

1. 表單的 Name 設為「Factorial」，Text 為「Factorial」，Font 大小為 12pt。

2. 兩個提示標籤的 Text 分別設為「計算 n 階乘（n!）」和「輸入非負整數 n」。

3. 將顯示結果之標籤的 Name 設為 lblOutput，，AutoSize 設為 False，BorderStyle 設為 Fixed3D，TextAlign 設為 MiddleLeft。

4. 輸入文字盒的 Name 設為 txtN。

5. 「非遞迴」鈕和「遞迴」鈕的 Name 分別為 btnIteration 和 bntRecursion。

迴圈是一種非遞迴的迭代（Iteration）流程控制。所以，我們以一個「非遞迴」鈕來啟動測試。在文字盒 txtN 輸入 n 的值之後，按下「非遞迴」鈕，其事件處理程序將會呼叫 factorial(n) 取得 n! 的值，並且將結果顯示在標籤 lblOutput 上，其程式碼如下所示：

```
private void btnIteration_Click(object sender, EventArgs e) {
    int n = Convert.ToInt32(txtN.Text);
    lblOutput.Text = n + "!" + " = " + factorial(n);
}
```

如何以遞迴方法來計算階乘呢？我們換個角度，以遞迴方式來定義階乘，如下所示：

```
0! = 1;
n! = n * (n-1)!;n > 0
```

也就是說，要計算 n! 的值，只要先計算 (n-1)! 的值，再乘以 n 就可以了；而要計算 (n-1)! 的值，只要先計算 (n-2)! 的值，再乘以 (n-1) 就可以了；依此類推，要計算的階乘值會越來越小，亦即問題越來越小，最終會碰到 0! 的情況。此時，0! 就是 1，不用再遞迴計算下去。

同時，我們可以 0! 乘以 1 去得到 1! 的值；有了 1! 的值，乘以 2 就可以得到 2! 的值；有了 2! 的值，乘以 3 就可以得到 3! 的值，依此類推，最後就可以得到 n! 的值了。

以函式的方式來說，假設函式 factorial(n) 可得到 n! 的值，則 factorial(n) 的遞迴定義如下所示：

```
factorial(0) = 1;
factorial(n) = n * factorial(n-1);  n > 0
```

很明顯地，當計算 factorial(n) 時，必須先以「相同的 factorial 函式」計算出 factorial(n-1)，這種自己使用（呼叫）自己來解決問題的機制就是遞迴（recursion）。我們以 factorial(3) 示範上述之遞迴計算過程，如下所示：

```
factorial(3) = 3 * factorial(2)                //相當於逐層遞迴呼叫
        = 3 * (2 * factorial(1))              //問題越來越小
        = 3 * ( 2 * (1 * factorial(0)))       //到達基本情況
        = 3 * ( 2 * ( 1 * 1)))                //逐層返回計算結果
        = 3 * ( 2 * 1)
        = 3 * 2
        = 6
```

現在，我們定義一個計算階乘的遞迴版方法 rFactorial(n)，同樣地傳入 n 的值，rFactorial(n) 會傳回 n! 的值，程式碼如下所示：

```
long rFactorial(int n) {
    if (n == 0) return 1;     // base case
    else return n * rFactorial(n-1);  // Recursive call
}
```

在文字盒 txtN 輸入 n 的值之後，按下「遞迴」鈕，其事件處理程序將會呼叫遞迴版的 rFactorial(n) 取得 n! 的值，並且將結果顯示在標籤 lblOutput 上，其程式碼如下所示：

```
private void bntRecursion_Click(object sender, EventArgs e){
    int n = Convert.ToInt32(txtN.Text);
    lblOutput.Text = n + "!" + " = " + rFactorial(n);
}
```

程式的執行結果如下圖所示：

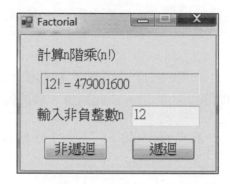

本範例的完整程式碼，請參考專案【CH13\FactorialDemo】的表單【Factorial.cs】。

綜合上述，使用遞迴方法解決問題的基本原則可歸納如下：

1. 將問題分解為規模較小的子問題，子問題本質上與原始問題相同；由於子問題與原始問題具有相同的屬性，因此可使用不同的引數來呼叫方法（recursive call）。

2. 一個或多個基本情況（base case）被用來停止遞迴。

3. 每一個遞迴呼叫都會分解原本的問題，使其更貼近基本情況，直到成為基本情況。在該情況下，方法會回傳結果給其呼叫者。

13-2　遞迴（Recursion）vs. 迭代（Iteration）

遞迴是另一種控制程式流程的形式，基本上就是不使用迴圈的重複動作。遞迴必須付出大量的額外代價。因爲每次呼叫方法時，系統便必須爲方法的區域變數與參數配置記憶體空間，這將消耗大量的記憶體空間，且需要額外的時間來管理記憶體。

從上面的例子可以看出，同一個問題可以同時有迭代（迴圈）或遞迴的解法。使用遞迴或迭代的決定，取決於問題的本質，以及我們對該問題的理解。

📚 範例 2：迴文問題（Palindrome）

我們打算寫一個程式檢查某字串是否爲迴文，亦即該字串從前面讀取與從後面讀取的結果必須相同。我們將示範三個作法。第一種是非遞迴（迴圈）的作法，另兩種爲遞迴的作法，程式介面如下圖所示：

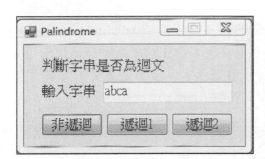

先新增一個「CH13\PalindromeDemo」的「Windows Forms App」專案，其中「CH13」爲方案名稱。將表單檔案名稱更名爲「Palindrome.cs」。然後，依人機介面的設計，在表單中依序加入標籤、文字盒、按鈕等通用控制項，並且在屬性視窗中設定控制項屬性。本例中，控制項的屬性設定如下所示：

1. 表單的 Name 設爲「Palindrome」，Text 爲「Palindrome」，Font 大小爲 12pt。

2. 兩個提示標籤的 Text 分別設爲「判斷字串是否爲迴文」和「輸入字串」。

3. 輸入文字盒的 Name 設為 txtInput。

4. 「非遞迴」鈕、「遞迴 1」鈕和「遞迴 2」鈕的 Name 分別為 btnIteration、
   bntRecursion1 和 bntRecursion2。

1. 非遞迴的作法（使用迴圈）

基本的想法是先比對第一個字元是否與最後一個字元相同，假如不相同，則不是迴
文，結束檢查。假如相同，則依序再比對第二個字元是否與倒數第二個字元相同，
持續此比對過程，直到字元不相同（不是迴文）或所有字元都已比對完畢為止（是
迴文）。

問題是要如何表示字串中頭尾兩個正在比對的字元？最簡單的作法是使用兩變數
low 和 high 分別表示字串中頭尾兩個正在比對的字元位置。一開始，low 為 0，
high 為字串長度減 1。如果 low < high，表示此兩個字元尚未比對。將 low 加 1，
high 減 1，可以指定下一次要比對的兩個字元的位置。如果 low >= high，表示所有
字元都已比對完畢。

綜合上述，我們可以寫一個迴圈版的迴文檢查方法 isPalindrome(string s)，傳入字
串 s，isPalindrome(s) 會回傳是否為迴文。本方法利用迴圈持續比對 low 和 high 所
指定的兩個字元，只要發現不相等，就表示字串 s 不是迴文。如果所有字元都已比
對完畢，就表示字串 s 是迴文。程式碼如下所示：

```
bool isPalindrome(string s) {
    int low = 0;
    int high = s.Length - 1;
    while (low < high){
        if (s[low] != s[high]) return false;
        low++;
        high--;
    }
    return true;
}
```

在文字盒 txtInput 輸入字串之後，按下「非遞迴」鈕，其事件處理程序將會呼叫
isPalindrome(input) 判斷是否為迴文，並且將以訊息方塊顯示結果，其程式碼如下
所示：

```
private void btnIteration_Click(object sender, EventArgs e){
    String input = txtInput.Text;
    String result;
    if ( isPalindrome(input) ) result = input + "是迴文";
```

```
    else result = input + "不是迴文";
    MessageBox.Show(result, "訊息", MessageBoxButtons.OK,
                    MessageBoxIcon.Information);
}
```

2. 遞迴的作法一

如何以遞迴的方式來思考迴文問題的解法呢？我們可以這樣想：如果字串是空的或只有一個字元，當然就是迴文；否則，就比對第一個字元與最後一個字元是否相同，如果不相同，肯定不是迴文。如果相同呢？那拿掉頭尾兩個字元的子字串是否為迴文，就決定了原字串是否為迴文。如何知道子字串是否為迴文呢？呼叫相同的方法來做就可以了，這就是遞迴的觀念了。

如何取得子字串呢？ C# 的 String 類別提供了 String.Substring (Int32, Int32) 方法，可以從字串擷取出子字串，其中，第一個參數指定子字串在原字串的起始位置，第二個參數指定子字串的長度。

現在我們可以定義第一個檢查迴文的遞迴版方法 isPalindrome_r1(s)，同樣地傳入 s 的值，isPalindrome_r1 (s) 會回傳是否為迴文，程式碼如下所示：

```
bool isPalindrome_r1(String s){
    int length = s.Length;
    if (length <= 1) return true;  // base case
    else if (s[0] != s[length - 1]) return false;  // base case
    else return isPalindrome_r1( s.Substring(1, length-2) );
}
```

在文字盒 txtInput 輸入字串之後，按下「遞迴 1」鈕，其事件處理程序將會呼叫 isPalindrome_r1(input) 判斷是否為迴文，並且將以訊息方塊顯示結果，其程式碼如下所示：

```
private void bntRecursion1_Click(object sender, EventArgs e) {
    String input = txtInput.Text;
    String result;
    if ( isPalindrome_r1(input) ) result = input + "是迴文";
    else result = input + "不是迴文";
    MessageBox.Show(result, "訊息", MessageBoxButtons.OK,
                    MessageBoxIcon.Information);
}
```

3. 遞迴的作法二：

遞迴方法 isPalindrome_r1() 的效能並不高，因為它為每一個遞迴呼叫建立新字串。為了避免不斷建立新字串，其實只要使用原字串，加上指定子字串在原字串的頭尾位置的變數 low 和 high，就足以表示所需的子字串了。所以，這時候就必須傳入三個參數來指定要檢查的字串。

第二個檢查迴文的遞迴版方法如下所示：

```
bool isPalindrome_r2(String s, int low, int high){
    if (low >= high) return true;    // base case
    else if (s[low] != s[high]) return false;    // base case
    else return isPalindrome_r2(s, low + 1, high - 1);
}
```

為了方便使用者只要傳入一個字串就可以檢查其是否為迴文，我們可以利用多載的機制，再定義一個只需要傳入字串參數的同名方法，該方法再自動取得另外兩個參數來呼叫三個參數的方法即可，程式碼如下所示：

```
bool isPalindrome_r2(String s){
    return isPalindrome_r2(s, 0, s.Length-1);
}
```

在文字盒 txtInput 輸入字串之後，按下「遞迴 2」鈕，其事件處理程序將會呼叫 isPalindrome_r2(input) 判斷是否為迴文，並且將以訊息方塊顯示結果，其程式碼如下所示：

```
private void btnRecursion2_Click(object sender, EventArgs e){
    String input = txtInput.Text;
    String result;
    if ( isPalindrome_r2(input) ) result = input + "是迴文";
    else result = input + "不是迴文";
    MessageBox.Show(result, "訊息", MessageBoxButtons.OK,
                        MessageBoxIcon.Information);
}
```

本範例的完整程式碼，請參考專案【CH13\PalindromeDemo】的表單【Palindrome.cs】。

13-3　以遞迴解河內塔問題

　　假如一個問題可以同時有迭代或遞迴的解法，選擇哪一種解法的經驗法則是看哪一種方式所設計的解法較能自然地反應問題的本質。如果迭代的解法較為直覺，就使用它。一般來說，迭代會比遞迴來得更有效率，但是，有些問題必須利用遞迴才會比較容易解決，例如河內塔（Towers of Hanoi）問題。

📚 範例 3：河內塔問題

　　如果能以遞迴的方式思考（think recursively），有時可幫助使用者開發一個自然且直接的方法來解決其他方式難以解決的問題。河內塔問題就是一個經典的例子，利用遞迴可輕易解決河內塔問題，否則難以解決。

　　河內塔問題是將指定個數之不同大小的圓盤，從某個塔搬至另一個塔的問題，其必須遵守下列規則：

1. 共有 n 個圓盤，分別標示為 1、2、3、...、n。另外有三個塔，分別標示為 A、B、C。
2. 所有圓盤一開始都放置在塔 A。
3. 一次只能移動一個圓盤，該圓盤必須是塔上最小的圓盤。
4. 任何時候大圓盤都不能放在小圓盤之上。

下圖是將 3 個圓盤由塔 A 搬到塔 B 的河內塔解法的示意圖：

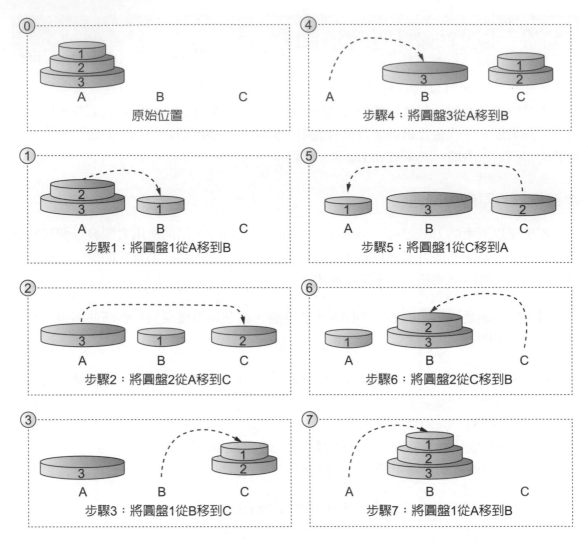

由圖中你可以看到,為了將塔上最小的圓盤搬到塔 B,我們必須借用另一個塔當作暫放的輔助塔,以免大圓盤會放在小圓盤之上,例如,步驟 2 和步驟 5。當只有 3 個圓盤時,多試幾次就可以找到上述的解法,但是,對於 4 個以上的圓盤,解法會變得相當複雜。

然而,河內塔問題先天上即具有遞迴的特性。假設我們要將 n 個圓盤由塔 A 搬到塔 B。當 n 等於 1 時,直接將圓盤從 A 移到 B 即可,此為基本情況。當 n 大於 1 時,河內塔問題可分解為三個子問題:

1. 透過塔 B 的輔助,將一開始的 n-1 個圓盤從 A 移到 C。
2. 將圓盤 n 從 A 移到 B。
3. 透過塔 A 的輔助,將 n-1 個圓盤從 C 移到 B。

河內塔遞迴解法的示意圖如下所示。

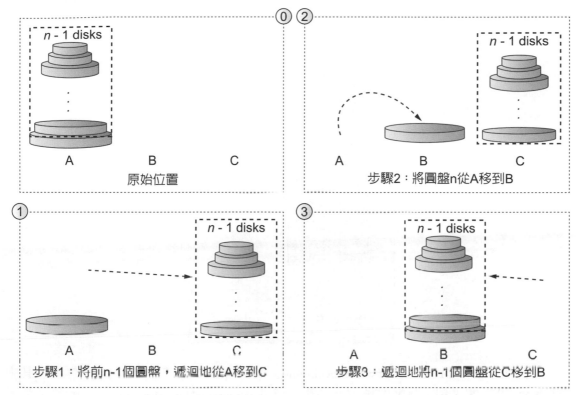

當我們想要寫一個方法來解決河內塔問題時，需要告訴它多少資訊呢？也就是說，需要傳入多少個參數呢？要搬的圓盤數、從哪一個塔搬到哪一個塔是一定要給的資訊。

另外，仔細觀察上圖，在步驟 1，將 n-1 個圓盤由塔 A 搬到塔 C 時，輔助的塔是 B。而在步驟 3，將 n-1 個圓盤由塔 C 搬回到塔 B 時，輔助的塔卻是 A。因此，輔助的塔是會變的，所以，也是必須傳入的資訊。

綜合上述，解決河內塔問題的方法必須接收 4 個參數，分別是圓盤數 n、由塔 fromTower 搬到塔 toTower、以及輔助的塔 auxTower。解決河內塔問題的遞迴方法非常直觀，我們將搬動的過程存成字串以便回傳，程式碼如下所示：

```
string TowersOfHanoi(int n, char fromTower, char toTower, char auxTower) {
    string moveDisks = "";
    if (n == 1)    // base case
        moveDisks = "將圓盤" + n + "從" + fromTower + "搬到" + toTower + "\r\n";
    else {
        moveDisks += TowersOfHanoi(n-1, fromTower, auxTower, toTower);
        moveDisks += "將圓盤" + n + "從" + fromTower + "搬到" + toTower + "\r\n";
        moveDisks += TowersOfHanoi(n - 1, auxTower, toTower, fromTower);
    }
    return moveDisks;
}
```

我們利用表單「TowersOfHanoiForm」來測試 TowersOfHanoi (~) 方法，表單的介面如下所示：

先新增一個「CH13\TowersOfHanoiDemo」的「**Windows Forms App**」專案，其中「CH13」為方案名稱。將表單檔案名稱更名為「TowersOfHanoiForm.cs」。然後，依人機介面的設計，在表單中依序加入標籤、文字盒、按鈕等通用控制項，並且在屬性視窗中設定控制項屬性。本例中，控制項的屬性設定如下所示：

1. 表單的 Name 設為「TowersOfHanoiForm」，Text 為「TowersOfHanoi」，Font 大小為 12pt。

2. 將顯示結果之文字盒的 Name 設為 txtOutput，因為要顯示多行而且唯讀，所以，屬性 MultiLine 要設為 True、屬性 ReadOnly 要設為 True；同時，將屬性 ScrollBar 設為 Both；屬性 WordWrap 設為 False；屬性 BorderStyle 設為 Fixed3D。

3. 提示標籤的 Text 設為「圓盤的數量」。

4. 輸入文字盒的 Name 設為 txtNum。

5. 「搬法」鈕的 Name 為 btnMove。

我們以一個「搬法」鈕來啟動測試。在文字盒 txtNum 輸入圓盤數 n 之後，按下「搬法」鈕，其事件處理程序將會呼叫 TowersOfHanoi (n, 'A', 'B', 'C') 取得搬動過程的字串，並且將結果顯示在文字盒 txtOutput 上，其程式碼如下所示：

```
private void btnMove_Click(object sender, EventArgs e){
    int n = Convert.ToInt32(txtNum.Text);
    txtOutput.Text = "搬動的步驟\r\n" + TowersOfHanoi(n, 'A', 'B', 'C');
}
```

本範例的完整程式碼，請參考專案【CH13\TowersOfHanoiDemo】的表單【TowersOfHanoiForm.cs】。

習題

▶ 選擇題

( )1. 在建立好 test() 函數後，請問下列哪一個是正確的函數呼叫？

(A)call test;　(B)s = call test();　(C)test();　(D)test;

( )2. 請問，下列哪一個關於 C# 函式傳回值的說明是不正確的？

(A) 函式可以沒有傳回值

(B) 函式傳回值可以為 true 或 false

(C) 函式傳回值是使用 break 關鍵字

(D) 函式可以傳回運算的結果

( )3. 請問，下列 abs() 函數的哪一列程式碼是錯誤的，如下所示：

```
1: public int abs(int n) {
2: if ( n < 0 ) return (-n);
3: else { (n); }
4: }
```

(A)1　(B)2　(C)3　(D)4

▶ 簡答題

1. 給定下列函式：

```
int Fun (int y) {
    if(y!=0){ y= y+ Fun (y-1); }
    return y;
}
```

請問執行下列程式片段之後，變數 a 的值為何？

```
int a=5;
a = Fun (a);
```

▶實作題

1. 第 7 章描述了將十進位數字轉換成二進位數字的迴圈作法。現在,請先撰寫遞迴方法,將十進位數字轉換成二進位數字,以字串回傳結果,方法的標頭 (header) 定義如下:

```
string decimalToBinary(int number)
```

再撰寫測試程式,提示使用者輸入一個十進位數字,按下「十進位轉二進位」鈕之後,顯示其相對應的二進位數字。

2. 請修改河內塔(Towers of Hanoi)的程式,讓程式能夠顯示將 n 個圓盤從塔 A 移到塔 B 所需移動的次數。程式介面如下圖所示。

檔案處理

當程式結束後，所有儲存在變數（主記憶體）的資訊都將消失。我們可以利用檔案（File）的輸入和輸出（Input and Output，I/O）處理，將必要的資訊儲存在磁碟中，以備下次程式可以讀取使用。 .NET Framework 提供豐富的 I/O 類別來進行檔案處理（File Processing）。本章將會介紹處理文字（Text）和二進位（Binary）檔案的重要觀念，以及常用類別和方法。其他 I/O 處理的相關類別和用法，請參考微軟 .NET API 線上文件的說明。

14-1 檔案處理基本概念

在 .NET Framework 裡的輸入和輸出都涉及到串流（Stream）的概念。基本上，一個串流是某個序列裝置（Serial Device）的抽象表示。序列裝置是以線性方式儲存資料，並以相同方式讀取，它可能是一個磁碟檔案（Disk File）、一個網路通道（Network Channel）、一塊記憶體，或任何支援線性方式讀寫的物件（Object）。這種抽象表示法可以隱藏序列裝置的細節，使得資料的使用方式更趨於一致，而提供容易重複使用的程式碼。

「串流」可以被視為資料輸出、輸入的通道。當資料要寫到目標裝置時，使用輸出串流（Output Stream）；而輸入串流（Input Stream）是用來讀取來源裝置的資料，進入程式記憶體中。在串流的處理概念中，每一個串流會有 一個「節點（Node）」。如果是資料輸入串流，則串流的一端為「資料來源（Source）」節點，另一端為處理的程式。如果是資料輸出串流，則串流的一端為處理的程式，另一端為「資料目的地（Sink）」節點。串流的基本示意圖如圖 14-1：

圖 14-1

本章主要是探討如何從磁碟檔案串流來讀寫資料，包括文字資料和二進位資料。.NET Framework 在 System.IO 名稱空間提供豐富的 I/O 類別來進行檔案處理，C# 程式只需匯入此名稱空間，就可以存取檔案系統。

14-2 檔案對話方塊控制項

在進行檔案讀寫時，必須指定檔案的路徑（Path）和名稱。若讓使用者自行輸入檔案路徑和名稱的話，很容易造成輸入錯誤。我們可以利用 C# 提供的檔案對話方塊（FileDialog）控制項，方便使用者來選擇想要「開啟」和「儲存」的檔案。OpenFileDialog 控制項是 Windows 作業系統的「開啟檔案」對話方塊，可用來選擇欲開啟的檔案。SaveFileDialog 控制項是 Windows 的「儲存檔案」對話方塊，可用來選擇欲儲存的檔案。在「工具箱」視窗的「對話方塊」區塊中，按兩下「OpenFileDialog」和「SaveFileDialog」控制項，就可以在表單中新增這兩個控制項。OpenFileDialog 和 SaveFileDialog 控制項的常用屬性和說明，如表 14-1 所示：

表 14-1　OpenFileDialog 和 SaveFileDialog 控制項的常用屬性和說明

屬性	說明
Name	控制項名稱
Title	對話方塊控制項的標題文字
FileName	第 1 次顯示或選取的檔案名稱
InitialDirectory	設定對話方塊的初始路徑
DefaultExt	預設的副檔名
Filter	可顯示之檔案類型的過濾條件，以「|」分隔，每 2 個為一組，前面為說明，後面是過濾條件。例如：" 文字檔案 |*.txt| 所有檔案 |*.*"
FilterIndex	過濾條件的索引編號，從 1 開始。根據此過濾條件可決定顯示在控制項上的檔案
RestoreDirectory	是否進入上一次點選的路徑，True 為是，False 為不是（預設值）

呼叫 FileDialog 控制項的 ShowDialog() 方法，可以顯示檔案對話方塊的視窗。當使用者在 OpenFileDialog 控制項選好檔案後，按「開啟檔案」後會傳回 DialogResult.OK。在 SaveFileDialog 控制項選好檔案後，則是按「存檔」後傳回 DialogResult.OK。此時，程式使用 FileName 屬性可以取得使用者所選取檔案的完整路徑，然後，進行檔案開啟、建立、資料讀取、關閉等動作。

14-3 文字檔案（Text File）的處理

　　.NET Framework 在 System.IO 名稱空間提供豐富的類別來進行檔案處理。我們先介紹檔案處理常用到的 FileInfo 類別與 DirectoryInfo 類別，再介紹處理文字檔案輸入與輸出的 StreamReader 和 StreamWriter 類別，其讀寫的文字檔被視為一種文字資料串流，如同水流一般，只能依序讀寫資料，但是不能回頭。

▶ FileInfo 類別與 DirectoryInfo 類別

　　我們可以根據「檔案路徑」建立對應的 FileInfo 物件。在建立好物件後，就可以使用 FileInfo 物件的屬性取得檔案資訊，也可以使用相關方法進行檔案的建立、複製、刪除和產生對應的串流物件。建立 FileInfo 物件的敘述如下所示：

```
FileInfo finfo = new FileInfo(path);
```

其中，建構子參數 path 是檔案實際路徑。FileInfo 類別常用的屬性如表 14-2 所示：

表 14-2　FileInfo 類別常用的屬性

屬性	說明
Name	檔案名稱
FullName	檔案全名，包含檔案路徑
Extension	檔案副檔名
DirectoryName	父資料夾的完整路徑
CreationTime	建立日期
LastWriteTime	修改日期
Length	檔案大小
Exists	檢查檔案是否存在

例如：使用 finfo.Name、finfo.Extension、finfo.Length 可以取得檔案名稱、副檔名和長度等檔案資訊。FileInfo 類別常用的檔案處理方法如表 14-3 所示：

表 14-3　FileInfo 類別常用的檔案處理方法

方法	說明
OpenText()	開啓文字檔案，傳回 StreamReader 物件
CreateText()	建立文字檔案，傳回 StreamWriter 物件
Delete()	刪除檔案
CopyTo(string, true)	複製檔案到第 1 個參數指定的完整檔案路徑，第 2 個參數為 true，表示覆寫存在的檔案，false 為不覆寫

例如：檢查檔案是否存在，如果存在，就刪除該檔案的程式碼如下：

```
if( finfo.Exists ) {
    finfo.Delete();
    txtOutput.Text = "已經刪除檔案: " + finfo.Name + "\r\n";
} else txtOutput.Text = "檔案" + finfo.Name + "不存在\r\n";
```

另一個和 FileInfo 類別相關的是 DirectoryInfo 類別，提供許多操作資料夾的相關方法，包括建立、刪除和移動資料夾等。DirectoryInfo 類別的 Name、FullName、LastWriteTime、Exists 等屬性和 FileInfo 類別對應的屬性具有類似的意涵。而 DirectoryInfo 類別的 GetDirectories() 方法可以取得內含之子資料夾所構成的 DirectoryInfo 物件陣列，GetFiles() 方法則是取得內含之檔案所構成的 FileInfo 物件陣列。

程式練習

我們使用一個簡單的範例來示範 FileInfo 類別及其相關類別的用法。當直接輸入資料夾路徑或以對話盒選取資料夾之後，可以顯示該資料夾內含之資料夾及檔案的相關資訊。介面如下圖所示：

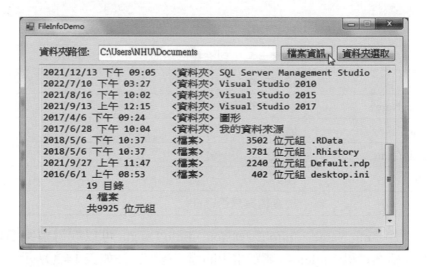

(1) 設定控制項屬性

先新增一個「CH14\FileInfoDemo」的「Windows Forms App」專案，其中「CH14」為方案名稱。將表單檔案名稱更名為「FileInfoForm.cs」，然後，依人機介面的設計，在表單中依序加入標籤、文字盒、按鈕等通用控制項，並且在屬性視窗中設定控制項屬性。本例中，控制項的屬性設定如下所示：

(a) 表單的 Name 設為「FileInfoForm」，Text 為「FileInfoDemo」，Font 大小為 12pt。

(b) 標籤的 Text 屬性設為「資料夾路徑 :」。

(c) 輸入資料夾路徑之文字盒的 Name 設為「txtDir」。

(d) 將顯示結果之文字盒的 Name 設為「txtOutput」，因爲要顯示多行而且唯讀，所以，屬性 MultiLine 要設爲 True、屬性 ReadOnly 要設爲 True；同時將屬性 ScrollBar 設爲 Both；屬性 WordWrap 設爲 False；屬性 BorderStyle 設爲 Fixed3D。

(e) 「檔案資訊」鈕的 Name 屬性設爲「btnFileInfo」，而「資料夾選取」鈕的 Name 屬性設爲「btnDirSelect」。

(2)「檔案資訊」鈕的 Click 事件處理程式

首先，由文字盒 txtDir 的 Text 屬性取得輸入的資料夾路徑，然後，以該路徑建立 DirectoryInfo 物件，如下所示：

```
DirectoryInfo curDir = new DirectoryInfo(txtDir.Text);
```

如果該資料夾不存在，就顯示不存在的錯誤訊息：

```
if (!curDir.Exists) {
    txtOutput.Text = "資料夾" + curDir.FullName + "不存在!";
    return;
}
```

否則，利用 GetDirectories() 方法取得內含之子資料夾所構成的 DirectoryInfo 物件陣列，以 GetFiles() 方法取得內含之檔案所構成的 FileInfo 物件陣列，如下所示：

```
long totalSize = 0;
string output = "";
DirectoryInfo[] dirArr = curDir.GetDirectories();
FileInfo[] fileArr = curDir.GetFiles();
```

接著，以 foreach 迴圈逐一取得每個子資料夾對應的 DirectoryInfo 物件，然後，以其屬性輸出子資料夾的資訊，如下所示：

```
foreach(DirectoryInfo dir in dirArr){
    output += dir.LastWriteTime.ToShortDateString() + " "
            + dir.LastWriteTime.ToShortTimeString() + "\t";
    output += "<資料夾> ";
    output += dir.Name + "\r\n";
}
```

接著，再以 foreach 迴圈逐一取得每個內含檔案對應的 FileInfo 物件，然後，以其屬性輸出檔案的修改日期、大小、名稱等資訊，同時，累加檔案的大小，如下所示：

```
foreach(FileInfo file in fileArr){
    output += file.LastWriteTime.ToShortDateString() + " "
            + file.LastWriteTime.ToShortTimeString() + "\t";
    output += "<檔案>";
    output += String.Format("{0, 12:D} 位元組 ", file.Length);
    output += file.Name + "\r\n";
    totalSize += file.Length;
}
```

最後，輸出內含之目錄及檔案個數，以及總共所佔的空間大小，如下所示：

```
output += "\t" + dirArr.Length + " 目錄\r\n";
output += "\t" + fileArr.Length + " 檔案\r\n";
output += "\t共" + totalSize + " 位元組\r\n";
txtOutput.Text = output;
```

(3)「資料夾選取」鈕的 Click 事件處理程式

讓使用者直接輸入資料夾路徑，並不是一個友善的操作介面。因此，我們另外提供「資料夾選取」鈕，點選之後會顯示「瀏覽資料夾」的對話方塊，讓使用者更方便的選取資料夾，如下所示：

首先，建立一個 System.IO 的 FolderBrowserDialog 物件，如下所示：

```
FolderBrowserDialog folderBrowserDialog1;
folderBrowserDialog1 = new FolderBrowserDialog();
```

然後，呼叫其 ShowDialog() 方法即可顯示「瀏覽資料夾」的對話方塊，如下所示：

```
DialogResult result = folderBrowserDialog1.ShowDialog();
```

使用者選取資料夾之後，若按下「確定」鈕，藉由 FolderBrowserDialog 物件的 SelectedPath 屬性即可取得所選取的資料夾路徑，如下所示：

```
if (result == DialogResult.OK){
    txtDir.Text = folderBrowserDialog1.SelectedPath;
    txtOutput.Text = "";
}
```

本範例的完整程式碼，請參考專案【CH14\FileInfoDemo】的表單【FileInfoForm. cs】。

▶ 文字檔的讀取：StreamReader 類別

StreamReader 類別提供特定的編碼方式（預設為 Unicode 字元的 UTF8 編碼），從文字檔讀取字元資料。當指定檔案的完整路徑（Path）後，至少有兩種方式可以取得該檔案對應的 StreamReader 串流物件。第一種是利用 new 運算子產生 StreamReader 物件，如下所示：

```
StreamReader sr = new StreamReader(path);
```

第二種是透過 FileInfo 類別的 OpenText() 方法，如下所示：

```
FileInfo finfo = new FileInfo(path);
StreamReader sr = finfo.OpenText();
```

在建立 StreamReader 串流物件後，就可以使用相關方法來執行文字檔案的讀取。StreamReader 類別讀取文字檔案的相關方法，如表 14-4 所示：

表 14-4　StreamReader 類別讀取文字檔案的相關方法

讀取方法	說明
Read()	從檔案串流讀取下一個字元，如果已到達資料流結尾，則傳回 -1。或者 Read(char[] buffer, int index, int count) 讀取最大 count 個字元到以 index 開頭的 buffer。如果已經到達資料流結尾，則傳回 0
ReadLine()	從檔案串流讀取一行，但不含換行字元。回傳是 string，若是 null，表示到達檔案的結尾
ReadToEnd()	從目前串流位置讀取到檔尾，即讀取剩下的文字檔內容。回傳是 string
Peek()	檢查下一個字元是什麼，但是不會讀取，值 -1 表示到達檔案串流的結尾

例如：從檔案讀取一行文字，存入字串變數的程式碼如下所示：

```
string txtLine = sr.ReadLine();
```

在讀取完文字檔案後，請記得關閉檔案串流，如下所示：

```
sr.Close();
```

▶ **文字檔的儲存**：StreamWriter 類別

StreamWriter 類別提供特定的編碼方式（預設為 Unicode 字元的 UTF8 編碼），將一連串字元寫入文字檔。當指定檔案的完整路徑（Path）後，至少有兩種方式可以取得該檔案對應的 StreamWriter 串流物件。第一種是利用 new 運算子產生 StreamWriter 物件，如下所示：

```
StreamWriter sw = new StreamWriter (path);
```

第二種是透過 FileInfo 類別的 CreateText() 方法，如下所示：

```
FileInfo finfo = new FileInfo(path);
StreamWriter sw = finfo.CreateText();
```

在建立 StreamWriter 串流物件後，就可以使用相關方法來執行文字檔案的輸出。StreamWriter 類別寫入文字檔案的相關方法，如表 14-5 所示：

表 14-5　StreamWriter 類別寫入文字檔案的相關方法

寫入方法	說明
Write(string)	將字串寫入檔案串流。有 Int32 等其他型態的多載方法。
WriteLine(string)	將字串加上換行字元寫入檔案串流。有多載方法。

例如：將「字串以及換行字元」寫入文字檔案的程式碼如下所示：
sw.WriteLine(txtLine); // sw.Write(txtLine + "\r\n"); 亦可

請注意：StreamWriter 串流物件透過緩衝區來輸出資料。在處理完文字檔案輸出後，請記得使用 Flush() 方法清除緩衝區資料，同時將資料強迫寫入檔案。之後再關閉檔案串流，如下所示：

```
sw.Flush();
sw.Close();
```

14-4　二進位檔案（Binary File）的處理

基本上，文字檔是由一連串特定編碼的字元所構成，若用一般編輯器（如記事本）開啟，可以看得懂檔案內容。二進位檔案可視為一連串位元組（Byte）資料，例如：影音檔案，若用一般編輯器開啟，會看到一堆亂碼，無法看懂檔案內容。我們可以使用 FileStream、BinaryReader 和 BinaryWriter 類別來處理二進位檔案的讀寫。

▶ FileStream 類別

FileStream 類別是以原始位元組（Raw Bytes）讀寫資料串流的類別，同時支援同步及非同步的（Asynchronous）讀取和寫入作業，它會緩衝處理 IO 動作，可以獲得較佳的效能表示。透過指定的檔案路徑和建立模式，程式可以建立 FileStream 類別的新物件。檔案的建立模式由 FileMode 常數來決定，如表 14-6 所示：

表 14-6　FileMode 常數及說明

FileMode 常數	說明
FileMode.Open	開啟存在檔案
FileMode.Append	如果檔案存在，在檔尾開啟串流；如果檔案不存在，建立新檔案
FileMode.Create	如果檔案存在，覆寫此檔案；如果檔案不存在，建立新檔案
FileMode.OpenOrCreate	如果檔案存在就開啟；否則建立新檔案

使用 FileStream 串流類別來開啟檔案的程式碼，如下所示：

```
FileStream fs = new FileStream(path, FileMode.OpenOrCreate);
```

建構子第 1 個參數是檔案實際路徑，第 2 個參數是建立模式。

FileStream 類別提供 Read 方法，可以從資料流讀取位元組區塊，並將資料寫入指定緩衝區（位元組陣列）。而 Write 方法可以使用緩衝區的資料，將位元組區塊寫入這個資料流。也就是說，FileStream 類別所提供的讀寫方法是以原始位元組（Raw Bytes）的方式處理，若要直接讀寫一個字串或整數資料的話，程式必須自行處理。還好我們可以透過資料流串接（Chain）的機制來解決這個不便性。

▶ 輸出入資料流的串接

資料流串接是處理 I/O 的重要特色。在處理資料流時，程式中不太會只使用一個資料流物件，多半是利用資料流串接的方式來處理資料。例如：當程式中需要以較複雜的單位讀寫資料時，程式可以借助其他的類別來幫忙。相關的處理類別用來將其他資料流的資料，做某種轉換，以節省自行處理資料轉換上一些較為麻煩的動作。
輸入資料流串接的示意圖如圖 14-2：

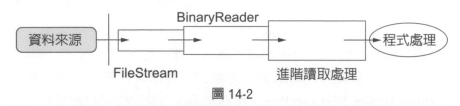

圖 14-2

您的程式中可以使用 FileStream 讀入位元組資料後即進行處理；也可以利用資料流
串接的概念讓由磁碟「流」進來的資料「倒」給 BinaryReader 進行字串或整數資
料的處理。甚至於，您還可以讓 BinaryReader 中的資料再「流向」其他物件進行
更高階的讀取處理。你的程式只要呼叫最高階的讀取功能即可，完全不用理會底層
的資料流串接和資料轉換是如何進行的，這是物件導向程式設計的應用和好處。示
意圖僅表示一種處理的狀況，您必須依據需求，選擇使用的 I/O 類別。而輸出資料
流串連的概念也是相同的，請參考圖 14-3：

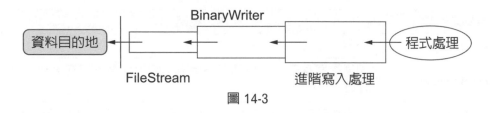

圖 14-3

進階的寫入處理是借助於較底層串流類別的寫入功能來完成，程式只要知道如何使
用進階的寫入處理即可，不用理會底層資料流是如何合作的。**在使用資料流串接
時，最簡單的使用方式就是將某個串流的物件當作是另一個串流類別的建構子參
數，如此，可以建立資料流之間的串接關係。**稍後會有例子來示範說明。

▶ 二進位檔的讀取：BinaryReader 類別

BinaryReader 可以特定的編碼方式，將基本資料型態的資料當成二進位值進行讀
取。根據指定的底層資料流，可以建立 BinaryReader 類別的新物件。例如：開啟
FileStream 物件後，可以建立 BinaryReader 物件來讀取二進位檔案，如下所示：

```
FileStream fs = new FileStream(path, FileMode.Open);
BinaryReader br = new BinaryReader(fs);
```

在建立 BinaryReader 串流物件後，就可以使用相關方法來執行二進位檔的讀取。
BinaryReader 物件的相關方法如表 14-7 所示：

表 14-7　BinaryReader 物件的相關方法

方法	說明
ReadBoolean()	從目前開啓的串流讀取布林 bool 資料型態的值
ReadByte()	從目前開啓的串流讀取位元組 byte 資料型態的值
ReadChar()	從目前開啓的串流讀取字元 char 資料型態的值
ReadDouble()	從目前開啓的串流讀取浮點 double 資料型態的值
ReadInt32()	從目前開啓的串流讀取整數 int 資料型態的值
ReadString()	從目前開啓的串流讀取字串 string 資料型態的值
Close()	關閉串流
PeekChar()	傳回下一個可用字元，而不前移字元的位置；如果沒有更多字元可供使用或資料流不支援搜尋，則傳回 -1。

例如：透過 ReadString() 和 ReadInt32()，可以很方便地從底層的二進位（位元組）串流讀取字串和整數，並且存入變數中，程式碼如下所示：

```
string strData = br.ReadString();
int number = br.ReadInt32();
```

▶ **二進位檔的儲存**：BinaryWriter 類別

BinaryWriter 類別以二進位方式將基本資料型態（Primitive Type）的資料寫入資料流，並支援以特定編碼方式寫入字串。根據指定的底層資料流，可以建立 BinaryWriter 類別的新物件。例如：建立 FileStream 物件後，可以建立 BinaryWriter 物件來將資料寫入二進位檔案，如下所示：

```
FileStream fs = new FileStream(path, FileMode.Create);
BinaryWriter bw = new BinaryWriter(fs);
```

在建立 BinaryWriter 串流物件後，就可以使用相關方法來執行二進位檔的輸出。BinaryWriter 物件的相關方法如表 14-8 所示：

表 14-8　BinaryWriter 物件的相關方法

方法	說明
Write(Type)	將參數資料型態的資料寫入二進位檔案串流，我們可以寫入各種 C# 基本資料型態的資料
Flush()	清除緩衝區，將資料寫入檔案串流
Close()	關閉串流

透過多載的 Write(Type) 方法可以很方便地將各種型態的資料寫入二進位檔案串流，程式碼如下所示：

```
string strData = "字串資料";
int number = 100;
bw.Write(strData);
bw.Write(number);
```

14-5 檔案讀取的程式練習

我們打算寫一個可以連續輸入學生的姓名、國文、數學成績的程式，同時，可以選擇將輸入的所有資料儲存成文字檔或二進位檔，以備程式以後可以讀取使用。程式的人機介面如圖 14-4 所示：

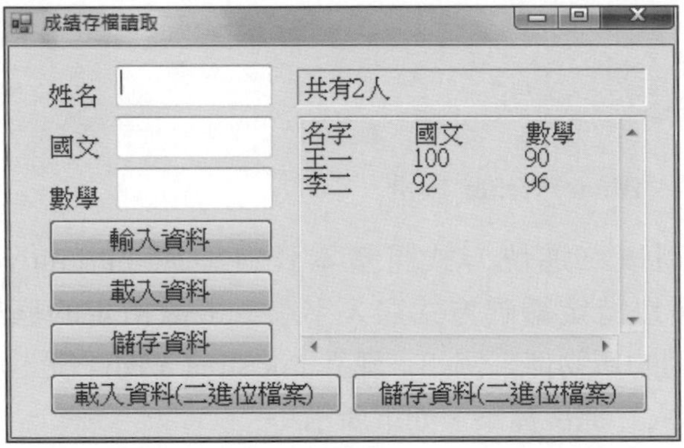

圖 14-4

先新增一個「CH14\ScoreFileDemo」的「Windows Forms App」專案，其中「CH14」為方案名稱。將表單檔案名稱更名為「ScoreFile.cs」，然後，依人機介面的設計，在表單中依序加入標籤、文字盒、按鈕等通用控制項，然後在屬性視窗中設定控制項屬性。本例中，控制項的屬性設定如下所示：

1. 表單的 Name 設為「ScoreFile」，Text 為「成績存檔讀取」，Font 大小為 12pt。

2. 將輸入姓名、國文、數學成績之三個文字盒的 Name 分別設為 txtName、txtChinese、txtMath。對應之提示標籤控制項的 Text 如介面所示。

3. 另一個顯示「所有學生成績資料」之文字盒的 Name 設為 txtOutput，屬性 MultiLine 設為 True；屬性 ReadOnly 設為 True；屬性 ScrollBar 設為 Both；屬性 WordWrap 設為 False；屬性 BorderStyle 設為 Fixed3D。

4. 顯示「學生人數」之標籤控制項的 Name 設為 lblCounter，Text 設為「共有 0 人」。

5. 按鈕「輸入資料」、「載入資料」、「儲存資料」、「載入資料（二進位檔案）」和「儲存資料（二進位檔案）」的 Name 分別設為 btn_input、btn_read、btn_save、btn_b_read 和 btn_b_save。其 Text 如介面所示。

▶ 成績資料的表示和變數宣告

如何表示輸入的成績資料？名字是字串資料，而數學和國文成績是整數資料，無法只以一個二維陣列來表示，所以，我們用一維字串陣列 name 來表示名字資料，而把數學和國文成績放在一個二維整數陣列 score 中，第 0 列表示國文成績，第 1 列表示數學成績。我們將這兩個陣列宣告成實體變數，方便陣列資料的共享，儲存資料的記憶體配置，如下所示：

```
const int MAX_CAPACITY = 50;
string[ ] name = new string[ MAX_CAPACITY ];
int [ , ] scores = new int[ 2, MAX_CAPACITY ];
int counter = 0;
```

我們假設最多可以儲存 50 個學生的資料，為了增加程式的彈性和可讀性，我們使用「符號常數」（Symbolic Constants）的功能。「符號常數」是一種名稱轉換的技巧，**在程式中使用有意義名稱來取代特定的數字或字串**。C# 使用 const 關鍵字建立符號常數。請注意：符號常數在宣告時需要指定其資料型態與值。例如：

```
const int MAX_CAPACITY = 50;
```

表示 MAX_CAPACITY(最大容量) 就是 50，在程式中配置陣列大小時，就以 MAX_CAPACITY 來取代 50。好處是可讀性較佳，而且當必須改變最大容量時，只要更改符號常數的值即可，其他使用的部分都不需要更動。另外，我們宣告整數變數 counter 來記錄目前儲存的學生人數，初值為 0。

▶ 按下「輸入資料」鈕（新增一筆）

按下「輸入資料」鈕會新增一筆資料。我們先利用變數 counter 來測試陣列的容量，若 counter 小於 MAX_CAPACITY，表示還有空間儲存此筆資料；否則提示錯誤訊息，程式碼如下所示：

```
if ( counter < MAX_CAPACITY ) {
    name[ counter ] = txtName.Text;
    scores[ 0, counter ] = Convert.ToInt32( txtChinese.Text );
    scores[ 1, counter ] = Convert.ToInt32( txtMath.Text );
    counter++; ShowData(); //更新介面上顯示的訊息
} else MessageBox.Show("容量已滿", "錯誤",
                    MessageBoxButtons.OK, MessageBoxIcon.Error);
```

新增此筆資料之後，變數 counter 要加一，同時，要更新介面上顯示的訊息，包括學生總人數與所有學生的成績資料。因為這個顯示功能在讀入資料時也會用到，所以，我們將其寫成獨立的 ShowData() 函式，程式碼如下所示：

```
void ShowData() { //更新介面上顯示的訊息
    lblCounter.Text = "共有" + counter + "人";
    string res = "名字\t國文\t數學\r\n";
    for ( int i = 0; i < counter; i++ )
        res += name[i] + "\t" + scores[0, i] + "\t" + scores[1, i] + "\r\n";
    txtOutput.Text = res;
}
```

▶ **按下「儲存資料」鈕將資料存檔（文字檔格式）**

我們先完成文字檔的資料儲存。本程式利用 C# 的 SaveFileDialog 控制項，顯示可用的文字檔名稱，方便使用者選擇欲儲存的檔案。然後，進行檔案建立、資料儲存、檔案關閉等動作。在本例中，我們將讀寫之文字檔的副檔名限定為 ".txt"。

在「工具箱」視窗的「對話方塊」區塊中，按兩下「SaveFileDialog」控制項，就可以在表單中新增這個控制項，將其屬性 name 設為 sfdSave。接著，將屬性 RestoreDirectory 設為 True，以便進入上一次點選的路徑。

當按下「儲存資料」鈕時，**我們先將控制項 sfdSave 的 Filter 屬性設為 " 文字檔案 (*.txt) | *.txt"，以便使用者只看得到可用的文字檔名稱。接著，必須呼叫 sfdSave 的 ShowDialog() 方法，才可以看到檔案對話方塊的視窗。**你會發現視窗上只過濾出副檔名是 ".txt" 的檔案，供使用者選擇。程式介面如下圖所示。

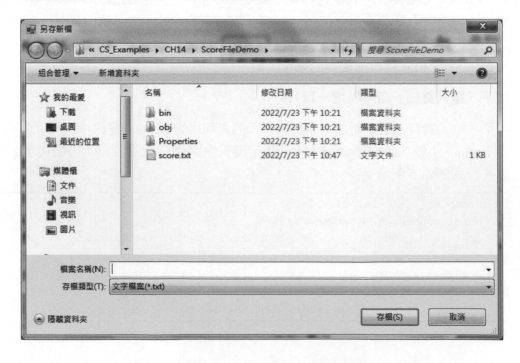

若是第一次建立檔案，你可以輸入欲儲存的檔案名稱，例如： score（不用輸入副檔名 .txt），按「存檔」後，會傳回 DialogResult.OK。若在檔案對話方塊中選擇已存在的檔案，按「存檔」後，則會顯示「該檔案已存在，是否要取代它？」的訊息方塊，選擇「是」之後，會傳回 DialogResult.OK。

此時，**程式可以使用控制項 sfdSave 的屬性 FileName 取得使用者欲儲存檔案的完整路徑和名稱**。例如：「檔案路徑 \score.txt」。利用 FileInfo 物件的 CreateText() 方法建立（或取代）檔案，並得到 StreamWriter 物件之後，就可以開始寫入資料了。程式碼如下所示：

```
private void btn_save_Click(object sender, EventArgs e) {
    sfdSave.Filter = "文字檔案(*.txt)|*.txt";
    if (sfdSave.ShowDialog() == DialogResult.OK) {
        FileInfo finfo = new FileInfo(sfdSave.FileName);
        StreamWriter sw = finfo.CreateText();
        //透過StreamWriter物件sw來寫入資料
    }
}
```

請記得匯入 System.IO 名稱空間，以便使用檔案處理的相關類別。如下所示：

```
Using System.IO;
```

現在，要特別強調的是：**進行檔案讀寫之前，必須先設計好「檔案資料的儲存格式」**。如此，程式依此「儲存格式」儲存資料，之後，才能再依此相同的格式將資料正確地讀回來。請想一想，我們要儲存的每筆資料，包含姓名、國文成績和數學成績，分別是一個字串和兩個整數。就文字串流而言， StreamWriter 可以寫入字串和整數；但是， StreamReader 只能讀取一個字元或一連串的字元。為了區隔出字串和整數，我們使用最簡單的儲存格式，讓每一個欄位值都佔一行，以便正確地讀回資料。也就是說，我們利用 StreamWriter 的 WriteLine() 多載方法寫出資料，將來可以很容易地以 StreamReader 的 ReadLine() 方法讀回資料。我們利用單迴圈將每筆資料的三個欄位逐行輸出。最後，記得將緩衝區資料寫入，以及關閉檔案串流。「儲存資料」鈕的完整事件處理程序如下所示。

```
private void btn_save_Click(object sender, EventArgs e) {
    sfdSave.Filter = "文字檔案(*.txt)|*.txt";
    if (sfdSave.ShowDialog() == DialogResult.OK) {
        FileInfo finfo = new FileInfo(sfdSave.FileName);
        StreamWriter sw = finfo.CreateText();
        //透過StreamWriter物件sw來寫入資料
        for (int i = 0; i < counter; i++) {
```

```
            sw.WriteLine(name[i]);
            sw.WriteLine(scores[0, i]);
            sw.WriteLine(scores[1, i]);
        }
        sw.Flush();
        sw.Close();
    }
}
```

現在，你可以到「檔案總管」看看所儲存的資料檔案。

▶ 按下「載入資料」鈕從文字檔讀入資料

本程式利用 C# 的 OpenFileDialog 控制項，顯示可用的 ".txt" 文字檔名稱，方便使用者選擇欲讀入的檔案。然後，進行檔案開啓、資料讀取、檔案關閉等動作。

在「工具箱」視窗的「對話方塊」區塊中，按兩下「OpenFileDialog」控制項，就可以在表單中新增這個控制項，將其屬性 name 設爲 ofdOpen。接著，將屬性 RestoreDirectory 設爲 True，以便進入上一次點選的路徑。

當按下「載入資料」鈕時，我們先將控制項 ofdOpen 的 Filter 屬性設爲 " 文字檔案 (*.txt) | *.txt"，以便使用者只看得到可用的文字檔名稱。接著，必須呼叫 ofdOpen 的 ShowDialog() 方法，才可以看到檔案對話方塊的視窗。你會發現，視窗上只過濾出副檔名是 ".txt" 的檔案，供使用者選擇。程式介面如下圖所示：

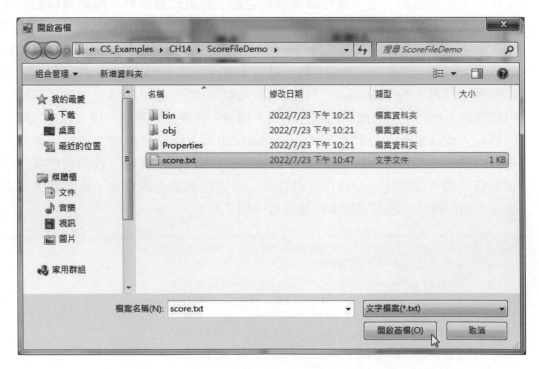

按「開啟檔案」後，會傳回 DialogResult.OK。此時，程式可以使用控制項 ofdOpen 的屬性 FileName 取得使用者欲讀入檔案的完整路徑和名稱。利用 FileInfo 物件的 OpenText() 方法開啟檔案，並得到 StreamReader物件之後，就可以開始讀取資料了。

我們必須依相同的檔案格式將資料正確地讀回來。每筆資料包含姓名、國文和數學成績，型態是一個字串和兩個整數。每一個欄位值在檔案內都佔一行，所以，可以很容易地以 StreamReader 的 ReadLine() 方法依序讀回每個欄位值，並且將其存入陣列中。請注意：ReadLine() 方法的回傳值是字串，所以，如果讀取的是成績值，必須以 Convert.ToInt32() 方法轉換成整數。

每讀完一筆資料（3 個值），陣列的索引就必須加 1。因為不知道總共有幾筆，所以，我們利用 while 迴圈逐筆地讀回資料。**如何知道已經讀完所有的資料呢**？利用 StreamReader的 Peek() 方法可以檢查下一個字元是什麼，若到達檔案串流的結尾（end of file）會傳回 -1，藉此就可以判斷是否要結束檔案的讀取。**讀完所有資料之後，記得關閉檔案串流，同時要更新程式的狀態**，包括更新變數 counter 的值，以及呼叫函式 ShowData() 更新介面上顯示的訊息。「載入資料」鈕的事件處理程序如下所示。

```
private void btn_read_Click(object sender, EventArgs e) {
    ofdOpen.Filter = "文字檔案(*.txt)|*.txt";
    if (ofdOpen.ShowDialog() == DialogResult.OK) {
        FileInfo finfo = new FileInfo(ofdOpen.FileName);
        StreamReader sr = finfo.OpenText();
        int i = 0; //陣列的索引
        while(sr.Peek() >= 0) { //還有資料
            name[i] = sr.ReadLine();
            scores[0, i] = Convert.ToInt32(sr.ReadLine());
            scores[1, i] = Convert.ToInt32(sr.ReadLine());
            i++;
        }
        sr.Close(); counter = i; //更新變數counter的值
        ShowData(); //更新介面上顯示的訊息
    }
}
```

▶ **按下「儲存資料（二進位檔案）」鈕將資料存檔**

二進位檔案的讀取和文字檔的處理方式類似，比較需要注意的是：資料串流的建立方式、檔案儲存格式，以及讀寫方法的差異。本程式依然利用 SaveFileDialog 控制項，方便使用者選擇欲儲存的檔案，然後，進行檔案建立、資料儲存、檔案關閉等動作。在本例中，我們將讀寫之二進位檔的副檔名限定為 ".dat"。

當按下「儲存資料（二進位檔案）」鈕時，我們先將控制項 sfdSave 的 Filter 屬性設為 "二元檔案(*.dat)|*.dat"，以便視窗上只過濾出副檔名是 ".dat"的二進位檔名，供使用者選擇。按「存檔」後，會傳回 DialogResult.OK，此時，程式可以使用控制項 sfdSave 的屬性 FileName 取得欲儲存檔案的完整路徑和名稱。利用資料流串接建立檔案的 BinaryWriter 物件之後，就可以開始寫入資料了。

姓名、國文成績和數學成績的資料型態分別是一個字串和兩個整數。**BinaryWriter 和 BinaryReader 類別分別提供多載方法，能夠從資料流以二進位方式讀寫基本資料型態（Primitive Type）和字串的資料。**因此，利用 BinaryWriter 的 Write() 多載方法依序地寫入字串和整數，將來就可以直接地以 BinaryReader 的 ReadString() 和 ReadInt32() 方法正確地讀回資料。我們利用單迴圈將每筆資料的三個欄位依序輸出。最後，記得將緩衝區資料寫入，以及關閉檔案串流。「儲存資料（二進位檔案）」鈕的事件處理程序如下所示。

```
private void btn_b_save_Click(object sender, EventArgs e) {
    sfdSave.Filter = "二元檔案(*.dat)|*.dat";
    if (sfdSave.ShowDialog() == DialogResult.OK) {
        FileStream fs = new FileStream(sfdSave.FileName, FileMode.Create);
        BinaryWriter bw = new BinaryWriter(fs);
        for (int i = 0; i < counter; i++) { //依序輸出每筆資料的三個欄位
            bw.Write(name[i]); //字串
            bw.Write(scores[0, i]); //整數
            bw.Write(scores[1, i]); //整數
        }
        bw.Flush(); //先關閉上層的串流
        bw.Close();
        fs.Close(); //再關閉下層的串流
    }
}
```

現在，你可以利用編輯器開啟所儲存的檔案，因為它是二進位檔案，所以會看到一堆亂碼。

▶ 按下「載入資料（二進位檔案）」鈕讀入資料

利用 OpenFileDialog 控制項，顯示可用的 ".dat" 二進位檔，方便使用者選擇欲讀入的檔案。然後，進行檔案開啟、資料讀取、檔案關閉等動作。

當按下「載入資料（二進位檔案）」鈕時，先將控制項 ofdOpen 的 Filter 屬性設為 " 二元檔案(*.dat)|*.dat "，在視窗上過濾出副檔名是 ".dat" 的二進位檔名，供使用者選擇。按「開啟檔案」後，會傳回 DialogResult.OK。此時，程式可以使用控制項 ofdOpen 的屬性 FileName 取得使用者欲讀入檔案的完整路徑和名稱。利用資料流串接建立檔案的 BinaryReader 物件之後，就可以開始讀取資料了。

我們必須依相同的檔案格式將資料正確地讀回來。每筆資料包含姓名、國文和數學成績，型態是一個字串和兩個整數。所以，以 BinaryReader 的 ReadString() 和 ReadInt32() 方法依序讀回每個欄位值，並且將其存入陣列中。

每讀完一筆資料，陣列的索引就必須加 1。我們利用 while 迴圈逐筆地讀回資料。**如何知道已經讀完所有的資料呢**？BinaryReader 的 PeekChar() 方法會傳回資料流下一個可用字元，而不前移字元的位置；如果沒有更多字元可供使用，則傳回 -1，藉此就可以判斷是否要結束檔案的讀取。讀完所有資料之後，記得關閉檔案串流，同時要更新程式的狀態，包括更新變數 counter 的值，以及呼叫函式 ShowData() 更新介面上顯示的訊息。「載入資料（二進位檔案）」鈕的事件處理程序如下所示。

```
private void btn_b_read_Click(object sender, EventArgs e) {
    ofdOpen.Filter = "二元檔案(*.dat)|*.dat";
    if (ofdOpen.ShowDialog() == DialogResult.OK) {
        FileStream fs = new FileStream(ofdOpen.FileName, FileMode.Open);
        BinaryReader br = new BinaryReader(fs);
        int i = 0; //陣列的索引
        while(br.PeekChar() >= 0) { //還有資料
            name[i] = br.ReadString();
            scores[0, i] = br.ReadInt32();
            scores[1, i] = br.ReadInt32();
            i++;
        }
        br.Close(); fs.Close();
        counter = i; //更新變數counter的值
         ShowData(); //更新介面上顯示的訊息
    }
}
```

本範例的完整程式碼，請參考專案【CH14\ScoreFileDemo】的表單【ScoreFile.cs】。

習題

▶ 選擇題

( ) 1. OpenFileDialog 開啟舊檔對話方塊的哪一個屬性，可以設定檔案名稱的篩選字串？
(A)FileName　(B)Filter　(C)InitialDirectory　(D)CheckFileExists

( ) 2. 在 C# 應用程式處理檔案和資料夾需要匯入下列哪一個名稱空間？
(A)System.IO　(B)System.Math　(C)System.Net.Mail　(D)System.Data.Oledb

( ) 3. 請指出 FileInfo 物件的哪一個屬性可以檢查檔案是否存在？
(A)FileExist　(B)Extension　(C)IsExists　(D)Exists

( ) 4. 請問，StreamReader 物件的哪一個方法並不會真的讀取文字檔案內容？
(A)Peek()　(B)ReadLine()　(C)ReadToEnd()　(D)Read()

( ) 5. 下列 System.IO 名稱空間的哪一個類別的串流可以進行二進位檔案讀寫？
(A)StreamReader　(B)FileStream　(C)Stream　(D)StreamWriter

▶ 填充題

1. 請問，什麼是符號常數？ C# 語言的 ＿＿＿＿＿ 關鍵字可以用來宣告符號常數。

▶ 實作題

1. 請完成第 10 章實作題「簡易早餐點餐系統」中，關於檔案儲存和讀取的功能。

2. 請完成第 12 章實作題「簡易早餐點餐系統」中，關於檔案儲存和讀取的功能。

3. 請撰寫一支簡易的購物程式，程式功能說明如下：
   (a) 程式的起始介面如下圖所示：

(b) 按「輸入」鈕可輸入並且顯示顧客及其購物資訊，程式介面如下圖所示：

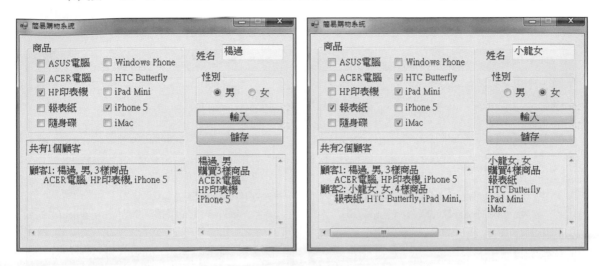

(c) 按「儲存」鈕可儲存顧客及其購物資訊，程式介面與檔案內容如下圖所示：

4. 請撰寫一支簡易的購物程式，程式功能說明如下：

(a) 按「輸入」鈕可輸入並且顯示新顧客的購物資訊，程式介面如下圖所示：

(b) 按「列表」鈕可列出所有顧客的購物資訊，程式介面如下圖所示：

(c) 按「銷售統計」鈕可列出所有產品的銷售統計資訊，程式介面如下圖所示：

(d) 按「儲存」鈕可儲存顧客及其購物資訊，儲存的檔案內容如下圖所示：

進階控制項綜合應用

我們已經利用許多常用的控制項來開發 C# 視窗應用程式，Visual C# 還提供非常多的控制項，一本著重程式設計的書不可能介紹所有的控制項。如果有需要，必須參閱微軟的文件和相關書籍的範例和說明。一般而言，只要掌握每個控制項的屬性、方法，以及相關事件的說明，再看些使用的範例，就可以學會其用法。本章將會介紹 ListBox（清單方塊）、ComboBox（下拉式清單方塊）、 Menu（功能表）、 RichTextBox、FontDialog、ColorDialog 等進階控制項，同時應用這些控制項開發簡單的購物系統和文書編輯器。透過這些進階控制項的綜合應用，希望能夠幫助大家寫出更豐富的視窗應用程式。

15-1 ListBox（清單方塊）控制項

在 Visual C# 中，除了 ChcckBox（核取方塊）和 RadioButton（選項按鈕）兩個選擇控制項之外， ListBox 是另一種常用選擇用途的控制項。 ListBox 控制項可以建立和顯示一個條列式的「項目清單」，讓使用者選取 1 到多個選項。若項目清單超過控制項大小時，會自動顯示捲軸讓使用者移動選項。

▶ ListBox 控制項的 Items 屬性：「項目清單」

ListBox 控制項的項目清單是一種 ObjectCollection 的集合物件，使用 ListBox 的 Items 屬性可以取得此集合物件。在設計階段，我們可在控制項的「屬性」視窗找到「Items」屬性，點選右邊的「…」圖示，打開「字串集合編輯器」，以「一行一個項目字串」的方式，來建立項目清單的選項。當然，也可以在程式執行的階段，透過 Items 集合物件的 Add 及 Remove 等方法動態新增及移除選項。其相關方法如表 15-1 所示：

表 15-1

方法	說明	範例
Add(string)	新增項目字串到清單	listBox1.Items.Add(" 資料結構 ");
Insert(int, string)	在 int 索引位置（以 0 開始）插入第 2 個參數的項目字串到清單中	listBox1.Items.Insert(1, " 程式設計 ");
Remove(string)	從清單刪除參數字串的項目	listBox1.Items.Remove(" 微積分 ");
RemoveAt(int)	從清單刪除在 int 索引位置的項目	listBox1.Items.RemoveAt(1);
Clear()	清除清單的所有項目	listBox1.Items.Clear();

Items 集合物件類似一個物件陣列，**我們可以使用 listBox1.Items[i] 取得清單中位在索引位置 i 的項目。另外，使用 Items 集合物件的屬性 Count 可以取得項目清單的項目數**，例如：listBox1.Items.Count。

▶ ListBox 控制項常用屬性

表 15-2　ListBox 控制項常用屬性

屬性	說明
Name	控制項名稱
Sorted	是否要排序項目，預設值 False 是不排序，True 為排序
MultiColumn	設定是否要以多欄顯示項目，預設值是 False（單欄顯示）
SelectionMode	清單項目的選取方式，其值是 SelectionMode 列舉常數。 None 是不能選取； One 是單選（預設值）； MultiSimple 使用點選方式來選取多個項目，按一下選取，再按一下取消；MultiExtended 需要配合 Ctrl 和 Shift 鍵才能選取多個項目
DataSource	取得或設定 ListBox 的資料來源
Items	設定或取得項目清單的集合物件
SelectedItem	設定或取得目前選取的項目
SelectedIndex	設定或取得目前選擇的項目索引。 -1 表示沒有選取，0 為第 1 個項目，1 為第 2 個項目，依此類推
SelectedItems	取得多選項目的集合物件
SelectedIndices	取得多選項目之索引所構成的集合物件

請注意：除了透過 Items 的 Add 及 Remove 等方法新增及移除清單選項，也可以使用 DataSource 屬性來管理 ListBox 的清單項目。如果您是使用 DataSource 屬性將項目加入至 ListBox，您就可以使用 Items 屬性來檢視 ListBox 中的項目，但無法使用 Add 及 Remove 等方法從清單中加入或移除項目。

另一方面，我們可以使用屬性 SelectedIndex 來決定 ListBox 中選取項目的索引。如果 ListBox 的 SelectionMode 屬性設為多重選擇，而且在清單中選取多重項目，則屬性 SelectedIndex 可能傳回任何選取項目的索引。如果要擷取多重選擇 ListBox 其所有選取項目的索引集合，請使用 SelectedIndices 屬性。如果您想要取得 ListBox 中目前選取的項目，請使用 SelectedItem 屬性。此外，您可以使用 SelectedItems 屬性取得多重選擇 ListBox 中的所有選取項目集合。

和 Items 集合物件一樣，我們可以使用 listBox1.SelectedItems[i] 和 listBox1. SelectedIndices[i] 取得第 i 個選取項目以及其在清單中的索引位置。另外，使用其屬性 Count 可以取得「選取項目的個數」，例如：listBox1. SelectedIndices.Count。

▶ ListBox 控制項常用事件

表 15-3　ListBox 控制項常用事件

事件	說明
SelectedIndexChanged	當改變選項時，所觸發的事件

15-2　ComboBox（下拉式清單方塊）控制項

ComboBox 控制項讓使用者從多個項目中選擇所需的單一項目。顯示時就像一個右方有下拉式按鈕的 TextBox 控制項，當使用者按下按鈕時，會顯示所有選項的下拉式清單讓使用者選取；不做選取時，下拉式清單會收起，完全不佔空間，因此，能有效節省版面空間。ComboBox 控制項的常用屬性，如表 15-4 所示：

表 15-4　ComboBox 控制項的常用屬性

屬性	說明
Name	控制項名稱
Text	設定或取得未選取前，文字方塊所要顯示的標題文字
DropDownStyle	設定下拉式清單方塊的樣式，其值是 ComboBoxStyle 列舉常數，DropDown 允許編輯文字方塊和從清單選取項目（預設值），DropDownList 只能從下拉式清單選取，Simple 顯示清單方塊且允許編輯

和 ListBox 控制項一樣，ComboBox 控制項也擁有 DataSource、Items、SelectedItem、SelectedIndex 等屬性，以及 SelectedIndexChanged 事件。

15-3 範例1：購物系統

　　我們打算寫一個陽春的購物系統。「商品種類」有「電腦商品」和「書籍類」兩種，其中「電腦商品」有「桌上型電腦、筆記型電腦、印表機、報表紙、隨身碟、DVD 光碟」六種商品，「書籍類」有「C# 程式設計、計算機概論、微積分、資料結構、系統分析」五種商品。

　　本程式的人機介面，如圖 15-1 所示。使用者可以輸入姓名，並且點選「商品種類」。在列出的「商品清單」中，依照自己的需要選擇想要的商品選項（可以多選），按「>」鈕後，會將這些商品移到「購物清單」中，同時，更新購買的商品數量。也可以選擇「購物清單」中的商品，按「<」鈕後，將這些商品移回到「商品清單」，當然，購買的商品數量會跟著更新。另外，在「商品種類」介面中，我們示範 ListBox 控制項和 ComboBox 控制項兩種用法。

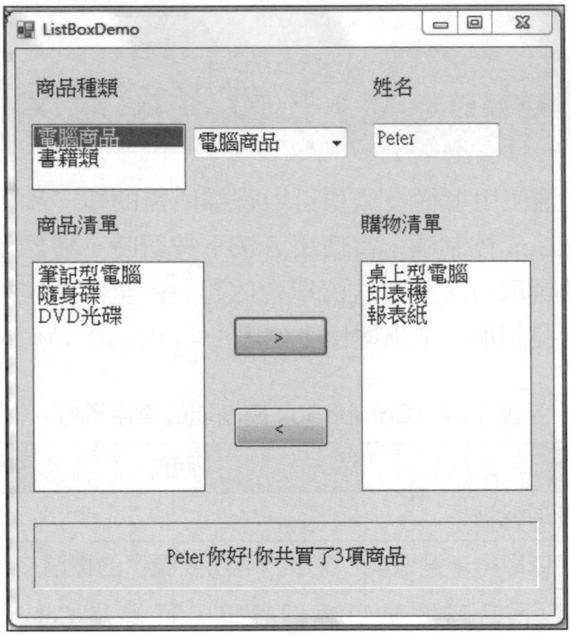

圖 15-1

　　先新增一個「CH15\ListBoxDemo」的「Windows Forms App」專案，其中「CH15」為方案名稱。將表單檔案名稱更名為「ListBoxForm.cs」，然後，依人機介面的設計，在表單中依序加入標籤、文字盒、 ListBox、ComboBox 和一般按鈕等控制項，然後在屬性視窗中設定控制項屬性。本例中，控制項的屬性設定如下所示：

(1) 表單的 Name 設為「ListBoxForm」，Text 為「ListBoxDemo」，Font 大小為 12pt。

(2) 輸入姓名之文字盒的 Name 設為 txtName。

(3) 列出「商品種類」的 ListBox 控制項，其 Name 屬性設為 TypeList，SelectionMode 設為 One（單選）；另一個是 ComboBox 控制項，其 Name 設為 TypeComboBox， DropDownStyle 設為 DropDownList（只能選取）。

(4) 列出「商品清單」的 ListBox 控制項，其 Name 屬性設為 ItemsList，SelectionMode 設為 MultiExtended（多選）。

(5) 列出「購物清單」的 ListBox 控制項，其 Name 屬性設為 BuyList，SelectionMode 設為 MultiExtended（多選）。

(6) 「>」鈕和「<」鈕的 Name 分別為 btnToRight 和 btnToLeft。

(7) 將顯示使用者和購買商品數量之標籤控制項的 Name 設為 lblOutput。

(8) 其餘提示之標籤控制項的 Text 設定，如介面所示。

▶ 項目清單的資料來源

本程式所討論的「商品種類」有「電腦商品」和「書籍類」兩種，其各有六種商品和五種商品。我們先宣告變數來表示和儲存這些商品資訊，以作為相關控制項之項目清單的資料來源。一般而言，可以利用陣列把相關的同類型資料擺在一起。「商品種類」只有兩種，我們利用**字串陣列 Types 來儲存**，其索引 0 代表「電腦商品」，而索引 1 代表「書籍類」，如下所示：

```
string[] Types = {"電腦商品", "書籍類"};
```

接著，我們宣告**字串陣列 Items** 來儲存商品項目，我們把「電腦商品」類的商品放在第 0 列，把「書籍類」的商品放在第 1 列，以便透過索引值（0 和 1）可以取得各「商品種類」的所有商品。因為每一類的商品數目並不相同，所以，適合以不規則二維陣列來儲存，如下所示：

```
string[][] Items = {
    new string[] { "桌上型電腦", "筆記型電腦", "印表機",
                   "報表紙", "隨身碟", "DVD光碟"},
    new string[] { "C#程式設計", "計算機概論", "微積分",
                   "資料結構", "系統分析"}
};
```

請把這些陣列宣告為實體變數，以便在程式中共享。

▶ **表單載入的處理**

在**表單載入**時，程式會先設定「商品種類」和預設的「商品清單」，供使用者選擇，並顯示購買商品數量，此時為 0。程式碼如下所示：

```
TypeList.Items.Add("電腦商品");
TypeList.Items.Add("書籍類");
TypeList.SelectedIndex = 0; //引發 TypeList_SelectedIndexChanged事件
Output();
```

首先，在清單方塊控制項 TypeList 中設定「商品種類」的清單，並且預設選取「電腦商品」類。因為「電腦商品」在「商品種類」的項目清單索引值是 0，所以，將其 SelectedIndex 屬性設為 0，相當於是選取「電腦商品」類的意思。此時，會引發 TypeList_SelectedIndexChanged 事件，該事件處理程序會負責在「商品清單」的 ListBox 控制項上，顯示所選之「商品種類」（此時是「電腦商品」類）的所有商品。我們稍後再說明此事件處理程序。

請注意：使用字串陣列 Types 來設定控制項 TypeList 的 DataSource 屬性，也可以達到相同的目的，如下所示：

```
TypeList.DataSource = Types; //引發 TypeList_SelectedIndexChanged
```

只是以此方式無法使用 Add 及 Remove 等方法從清單中加入或移除項目。

我們以 output() 函式來顯示使用者及其購買的商品數量，以便可以重複使用該函式的功能。程式從「購物清單」的 ListBox 控制項（BuyList）取得購買商品（Items）的數量（Count），再從文字盒 txtName 取得使用者姓名，然後，以指定的格式輸出即可，output() 函式如下所示：

```
private void output() {
    int ctr = BuyList.Items.Count;
    lblOutout.Text = txtName.Text + "你好!你共買了" + ctr +"項商品";
}
```

▶ **TypeList 的 SelectedIndexChanged 事件處理**

當使用者選擇（切換）「商品種類」時，會引發清單控制項 TypeList 的 SelectedIndexChanged 事件，此時，必須變換商品清單，也就是說，必須重新設定「商品清單」控制項 ItemsList 的項目集合。在控制項 TypeList 上按兩下，會產生預設事件 SelectedIndexChanged 的處理程序，然後輸入下列程式碼：

```
private void TypeList_SelectedIndexChanged(object sender, EventArgs e) {
    ItemsList.Items.Clear();
    int idx = TypeList.SelectedIndex;
    foreach(string s in Items[idx]) //使用for迴圈也可以
            ItemsList.Items.Add(s);
}
```

當變換商品清單時，必須先以控制項 ItemsList 之項目集合 items 的方法 Clear()，清除其目前清單的所有項目。接著，以 TypeList.SelectedIndex 取得目前選擇的「種類項目」所對應的索引 idx。然後，利用該索引值，到二維陣列 Items 取得該「商品種類」的所有商品項目名稱，並且依序加到（利用 add 方法）控制項 ItemsList 的項目集合 items 中。請注意：本例以 foreach 迴圈來完成，使用 for 迴圈也可以達成，如下所示：

```
for(int i = 0; i < Items[idx].Length; i++)
            ItemsList.Items.Add( Items[idx][i] );
```

值得一提的是：此處不能以控制項 ItemsList 的 DataSource 屬性，來指定其項目集合 Items 的資料來源，請想一想為什麼？

▶ | > ： btnToRight_Click **事件的處理**

使用者在「商品清單」中選擇想要的商品選項，按「>」鈕後，程式會將這些商品移到「購物清單」中，同時，更新購買的商品數量。因為可以多選，所以，在按鈕 btnToRight 的 Click 事件處理程序中，先利用「商品清單」控制項 ItemsList 的 SelectedIndices.Count 取得「選取項目的個數」（SelectedItems.Count 也可以），然後把選擇的商品，一項一項地加到「購物清單」，同時從「商品清單」中移除，以達到項目搬移的目的。有兩種作法可以達成此目的，程式碼如下所示：

(1) 作法一：使用 SelectedItem

```
int count = ItemsList.SelectedIndices.Count;
//使用 SelectedItem
for (int i = 0; i < count; i++) {
    string s = ItemsList.SelectedItem.ToString(); //取得目前選取項目
    BuyList.Items.Add(s); //加到「購物清單」
    ItemsList.Items.Remove(s); //從「商品清單」中移除
}
```

請注意：SelectedItem 的資料型態是 Object，所以，使用 ToString() 方法取得其字串。還有，因為是多選的模式， SelectedItem 可能是這些選項之一，當此目前選項被移除之後，會由另一個選項來替代，直到所有選取的項目被移除為止。

(2) 作法二：使用 SelectedItems[i]（注意：索引必須遞減）

我們也可以使用 SelectedItems[i] 取得「選取項目集合」中的第 i 個選項，來進行項目的搬移。但是，請注意在搬移的過程中，「選取項目集合」會越來越少，所以，其索引必須以遞減的方式來處理，否則，程式執行時會發生「索引在陣列的界限之外」（System.IndexOutOfRangeException）的例外。程式碼如下所示：

```
//使用 SelectedItems[i] (注意：索引必須遞減)
for (int i = count-1 ; i >= 0; i--) {
    string s = ItemsList.SelectedItems[i].ToString();
    BuyList.Items.Add(s);
    ItemsList.Items.Remove(s);
}
```

最後，記得利用**函式 output()** 來顯示使用者目前購買的商品數量。

▶ │<│：btnToLeft_Click **事件的處理**

使用者也可以選擇「購物清單」中的商品，按「<」鈕後，將這些商品移回到「商品清單」，當然，購買的商品數量會跟著更新。因為可以多選，所以，在按鈕 **btnToLeft 的 Click** 事件處理程序中，先利用「購物清單」控制項 BuyList 的 SelectedIndices.Count 取得「選取項目的個數」，然後把選擇的商品，一項一項地加到「商品清單」，同時從「購物清單」中移除，以達到項目搬移的目的，程式碼如下所示：

(1) 作法一：使用 SelectedItem

```
int count = BuyList.SelectedIndices.Count;
//使用 SelectedItem
for (int i = 0; i < count; i++) {
    string s = BuyList.SelectedItem.ToString(); //取得目前選取項目
    ItemsList.Items.Add(s); //加到「商品清單」
    BuyList.Items.Remove(s); //從「購物清單」中移除
}
```

(2) 作法二：使用 SelectedItems[i]（注意：索引必須遞減）

也可以使用 SelectedItems[i] 取得「選取項目集合」中的第 i 個選項，來進行項目的搬移。但是請注意，其索引必須以遞減的方式來處理，否則，程式執行時會發生「索引在陣列的界限之外」的例外。程式碼如下所示：

```
//使用 SelectedItems[i] (注意：索引必須遞減)
for (int i = count-1 ; i >= 0; i--) {
    string s = BuyList.SelectedItems[i].ToString();
```

```
    ItemsList.Items.Add(s);
    BuyList.Items.Remove(s);
}
```

最後，記得利用**函式 output()** 來顯示使用者目前購買的商品數量。

▶ ComboBox 的處理

在介面中，我們也可以使用 ComboBox 控制項來切換「商品種類」。在**表單載入**時，還必須加入下列程式碼來設定 ComboBox 的「商品種類」：

```
TypeComboBox.Items.Add("電腦商品");
TypeComboBox.Items.Add("書籍類");
TypeComboBox.SelectedIndex = 0;
```

因為預設選取的是「電腦商品」類，所以，將其 SelectedIndex 屬性設為 0，相當於是選取「電腦商品」類的意思。此時，會引發 TypeComboBox 的 SelectedIndexChanged 事件，該事件處理程序會負責在「商品清單」的控制項 ItemsList 上，切換所選之「商品種類」的所有商品，程式碼如下所示：

```
ItemsList.Items.Clear();
int idx = TypeComboBox.SelectedIndex;
foreach (string s in Items[idx]) ItemsList.Items.Add(s);
```

我們先清除 ItemsList 目前清單的所有項目，接著，以 SelectedIndex 取得目前選擇的「種類項目」所對應的索引 idx。然後，到二維陣列 Items 取得該「商品種類」的所有商品項目，並且依序加到 ItemsList 的項目集合 items 中。

本範例的完整程式碼，請參考專案【CH15\ListBoxDemo】的表單【ListBoxForm.cs】。

15-4 表單大小與座標系統

視窗應用程式在螢幕上顯示的表單、控制項或文字，都是一個點一個點繪出的圖形。點的大小和螢幕解析度（Resolution）有關，每個點是一個「像素」（Pixel），這些點構成一個座標系統，用來指定每個像素的位置。

在電腦繪圖的座標系統是以「像素」為單位，螢幕有一個座標系統，表單或控制項的繪圖區是一個長方形區域，也有其座標系統。座標系統以左上角為原點，座標是 (0, 0)，X 軸從左到右，Y 軸由上到下，如圖 15-2 所示：

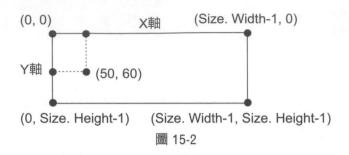

圖 15-2

我們可以使用表單或控制項的**屬性 Size** 來取得其尺寸，它的型別是 System.Drawing. Size。控制項的**屬性 Location** 是其左上角相對於其容器之左上角的座標，它的型別是 System.Drawing.Point，如表 15-5 所示：

表 15-5

屬性	說明
Size.Width	控制項的寬度
Size.Height	控制項的高度
Location.X	控制項左上角相對於其容器之左上角的 X 座標
Location.Y	控制項左上角相對於其容器之左上角的 Y 座標

表單是放置其他控制項的容器。請注意：其 Location 屬性表示表單左上角位於螢幕的座標。表單工作區（Client Area）是表單內控制項可以放在其中的區域，表單工作區的大小是表單除去框線和標題列的大小。若要取得整個表單的大小，請使用 Size 屬性，或使用個別屬性 Height 和 Width。若要取得表單的實際工作區的大小，請使用屬性 ClientSize，如表 15-6 所示：

表 15-6　ClientSize 屬性

屬性	說明
ClientSize.Width	表單實際工作區域的寬度
ClientSize.Height	表單實際工作區域的高度

表單其他的常用屬性請參閱第 4 章。另外，當重設表單或控制項大小時，會觸發 Resize 事件。當表單大小改變時，程式可以在其 Resize 事件處理程序中，重新調整其內含控制項的大小。

15-5　MenuStrip（功能表）控制項

在視窗應用程式中，我們會使用功能表將各項子功能分類後，放在下拉式清單中以節省版面，當需要使用時再將清單展開。Visual C# 功能表（MenuStrip）控制項可以在表單上方的標題列下，建立「功能表列」，每一個「功能表列的選項本身」或「選單中的下拉式選項」都是 ToolStripMenuItem 控制項。

開啟「工具箱」視窗後，在「功能表與工具列」中，就可以看到建立功能表所需的控制項。在「MenuStrip」上快點兩下，就會在表單中產生一個 MenuStrip 控制項，預設名稱為 menuStrip1。MenuStrip 控制項的 Size 屬性可以取得控制項的大小，內含高度（Height）和寬度（Width）兩種資訊，其以像素為單位。

在 MenuStrip 控制項上，可以依照功能分類，加入所需的功能表選項。有幾種方法可以在 MenuStrip 控制項上加入功能表項目。我們可以點選「功能表列」或「選項」，在出現的文字盒「在這裡輸入」上，直接輸入「選項內容」。例如：輸入「檔案」。如此會產生一個名為「檔案 ToolStripMenuItem」的控制項，其 Text 屬性為「檔案」。

或者，從「在這裡輸入」右方的下拉式清單中，選擇指定的項目種類，如「MenuItem」，會產生一個 ToolStripMenuItem 控制項，預設名稱為「toolStripMenuItem1」，其 Text 屬性也是預設為「toolStripMenuItem1」。如果選擇「Separator」，則會產生 ToolStripSeparator 的「分隔線」控制項。

你也可以按右鍵叫出快顯功能表，來插入或刪除功能表項目。必要的話，你可以重設控制項的名字和 Text 屬性，以增加程式的可讀性。

15-6　RichTextBox控制項

RichTextBox 控制項是繼承 TextBox 控制項而來，所以，除了擁有 TextBox 控制項的屬性、方法及事件之外，還提供字型與顏色設定、從檔案載入與儲存文字、文字編輯作業、尋找指定字串等功能。以下是幾個常用的屬性：

表 15-7　RichTextBox 控制項屬性

屬性	說明
SelectedText	取得或設定 RichTextBox 中選取的文字
SelectionLength	取得或設定 RichTextBox 中選取的字元數目
SelectionStart	取得或設定選取文字的起始位置
SelectionFont	取得或設定目前文字選取範圍或插入點的字型
SelectionColor	取得或設定目前文字選取範圍或插入點的文字色彩
ForeColor	取得或設定控制項文字的前景色彩
Font	取得或設定控制項顯示之文字所用的字型

RichTextBox 控制項常用的方法，如表 15-8 所示：

表 15-8　RichTextBox 控制項常用的方法

方法	說明
LoadFile(~)	將檔案內容載入 RichTextBox 控制項
SaveFile(~)	將 RichTextBox 的內容儲存至檔案
Copy()	將文字方塊中目前選取的範圍複製到 [剪貼簿]
方法	說明
Cut()	將文字方塊中目前選取的範圍移至 [剪貼簿]
Paste()	將剪貼簿的內容貼入控制項
selectAll()	選取文字方塊中的所有文字
Undo()	將文字方塊中上次的編輯作業復原

　　LoadFile 是多載方法，可以將現有資料流的內容或特定類型的檔案載入 RichTextBox 控制項。將檔案載入的語法如下：

```
Public void LoadFile(string path, RichTextBoxStreamType fileType);
```

　　其中 path 是檔案名稱與路徑，fileType 是載入檔案的資料流類型，此參數必須指定一個 RichTextBoxStreamType 型別的資料流類型，常用的資料流類型有 PlainText（包含空格的純文字資料流）和 RichText（RTF 格式的資料流）兩種。例如：下列敘述可載入 FileName 的純文字檔案：

```
richTextBox1.LoadFile(FileName, RichTextBoxStreamType.PlainText);
```

　　SaveFile 方法可以將 RichTextBox 控制項的內容儲存至開啟的資料流或特定的檔案類型。將內容儲存至檔案的語法如下：

```
public void SaveFile(string path, RichTextBoxStreamType fileType);
```

其中， path 與 fileType 如同 LoadFile 方法所述。例如：以下敘述可將 RichTextBox 的內容，以純文字的類型儲存至 FileName 指定的檔案。

```
richTextBox1.SaveFile(FileName, RichTextBoxStreamType.PlainText);
```

15-7　FontDialog控制項和 ColorDialog控制項

FontDialog（字型對話方塊）控制項可讓使用者設定字型、字型樣式、字型大小、字型效果，在設計階段是放在表單的下方，程式執行時再以 ShowDialog() 方法開啟對話方塊，並將設定的結果傳回。字型對話方塊的常用屬性，如表 15-9 所示：

表 15-9　字型對話方塊的常用屬性

屬性	說明
Name	控制項名稱
Font	設定或取得選擇的字型、樣式、大小和效果
ShowColor	設定對話方塊是否顯示色彩下拉清單，預設為 False 沒有顯示；True 為顯示
Color	如果 ShowColor 屬性為 True，可以設定或取得使用者選擇的色彩
ShowEffects	設定對話方塊是否顯示底線、刪除線核取方塊，預設是 True 有顯示；False 為沒有顯示
ShowHelp	是否顯示說明按鈕，預設為 False 不顯示；True 為顯示

例如：下列 if 敘述顯示 FontDialog1 的字型對話方塊：

```
if ( FontDialog1.ShowDialog() == DialogResult.OK )
        txtInput.Font = FontDialog1.Font;
```

傳回值是 DialogResult 列舉常數， DialogResult.OK 表示按下【確定】鈕， DialogResult.Cancel 為【取消】鈕。當使用者按下【確定】後，可以取得其選擇的 Font，並且指定給文字盒 txtInput 的 Font 屬性。

ColorDialog（色彩對話方塊）控制項可讓使用者選取色彩或自訂色彩，在設計階段也是放在表單的下方，程式執行時再以 ShowDialog() 方法開啟對話方塊，並將設定的結果傳回。色彩對話方塊的常用屬性，如表 15-10 所示：

表 15-10　色彩對話方塊的常用屬性

屬性	說明
Name	控制項名稱
Color	設定與傳回使用者選擇的色彩
AllowFullOpen	是否啟用【定義自訂色彩】按鈕，若有啟用，則可點選該按鈕以顯示自訂色彩盤。預設值是 True 表示有作用；False 為不啟用
FullOpen	是否開啟就顯示自訂色彩盤，預設值 False 是不顯示；True 為顯示
SolidColorOnly	是否限制使用者只能選擇純色，預設值 False 是不限制；True 為限制

　　如同 FontDialog 控制項，使用者在開啟的色彩對話方塊中，選好色彩後，程式可以使用 Color 屬性取得選取的色彩。

15-8　範例2：簡易文書編輯器（Simple Editor）

　　我們寫一個簡易的文書編輯器來示範 MenuStrip、RichTextBox、OpenFileDialog、SaveFileDialog、FontDialog 和 ColorDialog 的綜合應用。本程式可以編輯文字、改變文字的字型樣式和顏色，也可以純文字和 RTF 的格式來存檔和載入。程式的人機介面如圖 15-3 所示：

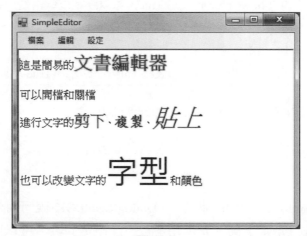

圖 15-3

　　先新增一個「CH15\SimpleEditorDemo」的「Windows Forms App」專案，其中「CH15」為方案名稱。將表單檔案名稱更名為「SimpleEditor.cs」，然後，依人機介面的設計，在表單中依序加入 MenuStrip、 RichTextBox 控制項和 OpenFileDialog、SaveFileDialog、FontDialog、ColorDialog 等對話方塊，然後在屬性視窗中設定屬性。本例中，屬性設定如下所示：

1. 表單的 Name 設爲「SimpleEditor」，Text 爲「SimpleEditor」，Font 大小爲 12pt。

2. 控制項 MenuStrip、 RichTextBox 和對話方塊 OpenFileDialog、 SaveFileDialog、FontDialog 和 ColorDialog 的 Name 屬性，使用預設名稱即可。分別爲 menuStrip1、richTextBox1、openFileDialog1、saveFileDialog1、fontDialog1 和 colorDialog1。

3. 將 richTextBox1 的屬性 WordWrap 設爲 false，讓輸入的文字到達邊界時不會折回到下一行，其餘屬性不更動。

4. 在功能表控制項 menuStrip1 上，依照下列功能分類，加入所需的功能表選項，如圖 15-4 所示。將選項「檔案」的屬性 Name 設爲 mFile，選項「開檔」的 Name設爲 mOpen，選項「存檔」的 Name 設爲 mSave，選項「結束」的 Name 設爲mExit；選項「編輯」的 Name 設爲 mEdit，選項「復原」的 Name 設爲 mUndo，選項「剪下」的 Name 設爲 mCut，選項「複製」的 Name 設爲 mCopy，選項「貼上」的 Name 設爲 mPaste，選項「全選」的 Name 設爲 mSelectAll，選項「設定」的Name 設爲 mSetting，選項「字型」的 Name 設爲 mFont，選項「顏色」的 Name設爲 mColor。

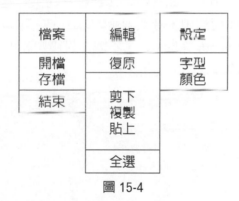

圖 15-4

選項「結束」的 Click 事件處理最容易，只要呼叫 Close() 方法即可。

▶ **如何隨表單變化自動調整控制項 richTextBox1 的大小**

表單上的工作區域上有 menuStrip1 和 richTextBox1 兩個控制項，menuStrip1 的Size 屬性無法在「屬性」視窗內更改，但是其 Size.Width（寬度）會隨著表單改變大小而自動調整。如何設定控制項 richTextBox1 的 Loaction 和 Size 屬性，讓richTextBox1 剛好佔滿表單上剩餘的工作區域呢？

我們將在**「表單載入」**時，根據表單上剩餘的工作區域，自動計算 richTextBox1**的 Loaction 和 Size**。我們先決定 richTextBox1 的 Loaction。因爲 richTextBox1 的左上角會緊貼在功能表 menuStrip1 最左邊的下方，所以，其 X 座標設爲 0，而 Y座標是 menuStrip1 的高度（menuStrip1.Size.Height），程式碼如下所示：

```
int y = menuStrip1.Size.Height;
richTextBox1.Location = new Point(0, y);
```

接著，計算 richTextBox1 的 Size。利用 this.ClientSize 可以取得表單工作區域的大小，其寬度（ClientSize.Width）就是 richTextBox1 的寬度，但是，其高度（ClientSize.Height）必須扣掉功能表 menuStrip1 的高度，才是 richTextBox1 的高度，程式碼如下所示：

```
int width = this.ClientSize.Width;
int height = this.ClientSize.Height - y;
richTextBox1.Size = new Size(width, height);
```

再來，我們希望表單大小改變時，控制項 richTextBox1 也能隨著自動調整其大小。因為表單大小改變時，會觸發 **Resize 事件**，所以，只要在表單的 Resize 事件處理程序中，以同樣的方法改變 richTextBox1 的 Location 和 Size 即可達成。

▶ **處理文字區塊的編輯**

這個部分比較容易，控制項 richTextBox1 已經有提供對應的方法，所以，只要在各選項的 Click 事件處理程序中，呼叫對應的方法來處理即可。請注意：沒有選取任何文字時（SelectionLength 等於 0），不需要對複製和剪下有反應。處理「**編輯**」**各項目的 Click 事件處理程序**，如下所示：

```
mCopy_Click：
    if( richTextBox1.SelectionLength != 0 )
        richTextBox1.Copy();
mPaste_Click： richTextBox1.Paste();
mCut_Click：
    if( richTextBox1.SelectionLength != 0 )
        richTextBox1.Cut();
mUndo_Click： richTextBox1.Undo();
mSelectAll_Click： richTextBox1.SelectAll();
```

▶ **處理檔案開啟與儲存**

先處理控制項 richTextBox1 內容的儲存。我們利用檔案對話方塊 saveFileDialog1 來取得檔案名稱。先將其 RestoreDirectory 屬性設為 True。因為本程式可以純文字和 RTF 的格式來存檔和載入，所以，將 saveFileDialog1 的 Filter 屬性設為 " 文字檔 (*.txt) | *.txt | RTF 檔 (*.rtf) | *.rtf"，讓使用者可以自由選擇要存成純文字或 RTF 格式的檔案。

使用者選擇儲存的檔案類型和名稱之後，程式只要利用 saveFileDialog1 的 FilterIndex 就可以知道使用者選擇的檔案格式，利用 FileName 就可以取得檔案名稱，最後，呼叫 richTextBox1 的 SaveFile 方法，就可以依照指定的格式，將文字方塊的內容儲存到檔案中。**請注意：若以純文字的格式來存檔，則文字的所有字型樣式和顏色等設定都不會儲存。若要保留這些樣式和顏色的設定，必須以 RTF 的格式來存檔**。「存檔」的 Click 事件處理程序 mSave_Click，如下所示：

```
if (saveFileDialog1.ShowDialog() == DialogResult.OK) {
      if(saveFileDialog1.FilterIndex == 1) //純文字格式
         richTextBox1.SaveFile(saveFileDialog1.FileName,
                     RichTextBoxStreamType.PlainText);
      else //RTF格式
         richTextBox1.SaveFile(saveFileDialog1.FileName,
                     RichTextBoxStreamType.RichText);
}
```

再來討論如何將檔案載入控制項 richTextBox1 之中。我們利用檔案對話方塊 openFileDialog1 來取得檔案名稱。同樣地，先將其 RestoreDirectory 屬性設為 True，Filter 屬性設為 " 文字檔 (*.txt) | *.txt | RTF 檔 (*.rtf) | *.rtf"，讓使用者可以自由選擇要載入的檔案格式。

使用者選擇載入的檔案類型和名稱之後，程式利用 openFileDialog1 的 FilterIndex 可以知道選擇的檔案格式，利用 FileName 可以取得檔案名稱，呼叫 richTextBox1 的 LoadFile 方法，就可以依照指定的格式，將檔案內容讀入文字方塊中。「開檔」的 Click 事件處理程序 mOpen_Click，如下所示：

```
if (openFileDialog1.ShowDialog() == DialogResult.OK) {
      if(openFileDialog1.FilterIndex == 1) //純文字格式
         richTextBox1.LoadFile(openFileDialog1.FileName,
                     RichTextBoxStreamType.PlainText);
      else //RTF格式
         richTextBox1.LoadFile(openFileDialog1.FileName,
                     RichTextBoxStreamType.RichText);
}
```

▶ **字型（Font）的處理**

本程式利用字型對話方塊 fontDialog1 來取得使用者指定的字型樣式、大小、效果和顏色等資訊，以改變控制項 richTextBox1 在「目前文字選取範圍或插入點的文字字型和色彩」。

我們先設定 fontDialog1 的起始狀態，再開啟字型對話方塊，讓使用者變更想要的字型和顏色。首先，以 richTextBox1 的屬性 Font 取得控制項預設之顯示字型，以

ForeColor 取得控制項預設之文字色彩，然後，將其指定給 fontDialog1 的 Font 和 Color 屬性。再來，將 fontDialog1 的 ShowColor 和 ShowEffect 屬性設為 true，以便開啟的字型對話方塊會顯示字型色彩和特殊效果的選項。

當使用者選取字型和顏色之後，程式利用 fontDialog1 的 Font 屬性取得所選擇的字型資訊，將其指定給 richTextBox1 的屬性 SelectionFont，以設定目前文字選取範圍的字型。接著，以 fontDialog1 的 Color 屬性取得所選擇的色彩資訊，將其指定給 richTextBox1 的屬性 SelectionColor，以設定目前文字選取範圍的文字顏色。「字型」的 Click 事件處理程序 mFont_Click，如下所示：

```
fontDialog1.Color = richTextBox1.ForeColor;
fontDialog1.Font = richTextBox1.Font;
fontDialog1.ShowColor = true;
fontDialog1.ShowEffects = true;
if (fontDialog1.ShowDialog() == DialogResult.OK) {
      //設定目前文字選取範圍或插入點的字型和文字顏色
      richTextBox1.SelectionFont = fontDialog1.Font;
      richTextBox1.SelectionColor = fontDialog1.Color;
}
```

▶ **顏色（Color）的處理**

本程式也可以只改變控制項 richTextBox1 在「目前文字選取範圍或插入點的文字色彩」。程式將利用色彩對話方塊 colorDialog1 來取得使用者指定的文字顏色。

我們先設定 colorDialog1 的起始狀態，再開啟色彩對話方塊，讓使用者變更想要的顏色。首先，以 richTextBox1 的屬性 ForeColor 取得控制項預設之文字色彩，然後，將其指定給 colorDialog1 的 Color 屬性。再來，將 colorDialog1 的 AllowFullOpen 和 FullOpen 屬性設為 true，以便開啟的色彩對話方塊會自動顯示自訂色彩盤。

當使用者選取顏色之後，程式利用 colorDialog1 的 Color 屬性取得所選擇的色彩資訊，將其指定給 richTextBox1 的屬性 SelectionColor，以設定目前文字選取範圍的文字顏色。「顏色」的 Click 事件處理程序 mColor_Click，如下所示：

```
colorDialog1.Color = richTextBox1.ForeColor;
colorDialog1.AllowFullOpen = true;
colorDialog1.FullOpen = true;
if (colorDialog1.ShowDialog() == DialogResult.OK)
        richTextBox1.SelectionColor = colorDialog1.Color;
```

本範例的完整程式碼，請參考專案【CH15\SimpleEditorDemo】的表單【SimpleEditor.cs】。

15-9　ToolStrip控制項的使用

ToolStrip 控制項是可在 Windows Form 應用程式中裝載功能表、控制項和使用者控制項的工具列。由「工具箱」→「功能表與工具列」點選「ToolStrip」，會在表單上方加入 ToolStrip 控制項。ToolStrip 控制項中可以加入和設定幾大類的控制項，如右圖所示。其中，ToolStripButton 以按鈕的型態呈現在工具列上，按下按鈕會觸發並執行 ToolStripButton.Click 事件處理程序裡的程式。另外，ToolStripSeparator 控制項是用來區隔工作列中不同項目群組的控制項。

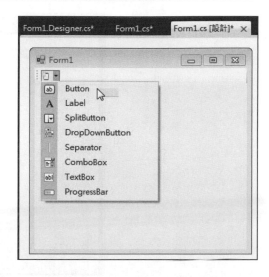

ToolStrip 預設提供一組系統常用且已經設定好的工具列按鈕，讓開發者直接使用。只要對著 ToolStrip 控制項按下右鍵，選擇「插入標準項目」即可，如下圖所示：

插入後，ToolStrip 控制項上就會有一組標準的系統工具列按鈕可以使用了，如下圖所示。

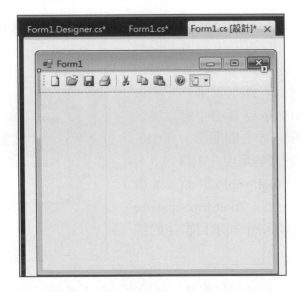

我們可以依照需要，自行刪除或新增工具列上的按鈕。ToolStrip 控制項上的按鈕是屬於 ToolStripButton 類別的按鈕，可以透過其 DisplayStyle 屬性指定按鈕上不呈現東西（None）或者呈現的是文字（Text）、影像（Image）或兩者都有（ImageAndText）。系統工具列按鈕預設呈現的是「Image」，如上圖所示。當呈現的是「Text」時，可以由屬性 Text 指定要顯示的文字，同時由屬性 Font 指定文字的樣式。另外，以屬性 ToolTipText 可以指定顯示在工具提示上的文字。

1. 「簡易文書編輯器」的工具列功能

現在，我們延伸上一節「簡易文書編輯器」的功能，在表單中加入一個名為 ToolStrip1 的工具列。我們新增一個「CH15\SimpleEditorDemo2」的「Windows Forms App」專案，將表單檔名更名為「SimpleEditor_toolStrip.cs」，複製上一節功能後，先利用「插入標準項目」產生一組標準的系統工具列按鈕，留下 5 個程式需要的系統按鈕後，再加上兩個自訂的「B」和「*I*」的按鈕，程式介面如下所示：

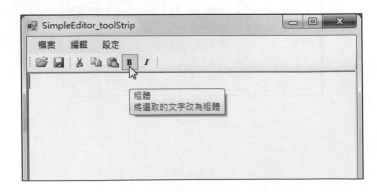

工具列上 7 個按鈕的 Name 依序設定為 tsBtnOpen、tsBtnSave、tsBtnCut、tsBtnCopy、tsBtnPaste、tsBtnBold、tsBtnItalic。另外，將按鈕 tsBtnBold 的屬性 DisplayStyle 設為「Text」、屬性 Text 設為「B」、屬性 Font 設為「標楷體 , 9pt, style=Bold」、屬性 ToolTipText 設為「粗體 \n 將選取的文字改為粗體」。而按鈕 tsBtnItalic 的屬性 DisplayStyle 則是設為「Text」、屬性 Text 設為「I」、屬性 Font 設為「標楷體 , 9pt, style=Bold, Italic」、屬性 ToolTipText 設為「斜體 \n 套用斜體 至選取文字」。

2. 自動調整控制項 richTextBox1 的大小

現在在表單上的工作區域多了一個 ToolStrip1 控制項，所以，richTextBox1 控制項的高度必須再減掉 ToolStrip1 控制項的高度。為了隨表單變化自動調整控制項 richTextBox1 的大小，「表單載入」和表單 Resize 事件的處理程序必須修改如下：

```csharp
private void SimpleEditor_Load(object sender, EventArgs e){
    int y = menuStrip1.Size.Height + toolStrip1.Size.Height;   //必須減掉的高度
    richTextBox1.Location = new Point(0, y);
    int width = this.ClientSize.Width;
    int height = this.ClientSize.Height - y;
    richTextBox1.Size = new Size(width, height);
}

private void SimpleEditor_Resize(object sender, EventArgs e){
        SimpleEditor_Load(sender, e);
}
```

3. 文字區塊的編輯按鈕

工具列上關於文字區塊複製、貼上、剪下的按鈕，其作法和功能表上文字編輯相關選項的作法相同，只要直接呼叫控制項 richTextBox1 所提供的對應方法來處理即可，程式碼如下所示：

```csharp
private void tsBtnPaste_Click(object sender, EventArgs e){
    richTextBox1.Paste();
}

private void tsBtnCopy_Click(object sender, EventArgs e){
    if (richTextBox1.SelectionLength != 0)richTextBox1.Copy();
}

private void tsBtnCut_Click(object sender, EventArgs e){
    if (richTextBox1.SelectionLength != 0)richTextBox1.Cut();
}
```

4. 檔案開啓與儲存的按鈕

前一節已經說明功能表上處理檔案開啓與儲存的事件處理程序 mOpen_Click(~) 和 mSave_Click(~)。工具列上的開啓鈕 tsBtnOpen 和儲存鈕 tsBtnSave 的功能，和功能表上檔案開啓與儲存的功能完全相同，因此，只要直接呼叫其對應的事件處理程序來處理即可，程式碼如下所示：

```
private void tsBtnSave_Click(object sender, EventArgs e){
    mSave_Click(sender, e);
}

private void tsBtnOpen_Click(object sender, EventArgs e){
    mOpen_Click(sender, e);
}
```

5. 「B」和「*I*」按鈕的處理

「B」和「*I*」按鈕的作用，是將選取的文字區塊的粗體和斜體樣式進行翻轉。首先，當使用者選取文字後，會觸發 SelectionChanged 事件，此時，我們先檢查所選取之文字區塊內的字體樣式是否為粗體（Bold），來設定「B」按鈕的核取（Checked）狀態。同樣地，檢查所選取之文字區塊是否為斜體（Italic），來反應「*I*」按鈕的核取狀態。程式碼如下所示：

```
private void richTextBox1_SelectionChanged(object sender, EventArgs e) {
    if (richTextBox1.SelectionFont.Bold)tsBtnBold.Checked = true;
    else tsBtnBold.Checked = false;

    if (richTextBox1.SelectionFont.Italic)tsBtnItalic.Checked = true;
    else tsBtnItalic.Checked = false;
}
```

當使用者點選「B」按鈕時，必須將所選取文字的粗體樣式進行翻轉。我們先取得目前所選取文字的字體（SelectionFont），存入變數 currentFont 中。接著，翻轉「B」按鈕的核取（Checked）狀態。此時，若「B」按鈕是被核取的狀態，則將粗體樣式（FontStyle.Bold）加入目前的字體樣式（currentFont.Style）中，否則，從目前的字體樣式中去掉粗體樣式的設定值。最後，根據新的字體樣式（newFontStyle）建立新的 Font 物件，再指定給 richTextBox1 控制項的 SelectionFont，就可以將新的字體樣式反應在所選取文字中了。程式碼如下所示：

```
private void tsBtnBold_Click(object sender, EventArgs e){
    Font currentFont = richTextBox1.SelectionFont;
    FontStyle newFontStyle;
    tsBtnBold.Checked = !tsBtnBold.Checked; //toggle the button
    if (tsBtnBold.Checked) newFontStyle = currentFont.Style | FontStyle.Bold;
    else newFontStyle = currentFont.Style & ~FontStyle.Bold;
    richTextBox1.SelectionFont = new Font(currentFont.FontFamily,
                                    currentFont.Size, newFontStyle);
}
```

當使用者點選「*I*」按鈕時，必須將所選取文字的斜體樣式進行翻轉。其作法和點選「B」按鈕時的處理邏輯完全相同，就不再多做說明了。程式碼如下所示：

```
private void tsBtnItalic_Click(object sender, EventArgs e){
    Font currentFont = richTextBox1.SelectionFont;
    FontStyle newFontStyle;
    tsBtnItalic.Checked = !tsBtnItalic.Checked; //toggle the button
    if (tsBtnItalic.Checked) newFontStyle = currentFont.Style | FontStyle.Italic;
    else newFontStyle = currentFont.Style & ~FontStyle.Italic;
    richTextBox1.SelectionFont = new Font(currentFont.FontFamily,
                                    currentFont.Size, newFontStyle);
}
```

本範例的完整程式碼，請參考專案【CH15\SimpleEditorDemo2】的表單【SimpleEditor_toolStrip.cs】。

習題

▶ 選擇題

( )1. 請問，下列哪一個表單事件是在更改表單尺寸時觸發？
(A)Load　(B)Resize　(C)Click　(D)FormChanged

( )2. 要設定 ListBox 控制項可以多選，應使用哪一個屬性？
(A)Multiline　(B)SelectionMode　(C)MultiColumn　(D)Count

( )3. 請問，C# 程式碼需要使用下列哪一個方法來開啟字型和色彩對話方塊？
(A)Show()　(B)Open()　(C)Run()　(D)ShowDialog()

( )4. 執行下列何者控制項時會產生下拉式選單？
(A)RadioButton　(B)CheckBox　(C)ListBox　(D)ComboBox

( ) 5. FontDialog 的哪一個屬性可設定字型對話方塊中效果框架內，是否出現色彩下拉清單？

(A)Color (B)ShowEffects (C)ShowColor (D)ShowApply

( ) 6. ColorDialog 色彩對話方塊是屬於幕後執行的控制項，在設計階段是放在表單的下方，程式執行時再以下列哪一個方法開啟？

(A)ShowDialog() (B)OpenDialog (C)Reset (D)Print

▶ 填充題

1. Visual C# Express 的字型對話方塊就是_____控制項，色彩對話方塊控制項是名為_____的控制項。

▶ 實作題

1. 請在 C# 應用程式建立 2 個陣列，一維陣列儲存學生姓名，二維陣列儲存學生國文、英文和數學三科的成績，然後建立「下拉式清單方塊控制項」顯示學生姓名，選取學生姓名，就可以查詢和顯示學生成績，同時計算總分和平均。假設資料如下：

學生姓名	" 王一 "	" 李二 "	" 陳三 "	" 趙四 "	" 馬五 "
國文成績	98	80	50	76	69
英文成績	85	90	78	54	67
數學成績	86	79	93	85	76

程式介面如下所示。

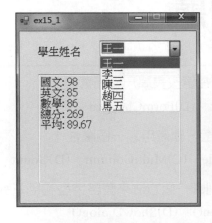 

2. 請建立 C# 視窗應用程式，可以輸入學生姓名、國文和數學的成績，然後利用功能表建立「檔案」和「成績處理」的功能選項。各功能的介面如下所示。

(A) 輸入介面

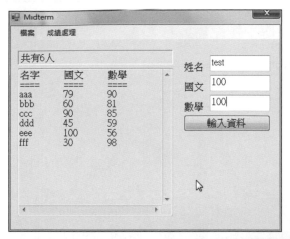 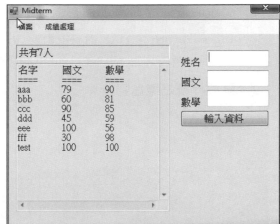

(B)「檔案」功能介面：載入和儲存成績　　(C)「成績處理」功能介面

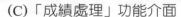

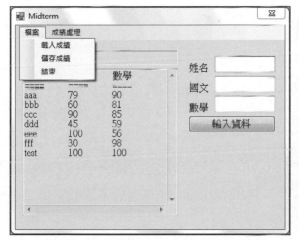 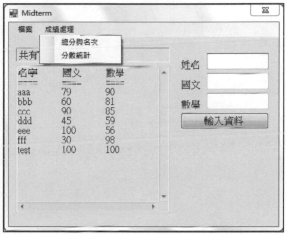

(D)「成績處理」功能介面：總分與名次　　(E)「成績處理」功能介面：分數統計

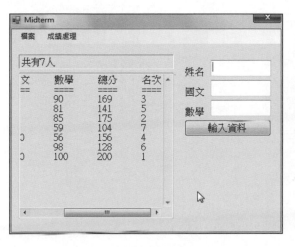 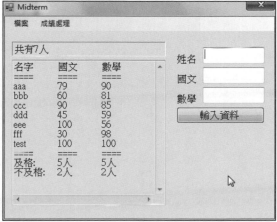

▶簡答題

1. 請說明下列程式碼的用途是什麼？

```
int maxWidth = this.ClientSize.Width;
int maxHeight = this.ClientSize.Height;
```

2. 請問什麼是集合物件？

滑鼠與鍵盤事件處理

視窗應用程式使用圖形介面（Graphic User Interface）來和使用者互動。在表單、控制項或輸入裝置上發生的不同動作，會觸發不同的事件（Event），Windows 應用程式就以設計好的事件處理程序（Event Handler）來回應對應的事件。這種依觸發事件來執行適當處理的應用程式開發，就稱之為事件驅動程式設計（Event-Driven Programming）。滑鼠和鍵盤是重要的輸入裝置，本章將討論滑鼠和鍵盤相關事件的處理，以及其可能的應用。

16-1　滑鼠事件的處理

滑鼠事件是在表單或控制項上操作滑鼠時，移動、按一下或按二下等操作所觸發的一系列事件，如表 16-1 所示：

表 16-1　C# 的滑鼠事件

事件	說明
MouseEnter	當滑鼠指標進入控制項時，觸發此事件
MouseLeave	當滑鼠指標離開控制項時，觸發此事件
MouseDown	當按下滑鼠按鍵時，觸發此事件
MouseMove	當滑鼠指標在控制項上移動時，觸發此事件
MouseUp	當放開滑鼠按鍵時，觸發此事件
Click	當按一下滑鼠時，觸發此事件
DoubleClick	當按二下滑鼠按鍵，即雙擊時，觸發此事件

MouseEnter 和 MouseLeave 事件是滑鼠指標進入和離開控制項時所產生的事件。我們可以使用這 2 個事件建立控制項的動畫效果，例如：進入控制項時，背景色彩為紅色；離開控制項時，變成綠色。

當使用者按下和放開滑鼠按鍵時，會產生 MouseDown 和 MouseUp 事件；而移動滑鼠時，會觸發 MouseMove 事件。這三個事件的處理程序具有相同的參數，如下所示：

```
private void 控制項名稱_MouseXXX(object sender, MouseEventArgs e) { }
```

第一個參數 sender 表示觸發此事件的控制項物件；第二個參數 e 是一個 MouseEventArgs 型別的物件，內含與此滑鼠事件相關的資訊，包括按下的滑鼠按鍵與滑鼠指標位置等，如表 16-2 所示：

表 16-2　滑鼠事件屬性

屬性	說明
Button	取得使用者按下滑鼠的哪一個按鍵，它是 MouseButtons 列舉常數：MouseButtons.Left 是左鍵、 MouseButtons.Middle 是中鍵， MouseButtons.Right 是右鍵
X	滑鼠指標位置的 X 座標
Y	滑鼠指標位置的 Y 座標

請注意：滑鼠指標位置是相對於表單或控制項左上角的座標系統，請參考 15-4 節關於座標系統的說明。我們可以使用這 3 個事件以及滑鼠指標位置，來調整控制項位置，以建立滑鼠拖拉控制項的效果。在 15-4 節中提到，可以利用屬性 Location 取得控制項左上角的位置座標。請注意：其為唯讀屬性，意即可以讀取 Location.X 和 Location.Y，但是不能更改其值。所以，要改變控制項位置，必須指定新位置的 Point 物件給 Location 屬性，或者可以利用控制項的 Top 和 Left 屬性來完成，如表 16-3 所示：

表 16-3　控制項的 Top 和 Left 屬性

屬性	說明
Top	設定或取得控制項左上角的 Y 座標，即控制項上邊緣和其容器上邊緣之間的距離
Left	設定或取得控制項左上角的 X 座標，即控制項左邊緣和其容器左邊緣之間的距離

當使用者以滑鼠在表單或控制項上按一下時，就觸發 Click 事件；按二下則是觸發 DoubleClick 事件。事實上，按一下滑鼠按鍵時，會依序觸發 MouseDown、Click 和 MouseUp 事件；而快按二下滑鼠按鍵時，會依序觸發 MouseDown、Click、DoubleClick 和 MouseUp 事件。

16-2 處理滑鼠事件的範例

本範例將在滑鼠進出 PictureBox（圖片盒）控制項時，隨機改變顯示的圖像，同時，可以滑鼠拖拉圖片盒控制項。我們準備 9 張圖片，包括 Windows 7 所提供的 8 張範例圖片和一張額外的圖片來做示範。這 9 張圖片的儲存目錄是「專案名稱 \bin\Debug\Pictures」。在設計階段指定一開始要顯示在圖片盒控制項上之圖像為背景圖片，將滑鼠移入圖片盒時，隨機改變圖形；移出時，又變成背景圖片。在圖片盒中，也可以按下滑鼠左鍵，來拖曳圖片盒。介面如圖 16-1 所示：

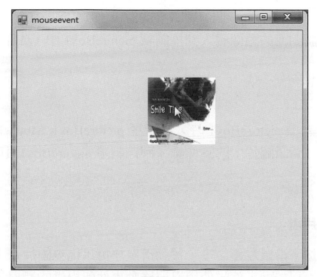

圖 16-1

先新增一個「CH16\MouseEventDemo」的「Windows Forms App」專案，其中「CH16」為方案名稱。將表單檔案名稱更名為「mouscevent.cs」，然後，依人機介面的設計，在表單中加入 PictureBox 控制項和 ImageList 元件，然後在屬性視窗中設定控制項屬性。本例中，控制項的屬性設定如下所示：

1. 表單的 Name 設為 mouseevent，Text 為「mouseevcnt」，Font 大小為 12pt。

2. ImageList 元件的 Name 為 imageList1，將 imageList1 元件的**屬性 ImageSize** 設為 (100, 100)。然後，點選其屬性 Images 的「…」鈕，進入「影像集合編輯器」視窗後，點選「加入」鈕，然後，在檔案「開啟舊檔」視窗中，將路徑切換到「專案名稱 \bin\Debug\Pictures」，選擇欲加入圖庫中的 9 張圖像檔。

3. 顯示圖像之 PictureBox 控制項的 **Name** 為 pictureBox1。將**屬性 Size** 設為（100, 100）。將**屬性 SizeMode** 設為 StretchImage。在**屬性 Image** 中，指定一開始要顯示之「背景圖片」的圖像檔路徑。先點選 Image 的「…」鈕，進入「選取資源」視

窗後，點選「本機資源」的「匯入」鈕，然後，在檔案「開啓」視窗中選擇圖像檔的路徑即可。

▶ **滑鼠進出與隨機改變圖像**

背景圖片位在 imageList1 元件的 Images 陣列索引是 8，其他 8 張圖像的陣列索引是 0 到 7。在**表單載入**時，先建立 Random 物件（宣告爲實體變數），以便發生 MouseEnter 事件時，可以產生一個隨機數字，如下所示：

```
rd = new Random();
```

當滑鼠移入控制項 pictureBox1 時，會產生 pictureBox1_MouseEnter 事件，在其事件處理程序中，隨機產生一個 0 到 7 的數字，作為 imageList1 元件的 Images 陣列索引，然後，將對應的圖像載入到控制項 pictureBox1 中，如下所示：

```
int id = rd.Next(0, 8);
pictureBox1.Image = imageList1.Images[id];
```

當滑鼠移出控制項 pictureBox1 時，會產生 pictureBox1_MouseLeave 事件，在其處理程序中，將「背景圖片」的圖像載入到控制項 pictureBox1 中，如下所示：

```
pictureBox1.Image = imageList1.Images[8];
```

▶ **以滑鼠拖曳圖片盒**

在圖片盒中，按下滑鼠左鍵之後，移動滑鼠才可以拖曳圖片盒。因此，我們必須知道滑鼠左鍵是否已按下，然後使用滑鼠移動事件所提供的滑鼠指標位置，來調整控制項位置，以建立拖拉控制項的效果。我們宣告布林實體變數 isMouseDown 來記錄是否按下滑鼠左鍵，同時宣告整數實體變數 px、py 來記錄滑鼠移動時，其指標位置的座標，如下所示：

```
bool isMouseDown = false; //起始值爲 false
int px, py;
```

在控制項 pictureBox1 中按下滑鼠時，會產生 pictureBox1_MouseDown 事件，在其事件處理程序中，當發現按下的是左鍵時，將 isMouseDown 設爲 true，並記錄滑鼠指標的位置（相對於圖片盒左上角）於 px 和 py 之中，如下所示：

```
if (e.Button == MouseButtons.Left) {
    isMouseDown = true;
    px = e.X;
    py = e.Y;
}
```

在控制項 pictureBox1 中移動滑鼠時，會產生 pictureBox1_MouseMove 事件，若 isMouseDown 為真時，必須移動圖片盒的位置，以達成拖拉的效果。此時，滑鼠指標的位置存在於 e.X 和 e.Y 之中，要移動多少呢？我們的目的是保持滑鼠指標和圖片盒左上角的相對位置不變，所以，分別利用 e.X 和 e.Y 減掉 px 和 py，來計算位移向量，作為 pictureBox1 左上角位置的移動量，如下所示：

```
if (isMouseDown) {
    pictureBox1.Left += (e.X - px);
    pictureBox1.Top += (e.Y - py);
}
```

此處利用圖片盒 Top 和 Left 屬性值的改變來完成圖片盒位置的移動，你也可以將新位置的 Point 物件指定給 Location 屬性來達成相同的目的，請自行練習。

在控制項 pictureBox1 放開滑鼠時，會產生 pictureBox1_MouseUp 事件，在其事件處理程序中，當發現放開的是左鍵時，將 isMouseDown 重設為 false 即可，如此，移動滑鼠時就不會移動圖片盒的位置了，如下所示：

```
if (e.Button == MouseButtons.Left)
    isMouseDown = false;
```

本範例的完整程式碼，請參考專案【CH16\MouseEventDemo】的表單【mouseevent.cs】。

16-3　鍵盤事件的處理

當使用者從鍵盤輸入文字、數值資料或按下功能鍵時，都會觸發鍵盤相關的事件。

C# 提供三個常用的鍵盤相關的事件，如表 16-4 所示：

表 16-4　C# 常用的鍵盤相關的事件

事件	說明
KeyDown	當使用者在控制項擁有焦點時，按下按鍵時產生的事件
KeyPress	只有當按下按鍵會得到字元，或者是按 BackSpace 鍵、ENTER 鍵時，才會引發這個事件。例如：使用者按下 Shift 和小寫的 "a" 鍵，就會得到大寫的 "A" 字元。可透過參數 KeyPressEventArgs 的屬性 KeyChar 取得輸入的字元
KeyUp	當使用者在控制項擁有焦點時，放開按鍵時產生的事件

當控制項擁有焦點時，按下按鍵再放開，會依序觸發 KeyDown、KeyPress 和 KeyUp 事件。請注意：有些特殊的按鍵如 [Alt]、[Ctrl]、[Shift]、[F1]~[F10]、移位鍵等，按下後並不會觸發 KeyPress 事件，但仍會觸發 KeyDown 和 KeyUp 事件。 KeyDown 和 KeyUp 事件處理程序可以透過參數 KeyEventArgs 的屬性 KeyCode 取得「按鍵碼」，來判斷按下的是哪一個按鍵，其相關屬性如表 16-5 所示：

表 16-5　KeyEventArgs 相關屬性

屬性	說明
KeyCode	取得按下按鍵的「按鍵碼」（Key Code），為 Keys 列舉資料型態。可以使用 Keys 列舉常數。例如：四個方向鍵為 Keys.Up、Keys.Down、 Keys.Right 和 Keys.Left
Control	檢查是否按下 Ctrl 鍵，True 為按下，False 為沒有按下
Alt	檢查是否按下 Alt 鍵，True 為按下，False 為沒有按下
Shift	檢查是否按下 Shift 鍵，True 為按下，False 為沒有按下

KeyPress 事件是在 KeyDown 事件之後和 KeyUp 事件之前觸發，在事件處理程序傳入的參數是 KeyPressEventArgs 物件，其相關屬性如表 16-6 所示：

表 16-6　KeyPressEventArgs 物件相關屬性

屬性	說明
KeyChar	傳回使用者按下的字元，為 Char 資料型態。它包含了所按的按鍵的字元碼，對於每一個字元按鍵和輔助按鍵的組合而言，這個字元碼都是獨一無二的
Handled	設定是否接受使用者按鍵，預設值 False 表示接受；True 為不接受

請注意：在預設情況下，表單並不會觸發鍵盤事件，以避免影響執行效率。如果表單需要作為回應鍵盤事件的傾聽者物件，請將表單的 KeyPreview 屬性設定為 True（預設值是 False，表示沒有啟用），以啟用表單的鍵盤事件。

16-4　處理鍵盤事件的範例

本範例將以標籤控制項作為接收器和掉落物，讓使用者使用鍵盤的左右方向鍵來移動接受器，以接住不斷掉落的物體。每個掉落物會隨機出現，一旦出現，會隨機賦予分數，然後不斷往下掉落，遊戲時間也會不斷減少。當接收器接到某個掉落物時，其分數會累加到遊戲分數上，同時作為增加遊戲時間的依據。當遊戲時間用完時，遊戲就會結束，介面如圖 16-2 所示：

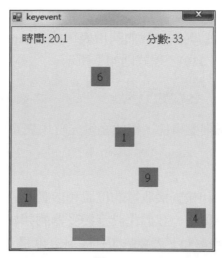

圖 16-2

先新增一個「CH16\KeyEventDemo」的「Windows Forms App」專案，其中「CH16」為方案名稱。將表單檔案名稱更名為「keyevent.cs」，然後，依人機介面的設計，在表單中加入標籤控制項，然後在屬性視窗中設定控制項屬性。本例中，控制項的屬性設定如下所示：

1. 表單的 Name 設為 keyevent，Text 為「keyevent」，Font 大小為 12pt。將表單的 FormBorderStyle 設為 FixedSingle（固定表單大小）；MaximizeBox 和 Minimize 設為 False。也就是說，使用者不能放大、縮小和改變表單的大小，只能關閉表單以結束程式。表單載入時會利用 ClientSize 屬性，將其實際工作區域的大小設為 (300, 330)。

2. 加入標籤（Label）控制項作為接收器，其 Name 為 label1，將其 AutoSize 設為 False，BorderStyle 設為 Fixed3D，BackColor 設為 ActiveCaption，Size 設為 (50, 20)，Text 設為空字串。表單載入時，再決定其位置。

3. 加入顯示時間的標籤控制項，其 Name 為 lblTime，Location 設為 (12, 9)，Text 設為「時間：30」。其 Size 目前為 (64, 16)，會自動調整大小。

4. 加入顯示分數的標籤控制項，其 Name 為 lblScore，Location 設為 (195, 9)，Text 設為「分數：0」。其 Size 目前為 (56, 16)，會自動調整大小。

▶ **表單載入時所進行的預處理**

表單載入時，必須先進行一些準備動作的處理，包括：(1) 設定表單工作區域大小、(2) 啟用表單的鍵盤事件、(3) 設定與記錄接受器的位置、(4) 動態產生 8 個掉落物控制項等。

(1) 此遊戲程式的表單大小是固定的,必須事先決定其工作區域大小,以便檢查接收器和掉落物的活動範圍。我們利用表單的 ClientSize 屬性,將其實際工作區域的大小設為 (300, 330),程式碼如下所示:

```
this.ClientSize = new Size(300, 330);
```

(2) 為了讓表單能回應鍵盤事件,程式必須先啟用表單的鍵盤事件,如下所示:

```
this.KeyPreview = true;
```

(3) 程式必須隨時記錄和檢查接收器的位置和活動範圍。記得,接收器只能在表單的底端,左右水平移動。我們先設定接受器的起始位置,將接受器置於中央。因為接收器的寬度是 50,表單的工作區域寬度是 300,所以,接收器左邊緣的座標必須是 125,接受器才會置中。另外,接收器的高度是 20,表單的工作區域高度是 330,所以,接收器上邊緣的座標設為 300,留下的空間作為掉落物落下的範圍,如下所示:

```
label1.Left = 125;
label1.Top = 300;
```

再者,我們以接受器的左邊緣座標來檢查其活動範圍。因為接收器的寬度是 50,所以,接收器左邊緣座標的有效範圍落在 0 和 250 之間。程式宣告實體變數 curLeft 來記錄接受器目前的左邊緣位置;同時,宣告實體變數 maxLeft 來記錄接受器左邊緣座標的最大值,如下所示:

```
curLeft = label1.Left;
maxLeft = 300 - 50; //最小值是 0
```

(4) 遊戲程式將畫面分成 8 個通道,亦即最多會有 8 個掉落物同時落下。**如何產生和管理這些掉落物控制項呢**?我們可以像第 11 章「配對記憶遊戲」,先在「設計階段」產生這 8 個標籤控制項,然後,在「執行階段」以物件陣列來管理這些控制項。但是,本章我們將示範另一種處理方式,在表單載入時才以程式動態產生 8 個落下的標籤控制項,同時存入物件陣列中以方便管理。

程式先宣告一個參考標籤控制項陣列的實體變數 lblObj,如下所示:

```
Label[] lblObj;
```

在表單載入時,程式會利用 new 運算子動態配置物件陣列和標籤控制項的實體。首先,配置 8 個可以參考標籤控制項的陣列元素,如下所示:

```
lblObj = new Label[8];
```

接著，依序產生 8 個標籤控制項，設定控制項的 Size、Left、BackColor、BorderStylc、TextAlign、Visible 等屬性，並且存入物件陣列中。

表單的工作區域寬度是 300，若兩個邊界空出 6 個 pixels，分成 8 個通道，則每個通道寬度是 36 pixels。我們將每個掉落物控制項大小（Size）設為 (30, 30)，讓其在通道中置中落下，因此，通道編號 i 之掉落物的左邊緣位置（Left）是 6 + i * 36 + 3。掉落物的背景顏色（BackColor）設為 Color.HotPink，邊框大小（BorderStyle）固定不變，上面顯示的文字對齊（TextAlign）於中心點。一開始掉落物為不可見，之後才會隨機出現。

記得：要將這些動態產生的控制項（Control）加入表單容器中，才能在表單中繪出控制項。每個表單都維護一個 Controls 集合物件（ControlCollection），用來記錄表單中所有的控制項。利用 ControlCollection 類別的 Add 方法，就可以將指定的控制項加入至集合中。程式碼如下所示：

```
for (int i = 0; i < 8; i++) {
    lblObj[i] = new Label(); //通道編號 i之掉落物控制項
    lblObj[i].Size = new Size(30, 30);
    lblObj[i].Left = 6 + i * 36 + 3;
    lblObj[i].BackColor = Color.HotPink;
    lblObj[i].BorderStyle = BorderStyle.Fixed3D;
    lblObj[i].TextAlign = ContentAlignment.MiddleCenter;
    lblObj[i].Visible = false; //一開始為不可見
    this.Controls.Add(lblObj[i]); //加入表單容器中
}
```

現在，你可以試著將 Visible 屬性設為 true，看看所產生之所有掉落物控制項的位置、大小和外觀。看過後，記得將 Visible 屬性恢復為 false。

▶ **使用鍵盤的左右方向鍵來移動接受器**：表單的 KeyUp 事件

程式必須處理表單的 KeyUp 事件，以調整接受器的位置。當使用者按下「←」鍵時，接受器會往左移動 30 pixels；當使用者按下「→」鍵時，接受器會往右移動 30 pixels，當然，移動的範圍不可以超出邊界。記得：接收器左邊緣座標的有效範圍落在 0 和 maxLeft 之間，程式以實體變數 curLeft 來記錄接受器目前的左邊緣位置，以檢查其活動範圍。

當表單的 KeyUp 事件觸發時，利用 e.KeyCode 可以取得按鍵的「按鍵碼」（Key Code），若等於 Keys.Left，表示按下「←」鍵，將變數 curLeft 減掉 30，不可以小於 0。若等於 Keys.Right，表示按下「→」鍵，將變數 curLeft 加上 30，不可以超過 maxLeft。最後，以 curLeft 的值更新接受器左邊緣的座標值，如下所示：

```
switch (e.KeyCode) {
    case Keys.Left:
        curLeft -= 30;
        if (curLeft < 0) curLeft = 0;
        break;
    case Keys.Right:
        curLeft += 30;
        if (curLeft > maxLeft) curLeft = maxLeft;
        break;
}
label1.Left = curLeft;
```

▶ **掉落物控制項的處理**

程式先宣告實體變數 time 和 score 來記錄剩餘的時間和累計的分數，如下所示：

```
int score = 0;
double time = 30; //可以依需要設定
```

在表單載入時，建立兩個 Random 物件。一個用來決定哪個通道的掉落物控制項要出現。

另一個用來決定該掉落物上的數字（1 到 9），此數字用來增加分數和時間，如下所示：

```
rd1 = new Random(); //實體變數，選擇通道
rd2 = new Random(); //實體變數，產生數字
```

另外，**新增 Timer 控制項** timer1，將其 enabled 屬性設為 true，interval 屬性設為 500，以便每隔 0.5 秒產生 timer1_Tick 事件，進行一次掉落物的處理。首先，偵測每個通道中可見之掉落物的狀態。若是掉落物和接受器有重疊，表示得分（Hit），應更新分數和時間；若是掉落物已落在接受器之下，表示已錯過（Miss）；否則，讓掉落物往下掉。接著，隨機選擇一個通道，若其掉落物未出現，則打開該掉落物，並隨機產生其上的數字。最後，調整時間和分數，若時間小於等於 0，則表示遊戲結束。

(1) 檢查每一個已出現之掉落物，判斷其狀態，更新位置和分數

程式利用單迴圈檢查每一個通道的掉落物，若該通道的掉落物是可見的，則依其狀態更新位置和分數。掉落物可能被接受器接到（Hit）；可能落在接受器之下，無法再被接到（Miss）；或者只是純粹往下掉。我們將計算掉落物位置和分數的程式碼，獨立寫成一個名為 calcScore(i) 的函式，傳入通道的編號，該判斷函式即會進行必要的判斷和處理。程式碼如下所示：

```
for(int i = 0; i < 8; i++)
  if (lblObj[i].Visible) {
    calcScore(i); //傳入通道的編號i，更新位置和分數
  }
```

稍後再詳細說明 calcScore(i) 函式的作法和程式碼。

(2) 擇一出現某個掉落物

隨機選擇一個通道（0-7），若其掉落物是不可見的狀態，則將該掉落物變成可見，一開始出現的位置設為 30，同時隨機產生其上的數字（1-9）。如下所示：

```
int pos = rd1.Next(0, 8); //通道的編號
if (lblObj[pos].Visible == false) {
    lblObj[pos].Visible = true;
    lblObj[pos].Top = 30;
    lblObj[pos].Text = rd2.Next(1, 10).ToString(); //分數
}
```

(3) 調整並且顯示時間和分數。若時間小於等於 0，則結束遊戲

每隔 0.5 秒會進行一次掉落物的處理，所以，先將時間減掉 0.5。因為要顯示時間，因此，若剩餘時間小於 0，則將其歸零。接著，更新介面上顯示的時間和分數，分數是整數，而時間只顯示到小數點後一位。若時間小於等於 0，則關閉 Timer 控制項 timer1，顯示「遊戲結束」的訊息對話盒。如下所示：

```
time -= 0.5; //更新時間
if (time < 0) time = 0;
//顯示時間和分數
lblTime.Text = "時間: " + time.ToString("0.0"); //格式化輸出
lblScore.Text = "分數: " + score;
if (time <= 0) {
    timer1.Enabled = false;
    MessageBox.Show("遊戲結束!");
}
```

▶ CalcScore(int idx) 方法的說明

CalcScore(int idx) 方法會依掉落物的狀態（Hit、Miss 或往下掉），計算分數，同時調整其位置和可見狀態。程式先根據通道編號取得掉落物，接著，計算其左、上、右、下邊緣的座標值。同時，計算接收器在上、下、左、右邊緣各延伸一個掉落物大小（30 pixels）所形成之邊界的座標值，以便判斷掉落物和接收器是否有所重疊。

若有重疊，表示有碰到（Hit）接收器，相當於被接收器接到。此時，要依掉落物上的數字，累加分數和時間，同時將掉落物變成不可見。為了避免時間增加得太快，目前只以數字的五分之一來累加時間。假如掉落物已落在接受器之下，將無法再被接到（Miss），此時，必須將掉落物變成不可見。若既不是接到，也不是漏接，則單純讓掉落物落下 30 pixels 即可。程式碼的說明如下所示。

(1) 依傳入的通道編號 idx，取得掉落物控制項 obj

```
Label obj = lblObj[idx];
```

(2) 計算掉落物的左、上、右、下邊緣的座標值

```
int left = obj.Left;
int top = obj.Top;
int right = left + 30;
int bottom = top + 30;
```

(3) 計算接收器會和掉落物有所重疊（Hit）的邊界座標值

接收器在上、下、左、右邊緣各延伸一個掉落物大小（30 pixels）之後，會形成一個矩形區域。**若是掉落物「完全位在」此區域所涵蓋的範圍內，表示它和接收器有所重疊**。為了進行判斷，程式必須計算此矩形區域之左、上、右、下邊界的座標值。

```
int leftB = label1.Left - 30;
int topB = label1.Top - 30;
int rightB = leftB + label1.Width + 60;
int bottomB = topB + label1.Height + 60;
```

(4) 假如 Miss，則將掉落物隱藏，並返回

當掉落物的下邊緣（bottom）超出矩形區域之下邊界（bottomB），表示它已落在接受器之下，無法再被接到（Miss），此時，必須將掉落物變成不可見。

```
if (bottom > bottomB) { //miss
    obj.Visible = false;
    return;
}
```

(5) 假如 Hit，則依掉落物上的數字，調整分數和時間（五分之一）。同時隱藏掉落物，並返回。當掉落物的邊緣完全位在矩形區域的邊界內，表示掉落物被接受器接到（Hit），此時，計算分數和時間，同時調整其狀態為不可見。

```
if (left >= leftB && right <= rightB &&
    top >= topB) { //overlap and hit
        int n = Convert.ToInt32(obj.Text); //掉落物上的數字
        score += n; //累加分數
        time += (n/5.0); //累加時間(數字的 1/5)
        obj.Visible = false;
        return;
}
```

(6) 不是 Miss 和 Hit，則往下掉 30 pixels

```
obj.Top += 30;
```

本範例的完整程式碼，請參考專案【CH16\KeyEventDemo】的表單【keyevent.cs】。

習題

▶ 選擇題

(　)1. 當滑鼠移入會觸發事件，請問該事件為何？

(A)MouseMove　(B)MouseEnter　(C)MouseDown　(D)MouseUP

(　)2. 如果希望表單能夠作為回應鍵盤事件，我們需要將下列哪一個表單屬性設為 True？

(A)KeyDown　(B)KeyUp　(C)KeyPress　(D)KeyPreview

(　)3. Timer 控制項預設並沒有作用，請問，程式碼需要設定下列哪一個屬性來啟用 Timer 控制項？

(A)Visible　(B)Text　(C)Interval　(D)Enabled

(　)4. 請問 KeyPress 事件可以使用下列哪一個屬性來取得按鍵輸入的字元碼？

(A)KeyChar　(B)Handled　(C)KeyCode　(D)Control

(　)5. 當按下按鍵再放開時，觸發事件先後的順序為？

(A)KeyPress、KeyDown、KeyUp　(B)KeyDown、KeyPress、KeyUp
(C)KeyUp、KeyPress、KeyDown　(D)KeyUp、KeyDown、KeyPress

▶ 填充題

1. 觸發 Click 事件時，會依序觸發_____、_____、和_____三個事件。

2. KeyDown 和 KeyUp 事件處理程序可以依據參數 KeyEventArgs 物件的_____屬性取得按下的按鍵碼。

3. 在表單、控制項或輸入裝置上發生的不同動作，會觸發不同的事件（Event），Windows 應用程式就以設計好的事件處理程序（Event Handler）來回應對應的事件。這種依觸發事件來執行適當處理的應用程式開發，就稱之為_____。

▶ 實作題

1. 請建立 C# 應用程式，在表單上按滑鼠左鍵放大視窗，按右鍵則縮小視窗，每按一次各放大和縮小 20 點。程式介面如下所示。

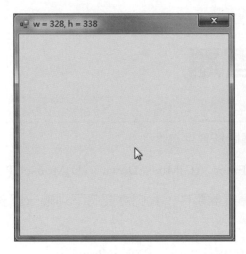

認識物件導向程式設計

Visual C# 應用程式的基本架構是由許許多多的類別（Classes）所構成，程式設計師使用這些類別及其產生的物件，進行適當的組合來建立所需的應用程式。目前為止，我們都是使用現有豐富的 .NET Framework 類別，來開發各式各樣功能的應用程式。程式設計師當然可以自行設計類別，但是設計好的類別需要有物件導向程式設計（Object-Oriented Programming，OOP）的觀念。本書後面幾章將探討一系列物件導向程式設計的核心概念與應用。

17-1　程式架構（Programming Paradigm）

人類的學習和認知行為，有相當的部分是建立在「具體化」、「抽象化」和「分類」等過程。電腦可以作為一種模擬世界的工具。程式設計師在解決問題時，可以將相關事物的性質與行為（處理的動作），以對應的資料和程式碼來模擬。如此，透過電腦程式進行模擬事物的處理，可以邏輯的方式來解決真實世界的問題。

程式設計的架構可略分為傳統程序式程式設計（Procedural Programming），與目前主流的物件導向程式設計。在傳統程序式程式設計（Procedural Programming）中，被模擬事物的資料和行為（如：計算、訊息交換、互動等）無法有效地結合在一起。換句話說，程序式程式設計將程式劃分為「Data」和「程式碼」兩個獨立的部分。「結構化」或「模組化」可用來解決程式碼的統整問題，卻沒有顧慮到與資料的整合。資料的宣告和函式的定義散佈在整個程式，只有透過文件才能指出它們之間的關聯。因此，當軟體複雜度增高，資料的保護和程式碼的可重用性不易達成，導致程式易出錯，維護成本高。

在物件導向程式設計中，將實體的某些特性「抽取」（Abstract）出來以後，再予以對應，並將其表示的資料和處理的方法通通整合於物件（Object）之內。整個系統視為由許許多多的物件所構成，物件的存取受到適當的保護，物件之間以「訊息傳送」的方式進行溝通和互動，透過這種模擬的方式，系統得以有效的解決真實世界的問題。

換句話說，外界真實事物可以抽象對應成**物件**（Real-World Object），**狀態**表示物件的一些性質，**行為**是物件能夠（被）作用的動作。同類的物件可以抽取出共同的 state（狀態）和 behaviors（行為）。例如：「車子」的狀態包括速度、傳動方式是兩輪或四輪傳動、是否開燈等；「車子」的行為則包括轉方向盤、踩剎車和加速等等。我們未必需要將物件的所有性質和行為鉅細靡遺的抽取出來，系統設計者可以依問題的需求，決定物件必須抽象化的程度。

軟體物件（Software Objects）用來實作抽象化的真實世界物件。真實物件的狀態由屬性（Property）來表示，又可稱之為資料成員（Data Members）。物件的行為動作則由方法（Method）來實作，又可稱之為成員函式（Member Functions）。簡單地說，物件為資料屬性和相關之處理方法的整合。物件之間的「訊息傳送」則由程式的「方法呼叫」來達成，其對應關係如表 17-1 所示：

表 17-1　真實物件與軟體物件的對應關係

Real-World Objects	Software Objects
狀態（State）	資料屬性（Data）
行為（Behaviors）	處理方法（Methods）
訊息傳送	方法呼叫

物件讓程式設計師以較容易思考，且更合乎邏輯的方式來解決真實世界的問題。在物件導向程式設計中，物件就像是 Software-IC（軟體 IC），軟體 IC 內部的實作細節被隱藏，只要有滿足其規格的升級版軟體 IC，都可以隨時加以替換，而不會影響到系統的運作。為了充分滿足軟體 IC 的功能和目的，物件導向程式設計提供了封裝（Encapsulation）、繼承（Inheritance）和多型（Polymorphism）三大特性。透過這些概念所寫的程式，不僅可以大大的提供軟體的可重用性和安全性，更可以使程式易於除錯，開發和維護也更有效率。以下做一些簡單的介紹。

17-2 物件、類別與實體

在這一節先簡單說明物件（Objects）、類別（Classes）與實體（Instances）三個名詞的意義。真實事物的特性、狀態、行為，可以依需要加以抽象化（Abstraction），以便表達和處理。根據這些抽象化後的特性與行為，我們可以依需要的不同加以適當的分類，而得到不同的類別（Class）。例如：人、貓、狗、花、草、樹木都是真實世界的物件，根據其特性與行為的差異，人、貓、狗可歸為動物類；花、草、樹木可歸為植物類。另外，閱讀的人可以被分為作者和讀者兩類，如圖 17-1 所示：

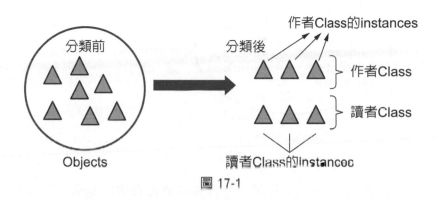

圖 17-1

簡單地說，每一個被抽象化的東西（例如：人）都是物件，分類後的各類抽象集合叫作類別。屬於某個類別的物件，稱之為該類別的實體，也就是說，每個物件都是類別的一個實體（Every object is an instance of a class）。一般而言，「物件」和「實體」可以視為同義詞而交替使用。

換個角度來說，類別是經分類後所形成的抽象集合，所屬的物件具有某些共同的特性與行為。實體則是由類別所產生的具有特定特性與行為的物件。亦即類別相當於設計藍圖；而物件則是由類別所建立的實體。例如：建築師設計了房子的設計圖（類別），工程人員可以根據這張設計圖，蓋出很多棟的房子（實體）。

以程式設計而言，類別定義了所屬的物件所共通的資料屬性與操作方法。建立物件時，會根據類別配置屬性的記憶體。同類別所建立的物件實體，其屬性名稱相同，但是配置的記憶體卻是各自獨立的，亦即屬性所儲存的實際內容（值）未必相同。然而，藉著共通的方法，程式可以在保護權限之下，存取和處理各物件內部所維護的資料。

17-3 封裝（Encapsulation）

在 OOP 中，軟體系統是由一群同心協力的物件（可能屬於不同類別），合力組織、分層負責來完成所有的工作。軟體複雜度日增，為了增加可重用性與易維護性，將資料與相關的操作方法封裝成物件。如圖 17-2 所示：

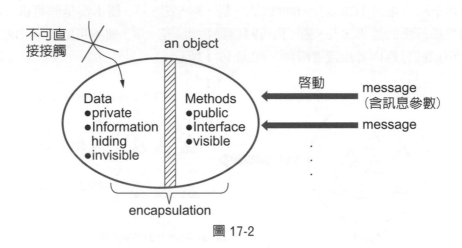

圖 17-2

基本上，資料以私有的權限來保護，外界無法直接存取內部私人的資料，只能透過物件提供的公開窗口來存取內部維護的資料。因為封裝的特性，物件可被視為獨立的「黑盒子」，它可以執行特定功能，我們只要知道可以傳給盒子什麼東西，以及可以得到什麼結果，而不必知道其內部的實作方式（Implementation），此即資訊隱藏（Information Hiding）。也就是說，資訊從黑盒子的輸入端傳入，而從輸出端產生結果，使用者不必知道也不用關心其內部運作的情形。

同樣的資料屬性與操作方法，不必在每個需要的地方都重寫一次，只要歸納（分類）成一個類別，再依需要建立所需的物件實體即可。物件之間的互動經由訊息（Message）的傳遞，以啟動某些操作方法來達成。可以串接或整合數個「黑盒子」，它們各自執行其特定功能，因此建立一個大而複雜的系統。由於封裝的特性，我們可以在不影響系統工作的前提下，自由地替換另一更理想（較佳效率）的「黑盒子」，大大提升軟體的可重用性和安全性，讓複雜系統的開發和維護更有效能。

17-4 繼承（Inheritance）與多型（Polymorphism）

　　是否可以把類別（Class）再分類呢？當然可以。例如：人、貓、狗可歸為動物類；花、草、樹木可歸為植物類。動物類和植物類可以進一步歸納為生物類。這個分類再分類的性質，就是所謂的繼承性。我們可以在不同的類別之間，歸納分類出一些共同的特性，再形成一個類別。也就是說，幾個類別共同的部分，就可以藉由繼承的功能，移轉到另一個較高階（更抽象）的類別去。如此，藉由共同特性的繼承和分享，類別本身的定義可以精簡化，同時，形成階層組織（Hierarchy）的類別體系。我們以一個簡單的例子來說明類別階層的分類和繼承的概念。示意圖如圖 17-3 所示：

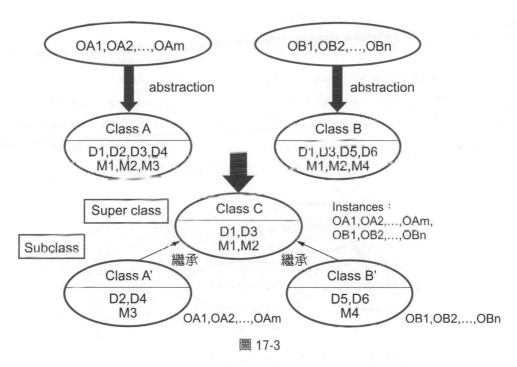

圖 17-3

　　假設系統要處理的物件有 OA1、OA2、…、OAm、OB1、OB2、…、OBn。在設計類別時，OA1、OA2、…、OAm 這 m 個物件屬於類別 A，經過抽象化後，其共同的資料屬性與方法分別是 D1、D2、D3、D4 和 M1、M2、M3。而 OB1、OB2、…、OBn 這 n 個物件屬於類別 B，其共通的資料屬性與方法分別是 D1、D3、D5、D6 和 M1、M2、M4。我們會發現：類別 A 和類別 B 有許多重複的成員，包括 D1、D3 和 M1、M2。

　　繼承的概念來自於階層式的分類，主要的目的在於定義新類別時，不需要重複定義相同的成員變數與方法，並且能擴展既有的功能。現在，我們利用繼承的機制來定義類別。首先，將成員 D1、D3 和 M1、M2 歸納為較高階的類別 C。如此，定義類別 A 時，就不用從無到有來定義所有的成員。直接繼承既有的類別 C，就可以自動擁有其成員，此時，只要再定義新增的 D2、D4 和 M3 即可完成類別 A 的定義。同理，類別 B 只要定義新增的 D5、D6 和 M4 即可，其他的成員透過類別 C 的繼承，就可以自動擁有。

繼承是從既有的類別建立新的類別，被繼承的既有類別稱為父類別（Super Class，Parent Class）或基底類別（Base Class）。繼承後的新類別稱為子類別（Subclass，Child Class）或衍生類別（Derived Class）。例如：類別 C 是父類別，類別 A 和 B 是子類別。當類別產生繼承關係時，子類別可以自動擁有父類別的資料成員和方法。透過繼承的關係，在設計系統時，我們更能分層管理所需要的資料。

請注意：父類別比子類別抽象，所涵蓋的物件是其子類別物件的集合。越是下層的子類別，資訊越多也越明確，所屬的物件就越少。例如：類別 A 有 OA1、OA2、⋯、OAm 這 m 個物件；類別 B 有 OB1、OB2、⋯、OBn 這 n 個物件，而這 m+n 個物件都屬於類別 C 的實體。每一個類別 A 和類別 B 的物件，都是類別 C 的物件；但是，反之則不然。

這告訴我們，繼承是一種「is-a」的關係。「is-a」規則（Rule）聲明「每個子類別的物件都是一個父類別的物件；反之則不然」（every object of the subclass is an object of the super class, the opposite is not true）。例如：每一個經理（Manager）是一個員工（Employee）；每一個程式設計師（Programmer）也是一個員工，但是，員工可能是經理或程式設計師。所以，員工是父類別，經理和程式設計師是子類別，其繼承關係如圖 17-4 所示：

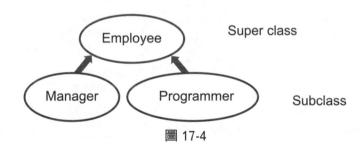

圖 17-4

另一方面，子類別繼承父類別之後，除了新增成員之外，也可以改寫（Override，重新定義）父類別的方法成員。例如：員工類別有一個計算基本薪資的方法，但是，經理和員工計算薪資的方法應該不同，因此，必須針對經理類別，改寫一個新的計算薪資的方法。同樣的，程式設計師類別也有其計算薪資的方法。

我們知道：「下層子類別所含的資訊比父類別的資訊多」，所以，「每個子類別物件都可以當作一個父類別物件來使用」（You can use a subclass object whenever the program expects a super class object.）。例如：每個經理和程式設計師都可以當作一個員工，亦即員工（父類別）可能有經理和程式設計師（子類別）兩種角色，此即多型（Polymorphism）的基本觀念。

現在要問的是：當計算員工薪資時，到底要使用哪一個類別所定義的薪資計算方法。答案很簡單，當該員工是經理時，就使用經理類別的薪資計算法，若該員工是程式設計師時，就使用程式設計師類別的薪資計算法。在物件導向程式設計（OOP）裡，程式不用自己記錄和判斷該員工是哪一種身分，來使用對應的薪資計算法；而是當計算員工薪資時，OOP 的多型機制，會自動根據員工當時的身分，呼叫適當的薪資計算法。

從程式的角度來說，OOP 是以動態繫結（Dynamic Linking）的機制來自動處理多型時同名方法的呼叫。在編譯時期（Compiling Time），不會決定要呼叫的是哪一個類別改寫（Override）的同名方法，只有在程式執行時，才會根據當時物件所屬的類別，真正鎖定其呼叫的方法。OOP 的多型機制，讓程式很方便以一致的方式，來統一管理不同類別（有繼承關係）的物件集合，而且易於擴充。後續的章節會以具體的例子來詳細示範和說明 OOP 的特色。

習題

▶ 簡答題

1. 請說明程序式程式設計和物件導向程式設計的差異。

2. 請說明物件導向程式語言的三大特性：封裝、繼承和多型。

3. 請舉例說明什麼是物件、類別與實體？

4. 請說明物件導向程式設計如何完成封裝的機制？

5. 請說明物件導向程式設計裡繼承和多型是如何運作的？

類別與封裝

在物件導向程式設計中，軟體系統是由一群不同類別的物件，合力組織、分層負責來完成所有的工作。具有封裝（Encapsulation）特性的物件，可被視為獨立的「黑盒子」，我們只要知道它可以執行的特定功能，而不必知道其內部的實作方式（Implementation），此即資訊隱藏（Information Hiding）。串接或整合數個「黑盒子」，可以建立一個大而複雜的系統。由於封裝的特性，我們可以在不影響系統工作的前提下，自由地替換另一較佳效率的「黑盒子」，大大提升軟體的可重用性和安全性，讓複雜系統的開發和維護更有效能。大部分的情況，只要使用 Visual C# NET Framework 所提供的內建類別就足夠了。本章將探討物件導向程式設計中，關於封裝的重要相關議題，為自行設計封裝類別，奠定穩固的基礎。

18-1 定義封裝性類別

透過類別與類別成員的存取權限，來定義具有封裝性的類別，讓開發之程式能夠符合物件導向精神是非常重要的第一步。類別的定義必須使用關鍵字「class」來完成，定義類別的格式如下：

```
[類別存取修飾詞] class 類別名稱 {
    //類別成員（屬性與方法）的宣告（預設存取為 private）
    [存取修飾詞] [static] 資料型別  變數名稱 ;
    [存取修飾詞] [static] 傳回值型態  方法名稱（參數1,參數2,…）{
                程式碼
                [return 值|運算式;]
    }
    ……
}
```

　　類別可以使用的存取修飾詞（Access Modifier）有 public 和 internal（巢狀類別可以使用更多的存取修飾詞，本書並不會討論），如果省略的話，預設是 internal。internal 表示只能在相同組件中（目前專案）存取此類別。 public 表示其存取沒有限制，可以從任何地方存取此類別。

　　要稍加說明的是：組件是 .NET Framework 應用程式的基本建置組塊。組件只有在需要時才會載入記憶體，不使用時不會載入。這表示你可以使用組件，有效率地管理較大型專案中的資源。當你建置簡單的 C# 應用程式時， Visual Studio 會以單一可攜式執行檔的形式建立組件，特別是 EXE 或 DLL。所以，目前我們把專案中的程式碼視為相同組件就可以了。

　　在 C# 中，變數和方法一定包含在類別之內，無法獨立存在。定義在類別中的變數稱為「資料成員（Data Member）」或「欄位（Field）」，如果沒有加上關鍵字 static，又稱為「實體變數（Instance Variable）」。定義在類別中的函式稱為「方法」，或是「成員方法」，如果沒有加上 static，又稱為「實體方法（Instance Method）」。實體變數和方法必須透過物件（實體）才能被存取和呼叫。

　　類別成員的存取修飾詞是類別封裝的具體實現，常用的存取修飾詞有 private、internal、 protected 和 public，如果省略的話，預設是 private。若將類別成員宣告為 public，表示其存取沒有限制，即允許目前應用程式中的所有類別均可存取。若宣告為 private，表示只允許在類別內部使用。若宣告為 internal，表示只能被相同組件中的類別所存取。而 protected 則可以在類別內部以及其子類別中使用。類別成員之存取修飾詞的存取範圍層級（Access Level），整理如表 18-1 所示：

表 18-1　類別成員之存取修飾詞的存取範圍層級

範圍	None 或 private	internal	protected	public
同一類別	V	V	V	V
同一組件中的子類別		V	V	V
同一組件，不是子類別		V		V
不同組件中的子類別			V	V
不同組件，也非子類別				V

　　請注意：成員的存取範圍絕不可大於其所屬類別的存取範圍。例如： internal 類別中宣告的 public 方法只有 internal 存取範圍。接下來，我們以例子探討類別封裝與成員存取的重要觀念。我們以表單上的按鈕來進行各功能的測試，介面如下圖所示：

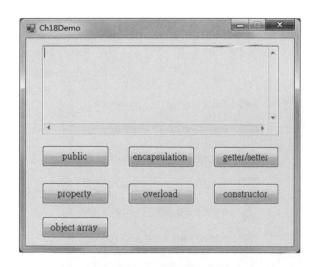

先新增一個「CH18\ClassesDemo」的「Windows Forms App」專案，其中「CH18」為方案名稱。將表單檔案名稱更名為「Ch18Demo.cs」，然後，然後，依人機介面的設計，在表單中依序加入文字盒、按鈕等通用控制項，並且在屬性視窗中設定控制項屬性。本例中，控制項的屬性設定如下所示：

1. 表單的 Name 設為「Ch18Demo」，Text 為「Ch18Demo」，Font 大小為 12pt。
2. 將顯示結果之文字盒的 Name 設為「txtOutput」，因為要顯示多行而且唯讀，所以，屬性 MultiLine 要設為 True、屬性 ReadOnly 要設為 True；同時將屬性 ScrollBar 設為 Both；屬性 WordWrap 設為 False；屬性 BorderStyle 設為 Fixed3D。
3. 「public」 鈕 的 Name 設 為「btnPublic」，「encapsulation」 鈕 的 Name 設 為「btnPrivate」，「getter/setter」 鈕 的 Name 設 為「btnGetSet」，「property」 鈕 的 Name 設 為「btnProperty」，「overload」 鈕 的 Name 設 為「btnOverload」，「constructor」鈕的 Name 設為「btnConstructor」，而「object array」鈕的 Name 屬性設為「btnObjectArray」。

▶ **定義 MyTime1 類別，包含 Hour、Minute、Second 三個實體變數**

我們可以在專案中加入自訂的類別。首先，以右鍵點選專案名稱「ClassesDemo」，執行快顯功能表的「加入 > 類別」，會出現**「新增項目」對話方塊視窗**，如下圖所示。在「名稱」欄的預設檔名是「Class1.cs」，將其更改為「MyClass.cs」，然後，按「新增」鈕，就會看到「MyClass.cs」的程式碼編輯視窗。請先將預設建立之空的 MyClass 類別宣告刪除，然後，輸入下列定義 MyTime1 類別的程式碼：

```
class MyTime1 {
    int Hour;
    int Minute;
    int Second;
}
```

請注意：這三個「資料成員」都是「實體變數」，也就是說，必須建立物件，這些實體變數才會有記憶體可供存取。同時，**並未指明其存取修飾詞，所以預設是 private**。

▶ 建立與存取 MyTime1 類別的物件

在表單 Ch18Demo「public」鈕的 btnPublic_Click 事件程序中，使用 new 運算子，依照類別為藍圖來建立物件（配置記憶體），並且傳回指向此物件的參考。如 3-1 節所示，物件是使用參考資料型態，因此，我們將此物件參考存到物件變數 now 中，如下所示：

```
MyTime1 now = new MyTime1();
```

此時，物件變數 now 所參考的物件，稱為類別 MyTime1 的一個實例或實體（Instance）。為了方便起見，物件變數 now 所參考的物件可稱為 now 物件。請記得：相同類別所產生的每一個物件都各自配置一份獨立記憶體，也就是說，有相同的實體變數名稱，但是其記憶體並不相同，彼此不互相干擾。

現在，輸入下列測試的程式碼：

```
now.Hour = 10;
now.Minute = 30;
now.Second = 30;
```

如第 3 章所述，實體變數的存取方式如下所示：

物件變數(名稱).實體變數名稱

因此，now.Hour 存取的是 now 物件的 Hour 變數。假如宣告另一物件變數 n2：

```
MyTime1 n2 = new MyTime1();
n2.Hour = 20;
n2.Minute = 50;
n2.Second = 45;
```

則 n2.Hour 存取的是 n2 物件的 Hour 變數。

但是，現在程式產生編譯錯誤，例如：

'「專案名稱」.MyTime1.Hour'的保護層級導致無法對其進行存取

為什麼會出現這些編譯錯誤呢？因為**成員的預設存取層級為** private，只能在類別 MyTime1 中被存取，而無法在表單類別 Ch18Demo 中存取。如何修正呢？

最簡單的方法就是將資料成員的存取層級改為 public，就可以被任何類別存取，如下所示：

```
class MyTime1 {
    public int Hour;
    public int Minute;
    public int Second;
}
```

如此，即可通過編譯，也可以將物件內容輸出。

表單 Ch18Demo 的介面以及「public」按鈕的執行結果如下圖所示：

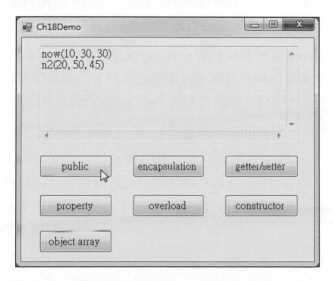

而「public」按鈕的 Click 事件處理程序如下所示：

```
private void btnPublic_Click(object sender, EventArgs e){
    MyTime1 now = new MyTime1();
    now.Hour = 10;
    now.Minute = 30;
    now.Second = 30;
    string res = "now(" + now.Hour + ", " + now.Minute + ", " +
                                        now.Second + ")\r\n";
    MyTime1 n2 = new MyTime1();
    n2.Hour = 20;
    n2.Minute = 50;
    n2.Second = 45;
    res += "n2(" + n2.Hour + ", " + n2.Minute + ", " + n2.Second + ")";
    txtOutput.Text = res;
}
```

但是，試試看，下列敘述可以通過編譯和執行嗎？

```
now.Hour = 30;
```

顯然可以正常執行。問題是，該執行結果合理嗎？ Hour 的合理範圍應該是 0 到 23，當表單類別 Ch18Demo 有意無意間執行上述敘述時，在類別 MyTime1 中如何進行範圍檢查，以確保資料的有效性呢？類別的封裝在這裡就可以發揮作用了。

▶ **具封裝性的 MyTime 類別**

封裝的基本精神就是保護類別的資料成員，不要讓存取範圍以外的人有任何更改資料進而破壞資料完整性的可能。最典型的作法就是將保護的資料成員加上 private 存取修飾詞，宣告其僅供類別內部直接使用。然後，類別外部的人只能透過公開（public）的方法，有條件的間接存取 private 的資料成員。

簡單的說，將 private 之資料成員與 public 之成員方法封裝起來，即為 encapsulation。藉此，類別設計者可以決定公開和保護哪些資料，這些被保護的資料只能經由限定的公開方法來存取，所以，在這些方法中就可以進行資料存取的檢查。

(1) private 資料成員與 public 成員方法

現在，我們在「MyClass.cs」中另外定義一個 MyTime 類別，以 private 來隱藏資料成員，然後，公開 getTime( ) 方法讓外界只能取得特定格式的輸出資訊，以及 3 個參數的 setTime(~) 方法讓外界只能以傳入的時、分、秒參數來設定物件的內容，程式碼如下所示：

```
class MyTime {
    private int Hour;
    private int Minute;
    private int Second;
    public string getTime( ) {
        return Hour + ":" + Minute + ":" + Second;
    }
    public void setTime(int h, int m, int s) {
        Hour = h; Minute = m; Second = s;
    }
}
```

接著，在「encapsulation」鈕的 btnPrivate _Click 事件處理程序中，輸入下列程式碼：

```
MyTime now = new MyTime();
now.Hour = 30;
now.Minute = 30;
now.Second = 30;
```

但是，因為 MyTime 類別的 Hour 等變數是 private，你可以發現「保護層級導致無法對其進行存取」的錯誤。現在，表單類別 Ch18Demo 必須通過 MyTime 類別開放的 setTime( ) 方法來進行設定，程式碼修正如下所示：

```
now.setTime(30, 30, 30);
```

如此，可以正常執行，同理，你必須以 public 的 getTime( ) 方法來取得內容並且輸出，如下所示：

```
txtOutput.Text = "now(" + now.getTime()+ ")\r\n";
```

輸出的結果為「now(30:30:30)」。

(2) 在成員方法檢查資料的有效性

但是，將 Hour 設為 30 並不合理，所以，**我們改寫 MyTime 類別的 setTime( ) 方法，進行資料範圍的檢查，以確保資料的有效性**。假如資料在合理範圍內才真正進行變更，若資料超出範圍，為了簡單起見，先假設不予處理。程式碼改寫如下所示：

```
public void setTime(int h, int m, int s) {
    //假設超出範圍，則不處理
    if (h < 0 || h > 23) return;
    if (m < 0 || m > 59) return;
```

```
    if (s < 0 || s > 59) return;
    Hour = h; Minute = m; Second = s;
}
```

現在，如下圖所示，now 物件的輸出結果為「now(0:0:0)」。你可以發現 Hour 並沒有被變更為 30，還是原來的預設值 0。因為有資料超出範圍，就不予處理，所以，Minute 和 Second 也沒有被變動，仍是建立物件時所給的預設值 0。我們在「encapsulation」按鈕 Click 事件處理程序中，建立另一個名為 n2 的 MyTime 物件，同時以時間的有效值「20:50:45」進行設定並且輸出，完整的程式碼如下所示：

```
private void btnPrivate_Click(object sender, EventArgs e){
    MyTime now = new MyTime();
    now.setTime(30, 30, 30);
    string res = "now(" + now.getTime() + ")\r\n";
    MyTime n2 = new MyTime();
    n2.setTime(20, 50, 45);
    res += "n2(" + n2.getTime() + ")\r\n";
    txtOutput.Text = res;
}
```

「encapsulation」按鈕的執行結果如下圖所示：

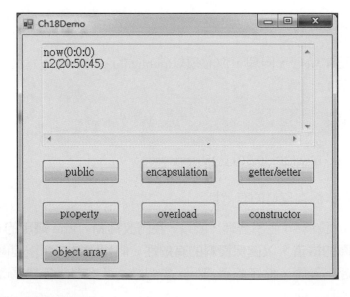

▶ **私有變數的公開存取方法**：getter/setter

我們也可以依照類別設計的需求，為私有變數定義必要的公開 getter/setter 存取方法（窗口），讓類別的使用更具彈性。現在，我們為 MyTime 類別的私有變數 Hour、Minute、Second 分別定義對應的公開 getter/setter 方法，其程式碼如下所示：

```
//getter methods
    public int getHour() { return Hour; }
    public int getMinute() { return Minute; }
    public int getSecond() { return Second; }
    //setter methods
    public void setHour(int h){
        if (h < 0 || h > 23) return; //資料範圍檢查
            Hour = h;
    }
    public void setMinute(int m){
        if (m < 0 || m > 59) return; //資料範圍檢查
            Minute = m;
    }
    public void setSecond(int s){
        if (s < 0 || s > 59) return; //資料範圍檢查
            Second = s;
    }
```

現在，我們可以利用新增的 getter/setter 方法，對 MyTime 物件進行更有彈性的存取。例如：我們利用 setter 方法分別指定變數 Hour、Minute、Second 的值，之後，除了利用 getTime() 取得固定格式的時間資訊之外，也可以利用 getter 方法分別取得變數 Hour、Minute、Second 的值，然後以自訂的格式來輸出時間資訊。我們在表單 Ch18Demo 上以「getter/setter」按鈕來進行測試，其 Click 事件處理程序如下所示：

```
private void bntGetSet_Click(object sender, EventArgs e){
    MyTime now = new MyTime();
    now.setHour(30);
    now.setMinute(30);
    now.setSecond(30);
    string res = "now(" + now.getTime() + ")\r\n";
    res += "Hour = " + now.getHour() + "\r\n";
    res += "Minute = " + now.getMinute() + "\r\n";
    res += "Second = " + now.getSecond() + "\r\n";
    txtOutput.Text = res;
}
```

「getter/setter」按鈕的執行結果如下圖所示：

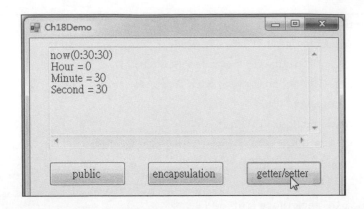

18-2 Property（屬性）成員的存取：get和set 程式區塊

　　將資料成員設為 private，可以避免資料不慎遭人破壞，但是，完全無法在類別外部存取。上一節透過限定的 public 方法來存取這些被保護的資料，同時，在方法中進行資料範圍的檢查。另外，我們也可以透過公開的屬性（Property）成員來存取這些私有成員。屬性成員的簡要語法如下：

```
[存取修飾詞] [static] 回傳值資料型別屬性名稱
{
    get { //讀取
        [程式碼區塊] //可以進行各種處理
        return 資料成員; //private，或予以計算傳回
    }
    set { //存入
        [程式碼區塊] //可以檢查資料範圍
        資料成員 = value; //value是要存入的值
    }
}
```

　　屬性是經由 get 存取子（Accessor）和 set 存取子進行資料存取，如果是唯讀屬性，就只有 get 存取子，而沒有 set 存取子。 get 存取子的程式碼區塊會於讀取屬性時執行；而 set 存取子的程式碼區塊會在指派新值給該屬性時執行。

　　一般而言， get 存取子用來傳回 private 資料成員的值，或予以計算並且傳回。 set 存取子可以將 private 資料成員的值指定成 value。由於屬性的 get 和 set 存取子都有程式碼區塊，所以，可以撰寫程式碼對屬性值做各種處理。例如：檢查資料範圍等，如此，屬性可以保護物件的正當存取。

　　請注意：屬性是欄位（變數）和方法的綜合體。屬性的 get 和 set 存取子並不是方法，無法被呼叫來執行。屬性並不會歸類為變數，因此，您無法將屬性當成 ref 或 out 參數來進行傳遞。

　　現在，我們在類別 MyTime 中，為 private 變數 Hour 宣告一個對應的公開屬性 mHour，其程式碼如下所示：

```
public int mHour {
    get { return Hour; }
    set {
        if (value < 0 || value > 23) return;
        Hour = value;
    }
}
```

　　以同樣的方式，分別宣告 private 變數 Minute 和 Second 所對應的公開屬性 mMinute 和 mSecond，其檢查的資料範圍是 0 到 59。然後，在表單類別 Ch18Demo 之「property」按鈕的 btnProperty_Click 事件處理程序中，透過新增的 public 屬性來進行設定，如下所示：

```
MyTime now = new MyTime();
now.mHour = 30;
now.mMinute = 30;
now.mSecond = 30;
```

　　mHour 的 set 存取子會檢查資料範圍，發現不是有效資料，所以，並不會改變 Hour 的值，而 mMinute 和 mSecond 的 set 存取子會接受其設定值 30，因此，改變了 Minute 和 Second 的值。接著，你可以藉由這些 public 屬性來取得內容值並且輸出，如下所示：

```
txtOutput.Text = "Hour = " + now.mHour + ", "
            + "Minute = " + now.mMinute + ", "
            + "Second = " + now.mSecond + "\r\n";
```

點選「property」按鈕後，輸出的結果如下圖所示：

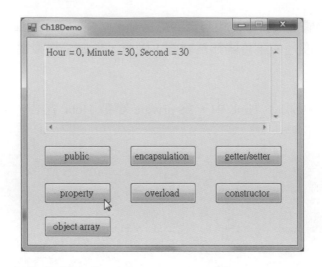

你可以發現，Hour 並沒有被變更為 30，還是原來的預設值 0。因此，經由屬性的 get 和 set 存取子，同樣可以確保資料的有效存取。

18-3 方法多載、建構子與解構子

在第 9 章中介紹過方法多載（Method Overloading）的觀念。在 C# 的類別中允許定義兩個以上的同名方法，只要其傳遞的參數個數或資料型態不同即可，此即「多載」（Overloading）。編譯器（Compiler）會自動根據方法的參數個數和資料型態，決定要呼叫哪一個多載方法。現在，我們可以在類別 MyTime 中，新增另一個 2 個參數的 setTime(int, int) 方法，只需要傳入時數和分數，秒數則不更動，如下所示：

```
public void setTime (int h, int m) {
    if(h < 0 || h > 23) return;
    if(m < 0 || m > 59) return;
    Hour = h; Minute = m;
}
```

現在，在表單 Ch18Demo 的「overload」按鈕的 btnOverload_Click 事件程序中，執行下列程式碼：

```
MyTime now = new MyTime();
now.setTime (21, 40);
string res = "now(" + now.getTime() + ")\r\n";
now.setSecond(50);
res += "now(" + now.getTime() + ")\r\n";
now.setTime(10, 50);
res += "now(" + now.getTime() + ")\r\n";
txtOutput.Text = res;
```

當執行 now 物件的 setTime (21, 40) 之後，其輸出的結果為「now(21:40:0)」，你可以發現，Hour 和 Minute 的值分別為 21 和 40，Second 為預設值 0，並沒有被更動，這是經由多載機制呼叫「setTime (int h, int m)」的結果。

接著，利用 setSecond(50) 將 now 物件的 Second 值設定為 0，其輸出的結果變成「now(21:40:50)」。最後，再執行 now 物件的 setTime (10, 50)，其呼叫了 2 個參數的 setTime(int, int) 方法，將 Hour 和 Minute 的值分別重設為 10 和 50，輸出的結果變成「now(10:50:50)」，你可以發現，Second 的值並沒有被更動。「overload」按鈕的執行結果如下圖所示：

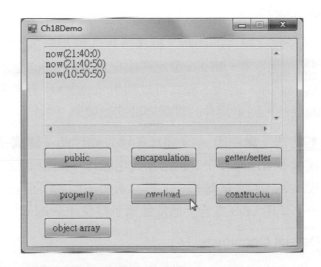

▶ 將驗證資料有效性的程式碼，獨立為 private 方法

現在，類別 MyTime 中有兩個 setTime() 方法，都會檢查資料範圍。為了統一檢查資料的程式碼，可以將其獨立為一個 private 方法，只供內部使用，如下所示：

```
private bool validTime(int h, int m, int s) {
    if (h < 0 || h > 23) return false;
    if (m < 0 || m > 59) return false;
    if (s < 0 || s > 59) return false;
    return true; //合法資料
}
```

方法 validTime(int h, int m, int s) 會檢查時、分、秒是否在有效的範圍內，如果是合法則回傳 true；否則，回傳 false。以後，如果需要變動資料檢查的程式碼時，只要修改 validTime() 方法即可，比較容易維護。有了 validTime() 方法，兩個 setTime() 方法可以改寫成如下的程式碼：

```
public void setTime(int h, int m, int s) { //假設超出範圍,則不處理
    if ( validTime(h, m, s) ) {
        Hour = h; Minute = m; Second = s;
    }
}
public void setTime(int h, int m) { //假設超出範圍,則不處理
    if ( validTime(h, m, 0) ) {
        Hour = h; Minute = m;
    }
}
```

▶ 建構子(Constructor)

當使用 new 運算子建立物件的同時,編譯器會依照預設規則來初始化實體變數。例如: int 型別初始化為 0、double 型別初始化為 0.0、bool 型別初始化為 false、參考型別初始化為 null 等。之後,程式可以利用 setXXX() 方法來設定其內容值。可以在建立物件的同時,指定物件的實體變數初始值嗎?

建構子是特殊的方法,當使用 new 運算子建立物件時,建構子會自動被呼叫,利用這個特性,建構子常用來作為物件的初始化動作。例如:設定變數初始值、配置記憶體、開啟檔案等。類別的建構子名稱必須和類別名稱相同,而且,建構子沒有回傳值,所以不必使用 void 宣告。通常建構子是使用 public 修飾子進行宣告。

▶ 預設建構子(Default Constructor)

在類別 MyTime 目前的定義中,我們並沒有宣告任何建構子,為什麼程式還是可以正常運作呢?**因為如果沒有宣告建構子, C# 編譯器會自動提供一個無參數的預設建構子**,甚麼事也沒有做。以類別 MyTime 而言,其預設建構子如下所示:

```
public MyTime() { }
```

請注意,如果你有宣告任何建構子,則 C# 編譯器就不會自動提供預設建構子了。

▶ 建構子多載

建構子是一種方法,所以建構子也可以多載。現在,我們加入兩個自訂的建構子,一個可以接收時、分、秒三個參數;另一個可以接收時和分兩個參數。當建立物件的同時,會呼叫對應的建構子,以設定物件內時、分、秒的初始值。當然,設定初值前也必須先檢查資料的有效性。因為已經有兩個可以設定和檢查時、分、秒的 setTime() 方法,所以,我們可以直接利用這兩個方法,以便將相同邏輯的程式碼,盡可能隔離在一起,如此,可增加程式的可維護性。如下所示:

```
public MyTime(int h, int m, int s) {
    setTime(h, m, s);
}
public MyTime(int h, int m) {
    setTime(h, m);
}
```

但是，此時你應該會**發現編譯錯誤**：「不包含使用 '0' 引數的建構函式」。為什麼？因為目前建立的物件都是呼叫編譯器自動提供的預設建構子，但是，當我們加入兩個自訂的建構子之後，編譯器不會再提供無參數的預設建構子，因此，造成編譯錯誤。我們可以主動補上上述的預設建構子，成為沒有參數的建構子，就可以解決此錯誤。

現在，我們可以使用多載建構子來設定 MyTime 物件的初始值了，我們在表單 Ch18Demo 上以「constructor」按鈕來進行測試，其 Click 事件處理程序如下所示：

```
private void btnConstructor_Click(object sender, EventArgs e){
    MyTime t0 = new MyTime();   //預設（沒有參數）建構子
    t0.setTime(9, 30, 50);
    MyTime t1 = new MyTime(9, 30, 50);   //三個參數建構子
    MyTime t2 = new MyTime(21, 40);   //兩個參數建構子
    string res = "t0(" + t0.getTime() + ")\r\n";
    res += "t1(" + t1.getTime() + ")\r\n";
    res += "t2(" + t2.getTime() + ")\r\n";
    txtOutput.Text = res;
}
```

「constructor」按鈕的執行結果如下圖所示：

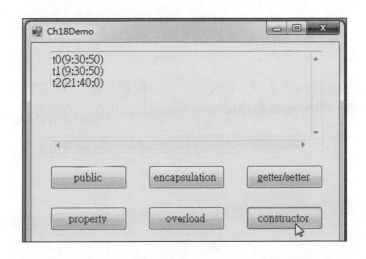

C#

▶ **程式練習**：物件陣列

多個同類別或相容類別（具有繼承或實作關係，後續章節會討論）的物件可以構成一個物件陣列。現在，我們以不同的方式來建立 3 個 MyTime 物件，並將其存入物件陣列 tArray 中。第一個物件是以預設建構子建立，之後才呼叫 2 個參數的 setTime() 方法來指定物件內時、分、秒的值。其他兩個物件則是在建立的同時，就使用多載建構子來設定物件的初始值，程式碼如下所示：

```
MyTime[] tArray = new MyTime[3];
tArray[0] = new MyTime();
tArray[0].setTime(21, 40);
tArray[1] = new MyTime(9, 30, 50);
tArray[2] = new MyTime(10, 30, 30);
```

請記得，相同類別所產生的每一個物件，其實體變數各自有一份獨立的記憶體，因此，可以儲存不同的值。物件陣列 tArray 的記憶體示意圖，如圖 18-1 所示：

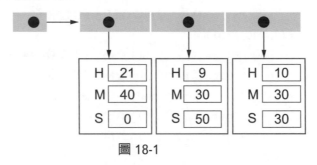

圖 18-1

現在，我們利用 for 迴圈以及呼叫 getTime() 方法，將物件陣列的內容逐一印出，程式碼如下所示：

```
txtOutput.Text = "";
for(int i = 0; i < 3; i++)
    txtOutput.Text += "物件" + i + ": " + tArray[i].getTime() + "\r\n";
```

我們在表單 Ch18Demo 上以「object array」按鈕來進行測試，將上述程式碼輸入 btnObjectArray_Click 事件處理程序中，其執行結果如下圖所示：

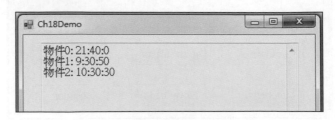

▶ 解構子（Destructor）

在物件結束被釋放前，會自動被呼叫的方法，稱為解構子。解構子通常用來釋放物件中已佔用的檔案、網路、資料庫等資源。一般而言，C# 程式並不需要進行太多的記憶體管理，因為 .NET Framework 的垃圾收集器（Garbage Collector）會在適當時機自動進行記憶體回收的動作，但是未必會立即就進行回收。程式可以利用「System.GC.Colloect();」立即啟動記憶體回收機制。

一個類別只能有一個解構子，程式不用也無法主動呼叫解構子。解構子的名稱是在類別名稱前加上「~」符號所構成，對解構子而言，public 是一個無效的修飾詞。我們可以為 MyTime 類別建立一個自訂的解構子，顯示物件已釋放的訊息，如下所示：

```
~MyTime() { //不可加上 public
    MessageBox.Show("*** 物件已釋放 ***");
} //必須 using System.Windows.Forms;才能使用 MessageBox
```

執行目前表單 Ch18Demo 的任何按鈕的事件處理程序，會已建立多個 MyTime 物件。現在關閉表單以結束應用程式，會進行物件記憶體的回收，此時，解構了被執行，可以看到多個訊息對話盒的顯示。請注意：此訊息對話盒只是測試用，如果沒有必要，可以不用定義解構子。

▶ 完整的 MyTime 類別

我們將目前為止所討論具有封裝特性的 MyTime 類別，列表如下以供參考。其完整的程式碼請參考專案「CH18\ClassesDemo」的「MyClass.cs」，而測試用的表單，其完整的程式碼請參考專案「CH18\ClassesDemo」的「Ch18Demo.cs」。

```
class MyTime {
    private int Hour; //實體變數成員
    private int Minute;
    private int Second;
    public MyTime(int h, int m, int s) { //constructor
        setTime(h, m, s);
    }
    public MyTime(int h, int m) {
        setTime(h, m);
    }
    public MyTime() { } //default constructor
    public void setTime(int h, int m, int s) {
        if ( validTime(h, m, s) ) {
            Hour = h; Minute = m; Second = s;
        } //假設超出範圍，則不處理
```

```
    }
    public void setTime(int h, int m) {
        if ( validTime(h, m, 0) ) {
            Hour = h; Minute = m;
        }
    }
    private bool validTime(int h, int m, int s) {
        if (h < 0 || h > 23) return false;
        if (m < 0 || m > 59) return false;
        if (s < 0 || s > 59) return false;
        return true; //合法資料
    }
    public string getTime() {
        return Hour + ":" + Minute + ":" + Second;
    }
    //getter methods
    public int getHour() { return Hour; }
    public int getMinute() { return Minute; }
    public int getSecond() { return Second; }
    //setter methods
    public void setHour(int h){
        if (h < 0 || h > 23) return; //資料範圍檢查
        Hour = h;
    }
    public void setMinute(int m){
        if (m < 0 || m > 59) return; //資料範圍檢查
        Minute = m;
    }
    public void setSecond(int s){
        if (s < 0 || s > 59) return; //資料範圍檢查
        Second = s;
    }

    public int mHour { //property
        get { return Hour; }
        set { if (value < 0 || value > 23) return;
            Hour = value;
        }
    }
    public int mMinute {
        get { return Minute; }
        set { if (value < 0 || value > 59) return;
            Minute = value;
        }
    }
    public int mSecond {
```

```
        get { return Second; }
        set { if (value < 0 || value > 59) return;
            Second = value;
        }
    }
    ~MyTime() { //不可加上 public
        //MessageBox.Show("*** 物件已釋放 ***");
    } //必須 using System.Windows.Forms;
}
```

18-4 this 和 this() 的使用

　　類別中的實體變數和方法必須透過物件（實體）才能被存取和呼叫。在類別外，我們以「物件變數.實體變數」來存取實體變數，以「物件變數.實體方法()」來呼叫實體方法。但是，在類別內，如何表示物件實體本身，以使用同類別的實體成員呢？例如，給定下列程式敘述：

```
MyTime t1 = new MyTime(9, 30, 50);
MyTime t2 = new MyTime(10, 30, 30);
string res = "t1(" + t1.getTime() + ")\r\n";
res += "t2(" + t2.getTime() + ")\r\n";
```

　　請思考一下，同樣的 getTime() 方法被呼叫了，但是，方法內並沒有明確指定是哪一個 MyTime 物件，為什麼能存取到正確物件的值呢？這是因為隱含使用 this 關鍵字的關係。

　　當實體方法被呼叫時，使用 this 關鍵字能夠參考到呼叫的物件本身（目前作用中的物件），因此，在實體方法內，可以使用「this.實體變數」來存取實體變數，以「this.實體方法()」來呼叫實體方法。例如：當 setTime(~) 方法被呼叫時，this.Hour 表示目前作用中物件的實體變數 Hour，而 this.validTime(~) 表示同物件的實體方法 validTime(~)。然而，**C# 預設會隱含以 this 來使用同類別的實體成員**，因此，可以將 this 省略。當有同名衝突，而必須明確指定實體成員時，才必須加上 this。

　　例如：為了方便變數的命名，我們可以將 setTime() 方法的三個參數（區域變數）命名為 Hour、Minute 和 Second。此方法會以指定敘述將這三個參數的值存入實體變數 Hour、Minute 和 Second 中。下列的寫法正確嗎？

```
public void setTime(int Hour, int Minute, int Second) {
    if ( validTime(Hour, Minute, Second) ) {
```

```
        Hour = Hour; //此 Hour都是區域變數
        Minute = Minute;
        Second = Second;
    } //假設超出範圍，則不處理
}
```

請注意：當「區域變數」和「實體變數」同名時，是以「區域變數」為優先。所以，上述的寫法只是將「區域變數」存入「區域變數」，並不是我們想要的將「區域變數」存入「實體變數」。這時候就必須依靠 this 來區分了，如下所示：

```
public void setTime(int Hour, int Minute, int Second) {
    if ( validTime(Hour, Minute, Second) ) {
        this.Hour = Hour; //區分「區域變數」和「實體變數」
        this.Minute = Minute;
        this.Second = Second;
    } //假設超出範圍，則不處理
}
```

另一方面，**我們可以使用 this(~) 來呼叫同類別的另一個建構子**。請注意：必須在方法參數列的右括號之後，加上「:」，才能再寫 this(~) 的敘述。例如：我們可以改寫 MyTime 類別中兩個參數的建構子，以 this(~) 呼叫另一個三個參數的建構子，也可以達成相同的目的，如下所示：

```
public MyTime(int h, int m) : this(h, m, 0) { }
```

18-5 UML類別圖

UML（Unified Modeling Language，統一塑模語言）是針對應用程式塑模（Application Modeling）而設計的一種語言，透過一致的規範語法和標準圖形符號，方便程式分析者和設計者進行溝通。我們可以使用 UML 類別圖來描述類別的內容，在 UML 類別圖的最上方是類別名稱，中間是成員資料，下方是成員方法，如圖 18-2 所示。

成員資料和方法前的加號表示其為 public 成員，減號是 private 成員，#號是 protected 成員（繼承時會用到）。成員後宣告的是資料型態，冒號用來隔開成員名稱和資料型態。類別的建構子也是成員方法，只是在前面加上 <<constructor>>。例如：我們可以以圖 18-2 的 UML 類別圖來描述自訂的 Date 類別：

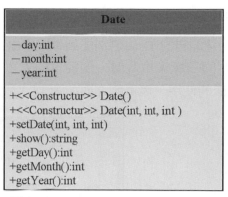

圖 18-2

由 UML 類別圖可看出：類別名稱是 Date，有 3 個 private 成員 day、month、year，2 個建構子，另有 5 個可用的公開成員方法及其方法原型（Prototype）。方法 show( ) 用來輸出物件的內容，其回傳資料型態是 string。我們將其輸出格式定義爲「month-day-year」。有了這些必要的資訊，就可以將其轉換成對應的程式碼，如下所示：

```
class Date {
    private int day;
    private int month;
    private int year;
    public Date() { //default constructor
        day = 1; month = 1; year = 2000;
    }
    public Date(int d, int m, int y) { //constructor
        day = d; month = m; year = y;
    }
    public void setDate(int d, int m, int y) {
        day = d; month = m; year = y;
    }
    public string show( ) {
        return month + " -" + day + " -" + year;
    }
    public int getDay() { return day; }
    public int getMonth() { return month; }
    public int getYear() { return year; }
}
```

請注意：爲了簡單起見，我們並沒有檢查資料的有效範圍。另外，也可以將預設建構子改寫如下：

```
public Date():this(1, 1, 2000) { }
```

▶ **程式練習**：類別 Date 的使用

我們將上述的自訂 Date 類別加到專案「CH18\ClassesDemo」的「MyClass.cs」中，接著，在同一專案中新增一個簡單的表單「DateForm.cs」作為起始表單，來測試類別 Date 的使用。表單的介面如圖 18-3 所示：

圖 18-3

三個 TextBox 可用來輸入年、月、日，其 Name 屬性分別為 txtYear、txtMonth 和 txtDay。輸出的標籤控制項，其 Name 屬性為 lblOutput。當輸入年、月、日，按下「輸出」鈕之後，可以建立一個 Date 類別的物件，同時將物件的內容輸出。首先，取得使用者的輸入，轉成整數後，暫存在變數 y、m、d 中，如下所示：

```
int y = Convert.ToInt32(txtYear.Text);
int m = Convert.ToInt32(txtMonth.Text);
int d = Convert.ToInt32(txtDay.Text);
```

接著，有兩種方式可以建立對應的 Date 物件。一種是利用預設建構子來建立，內容都是預設值，之後再利用 setDate(d, m, y) 方法指定真正的輸入值，如下所示：

```
Date date = new Date();
date.setDate(d, m, y);
```

另一種方式是直接在建立物件時，就以對應的多載建構子來指定真正的內容值，如下所示：

```
Date date = new Date(d, m, y);
```

建立物件後，可以呼叫 public 的實體方法 show()，以固定的「month-day-year」格式進行輸出，如下所示：

```
lblOutput.Text = date.show();
```

如果輸出的格式有不同的變化時，就必須先利用 getYear()、getMonth() 和 getDay() 分別取得年、月、日的細部資訊，再依據需求的格式輸出即可。

18-6 類別 Person的定義與使用

本節我們再定義一個較複雜的 Person 類別，同時討論使用其物件的程式。我們將 Person 類別的 UML 類別圖拆解說明如下：

▶ 類別名稱：Person

▶ 成員資料

```
- name : string //"unknown"（預設值）
- age : int //19 （預設值）
  gender : char //'男' （預設值）
- date : Date //(1, 1, 2000) （預設值）
```

Person 類別產生的物件有 4 個私有成員，分別是 name（名字）、 age（年齡）、 gender（性別）和 date（生日），其中， date 也是一個物件，這種「物件內含另一個物件成員」的關係，稱為「has-a」關係（has-a relationship）。例如：每個人都「有一個」生日，就是一種「has-a」關係。

▶ **成員方法**

```
+<<constructor>> Person()
+<<constructor>> Person(string, int, char)
+<<constructor>> Person(string, int, char, Date)
+setName(string)
+setAge(int)
+setGender(char)
+setDate(Date)
+getName() : string
+getAge() : int
+getGender() : char
+getDate() : Date
+show() : string
```

Person 類別有 3 個建構子，各有 4 個公開的存值方法（Setter Methods）及取值方法（Getter Methods）。其方法原型（Prototype）條列如上。另有方法 show( )用來輸出物件的內容，其回傳資料型態是 string，其輸出格式如下所示：

```
名字 = Tom
年齡 = 21
性別 = 男
生日 = 10-30-1990
```

► Person 類別的程式碼

有了 UML 類別圖所提供的規格，就可以將其轉換成對應的程式碼，如下所示：

```
class Person {
    private string name;
    private int age;
    private char gender;
    private Date date;
    //constructors
    public Person() {
        name = "unknown";
        age = 19;
        gender = '男';
        date = new Date();
    }
    public Person(string n, int a, char g) {
        name = n;
        age = a;
        gender = g;
        date = new Date();
    }
    public Person(string n, int a, char g, Date d) {
        name = n;
        age = a;
        gender = g;
        date = d;
    }
    //setter methods
    public void setName(string n) { name = n; }
    public void setAge(int a) { age = a; }
    public void setGender(char g) { gender = g; }
    public void setDate(Date d) { date = d; }
    //getter methods
    public string getName() { return name; }
    public int getAge() { return age; }
    public char getGender() { return gender; }
    public Date getDate() {
        if (date != null)
            return new Date(date.getDay(), date.getMonth(), date.getYear());
        else return null;
```

```
    }
    public virtual string show() {
        string str = "名字 = " + name + "\r\n";
        str += "年齡 = " + age + "\r\n";
        str += "性別 = " + gender + "\r\n";
        str += "生日 = " + date.show();
        return str;
    }
} //class Person
```

為了簡化起見，我們在 setter 方法中並沒有特別檢查其參數值的合法性。在真實狀況中，這是務必要檢查的。另外，當執行下列敘述：

```
    new Person();
```

會建立 Person 物件和 Date 物件，其示意圖如下所示。

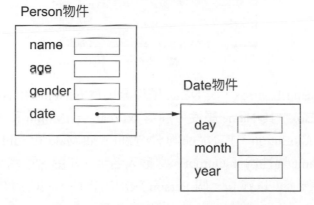

由圖中可知，date 是參考資料型態的變數，參考到 Date 物件。請特別注意，為了確保 Person 物件中關於 Date 成員（has-a 關係的成員）的資料封裝性，getDate() 方法不能直接回傳 Date 物件的參考（例如 return date;），以免他人利用該物件的參考改變了物件的內容。取而代之的是必須新建立一個相同內容值的 Date 物件再回傳，如 getDate() 方法的程式碼所示。請特別注意此種用法。

另外，請注意：生日變數 date 是一個類別 Date 的物件，而 Person 類別的方法 show( ) 對於生日的輸出格式是「month-day-year」，剛好和類別 Date 的 show( ) 輸出格式相同，因此，我們直接呼叫 date.show() 來取得生日的輸出資訊。如果生日有不同的輸出格式時，就必須先利用生日變數 date 的 getYear()、getMonth() 和 getDay() 分別取得年、月、日的細部資訊，再依據需求的格式輸出即可。

▶ 類別 Person 的使用

我們將上述的 Person 類別加到專案「CH18\ClassesDemo」的 「MyClass.cs」中，
接著，在同一專案中新增一個簡單的表單「PersonForm.cs」作為起始表單，來測試
類別 Person 的使用。表單的介面如圖 18-4 所示：

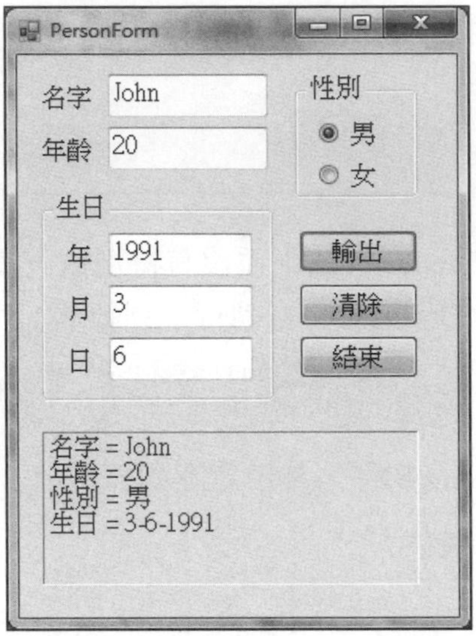

圖 18-4

輸入名字和年齡的 TextBox，其 Name 屬性分別為 txtName 和 txtAge。輸入年、月、
日的三個 TextBox，其 Name 屬性分別為 txtYear、txtMonth 和 txtDay。性別「男」
和「女」的 RadioButton，其 Name 屬性分別為 rdbMale 和 rdbFemale。輸出的標籤
控制項，其 Name 屬性為 lblOutput。當輸入名字、年齡、性別、年、月、日，按下
「輸出」鈕之後，可以建立一個 Person 類別的物件，同時將物件的內容輸出。程
式碼如下所示：

```
string name = txtName.Text;
int age = Convert.ToInt32(txtAge.Text);
char gender = '男';
if(rdbMale.Checked) gender = '男';
if(rdbFemale.Checked) gender = '女';
int y = Convert.ToInt32(txtYear.Text);
int m = Convert.ToInt32(txtMonth.Text);
int d = Convert.ToInt32(txtDay.Text);
Date date = new Date(d, m, y); //建立 Date物件
Person p = new Person(name, age, gender, date); //建立 Person物件
lblOutput.Text = p.show();
```

首先，取得使用者的各項輸入，建立 Date 物件，然後，在建立 Person 物件時，就以對應的多載建構子來指定真正的內容值。建立物件後，呼叫其 public 實體方法 show()，以既定的格式進行輸出，結果如圖 18-4 所示。

▶ has-a 關係成員（date 物件）的封裝性測試

另外，我們可以再加上下列程式碼以驗證 Date date 成員的資料封裝性：

```
Date d1 = p.getDate();
lblOutput.Text += "\nd1(" + d1.show() + ")\n";
d1.setDate(0, 0, 0);
lblOutput.Text += "\nd1(" + d1.show() + ")\n";
lblOutput.Text += p.show();
```

請試試看，如果讓 getDate() 方法直接回傳 Date 物件的參考（使用 return date;），則 date 成員的資料是否有被改變而失去封裝性呢？你會發現，執行 d1.setDate(0, 0, 0) 之後，d1 物件和 p 物件內的 date 成員（生日）都會輸出「0-0-0」，這是因為 d1 物件和 p 物件內的 date 成員參考到同一個 date 物件。

但如果 getDate() 方法回傳的是 date 成員的副本參考，則更改 d1 物件並不會影響到 p 物件內的 date 成員，因此，仍能保有 date 成員的封裝性。

18-7　類別的靜態成員

實體變數和方法屬於實體成員（Instance Member），必須透過物件（實體）才能被存取和呼叫。我們以下列的方式來使用物件的實體成員：

物件名稱.實體變數、物件名稱.實體方法(~)

每個物件的實體變數擁有各自配置的記憶體，因此，其內容值可以隨著物件的不同而有差異。例如：每個人的名字都不相同，因此必須將名字宣告為實體變數。

另一方面，C# 類別可以宣告靜態成員（Static Member），若宣告的成員未加上關鍵字 static，稱為實體成員；若加上 static，則稱為靜態成員。靜態成員和實體成員的不同在於：靜態成員是屬於類別本身，而非屬於該類別所建立的特定物件。

以**靜態變數**來說，不論你為該類別建立了幾個物件實體，系統只為類別的靜態變數配置一份記憶體空間，由該類別所產生的所有物件共享，所以，無法以 this 關鍵字來使用靜態變數。根據此項特性，**我們可以將一些不會因個別物件而有所差異的共享變數宣告為靜態變數。**

以**靜態方法**來說，它屬於類別本身，無法使用 this 關鍵字來參考到物件實體，所以，**當方法不需要用到特定物件內的資訊時，就可以宣告為靜態方法**。例如：呼叫 Convert 類別的 ToInt32 函式時，傳入字串 "123"，該函式就可以將其轉換成數字 123，並且回傳，完全不會用到任何物件資訊，因此，ToInt32 函式應該宣告為靜態方法。

綜合上述，靜態成員是一種屬於類別本身的成員，這些成員並不需要建立物件，就可以使用類別名稱來存取和呼叫，如下所示：

> 類別名稱.靜態變數、類別名稱.靜態方法(~)

例如：我們之前介紹的 Console.WriteLine(~) 方法和 Convert.ToInt32(~) 方法，其中，Console 和 Convert 都是類別名稱。

請注意：你不可以用「類別名稱.實體成員名稱」來存取實體成員，因為，實體成員必須透過物件實體才能被存取和呼叫。另外，在 C# 中，靜態成員不能透過物件實體來存取，也就是說，你不可以用「物件名稱.靜態成員名稱」來存取靜態成員，這是 C# 與 C++、JAVA 不同的地方。

▶ 在類別 Person 中新增靜態成員

假設類別 Person 要記錄「目前已經產生的 Person 物件個數」，並且提供此資訊給外界使用，則要如何修改 Person 類別的定義呢？從封裝的角度，我們新增一個 private 變數 ctr 來記錄「目前已產生的 Person 物件個數」，同時，新增一個 public 方法 counter() 讓外界可以取得變數 ctr 的值。

因為 Person 類別只需要一個 ctr 變數來記錄其物件總數，所以，將變數 ctr 宣告為靜態成員（想想看，如果將 ctr 宣告為實體成員，在物件總數的紀錄上會造成什麼困難？）。另外，方法 counter() 並不需要用到特定物件的資訊，因此，也宣告為靜態成員。 Person 類別的 UML 類別圖新增成員如圖 18-5：

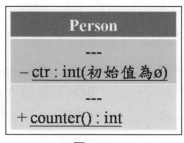

圖 18-5

UML 類別圖中，靜態成員必須加上底線。根據 UML 類別圖，我們在 Person 類別的定義中，加入下列兩個成員的程式碼：

```
private static int ctr = 0;
public static int counter() { return ctr; }
```

如何記錄 Person 物件的個數呢？或者，可以這樣問，哪時候可以知道一個新的物件產生了？我們知道，當新物件產生時，一定會呼叫建構子，所以，在 Person 類別的每個建構子中加入「ctr++;」，就可以持續更新 Person 物件的個數了。

現在，在表單 PersonForm 的「輸出」鈕事件處理程序的最後面，加上下列程式碼，以隨時顯示已建立的 Person 物件的個數：

```
lblOutput.Text += "\n共有" + Person.counter() + "人";
```

現在，每按一次「輸出」鈕，就會建立一個 Person 物件，在建構子中會把靜態變數 ctr 加 1，因此，以靜態方法 Person.counter() 所取得的 Person 物件總個數也會跟著遞增。

18-8 名稱空間與.NET Framework類別函式庫

C# 以名稱空間（Namespace）來建立類別的群組，方便以階層式的結構對大量的類別進行分門別類，將相關的類別放在一起，以利管理。每一群組以一個名稱來代表，能夠減少類別名稱相同所產生的衝突。語法如下所示：

```
namespace 名稱空間 A {
    //相關的類別
    namespace 名稱空間 B {
        //群組的類別
    }
}
```

大括號中就是群組的類別。名稱空間內還可以有名稱空間，每一階層的名稱空間是使用「.」運算子連接，例如：「名稱空間 A.名稱空間 B」。在 C#中，同一專案中的程式碼，會以專案名稱作為預設的名稱空間。請注意：名稱空間隱含公用存取而且無法更改。

「.NET Framework 類別函式庫」是一個龐大且具有良好組織架構的函式庫，其使用名稱空間的階層類別架構，每一個名稱空間擁有多個類別。如圖 18-6 所示：

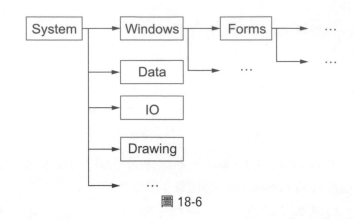

圖 18-6

System 是最基礎的名稱空間， System.Windows.Forms 是表單控制項的父名稱空間，其下的名稱空間就是各種介面控制項的類別。 System.IO 是基本輸入輸出和檔案處理的名稱空間。

我們可以在 C# 程式直接使用這個類別函式庫的類別來輕鬆達成程式的功能。因為這些類別並不是程式設計師自己寫的，所以程式必須告訴系統可以到哪裡（名稱空間）找到這些類別來使用。我們可以使用全名「名稱空間 . 類別名稱」來指名類別。例如：System.Windows.Forms.TextBox，其中 System.Windows.Forms 是名稱空間，而 TextBox 是類別名稱，但是這種用法並不方便，最好是在程式中利用 using 指引指令匯入想要使用之 .NET Framework 類別的名稱空間，這樣在程式中直接使用類別名稱即可。例如：

```
using System.Windows.Forms;
```

請注意：在建立專案時，預設會先匯入一些常用的名稱空間，例如： System、System.Text 和 System.Collections.Generic 等。對於專案預先匯入的名稱空間，我們直接使用此名稱空間的類別即可；如果不屬於預設匯入的名稱空間，才需要自行以 using 關鍵字匯入所需的名稱空間。例如：我們在程式中可以直接寫 Console.WriteLine(~)，而不必使用 System.Console.WriteLine(~)，因為 System 是預先匯入的名稱空間。

18-9 表單切換

大部分的應用程式都不是只有單一表單，如果程式需要多個表單介面，大部分是用到對話方塊。在這一節我們將討論表單切換與類別封裝的問題。假設我們會由主表單開啟另一個表單，在新表單中輸入字串，按「確定」鈕回到主表單後，會顯示輸入的字串；若是按「取消」鈕，則會顯示「你按了取消鈕！」。介面顯示如圖 18-7：

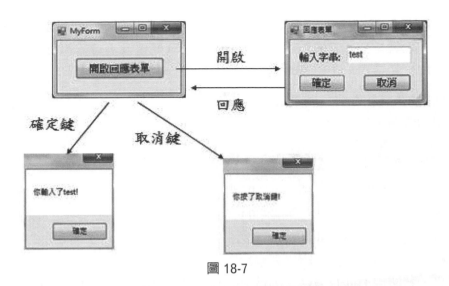

圖 18-7

這裡有幾個問題要處理：(1) 如何開啟新表單？(2) 在新表單按下按鈕後，如何關閉新表單，同時，讓主表單知道是按下哪個鈕？(3) TextBox 的存取層級為 private，如何在主表單中取得輸入的字串？

▶ 開啟與關閉新表單

在「方案總管」視窗的專案上，執行右鍵快顯功能表的「加入」→「Windows Form」指令，就可以新增空白表單。預設是以 Form[n].cs 來依序命名，你應該以有意義的名稱來命名表單。

如果專案中擁有多個表單，執行 C# 應用程式時預設看到的是應用程式的啟動表單。 如 4-3 節所述，在 Program.cs 的 Main() 主程式，更改 Run() 方法執行的表單，就可以更改應用程式的啟動表單。例如：下列敘述會指定 Form2 為啟動表單：

```
Application.Run( new Form2() );
```

除了啟動表單會自動開啟之外，其他表單則需要使用程式碼來開啟。

多表單應用程式的主要目的，通常都是為了新增多個資料輸入介面。例如：建立 Windows 應用程式的「尋找和取代」功能，可以顯示表單或對話方塊來輸入搜尋和取代字串。**除了 Windows 預設的對話方塊之外，我們也可以自行建立回應的表單。回應表單的種類可分為「非強制回應（Modeless）」和「強制回應（Modal）」兩種。**

1. 非強制回應表單

   在建立表單物件後，使用 Show() 方法可以開啟非強制回應表單，該方法不會有回傳值，如下所示：

```
Form2  f2 = new Form2();
f2.Show();
```

當呼叫這個方法時,它隨後的程式碼仍會繼續執行,不會等待新表單是否關閉,也就是說,當表單以非強制回應的方式開啟後,會被視為一個獨立表單,其地位和主表單是相等的,使用者可以在各表單間移動焦點。

使用 Close() 方法可以關閉表單,它會自動呼叫 Dispose() 方法來釋放表單所佔用的資源,如下所示:

```
f2.Close();
```

在非強制回應表單,按一下 [關閉] 按鈕(表單右上角帶有 X 的按鈕)也會呼叫 Close 方法。如果您將關閉的表單是應用程式的啟動表單,則應用程式會結束。請注意:當呼叫非強制回應表單的 Close 方法,您不能再呼叫 Show 方法使表單成為可見的,因為表單的資源已經被釋放。若要隱藏表單並接著使它可見,請使用 Hide() 方法,因為 Hide() 方法會隱藏表單,但不會釋放表單所佔用的資源。

2. 強制回應表單

使用 ShowDialog() 方法會以強制回應對話方塊的形式來開啟和顯示表單,因此,強制回應表單可視為對話方塊,如下所示:

```
Form3 f3 = new Form3();
f3.ShowDialog(); //開啟對話方塊
```

當主表單呼叫 ShowDialog 方法時,它隨後的程式碼直到對話方塊關閉之後才會執行。一旦對話方塊關閉,主表單即可藉由對話方塊的 DialogResult 屬性值或是 ShowDialog 方法的傳回值,來取得對話方塊的結果,接著按照此對話結果值來判斷和回應使用者的動作,如下所示:

```
if (f3.DialogResult == DialogResult.OK) {
    //if (f3.ShowDialog() == DialogResult.OK)也可以
}
```

另一方面,**我們必須在強制回應對話方塊的按鈕(Button)上,設定 DialogResult 屬性值,作為關閉對話方塊後的對話結果**。

因為 Button.DialogResult 屬性的預設值為 None,表示按下該按鈕並不會關閉對話方塊。如果這個屬性的 DialogResult 設定為非 None 的任意值,則按一下按鈕才會自動關閉對話方塊,同時,對話方塊的 DialogResult 屬性會設定為按鈕的 DialogResult。

例如：若要建立 [是 / 否 / 取消] 對話方塊，只要加入三個按鈕，然後將按鈕的 DialogResult 屬性分別設定爲 Yes、No 和 Cancel 即可。

當在強制回應對話方塊，按一下右上角 [關閉] 按鈕，會將表單隱藏起來，並將 DialogResult 屬性設定爲 DialogResult.Cancel。因爲按下對話方塊的關閉表單按鈕或設定 DialogResult 屬性值時， .NET Framework 只是將表單隱藏起來，並不會呼叫 Close 方法，所以，在這種情況下，您需要手動呼叫 Dispose 方法，以便回收對話方塊的所有資源。

另外，**雖然設定 DialogResult 屬性可以讓對話方塊自動關閉，你仍然可以處理按鈕 Click 事件，同時，一旦事件處理常式程式碼結束以後，對話方塊將會關閉。**

▶ **主表單中取得回應表單的輸入字串**

回應表單中 TextBox 的存取層級，預設爲 private，在主表單中無法直接取得 TextBox 的輸入字串。有幾種方法可以解決這個問題。最簡單的就是將 TextBox 的存取層級變更爲 public，但這種作法違反 OOP 類別封裝的特性，並不是一個好的作法。比較好的方法是在回應表單的類別中，新增唯讀的 public 屬性（Property）或方法來取得這些私有成員，我們在下列程式碼中示範其用法。

▶ **程式碼說明**

先新增一個「CH18\MultiFormsDemo」的「Windows Forms App」專案，其中，「CH18」爲方案名稱。

1. 回應表單：ModalForm.cs

我們先建立回應表單，在專案上，執行右鍵快顯功能表的「加入」→「Windows Form」指令，新增表單「ModalForm.cs」，然後，將其 Name 屬性設爲「ModalForm」，Text 屬性設爲「回應表單」，Font 屬性設爲 12pt，StartPosition 屬性設爲 CenterParent。

接著，加入「輸入字串」的標籤和 TextBox 控制項，將 TextBox 的 Name 屬性設爲「txtInput」。最後，加入「確定」鈕和「取消」鈕，其 Name 屬性分別設爲「btnOK」和「btnCancel」，而 DialogResult 屬性分別設爲「OK」和「Cancel」。

如前所述，TextBox 控制項 txtInput 的存取層級爲 private，你可以在「ModalForm. designer.cs」中找到下列的宣告敘述：

```
private System.Windows.Forms.TextBox txtInput;
```

因此，在主表單中無法直接取得 txtInput 的輸入字串。你可以將 txtInput 的存取層級變更爲 public，但這是違反 OOP 類別封裝特性的不好作法。

我們在回應表單的類別中，新增唯讀的 public 屬性（Property）和方法來解決外界不能直接取得其私有資料成員的問題。在 ModalForm.cs 的類別定義中加上一個名為 mInput 的唯讀 public 屬性，如下所示：

```
public string mInput {
    get { return txtInput.Text; }
}
```

屬性 mInput 宣告為 public，只有 get 存取子，因此是唯讀的，其回傳值是由 txtInput.Text 所取得的輸入字串。我們也可以利用 public 方法來達到相同的目的，如下所示：

```
public string getInput() {
    return txtInput.Text;
}
```

方法 getInput() 也是宣告為 public，只會回傳由 txtInput.Text 所取得的輸入字串。

2. 主表單：MyForm.cs

在專案上，新增主表單「MyForm.cs」，然後，將主表單的 Name 屬性設為 MyForm，Text 屬性也是 MyForm，Font 屬性設為 12pt，StartPosition 屬性設為 CenterScreen。接著，加入「開啟回應表單」鈕，其 Name 屬性為 button1。

當按下「開啟回應表單」鈕，先建立回應表單，再利用 ShowDialog() 方法以對話方塊的形式開啟此表單。當使用者關閉對話方塊之後，會回到主表單，此時透過 DialogResult 屬性可以判斷使用者的動作。假如其值為 DialogResult.OK，表示使用者是以「確定」鈕來關閉對話方塊，此時，取出對話方塊的輸入字串並且顯示。「開啟回應表單」鈕的 Click 事件處理程序如下所示：

```
ModalForm mf = new ModalForm();
mf.ShowDialog(); //顯示表單
if (mf.DialogResult == DialogResult.OK) { //判斷使用者的動作
// if (mf.ShowDialog() == DialogResult.OK) { //此敘述亦可
    MessageBox.Show("你輸入了" + mf.mInput + "!");
}
else if (mf.DialogResult == DialogResult.Cancel)
    MessageBox.Show("你按了取消鍵!");
else MessageBox.Show("未知選項!");
mf.Dispose(); //釋放表單資源
```

此程式碼是以屬性 mInput 來取值，以方法 getInput() 亦可，如下所示：

```
MessageBox.Show("你輸入了" + mf.getInput() + "!");
```

請注意，如果是以下列敘述來取值和顯示：

```
MessageBox.Show("你輸入了" + mf.txtInput.Text + "!");
```

會出現「ModalForm.txtInput 的保護層級導致無法對其進行存取」的編譯錯誤。現在，你應該知道這是由於 ModalForm 的 txtInput 保護層級是 private 所引起，這也是 OOP 類別封裝的重要精神所在。

本範例完整的程式碼請參考專案「CH18\MultiFormsDemo」的「MyForm.cs」以及「ModalForm.cs」。

習題

▶ 選擇題

(　)1. 請問，C# 是使用下列哪一個關鍵字來宣告類別？
(A)object　(B)function　(C)class　(D)extends

(　)2. 如果 C# 類別的成員變數或方法只能在類別本身呼叫或存取，請問需要使用下列哪一種存取修飾了來宣告？
(A)private　(B)public　(C)protected　(D)final

(　)3. 請問，在 C# 程式存取物件成員變數是使用下列哪一種運算子？
(A)「->」　(B)this->　(C)this　(D)「.」

(　)4. 請問，在 C# 程式碼是使用下列哪一個運算子來建立物件？
(A)create　(B)createObject　(C)this　(D)new

(　)5. 當 C# 類別宣告的建構子或方法需要存取本身的成員變數或方法時，請問是使用下列哪一個關鍵字來存取？
(A)self　(B)this　(C)parent　(D)new

(　)6. 請問，C# 程式碼可以使用下列哪一個關鍵字來匯入名稱空間？
(A)using　(B)load　(C)imports　(D)reference

(　)7. 類別的方法允許使用多個相同名稱，系統會根據傳入的參數來判斷應執行哪一個方法，此種方式稱為：
(A) 多載　(B) 介面　(C) 過載　(D) 繼承

(　)8. 請問哪一個關鍵字可以用來區分區域變數與實體變數？
(A)~this()　(B)this()　(C)this　(D)public

( ) 9. 方法宣告中，如果沒有指定方法的存取層級，則預設的存取層級為何？
(A)static (B)public (C)protected (D)private

( ) 10. 請問， C# 程式碼如果需要開啓強制回應表單，我們可以使用下列哪一個方法來開啓？
(A)ShowDialog() (B)Show() (C)Run() (D)Open()

( ) 11. 請問 C# 程式碼可以使用下列哪一個方法來開啓非強制回應表單？
(A)ShowDialog() (B)Show() (C)Run() (D)Open()

( ) 12. 方法的傳回值以哪一個關鍵字將其送回主程式？
(A)exit (B)continue (C)return (D)option

▶ 填充題

1. _____ 是特殊的方法，在物件建立的同時，會自動被呼叫，此方法通常用於設定資料成員的初值。

2. 類別成員的宣告若未加上 static，則稱為 _____ ；若加上 static，則稱為 _____ 。

▶ 實作題

1. 請建立 Visual C# 應用程式，內含 Form1、Form2 和 Form3 共三個表單。首先更改啓動表單為 Form3，然後在 Form3 建立按鈕來開啓 Form1 和 Form2 表單，請分別使用強制回應表單和非強制回應表單方式來開啓。程式介面如下所示。

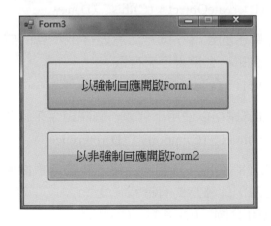

 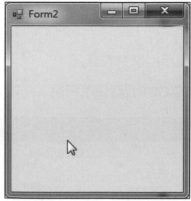

2. 定義一個 Score 類別，資料成員、成員函式，及主程式說明如下：

▶ 資料成員（定義為 private）

　-name：名字，資料型態為字串

　-chin：國文，資料型態為整數

　-math：數學，資料型態為整數

▶ 成員函式（定義為 public）

　⊦ 預設建構子：設定國數兩科成績的初始值為 0 分，名字的初值設為空字串。

　+string getName()：傳回名字

　+void setName(string)：設定名字

　+int getChin()：傳回國文成績

　+void setChin(int)：設定國文成績，必須檢查成績範圍為 0-100，超出範圍
　要列出錯誤訊息（利用 Exception 機制）

　+int getMath()：傳回數學成績

　+void setMath(int)：設定數學成績，必須檢查成績範圍為 0-100，超出範圍
　要列出錯誤訊息（利用 Exception 機制）

　+double getAverage()：計算並傳回平均成績，平均成績為（國＋數）/2.0

　+string toString()：傳回名字，國文成績，數學成績，與平均成績

▶ 程式功能

　- 宣告 Score 物件陣列 sArray，可容納 100 個 Score 物件

　- 使用者可輸入名字、國文與數學成績，轉成 Score 物件，並且存入物件陣
　列 sArray 之中

- 可列出所有 Score 物件的名字、國文成績、數學成績與平均成績，一筆一列

- 可顯示目前共有幾人

▶ 程式的 GUI 介面如下所示（記得必須處理輸入錯誤的例外情況）。

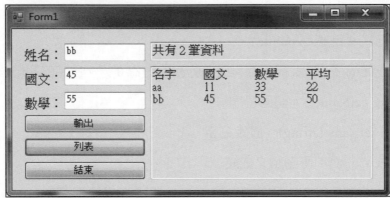

3. 定義一個 MyBMI 類別，資料成員、成員函式及主程式說明如下：

▶ 資料成員（定義為 private）

-name：名字，資料型態為字串（string）

-height：身高（單位：公分），資料型態為浮點數（double）

-weight：體重（單位：公斤），資料型態為浮點數（double）

▶ 成員函式（定義為 public）

+ 預設建構子：身高與體重分別設為 170 公分與 60 公斤，名字的初值為空字串

+string getName()：傳回名字

+void setName(string)：設定名字

+double getHeight ()：傳回身高

+void setHeight (double)：設定身高，必須檢查範圍為 0-280 公分，超出範圍要丟出錯誤訊息

+double getWeight ()：傳回體重

+void setWeight (double)：設定體重，必須檢查範圍為 0-400 公斤，超出範圍要丟出錯誤訊息

+double getBMI()：計算並傳回 BMI（身體質量指數）的值

公式：　BMI = 體重 / 身高的平方，體重的單位是公斤，身高要用公尺

▶ 主程式

(a) 宣告 MyBMI 物件陣列 bmiArray，可容納 100 個 MyBMI 物件

(b) 使用者可輸入名字、身高與體重，轉成 MyBMI 物件，並且存入物件陣列 bmiArray 之中

(c) 可列出所有 MyBMI 物件的名字、身高、體重及其 BMI 值（精確度為小數點後兩位），一筆一列

(d) 可顯示目前共有幾人，也可透過名字搜尋 BMI 資料

提示：123.1233333.ToString("0.00") 可得到字串 123.12

程式介面說明如下：

(1) 程式起始介面

(2) 「輸入」鈕的介面，超出範圍要丟出錯誤訊息

(3) 「列表」鈕的顯示介面

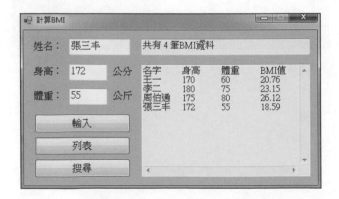

(4) 「搜尋」鈕（搜尋 BMI 資料）的顯示介面

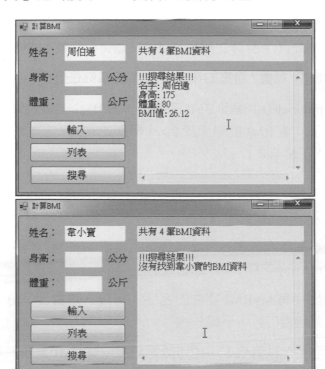

4. 定義一個 MyBMI 類別，資料成員、成員函式及主程式說明如下：

▶ 資料成員（定義為 private）

　-name：名字，資料型態為字串（string）

　-height：身高（單位：公分），資料型態為浮點數（double）

　-weight：體重（單位：公斤），資料型態為浮點數（double）

▶ 成員函式（定義為 public）

　+ 預設建構子：身高與體重分別設為 170 公分與 60 公斤，名字的初值為空字串

　+string getName()：傳回名字

　+void setName(string)：設定名字

　+double getHeight ()：傳回身高

　+void setHeight (double)：設定身高，必須檢查範圍為 0-280 公分，超出範圍要丟出錯誤訊息

　+double getWeight ()：傳回體重

+void setWeight (double)：設定體重，必須檢查範圍為 0-400 公斤，超出範圍要丟出錯誤訊息

+double getBmi()：計算並傳回 BMI(身體質量指數) 的值

公式： BMI = 體重 / 身高的平方，體重的單位是公斤，身高要用公尺

+int getBmiGrade()：傳回 BMI 的等級。當 BMI 的值大於 25，傳回 1，表示「超重」了；當 BMI 的值小於 20，傳回 -1，表示「太輕」了；否則，傳回 0，表示「正常標準」。

▶ 主程式

(a) 宣告 MyBMI 物件陣列 bmiArray，可容納 100 個 MyBMI 物件

(b) 使用者可輸入名字、身高與體重，轉成 MyBMI 物件，並且存入物件陣列 bmiArray 之中

(c) 可列出所有 MyBMI 物件的名字、身高、體重及其 BMI 值（精確度為小數點後兩位），一筆一列

(d) 可顯示目前共有幾人，也可透過名字搜尋 BMI 資料與建議。

提示：123.1233333.ToString("0.00") 可得到字串 123.12

程式介面說明如下：

(1) 程式起始介面

(2)　「輸入」鈕的介面，超出範圍要丟出錯誤訊息

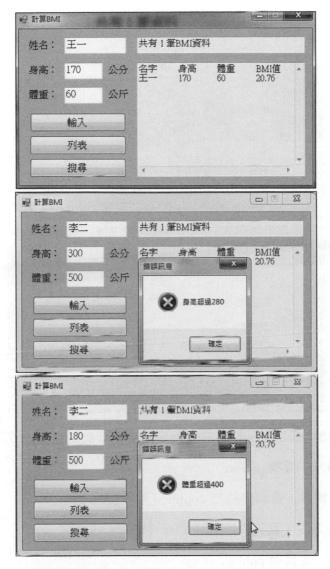

(3)　「列表」鈕的顯示介面，BMI 超重時，加上 + 號；太輕則加上 * 號

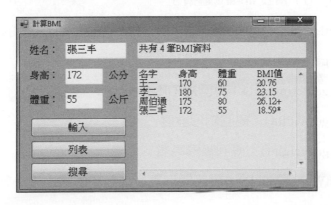

(4) 「搜尋」鈕（搜尋 BMI 資料）的顯示介面。BMI 超重時，建議是「你
該節食了」；太輕則建議「你該多吃點」；否則建議為「體型很棒喔」

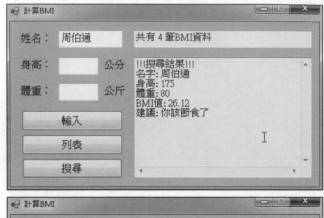

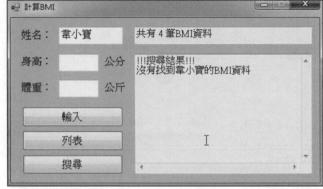

5. 定義一個名為 Rectangle 的矩形類別，其資料成員與成員函式說明如下：

▶ 資料成員（定義為 private）

-width：寬度，資料型態為 double（預設值為 1）

-height：高度，資料型態為 double（預設值為 1）

▶ 成員函式（定義為 public）

+Rectangle()：預設 no-arg 建構子

+Rectangle(double , double)：以指定寬度和高度建立矩形的建構子

+double getArea()：傳回矩形面積

+double getPerimeter()：傳回矩形周長

+double getWidth()：傳回矩形寬度

+double getHeight()：傳回矩形高度

+void setWidth(double)：設定矩形寬度，若新的寬度值為負值，則將寬度設
為 0

+void setHeight(double)：設定矩形高度，若新的高度值為負值，則將高度設為 0

6. 承上題，定義一個名為 RectForm 的矩形表單類別，用來輸入矩形的寬度和高度，介面如下所示：

在 RectForm.cs 的 類 別 定 義 中， 加 上 兩 個 名為 RectWidth 和 RectHeight 的 唯 讀 public 屬 性（Property），其資料型態都是 double，方便外界取得輸入的矩形寬度和高度（記得設定「確定」鈕和「取消」鈕的 DialogResult 屬性）。

7. 承上題，定義一個名為 MainForm 的主表單類別，介面如下圖所示：

(a) 按「新增矩形」鈕，會出現 RectForm 的矩形表單，用來輸入矩形的寬度和高度。按「確定」鈕後，返回主表單，建立 Rectangle 物件，並且加入 Rectangle 物件陣列中。

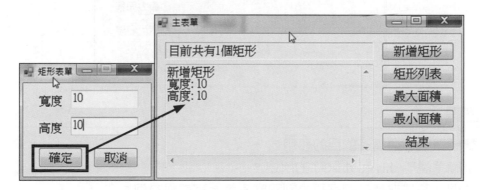

(b) 按「矩形列表」鈕，會顯示所有矩形的資訊，包括矩形的寬度、高度、面積和周長。

(c) 按「最大面積」鈕，會顯示最大的矩形面積值。

(d) 按「最小面積」鈕，會顯示最小的矩形面積值。

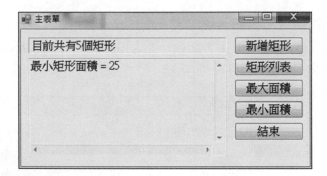

▶ **簡答題**

1. 請簡單說明建構子的目的和用途？
2. 請簡單說明 this 和 this(~) 的用途？
3. 請問什麼是非強制回應和強制回應表單？其差異為何？
4. 請定義一個靜態的公開方法，滿足下列要求：
   回傳類型：int，方法名稱 sum
   三個整數參數：名稱分別為 X1、X2、X3
   該方法能將傳進來的三個參數加在一起，並回傳結果。

繼承與多型

繼承（Inheritance）的目的在於定義新類別時，不需要重複定義相同的成員變數與方法。透過繼承關係，子類別可以自動擁有父類別的資料成員和方法，並且能擴展既有的功能。藉由共同特性的繼承和重用，類別本身的定義可以精簡化；同時，形成階層組織（Hierarchy）的類別體系。

另一方面，子類別繼承父類別之後，除了新增成員之外，也可以依其需要覆寫（Override）父類別同名的虛擬（Virtual）方法。C# 以動態繫結（Dynamic Linking）的機制來自動處理覆寫之虛擬方法的呼叫。在編譯時期，不會決定要呼叫的是哪一個類別的同名覆寫方法，只有在程式執行時，才會根據當時物件所屬的類別，真正鎖定其呼叫的方法，此即 OOP 的多型（Polymorphism）機制。

多型讓程式很方便以一致的方式，來統一管理不同類別（有繼承關係）的物件集合，而且易於擴充。繼承與多型是 OOP 非常重要的特性，可是也非常抽象不易了解。同樣的，本章會以具體的例子來詳細示範和說明繼承與多型的原理與應用。

19-1 類別繼承（Inheritance）的概念

當定義新類別時，一定要「從無到有」來定義嗎？其實未必。藉由類別的繼承，可以直接繼承現存類別的部分或全部的成員，而不需要再重複定義，並且可以依新類別的需要擴增或改寫繼承類別的成員，以充分達到軟體再利用（Software Reuse）的目的。

例如：我們想寫一個學校人員管理系統，其中，學生和老師是最基本的成員。假設經過分析之後，學生和老師可以適當抽象化成學生（Student）類別和老師（Teacher）類別，其對應的 UML 類別圖如圖 19-1 所示：

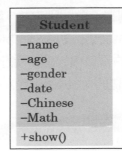

Student
–name
–age
–gender
–date
–Chinese
–Math
+show()

Teacher
–name
–age
–gender
–date
–Rank
+show()

圖 19-1

我們可以個別定義這兩個類別,但是,你會發現此兩個類別的定義中,具有某些共同的特性和功能,也各自具有其獨特的成員。因此,我們可以把類別共同的部分,移轉到另一個較高階(更抽象)的類別去,稱之為 Person 類別,這也是第 18 章所討論過的類別。如此,我們就可以利用繼承的方式來完成這兩個類別的定義,其對應的 UML 類別圖如圖 19-2 所示:

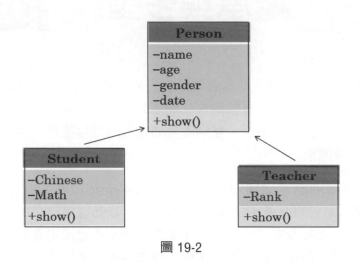

圖 19-2

你可以看到,定義類別 Student 和 Teacher 時,就不用從無到有來定義所有的成員。直接繼承既有的類別 Person,就可以自動擁有其成員,此時,只要再新增學生特有的成績變數 Chinese 和 Math,即可完成類別 Student 的定義。同理,類別 Teacher 只要定義新增的職級變數 Rank 即可,其他的成員透過類別 Person 的繼承,就可以自動擁有。**藉由繼承既有類別的共同特性,新類別的定義可以精簡化,同時,形成階層組織(Hierarchy)的類別體系。**

本例中, Person 類別稱為基礎類別(Base Class)、超類別(Super Class)或父類別(Parent Class),Student 類別以及 Teacher 類別稱為衍生類別(Derived Class)、從屬類別(Sub Class)或子類別(Child Class)。Student 類別和 Teacher 類別則互為兄弟類別(Sibling Classes)。

請注意:子類別繼承父類別之後,除了新增成員之外,也可以隱藏或覆寫(Override)父類別的方法成員。例如:Person 類別有一個方法 show(),用來輸出物件的內容,但是,Student 和 Teacher 的物件內容並不完全相同,因此,必須針對 Student 類別,改寫一個新的 show() 方法。同樣的,Teacher 類別也有其自己的 show() 方法。

　　繼承是一種「is-a」的關係。「is-a」規則（Rule）聲明：「**每個子類別的物件都是一個父類別的物件，反之則不然**」（Every object of the subclass is an object of the super class, the opposite is not true）。例如：每一個 Student 是一個 Person；每一個 Teacher 也是一個 Person，但是，父類別 Person 可能是 Student 或 Teacher。這也告訴我們：父類別比子類別抽象，所涵蓋的物件是其子類別物件的集合。越是下層的子類別，資訊越多也越明確，所屬的物件就越少。

19-2　類別繼承的語法與實作

　　類別繼承（Inheritance）的語法格式如下：

```
[類別存取修飾子] class 子類別名稱 ： 父類別名稱 {
    //data members and member functions here
}
```

　　C# 只允許單一繼承，亦即每個子類別只會有一個父類別。如果我們在類別定義裡並沒有指定特定的父類別時，C# 編譯器將自動以 System.Object 為其父類別。底下兩段程式碼具有相同作用：

```
class MyClass { //Data Members and Member Functions }
class MyClass : System.Object { //Data Members and Member Functions }
```

　　當程式預先匯入名稱空間 System 時，只要寫 Object 即可，當然，完全省略而不指定父類別，也是一樣的意思。

　　在 C# 裡，System.Object 是整個類別階層體系的根（Root）類別。所有的類別都可以存取 Object 類別的 public 和 protected 成員。目前，我們不太會使用到這些成員，因此，暫時不予討論。

(A) 類別的存取限制

　　如第 18 章所說，**類別的存取修飾詞（Access Modifier）**有 public 和 internal（巢狀類別可以使用更多的存取修飾詞，本書並不會討論），如果省略的話，預設是 internal。internal 表示只能在相同組件中（目前專案）存取此類別。 public 表示其存取沒有限制，可以從任何地方存取此類別。

　　編譯器不允許一個子類別比他的父類別具有更寬的 accessible（可存取性），例如：一個 internal class 可以繼承一個 public class；反之則不行，如表 19-1 所示。

表 19-1　internal class 與 public class 的繼承關係

合法	不合法
| ```
public class MyBase {
    //class members
}

[internal] class MyClass : MyBase {
    //class members
}
``` | ```
[internal] class MyBase {
    //class members
}

public class MyClass : MyBase {
    //class members
}
``` |

(B) 類別成員的存取範圍

第 18 章也整理出**類別成員之存取修飾詞**的存取範圍層級（Access Level），常用的存取修飾詞有 private、internal、protected 和 public，如果省略的話，預設是 private。

若將類別成員宣告為 protected，表示該成員可以在類別內部以及其繼承的子類別中使用。例如：圖 19-3 中，在類別 A1 中宣告一個 protected 變數 p；類別 A2 與 B1 繼承了類別 A1，所以都可直接存取類別 A1 的 protected 成員 p，即使類別 B1 與 A1 不在同一命名空間。但是，類別 A3 與 B2 則無法存取類別 A1 的 protected 成員 p，因為類別 A3 與 B2 不是類別 A1 的子類別。

```
namespace A {                          namespace B {
    class A1 {                             class B1:A1 {
        protected int p ;                      //可直接存取A1的p
            ---                             }
    }                                      class B2 {
    class A2:A1 {                              //無法直接存取A1的p
        //可直接存取A1的p                     }
    }                                  }
    class A3 {
        //無法直接存取A1的p
    }
}
```

圖 19-3

請注意：成員的存取範圍絕不可大於其所屬類別的存取範圍。例如：internal 類別中宣告的 public 方法只有 internal 存取範圍。接下來，我們以例子探討類別繼承與成員存取的重要觀念。

▶ **繼承的例子：圓形（Circle）與圓柱體（Cylinder）**

假設一個「圓形」可以提供半徑（Radius）和面積（Area）等資訊；而「圓柱體」可視為「圓形」的延伸，利用圓形和圓柱體的高，就可以計算圓柱體的表面積。假設將「圓形」適當抽象化成 Circle 類別，則利用繼承的方式可以很容易的定義出描述「圓柱體」的 Cylinder 類別。在 UML 裡使用「箭號」來表示繼承關係，其對應的 UML 類別圖如圖 19-4 所示：

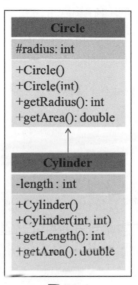

圖 19-4

類別 Circle 宣告一個記錄圓形半徑的 protected 實體變數 radius，此變數只可以被本類別及其子類別 Cylinder 直接存取。因此，類別 Circle 也定義兩個 public 方法 getRadius() 和 getArea()，以便讓其他類別可以分別取得圓形的半徑和面積。

繼承的子類別 Cylinder 自動具有父類別 Circle 的成員，另外新增一個記錄圓柱體高度的 private 實體變數 length，和一個取得其高度的 public 方法 getLength()。

值得注意的是：類別 Cylinder 也是利用 public 方法 getArea() 來取得圓柱體表面積，但是其（表）面積算法和圓形面積的算法並不相同，因此，在子類別 Cylinder 中必須重新定義父類別 Circle 的同名方法 getArea()。

請注意：在 C# 中，子類別中的方法可以與父類別中的方法同名。您可以使用 new 和 override 關鍵字來指定方法互動的方式。override 修飾詞會「覆寫」（Override）父類別方法；而 new 修飾詞則是加以「隱藏」（Hide）。請注意：此 new 修飾詞和產生物件的 new 運算子具有不同的作用，本節會先說明 new 修飾詞的用法；override 修飾詞則留到討論多型機制時，再來進行詳細的說明。

我們以表單上的按鈕來測試和說明類別 Circle 與 Cylinder 的用法，介面如下圖所示：

先新增一個「CH19\InheritanceDemo」的「Windows Forms App」專案，其中「CH19」為方案名稱。將表單檔案名稱更名為「Ch19Test.cs」，然後，依人機介面的設計，在表單中加入兩個按鈕，並且在屬性視窗中設定控制項屬性。本例中，控制項的屬性設定如下所示：

1. 表單的 Name 設為「Ch19Test」，Text 為「類別繼承」，Font 大小為 12pt。

2. 「Circle 物件」鈕的 Name 設為「btnCircle」，而「Cylinder 物件」鈕的 Name 設為「btnCylinder」。

▶ **類別 Circle 的程式碼**

首先，以右鍵點選專案名稱「InheritanceDemo」，執行快顯功能表的「加入 > 類別」，在出現的「新增項目」對話方塊視窗中，將「名稱」欄的預設檔名是「Class1.cs」，更改為「MyClass.cs」，然後，按「新增」鈕，就會看到「MyClass.cs」的程式碼編輯視窗。

根據 Circle 類別的 UML 類別圖，很容易轉換成對應的程式碼，我們將定義 Circle 類別的程式碼加到檔案「MyClass.cs」中，如下所示：

```csharp
class Circle {
    protected int radius; //子類別可以直接存取
    public Circle() { radius = 2; }
    public Circle(int r) { radius = r; }
    public int getRadius() { return radius; }
    public double getArea() {
        return Math.PI * radius * radius;
    }
}
```

由程式碼可看出：「無參數建構子」會將實體變數 radius 設為預設值 2。另外，圓面積等於圓周率 π 乘以半徑的平方，所以，在方法 getArea() 中，利用類別 Math 的靜態常數符號 PI 可以取得常數 π 的值，再乘以半徑 raduis 兩次，就可以算出圓面積。

▶ Circle 物件的產生與使用

接著，以表單「Ch19Test」的「Circle 物件」鈕來測試類別 Circle 的使用。「Circle 物件」鈕的執行結果如圖 19-5 所示：

圖 19-5

按下該按鈕之後，可以建立一個 Circle 類別的物件，同時， 以 MessageBox 訊息方塊來顯示 Circle 物件的面積和半徑。因為實體變數 radius 的存取層級是 protected，表單類別無法直接存取該值，因此，只能分別透過 public 方法 gctArea() 和 get Radius() 取得面積和半徑來輸出，「Circle 物件」鈕的 btnCircle_Click 事件處理程序程式碼如下所示：

```
Circle c1 = new Circle(2);
MessageBox Show("圓 c1的面積 = " + c1.gctArea() + "\n" +
        "圓 c1的半徑= " + c1.getRadius(), "Circle物件",
        MessageBoxButtons.OK, MessageBoxIcon.Information);
```

▶ Cylinder 類別：繼承 Circle 類別並且新增成員

根據 Cylinder 類別的 UML 類別圖，其繼承了類別 Circle，因此，自動具有父類別 Circle 的成員，包括 protected 實體變數 radius 和兩個 public 方法 getRadius() 和 getArea()。

現在，我們先新增 一個記錄圓柱體高度的 private 實體變數 length，和一個取得其高度的 public 方法 getLength()，後續再討論重新定義父類別之同名方法 getArea() 的問題。我們將定義 Cylinder 類別的程式碼加到檔案「MyClass.cs」中，程式碼如下所示：

```
class Cylinder : Circle {
    int length; //private
    public Cylinder() { length = 3; }
    public Cylinder(int r, int l) {
        radius = r; //此 radius是繼承 Circle而來
        length = l;
    }
    public int getLength() { return length; }
}
```

由程式碼可看出：「無參數建構子」會將實體變數 length 設為預設值 3。另一個建構子 Cylinder(int r, int l) 會將傳進來的變數 r「直接指定給」繼承而來的 radius，這是合法的，因為 radius 是 protected 變數；而類別 Cylinder 是 Circle 的子類別。

▶ Cylinder 物件的產生與使用：建構子執行順序

現在，我們可以建立一個 Cylinder 類別的物件：

```
Cylinder cyl = new Cylinder(5, 10);
```

由於繼承的關係，物件 cyl 具有變數 length 和繼承自 Circle 類別的變數 radius，接著，會呼叫建構子以便指定實體變數的初始值。但是，父類別和子類別都有建構子，因此，要特別**注意建構子執行順序（Constructor Execution Sequence）的問題**。

如第 18-4 節所示，建構子可以透過 this(~) 呼叫同類別的建構子，返回後再執行它本身的程式碼。如果沒有使用 this(~)，則會自動先呼叫父類別的無參數建構子，再執行本身的程式碼（19-3 節會再討論）。當然，根類別 Object 除外，因為它是沒有父類別的。

以本例而言，Cylinder 類別的父類別是 Circle 類別；而 Circle 類別的父類別是 Object 類別。因此，以 new Cylinder(5, 10) 建立物件時，建構子 Cylinder(int r, int l) 會先呼叫父類別 Circle 的無參數建構子 Circle()；而建構子 Circle() 會先呼叫其父類別 Object 的無參數建構子 Object()。

因為 Object 已經是根類別，所以，執行完其 Object() 建構子之後，會返回去執行建構子 Circle()，之後，再返回去執行建構子 Cylinder(int r, int l)。因此， new Cylinder(5, 10) 的**建構子執行順序**如下：

- ◆ 執行類別 System.Object 的 Object() 建構子
- ◆ 執行類別 Circle 的 Circle() 建構子
- ◆ 執行類別 Cylinder 的 Cylinder(int r, int l) 建構子

執行之後，實體變數 radius 和 length 的值分別為 5 和 10。

現在，我們按下表單「Ch19Test」內的「Cylinder 物件」按鈕之後，可以建立一個 Cylinder 類別的物件，同時，以 MessageBox 訊息方塊來顯示 Cylinder 物件的半徑、高度和表面積。「Cylinder 物件」鈕的 btn Cylinder _Click 事件處理程序程式碼如下所示：

```
Cylinder cy1 = new Cylinder(5, 10);
MessageBox.Show("圓柱體 cy1的半徑 = " + cy1.getRadius() + "\n"
        + "圓柱體 cy1的高度 = " + cy1.getLength() + "\n"
        + "圓柱體 cy1的表面積 = " + cy1.getArea(), "Cylinder物件",
        MessageBoxButtons.OK, MessageBoxIcon.Information);
```

你可以看到：程式使用 cy1.getRadius() 來取得半徑的值，此 getRadius() 方法是由類別 Circle 繼承而來。接著使用 cy1.getLength() 來取得高度的值，此 getLength () 方法定義在類別 Cylinder 內。

請注意：此處使用 cy1.getArea() 來取得表面積的值，因為目前類別 Cylinder 內沒有定義 getArea() 方法，因此，此方法是繼承自類別 Circle 的 getArea() 方法，它會傳回圓面積的值。執行結果如圖 19-6 所示：你可以發現：表面積的結果是錯誤的，因為圓柱體的表面積算法和圓面積的算法並不一樣。

圖 19-6

你可以在類別 Cylinder 內「新增」一個計算圓柱體表面積的方法。例如：getSurfaceArea()，來解決這個問題。然而，以「改寫父類別同名方法」的方式來處理這個問題，會比較符合物件導向程式設計的精神。

▶ **Cylinder 類別**：改寫父類別 Circle 的 getArea() 方法

在 C# 中，子類別中的方法可以與父類別中的方法同名（包括參數個數和型別也相同）。您可以使用 new 和 override 關鍵字來指定方法互動的方式。本節先使用 new 修飾詞來重新定義 getArea() 方法，讓它可以傳回圓柱體表面積的值。

我們在「MyClass.cs」的子類別 Cylinder 內加上一個「改寫」的 getArea() 方法，以計算圓柱體表面積，如下所示：

```
public new double getArea() {
    double ca = Math.PI * radius * radius;
    double cl = 2 * Math.PI * radius;
    return 2 * ca + cl * length;
}
```

此方法先算出圓面積，儲存在區域變數 ca 中。再算出圓周長，儲存在變數 cl 中。圓周長（cl）乘以圓柱體高度（length）可以算出圓柱的表面積，再加上「上下兩個圓」的面積，即可求得圓柱體的表面積。

請注意：當 new 關鍵字作為修飾詞時，會明確隱藏（Hide）繼承自父類別的成員。 雖然您可以不用 new 修飾詞來隱藏成員，但是這樣會產生警告。如果您使用 new 來明確隱藏成員，此關鍵字就會隱藏這類警告。

現在，按下「Cylinder 物件」鈕，會呼叫子類別 Cylinder「改寫」的 getArea() 方法，而得到正確的執行結果，如圖 19-7 所示：

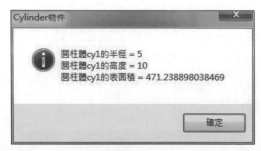

圖 19-7

此時，類別 Circle 和 Cylinder 都有 getArea() 方法，但是，父類別 Circle 的 getArea() 方法會被子類別 Cylinder 的 getArea() 方法所隱藏，因此，cy1.getArea() 所呼叫的是類別 Cylinder 的 getArea() 方法，透過此方法，就可以正確取得圓柱體表面積的值了。**請注意：以 new 作為修飾詞時，在編譯時會根據物件變數的類別，決定到底是呼叫父類別或子類別的同名方法，此機制稱之為靜態繫結（Static Binding）。**

19-3 base和 base()的使用

仔細觀察 Cylinder 的 getArea() 方法，可以發現下列敘述

```
double ca = Math.PI * radius * radius;
```

計算了圓面積，並儲存在變數 ca 中。**父類別 Circle 中的同名方法 getArea() 也可以用來取得圓面積的值。如何呼叫該方法來完成計算呢？**很簡單，以 base 關鍵字，就可以在子類別中使用父類別的成員，包括呼叫父類別中的同名方法，如下所示：

```
double ca = base.getArea();
```

你可以試試看，此改寫的敘述仍然能達到相同的結果。我們將上一節的「InheritanceDemo」程式碼，複製到新增的「CH19\InheritanceDemo_base」的「Windows Forms App」專案中，將表單「Ch19Test」的 Text 為「類別繼承_base」，以進行本節程式碼的修改和測試。

另一方面，在 Cylinder 類別直接存取 Circle 中的 radius 有符合 information hiding 嗎？**如果將父類別 Circle 中 radius 之存取層級改為 private，**則類別 Cylinder 將無法再直接存取 radius 的值，因此，其方法 getArea() 和建構子 Cylinder(int r, int l) 中，都將得到錯誤訊息：「Circle.radius 的保護層級導致無法對其進行存取」。

由程式碼發現：類別 Cylinder 的方法 getArea() 中，會取得 Circle 的 radius 以便算出圓周長。現在，只能使用父類別的 public 方法 getRadius() 來取得私有的 radius 值了，程式碼修正如下：

```
public new double getArea() {
    double ca = base.getArea();
    double cl = 2 * Math.PI * getRadius(); //base.getRadius()亦可
    return 2 * ca + cl * length;
}
```

另外，建構子 Cylinder(int r, int l) 中，必須將參數 r 設定給 Circle 的 radius，但是，現在類別 Cylinder 並沒有直接存入 radius 的權限。**如何在子類別的建構子中，設定父類別 Circle 中私有的 radius 呢？**我們可以藉由第 19-2 節所討論的**建構子執行順序**（Constructor Execution Sequence），讓父類別的資料由父類別的建構子負責設定；子類別的資料則由子類別的建構子來負責。

如第 19-2 節所示，**建構子如果沒有使用 this(~) 呼叫同類別的建構子，則會自動先呼叫父類別的預設建構子，再執行本身的程式碼，其實，這是透過呼叫 base() 來完成。當然，也可以透過 base(~) 來呼叫父類別具有參數的建構子。**

因此，本例中，建構子 Cylinder(int r, int l) 可以先透過 base(r) 來呼叫父類別 Circle 的建構子 Circle(int r)，由它負責設定其私有變數 radius，然後，回到建構子 Cylinder(int r, int l) 時，再由其本身的程式碼來設定自己的變數 length。程式碼修正如下：

```
public Cylinder(int r, int l) : base(r) { length = l; }
```

經由上述兩個修正的程式碼可以排除編譯錯誤，讓程式正確的執行。當然，父類別 Circle 中，radius 之存取層級到底要宣告為 protected 或是 private，這些考量在設計類別時就必須要謹慎評估，以便獲得物件導向程式設計的好處。

19-4　利用繼承實作類別Student

在第 19-1 節討論到，定義類別 Student 時，不用從無到有來定義所有的成員。直接繼承既有的類別 Person，就可以自動擁有其成員，只要再新增或改寫學生特有的成員，即可完成類別 Student 的定義。本節將以第 18-6 節的類別 Person 作為父類別，利用繼承衍生出子類別 Student。其 UML 類別圖如圖 19-8 所示：

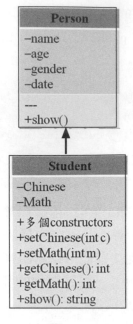

圖 19-8

從圖中可看出，類別 Student 繼承類別 Person 之後，新增了 Chinese 和 Math 成績這兩個資料成員，也新增多個建構子、取值（getter）和存值（setter）方法，同時，改寫父類別 Person 的 show() 方法，以便除了顯示父類別 Person 的資訊外，也必須顯示子類別 Student 所新增的 Chinese 和 Math 成績。

先新增一個「CH19\InheritanceDemo_ST」的「Windows Forms App」專案，其中「CH19」為方案名稱。將表單檔案名稱更名為「StudentForm.cs」作為起始表單，然後，在專案中再新增一個「MyClass.cs」的類別檔，將第 18 章的 Date 類別和 Person 類別的程式碼複製到「MyClass.cs」中。

▶ 類別 Student 的程式碼

有了 UML 類別圖所提供的規格，就可以將其轉換成對應的程式碼，如下所示：

```
class Student : Person {
    private int Chinese; //新增私有的資料成員
    private int Math;
    //利用 base(~)呼叫父類別 Person的建構子
    public Student() {
        Chinese = Math = 0; //預設值是 0
    }
    public Student(string n, int a, char g) : base(n, a, g) {
        Chinese = Math = 0;
```

```
    }
    public Student(string n, int a, char g, Date d) : base(n, a, g, d) {
        Chinese = Math = 0;
    }
    public Student(string n, int a, char g, int c, int m) : base(n, a, g) {
        Chinese = c;
        Math = m;
    }
    public Student(string n, int a, char g, Date d, int c, int m)
          :base(n, a, g, d) {
        Chinese = c;
        Math = m;
    }
    public void setChinese(int c) { Chinese = c; }
    public void setMath(int m) { Math = m; }
    public int getChinese() { return Chinese; }
    public int getMath() { return Math; }
    //base.show()呼叫父類別 Person的 show()以取得 Person的資訊
    public new string show() {
        string str = "<<< Student >>>\r\n";
        str += base.show() + "\r\n";
        str += "Chinese = " + Chinese + "\r\n";
        str += "Math = " + Math + "\r\n";
        return str;
    }
}
```

我們將上述 Student 類別的程式碼加到「MyClass.cs」中，程式碼都很簡單，重要的是它所表示的觀念和組成方式。

類別 Student 中，除了預設建構子 Student() 之外，根據成績資料的有無，搭配父類別的建構子，又設計了 4 個額外的建構子，方便使用者在建立 Student 物件時，設定其實體變數的初始值。

另外，本程式以 new 修飾詞改寫父類別的 show() 方法，它先取得類別名稱，接著，利用 base.show() 呼叫父類別 Person 的 show() 以取得 Person 的資訊，最後，再取得成績。這些物件內容的資訊將以分行的格式串接成一個字串 str，然後，回傳給呼叫者使用。

請注意：為了簡單起見，我們並沒有檢查資料的有效範圍。另外，也可以將建構子以 this(~) 來改寫，你不妨自行試試看。

▶ **類別 Student 的使用（StudentForm.cs）**

接著，以表單「StudentForm.cs」來測試 Student 物件的建立和使用。表單的介面如圖 19-9 所示：

圖 19-9

此 StudentForm 表單和第 18-6 節的 PersonForm 表單幾乎一樣，只是多了科目標籤，以及可以輸入國文和數學成績的 TextBox。成績 TextBox 的 Name 屬性分別為 txtChinese 和 txtMath。

另外，輸入名字和年齡的 TextBox，其 Name 屬性分別為 txtName 和 txtAge。輸入年、月、日的三個 TextBox，其 Name 屬性分別為 txtYear、txtMonth 和 txtDay。性別「男」和「女」的 RadioButton，其 Name 屬性分別為 rdbMale 和 rdbFemale。輸出的標籤控制項，其 Name 屬性為 lblOutput。

當輸入名字、年齡、性別、年、月、日、國文和數學成績，按下「輸出」鈕之後，可以建立一個 Student 類別的物件，同時將物件的內容輸出。程式碼如下所示：

```
string name = txtName.Text;
int age = Convert.ToInt32(txtAge.Text);
char gender = '男';
if (rdbMale.Checked) gender = '男';
if (rdbFemale.Checked) gender = '女';
int y = Convert.ToInt32(txtYear.Text);
```

```
int m = Convert.ToInt32(txtMonth.Text);
int d = Convert.ToInt32(txtDay.Text);
Date date = new Date(d, m, y);
int c = Convert.ToInt32(txtChinese.Text);
int ma = Convert.ToInt32(txtMath.Text);
Student s = new Student(name, age, gender, date, c, ma);
lblOutput.Text = s.show();
```

首先，取得使用者輸入的各個資訊，建立 Date 物件，然後，在建立 Student 物件時，就以對應的多載建構子傳遞輸入的資訊，來設定物件真正的內容值。建立物件後，呼叫其 public 實體方法 show()，以既定的格式進行輸出。

▶ **在類別 Student 中新增靜態成員**

假設類別 Student 要記錄「目前已經產生的 Student 物件個數」，並且提供此資訊給外界使用，則要如何修改 Student 類別的定義呢？

如第 18-7 節所討論，從封裝的角度，我們新增一個 private 變數 ctr 來記錄「目前已產生的 Student 物件個數」，同時，新增一個 public 方法 counter() 讓外界可以取得變數 ctr 的值。

因為 Student 類別只需要一個 ctr 變數來記錄其物件總數，所以，將變數 ctr 宣告為靜態成員。另外，方法 counter() 並不需要用到特定物件的資訊，因此，也宣告為靜態成員。Student 類別的 UML 類別圖新增成員如圖 19-10：

圖 19-10

根據 UML 類別圖，我們在 「MyClass.cs」的 Student 類別程式碼中，加入下列兩個成員的程式碼：

```
private static int ctr = 0;
public static int counter() { return ctr; }
```

如何記錄 Student 物件的個數呢？換句話說，何時知道一個新的物件產生了？當新物件產生時，一定會呼叫建構子，所以，在 Student 類別的每個建構子中加入「ctr++;」，就可以持續更新 Student 物件的個數了。

請注意，因為 Student 類別的建構子會先呼叫父類別 Person 的建構子，所以，Person 類別的靜態變數 ctr 也會被更新，之後，即可藉由 Person 類別的靜態方法 counter() 來取得目前的人數。

現在，在表單 StudentForm 的「輸出」鈕事件處理程序的最後面，加上下列程式碼，以隨時顯示 Person 物件以及 Student 物件的個數：

```
String str = "共" + Person.counter() + "人, 學生: " + Student.counter() + "人\r\n";
lblOutput.Text += str;
```

19-5　利用繼承實作類別 Teacher

本節依照前一節所描述的觀念和作法，同樣以第 18-6 節的類別 Person 作為父類別，利用繼承衍生出子類別 Teacher，以便後續章節用來示範多型機制。類別 Teacher 的 UML 類別圖如圖 19-11 所示：

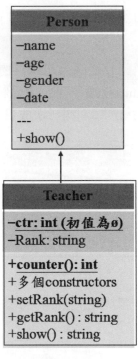

圖 19-11

從圖中可看出，類別 Teacher 繼承類別 Person 之後，新增了代表教師職級的資料成員 Rank，也新增多個建構子、取值（getter）和存值（setter）方法，同時，改寫父類別 Person 的 show() 方法，以便除了顯示父類別 Person 的資訊外，也必須顯示子類別 Teacher 所新增的教師職級。

另外，類別 Teacher 也新增一個 private 變數 ctr 來記錄「目前已產生的 Teacher 物件個數」，同時，新增一個 public 方法 counter() 讓外界可以取得變數 ctr 的值。因為 Teacher 類別只需要一個 ctr 變數來記錄其物件總數，所以，將變數 ctr 宣告為靜態成員。另外，方法 counter() 並不需要用到特定物件的資訊，因此，也宣告為靜態成員。

▶ 類別 Teacher 的程式碼

有了 UML 類別圖所提供的規格，就可以將其轉換成對應的程式碼，如下所示：

```
class Teacher : Person {
    private string Rank; //新增私有的資料成員
    //靜態成員 static members
    private static int ctr = 0;
    public static new int counter() { return ctr; }
    //建構子
    public Teacher() {
        Rank = "Assistant Professor"; //預設值是"Assistant Professor"
        ctr++;
    }
    public Teacher(string n, int a, char g) : base(n, a, g) {
        Rank = "Assistant Professor";
        ctr++;
    }
    public Teacher(string n, int a, char g, Date d) : base(n, a, g, d) {
        Rank = "Assistant Professor";
        ctr++;
    }
    public Teacher(string n, int a, char g, string r) : base(n, a, g) {
        Rank = r;
        ctr++;
    }
    public Teacher(string n, int a, char g, Date d, string r) : base(n, a, g, d)
    {
        Rank = r;
        ctr++;
    }
    public void setRank(string r) { Rank = r; }
    public string getRank() { return Rank; }
    public new string show() {
        string str = "<<< Teacher >>>\r\n";
        str += base.show() + "\r\n";
        str += "Rank = " + Rank + "\r\n";
        return str;
    }
}
```

我們將上述 Teacher 類別的程式碼加到「MyClass.cs」中，程式碼都很簡單，觀念和組成方式在前一節已經說明，現在你應該可以了解。另外，也可以將建構子以 this(~) 來改寫，你不妨自行試試看。

▶ **類別 Teacher 的使用**（Teacher Form.cs）

接著，在專案中新增表單「Teacher Form.cs」作為起始表單，來測試 Teacher 物件的建立和使用。表單的介面如圖 19-12 所示：

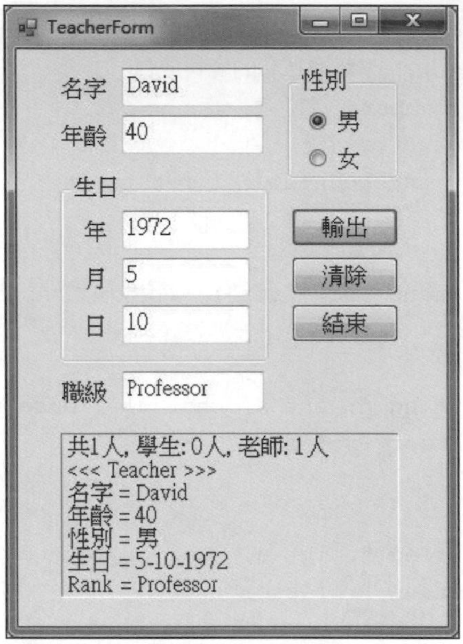

圖 19-12

此 TeacherForm 表單和第 18-6 節的 PersonForm 表單幾乎一樣，只是多了職級標籤以及可以輸入職級的 TextBox，其 Name 屬性為 txtRank。其餘控制項的 Name 屬性和前一節的 StudentForm 表單完全相同。

當輸入名字、年齡、性別、年、月、日和職級，按下「輸出」鈕之後，可以建立一個 Teacher 類別的物件，同時將物件的內容輸出。程式碼如下所示：

```
string name = txtName.Text;
int age = Convert.ToInt32(txtAge.Text);
char gender = '男';
if (rdbMale.Checked) gender = '男';
if (rdbFemale.Checked) gender = '女';
int y = Convert.ToInt32(txtYear.Text);
int m = Convert.ToInt32(txtMonth.Text);
int d = Convert.ToInt32(txtDay.Text);
Date date = new Date(d, m, y);
string r = txtRank.Text;
Teacher t = new Teacher(name, age, gender, date, r);
```

```
String str = "共" + Person.counter() + "人, 學生: " +
        Student.counter() + "人, 老師: " +
        Teacher.counter() + "人\r\n";
lblOutput.Text = str + t.show();
```

首先，取得使用者輸入的各個資訊，建立 Date 物件，然後，在建立 Teacher 物件時，就以對應的多載建構子傳遞輸入的資訊，來設定物件真正的內容值。建立物件後，呼叫其 public 實體方法 show()，以既定的格式進行輸出。另外，程式以下列敘述來顯示目前 Person 物件、Student 物件以及 Teacher 物件的個數：

```
String str = "共" + Person.counter() + "人, 學生: " +
Student.counter() + "人, 老師: " +
Teacher.counter() + "人\r\n";
```

19-6 繼承與型態轉換（Type Casting）

我們知道繼承是一種「is-a」的關係，「is-a」規則指出：「每個子類別的物件都是一個父類別的物件；反之則不然」。例如：每一個 Student 是一個 Person，每一個 Teacher 也是一個 Person；但是，父類別 Person 可能是 Student 或 Teacher。這告訴我們：**父類別比子類別抽象，所涵蓋的物件是其子類別物件的集合。越是下層的子類別，所屬的物件就越少。**在 C# 裡，類別 System.Object 是所有類別的父類別；也就是說，所有類別的物件都可視為類別 Object 的 instances。

(A) 類別型態的隱含轉換

子類別可以繼承父類別的成員，然後再加以新增、隱藏或改寫。也就是說，**越是下層的子類別，資訊越多也越明確，因此，子類別的物件可以由父類別的變數來參考（當作父類別的物件來使用）**，此即隱含的型態轉換（記得：類別是一種參考資料型態）。例如：下列敘述是合法的。

```
Circle c = new Cylinder(); //OK
```

這是因為物件變數 c 宣告為類別 Circle，代表它只會「**看到和用到**」類別 Circle 的「可用成員」，而子類別 Cylinder 的物件足以提供這些成員。

但是，**請注意：父類別的物件不能當作子類別的物件來使用**，因為它無法提供子類別中新定義的可用成員。例如：下列敘述會產生「不能隱含轉換」的編譯錯誤。

```
Cylinder cy = new Circle(); //編譯錯誤
```

(B) 類別型態的明顯轉換

現在，猜猜看下列敘述可以通過編譯嗎？

```
Cylinder cy = c;
```

一樣會產生「不能隱含轉換」的編譯錯誤。原因是物件變數 c 宣告為父類別 Circle，代表它「所參考的物件」必須至少含有類別 Circle 的成員。然而，物件變數 cy 的型態卻是子類別 Cylinder，因為 c 所參考的物件「有可能」資訊不足，所以，編譯器（Compiler）不能自動把父類別的物件變數 c 指定給子類別的物件變數 cy，以確保將來程式執行時不會發生例外（Exception）的問題。

但是，你可能會覺得此時此刻，變數 c 所參考的確實是 Cylinder 物件，應該如何做才能通過編譯呢？很簡單，利用第 2-4 節所介紹的「形態轉換運算子」（Cast Operator）進行**明顯的形態轉換**就能通過編譯器的檢查。但是，將來執行是否有問題，就必須由程式設計師負責了。下列敘述就可以通過編譯了。

```
Cylinder cy = (Cylinder) c;
```

請務必記得：通過編譯並不表示程式可以正常執行。例如：下列敘述

```
Circle c1 = new Circle();
Cylinder cy1 = (Cylinder) c1; //執行時產生 Exception的錯誤
```

變數 c1「所參考的物件」至少含有類別 Circle 的成員，可利用明顯形態轉換通過編譯。但是，執行時才發現，c1 所參考的是 Circle 物件，無法放大轉換成 Cylinder，所以，會導致「無法轉換」的執行錯誤（Exception）。

為了確保程式執行時能正確的完成明顯轉換，我們可以利用「is 運算子」，在確認物件符合想轉換的類別型態時，再進行轉換，否則，應主動顯示提醒訊息而不進行轉換，以避免例外的發生。例如，上述產生例外的敘述可以改寫如下：

```
Cylinder cy1;
if (c1 is Cylinder) cy1 = (Cylinder) c1;
else MessageBox.Show("c1 所參考的物件無法轉換成 Cylinder 物件!");
```

(C) 類別型態轉換與可視範圍

另外，**請注意：利用「形態轉換運算子」進行明顯形態轉換時，相當於改變成新類別所能「看到」的「可用成員」**。例如：下列敘述

```
int len = c.getLength();
```

會產生「不包含 'getLength' 的定義」的編譯錯誤，因為物件變數 c 只能「**看到**」類別 Circle（包括繼承而來）的「可用成員」，然而其中並沒有定義 getLength()。仔細看看，getLength() 是由類別 Cylinder 所定義，而現在變數 c 所真正參考的是 Cylinder 物件，所以，可以利用「形態轉換運算子」放大其所能「看到」的「可用成員」，如下所示：

```
int len = ((Cylinder)c).getLength();
```

如此，就能通過編譯並且正確執行了。我們在第 19-2 節的「InheritanceDemo」專案中新增表單「TypeCasting.cs」，作為起始表單，並且在表單內新增一個「形態轉換」的按鈕，試試看上述程式碼的結果，以加深你對類別形態轉換的了解。表單的介面如下圖所示：

「形態轉換」按鈕的 Click 事件處理程序如下所示：

```
private void btnTypeCasting_Click(object sender, EventArgs e){
    Circle c = new Cylinder();
    // Cylinder cy = new Circle(); // 編譯錯誤
    // Cylinder cy = c; // 編譯錯誤
    Cylinder cy = (Cylinder)c; //OK
    Circle c1 = new Circle();
    /*
    Cylinder cy1 = (Cylinder) c1; // 執行時產生Exception的錯誤
    */
    Cylinder cy1;
    if (c1 is Cylinder) cy1 = (Cylinder) c1;
    else MessageBox.Show("c1 所參考的物件無法轉換成 Cylinder 物件!",
            "型態轉換", MessageBoxButtons.OK, MessageBoxIcon.Warning);
    //int len = c.getLength(); // 編譯錯誤
    int len = ((Cylinder)c).getLength(); //OK
    MessageBox.Show("Length = " + len, "可視成員",
            MessageBoxButtons.OK, MessageBoxIcon.Information);
}
```

「形態轉換」按鈕的執行結果如下圖所示：

19-7 同名方法的隱藏（new）與覆寫（override）

在 C# 中，子類別中可以新增方法，也可以改寫父類別中的同名方法（包括參數個數和型別也相同）。您可以使用 new 和 override 關鍵字來指定方法改寫的方式。

基本上，new 修飾詞是「隱藏」父類別中的同名方法，採用靜態繫結來決定被呼叫的方法（如第 19-2 節所討論）。而 override 修飾詞則會「覆寫」父類別同名的虛擬（Virtual）方法，採用動態繫結（Dynamic Binding）來決定被呼叫的方法。

虛擬方法的「覆寫」和多型（Polymorphism）有關，本節打算以一些簡單的例子來說明這些重要而抽象的觀念。

▶ new 修飾詞

假設類別 Base 定義一個 public 方法 Method()，繼承的 Derived 類別新增一個 DMethod() 方法，同時，以 new 修飾詞改寫父類別 Base 中的同名方法 Method()，其 UML 示意圖如圖 19-13 所示：

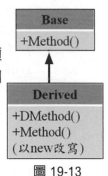

圖 19-13

這些方法都很簡單，只是以訊息方塊顯示「類別名稱 . 方法名稱」，用來示範程式執行時，到底是哪一個方法被呼叫了。對應的程式碼如下：

```
class Base {
    public void Method() {
        MessageBox.Show("Base.Method");
    }
}
class Derived : Base {
```

```
    public void DMethod() { //新增方法
        MessageBox.Show("Derived.DMethod");
    }
    public new void Method() { //new改寫同名方法
        MessageBox.Show("Derived.Method");
    }
}
```

先 新 增 一 個 「CH19\NewMethodDemo」 的 「Windows Forms App」 專 案，其 中
「CH19」為方案名稱。將表單檔案名稱更名為「NewMethod.cs」，表單介面如下
圖所示：

接著，在專案中新增「MyClass.cs」類別檔，然後，輸入上述 Base 類別和 Derived
類別的程式碼。因為有呼叫 MessageBox.show(~) 顯示訊息方塊，記得加上「using
System.Windows.Forms;」。現在，我們分兩種情況，以按鈕「new 改寫一」和「new
改寫二」來進行測試。

(A) 第一種情況：物件變數和其參考的物件屬於相同的類別

換句話說，「變數所看到的資訊」和「其參考物件所提供的資訊」完全相同。程式
碼如下：

```
Base b = new Base();
Derived d = new Derived();
```

① 現在，父類別和子類別都有 Method() 方法，下列敘述呼叫哪一個 Method() 方法呢？

```
b.Method(); //Base.Method
```

答案是 Base 類別的 Method() 方法。原因是變數 b 宣告為 Base 類別，所以，只看
到 Base 類別（包括繼承而來）的可用成員，因此，呼叫的是 Base 類別的 Method()
方法。下列敘述則會發生編譯錯誤：

```
b.DMethod(); //編譯錯誤
```

因為 Base 類別不包含 DMethod() 的定義。

② 再來，下列敘述呼叫哪一個 Method() 方法呢？

```
d.Method(); //Derived.Method
```

答案是 Derived 類別的 Method() 方法。原因是變數 d 宣告爲 Derived 類別，其定義的 Method() 方法以 new 修飾詞改寫和隱藏父類別 Base 中的 Method() 方法，因此，呼叫的是 Derived 類別的 Method() 方法。

③ 下列敘述呢？

```
d.DMethod(); //Derived.Method
```

當然是呼叫 Derived 類別的 DMethod() 方法，因爲只有 Derived 類別定義了 DMethod()，沒有同名的問題，而且，變數 d 可以看到 Derived 類別的可用成員。我們將上述程式碼輸入「new 改寫一」按鈕的 Click 事件處理程序中，逐一測試程式碼的結果，以驗證你的了解情況。程式碼如下所示：

```
private void btnNew1_Click(object sender, EventArgs e)  {
    Base b = new Base();
    Derived d = new Derived();
    //逐一測試
    b.Method();        // Base.Method
    //b.DMethod();     // 編譯錯誤
    d.Method();        // Derived.Method
    d.DMethod();       // Derived.DMethod
}
```

(B) 第二種情況：「參考物件所提供的資訊」多於「物件變數所看到的資訊」

程式碼如下：

```
Derived d = new Derived();
Base b = d;
```

前一節提過，「子類別的物件能夠當作父類別的物件來使用」，因此，把變數 d 指定給變數 b 是完全合法的。

① 下列敘述呼叫哪一個 Method() 方法呢？

```
b.Method(); //Base.Method
```

答案是 Base 類別的 Method() 方法。**雖然現在變數 b 所參考的是 Derived 物件，但是，變數 b 只看到 Base 類別的可用成員**，所以，仍然是呼叫 Base 類別的 Method() 方法。請務必想一想，確定你眞的了解。同樣地，下列敘述則會發生編譯錯誤：

```
b.DMethod(); //編譯錯誤
```

因為 Base 類別不包含 DMethod() 的定義。

② 接著，我們把型態轉換帶進來討論。下列敘述

```
Derived td = b; //編譯錯誤
```

會產生不能隱含轉換的編譯錯誤。但是，現在變數 b 所參考的是 Derived 物件，所以，利用明顯型態轉換就可以通過編譯，如下所示：

```
Derived td = (Derived) b;
```

現在，下列敘述

```
td.DMethod(); //Derived.Dmethod
```

會呼叫 Derived 類別的 DMethod() 方法，因為只有 Derived 類別定義了 DMethod()，而且變數 td 可以看到 Derived 類別的可用成員。

③ 再來，下列敘述呼叫哪一個 Method() 方法呢？

```
td.Method(); //Derived.Method
```

答案是 Derived 類別的 Method() 方法。原因是變數 td 宣告為 Derived 類別，其 Method() 方法以 new 修飾詞隱藏父類別 Base 中的 Method() 方法，因此，呼叫的是 Derived 類別的 Method() 方法。

我們將上述程式碼輸入「new 改寫二」按鈕的 Click 事件處理程序中，逐一測試程式碼的結果，以驗證你是否真的了解。程式碼如下所示：

```
private void btnNew2_Click(object sender, EventArgs e)    {
     Derived d = new Derived();
     Base b = d;
     b.Method();        // ---->>Base.Method
     // b.DMethod();    // 編譯錯誤
     // Derived td = b;  // 編譯錯誤
     Derived td = (Derived) b;
     td.DMethod();     // Derived.DMethod
     td.Method();       // Derived.Method
}
```

經由上述討論，**請記得：以 new 修飾詞改寫同名方法時，是以靜態繫結（Static Binding）來決定被呼叫的方法。**也就是說，在「編譯時期」就會根據「物件變數或型態轉換後的類別」，決定到底是呼叫父類別或子類別的同名方法，而不是根據所參考物件的類別。

▶ 虛擬（virtual）方法與 override 修飾詞

我們知道，父類別物件變數可以參考父類別物件或子類別物件，如果希望程式執行時，才自動根據當時「所參考物件的類別」來動態決定所呼叫的同名方法，就必須利用**動態繫結（Dynamic Binding）**的機制了。在 C# 裡，動態繫結是藉由 override 修飾詞覆寫 virtual 方法來達成。

在 C# 裡，根據預設，方法是非虛擬的，父類別可以 virtual 修飾詞定義與實作虛擬「方法」（Method）；而子類別可以覆寫（override）它們，表示子類別會提供本身的定義與實作。

在執行階段，當用戶端程式碼呼叫虛擬方法時，.NET Framework 的 CLR 會查詢執行當時物件的類別，並叫用虛擬方法的覆寫版本。因此，在程式碼中，你可以呼叫父類別上的虛擬方法，並讓子類別版本的方法執行，這種使用統一的父類別方法來操作多種子類別方法的機制，就是多型（Polymorphism）。我們以例子來示範說明這個非常重要而且抽象的機制。

現在，我們先擴充圖 19-13 的繼承階層圖，如下圖所示：

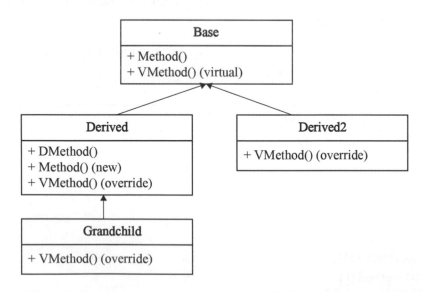

我們先新增一個「CH19\PolymorphismDemo」的「Windows Forms App」專案，其中「CH19」為方案名稱。將表單檔案名稱更名為「Polymorphism.cs」，並且在表單中新增「virtual 與 override」、「polymorphism1」和「polymorphism2」三個按鈕來進行測試。表單介面如下圖所示：

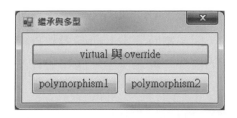

接著，在本專案中新增「MyClass.cs」類別檔，然後，複製或加入專案「NewMethodDemo」中的 Base 類別和 Derived 類別的程式碼。因爲有呼叫 MessageBox.show(~) 顯示訊息方塊，記得加上「using System.Windows.Forms;」。

現在，**在父類別 Base 中增加一個虛擬方法 VMethod()**，程式碼如下所示：

```
public virtual void VMethod() {
    MessageBox.Show("Base.VMethod");
}
```

虛擬方法允許子類別以動態繫結的方式來加以覆寫，所以，**在子類別 Derived 中，我們以 override 的方式來改寫**父類別的 VMethod() 方法，程式碼如以下所示：

```
public override void VMethod() {
    MessageBox.Show("Derived.VMethod");
}
```

我們先以「virtual 與 override」的按鈕，來進行測試。先加入如下程式碼：

```
Base b = new Base();
Derived d = new Derived();
```

接著，下列兩行程式碼：

```
b.VMethod(); //Base.VMethod
d.VMethod(); //Derived.VMethod
```

分別呼叫了 Base 類別和 Derived 類別的 VMethod() 方法，它是依當時參考物件的類別而呼叫對應的 VMethod() 方法。感覺上和靜態繫結的結果差不多，我們再測試下列敘述：

```
b = d;
b.VMethod(); //Derived.VMethod
```

此時 b.VMethod() 呼叫的是 Derived 類別的 VMethod() 方法，而不是 Base 類別的 VMethod() 方法，因爲此時變數 b 所參考的是 Derived 物件。

你有沒有發現：上述兩個相同 b.VMethod() 敘述卻分別呼叫了 Base 類別和 Derived 類別的 VMethod() 方法，因為當時變數 b 所參考物件的類別並不相同。這種使用單一窗口來操作多種型態的物件，即是多型。請務必仔細想一想，確保你了解動態繫結的特別之處。

「virtual 與 override」按鈕的 Click 事件處理程序，其程式碼如下所示：

```
private void btnVirtualOverride_Click(object sender, EventArgs e)  {
    Base b = new Base();
    Derived d = new Derived();

    b.VMethod();      // Base.VMethod
    d.VMethod();      // Derived.VMethod

    b = d;
    b.VMethod();      // Derived.VMethod
}
```

▶ 多型的使用範例

我們再舉兩個例子來說明繼承與多型的用法。第一個例子說明如何以物件陣列統一管理一組具有類別繼承關係的物件。第二個例子說明如何以方法參數接收具有繼承關係的不同物件。我們先將目前「MyClass.cs」類別檔中，父類別 Base 與子類別 Derived 的完整程式碼列表如下：

```
class Base{
    public void Method(){
        MessageBox.Show("Base.Method");
    }
    public virtual void VMethod(){
        MessageBox.Show("Base.VMethod");
    }
}

class Derived : Base{
    public void DMethod() {  //新增方法
        MessageBox.Show("Derived.DMethod");
    }
    public new void Method() {  //new改寫同名方法
        MessageBox.Show("Derived.Method");
    }
    public override void VMethod() {  //override同名virtual方法
        MessageBox.Show("Derived.VMethod");
    }
}
```

現在，我們在「MyClass.cs」類別檔中，繼續輸入繼承類別 Base 之子類別 Derived2 的程式碼，它以 override 的方式改寫父類別 Base 的 VMethod() 方法，程式碼如下所示：

```
class Derived2 : Base{
    public override void VMethod() {  //override同名virtual方法
        MessageBox.Show("Derived2.VMethod");
    }
}
```

接著，繼續輸入繼承子類別 Derived 之孫類別 Grandchild 的程式碼，它以 override 的方式再改寫子類別 Derived 的 VMethod() 方法，程式碼如下所示：

```
class Grandchild : Derived{
    public override void VMethod() {  //override同名virtual方法
        MessageBox.Show("Grandchild.VMethod");
    }
}
```

範例一：多型與物件陣列

首先，我們以「polymorphism1」按鈕來示範第一個例子，這個例子以物件陣列統一管理一組具有類別繼承關係的物件，其 Click 事件處理程序如下所示：

```
private void btnPolymorphism1_Click(object sender, EventArgs e){
    Base[] baseArray = new Base[4];
    baseArray[0] = new Base();
    baseArray[1] = new Derived();
    baseArray[2] = new Derived2();
    baseArray[3] = new Grandchild();
    for (int i = 0; i < 4; i++)baseArray[i].VMethod();
}
```

我們先宣告可容納 4 個元素的物件陣列 baseArray，宣告方式如下所示：

```
Base[] baseArray = new Base[4];
```

baseArray 所宣告的型態是 Base[]，也就是說，Base 類別的物件或是和 Base 類別具有繼承關係的物件都可以存入此物件陣列中。因此，依序利用 Base 類別、Derived 類別、Derived2 類別和 Grandchild 類別產生物件，並且存入 baseArray 中。之後，利用 for 迴圈呼叫 baseArray 中每一個元素的虛擬方法 VMethod()，如下所示：

```
for (int i = 0; i < 4; i++)baseArray[i].VMethod();
```

請注意，虛擬方法會自動根據當時「所參考物件的類別」來動態決定所呼叫的同名方法，因此，此迴圈會自動呼叫 Base 類別、Derived 類別、Derived2 類別和 Grandchild 類別的 VMethod()，執行時會依序以訊息方塊顯示「Base.VMethod」、「Derived.VMethod」、「Derived2.VMethod」以及「Grandchild.VMethod」。

範例二：多型與參數傳遞

接下來，我們以「polymorphism2」按鈕來示範第二個例子，這個例子以方法參數接收具有繼承關係的不同物件，所以，我們先定義一個 whichVMethod(~) 方法，程式碼如下所示：

```
private void whichVMethod(Base baseObject){
    baseObject.VMethod();
}
```

其參數 baseObject 所宣告的型態是 Base，也就是說，Base 類別的物件或是和 Base 類別具有繼承關係的物件都可以傳給 baseObject。然後，其虛擬方法 VMethod() 會被呼叫。「polymorphism2」按鈕的 Click 事件處理程序如下所示：

```
private void btnPolymorphism2_Click(object sender, EventArgs e){
    whichVMethod(new Base());
    whichVMethod(new Derived());
    whichVMethod(new Derived2());
    whichVMethod(new Grandchild());
}
```

我們將具有繼承關係的不同物件分別傳給 whichVMethod 方法，同樣地，虛擬方法 VMethod() 會自動呼叫對應類別的 VMethod()。「polymorphism2」按鈕的執行結果是依序以訊息方塊顯示「Base.VMethod」、「Derived.VMethod」、「Derived2.VMethod」以及「Grandchild.VMethod」。下一節我們將以一個更具體的例子來進一步示範多型的觀念與用法。

19-8　多型（Polymorphism）

　　多型是 OOP 中重要且複雜的觀念，它透過覆寫同名虛擬方法的動態繫結機制，就可以處理不同類別（必須有繼承關係）的物件，進行對應的不同操作。如此，方便應用程式以統一的方式管理一組具有類別繼承關係的物件，而且易於擴充。

　　在微軟的線上 MSDN Library 文件中有談到：虛擬方法能讓您以統一的方法使用相關物件的群組。例如：假設您有一個繪圖應用程式，可以讓使用者在繪圖介面上建立各種類型的圖案。在編譯時期，您並不知道使用者究竟會建立哪一種圖案。然而，應用程式必須追蹤建立的所有圖案類型，並根據使用者的動作更新圖案。你可以使用**多型**，以兩個基本的步驟解決這個問題：

1. 建立類別階層，其中每個特定的圖案類別都衍生自一般的基底類別。

2. 透過對基底類別方法的單一呼叫，使用虛擬方法叫用任何衍生類別上的適當方法。

　　看起來有點抽象，其實，以我們目前所建立的基礎已經足以了解這段話了。我們還是以具體的例子來示範說明，幫助大家了解這個非常重要而且抽象的**多型**。我們會先使用 new 修飾詞所改寫的方法，看看會得到什麼效果？再使用 virtual 和 override 所覆寫的方法，區分其差異，以便確實了解多型的運作特色。

▶ **學校成員管理系統**

　　我們將利用之前所討論的 Date、Person、Student 和 Teacher 等自訂類別來寫一個管理學校成員的雛型系統。此人員管理系統可以新增老師和學生成員、列出所有成員、存檔和匯入檔案資料，表單的介面如圖 19-14 所示：

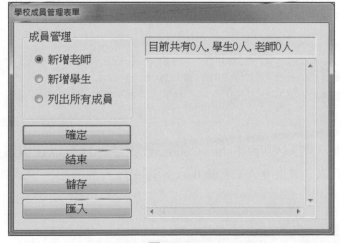

圖 19 14

先新增一個「CH19\PolymorphismApp」的「Windows Forms App」專案,其中「CH19」為方案名稱。將表單檔案名稱更名為「MainForm.cs」,然後,在專案中再新增一個「MyClass.cs」的類別檔。接著,將「InheritanceDemo_ST」專案中的 Date、Person、Student 和 Teacher 等自訂類別加入到本專案的「MyClass.cs」中。

現在,依人機介面的設計,在表單中依序加入群組方塊、選項按鈕、標籤、文字盒、按鈕等通用控制項,然後在屬性視窗中設定控制項屬性。本例中,控制項的屬性設定如下所示:

1. 表單的 Name 設為「MainForm」,Text 為「學校成員管理表單」,Font 大小為 12pt,FormBorderStyle 設為 FixedSingle,ControlBox 設為 False。

2. 將群組方塊的 Text 設為「成員管理」,其中三個選項按鈕的 Name 分別設為 rdbTeacher、rdbStudent 和 rdbAllElements,對應之 Text 分別為「新增老師」、「新增學生」和「列出所有成員」。

3. 另一個顯示「成員資訊」之文字盒的 Name 設為 txtOutput,屬性 MultiLine 設為 True;屬性 ReadOnly 設為 True;屬性 ScrollBar 設為 Both;屬性 WordWrap 設為 False;屬性 BorderStyle 設為 Fixed3D。

4. 顯示「目前成員人數」之標籤控制項的 Name 設為 lblCounter。

5. 按鈕「確定」、「結束」、「儲存」和「匯入」的 Name 分別設為 btnEnter、btnExit、btnSave 和 btnLoad,其 Text 如介面所示。

▶ **表單載入時的處理**

主表單載入時,在標籤控制項 lblCounter 中顯示「目前共有 0 人, 學生 0 人, 老師 0 人」,表示目前系統中尚未有任何成員。我們把顯示「目前成員人數」之程式碼寫成一個 private 方法 showCounter(),方便程式內部呼叫來使用。利用各個類別所公開的靜態方法 counter(),就可以取得對應之成員類型的人數,如下所示:

```
private void showCounter() {
    lblCounter.Text = "目前共有" + Person.counter() + "人, ";
    lblCounter.Text += "學生" + Student.counter() + "人, ";
    lblCounter.Text += "老師" + Teacher.counter() + "人";
}
```

現在,表單載入時只要呼叫 showCounter() 方法,就可以在標籤 lblCounter 中顯示「目前共有 0 人, 學生 0 人, 老師 0 人」的成員人數資訊,程式如下:

```
private void MainForm_Load(object sender, EventArgs e) {
    showCounter();
}
```

▶ **成員資料的輸入和表示**

如何輸入和表示成員資料？當點選「新增老師」選項按鈕，按下「確定」按鈕後，會彈出一個可供輸入老師資料的視窗，輸入完成的老師資料會以 Teacher 物件來表示。同樣的方式，程式會把輸入完成的學生資料存入 Student 物件。

我們以一個物件陣列來統一管理這些新增的老師和學生物件。但是，物件陣列內有 Teacher 和 Student 物件，如何宣告「物件陣列變數」的型態呢？

我們知道「子類別的物件能夠當作父類別的物件來使用」，因為 Teacher 和 Student 類別都是衍生自 Person 類別，所以，**我們把「物件陣列變數」P 的型態宣告為 Person 陣列**，如此，陣列元素可以是 Teacher 物件或 Student 物件，也就是說，利用隱含型態轉換的方式，能夠把新增的成員物件存入物件陣列的元素中。

假設最多可以管理 100 個成員，我們配置可以容納（參考）100 個物件的陣列元素，同時，將陣列變數 P 宣告成（表單 MainForm 的）實體變數，方便陣列資料的共享。物件陣列的記憶體配置和變數宣告如下所示：

```
Person[] P = new Person[100]; //統一管理物件
```

▶ **新增老師成員**

我們以第 18-9 節所介紹的「表單切換」來新增老師成員。

▶ **「教師表單」（tForm.cs）的處理**

當點選上選單（MainForm.cs）的「新增老師」選項按鈕，按下「確定」按鈕後，會彈出一個「教師表單」（tForm.cs）來收集所輸入的老師資料，同時建立 Teacher 物作，然後返回主選單。教師表單 tForm 的介面如圖 19-15 所示：

圖 19-15

tForm 表單和第 19-5 節的 TeacherForm 表單幾乎一樣,只是少了輸出 Teacher 物件內容的標籤控制項 lblOutput。另外,tForm 是強制回應表單,我們必須將其「確定」鈕的 DialogResult 屬性值設為 OK,而「取消」鈕的 DialogResult 屬性值設為 Cancel,以作為關閉回應表單後的回傳值。

當使用者在表單 tForm 上輸入老師資料,按下「確定」鈕之後,其 Click 事件處理程序會收集輸入的資訊,並建立 Teacher 物件。為了讓主選單可以取得此新建立的 Teacher 物件,我們宣告一個 internal 物件變數 tObj 來參考此物件,如此,同一組件(目前可以當作同一專案)中的程式都可以存取變數 tObj 來取得該 Teacher 物件。

請注意:在專案中,類別 Teacher 的存取層級是預設的 internal,所以,變數 tObj 的存取範圍不可以超過 internal。但是,變數 tObj 的存取範圍也不能宣告為 private,因為主選單將無法取得此物件,除非有適當存取層級的方法可用。權衡之下,最簡單的方式就是將變數 tObj 宣告為 internal。當然,我們也可以將類別 Teacher 的存取層級宣告為 public,如此,變數 tObj 存取範圍的決定將會更有彈性。

物件變數 tObj 的宣告以及「教師表單」(tForm.cs)「確定」鈕的 Click 事件處理程序如下所示:

```csharp
internal Teacher tObj; //讓主選單可以取得此 Teacher物件
private void btnOK_Click(object sender, EventArgs e) {
    string name = txtName.Text;
    int age = Convert.ToInt32(txtAge.Text);
    char gender = '男';
    if (rdbMale.Checked) gender = '男';
    if (rdbFemale.Checked) gender = '女';
    int y = Convert.ToInt32(txtYear.Text);
    int m = Convert.ToInt32(txtMonth.Text);
    int d = Convert.ToInt32(txtDay.Text);
    Date date = new Date(d, m, y);
    string r = txtRank.Text;
    tObj = new Teacher(name, age, gender, date, r);
}
```

▶ **主選單(MainForm)上點選「新增老師」選項鈕的處理**

現在,我們可以處理**主選單(MainForm)上「確定」鈕的 Click 事件**。假如是「新增老師」的選項按鈕 rdbTeacher 被點選,則先建立「教師表單」,接著,開啟「教師表單」讓使用者輸入資料。若使用者按下「確定」鈕關閉「教師表單」時,則利用「教師表單」內的物件變數 tObj 取得新建立之 Teacher 物件,並且存入物件陣列 P 中。

儲存的位置呢？我們利用 Person.counter() 取得目前成員的個數，因為陣列的索引由 0 開始，所以，將成員個數減 1 就可以作為儲存的位置 pos。最後，程式呼叫 P[pos].show() 取得物件的內容，同時更新顯示的資訊。

「新增老師」的程式碼如下所示：（寫在「主選單」（MainForm）「確定」鈕的 Click 事件處理程序內）

```
if (rdbTeacher.Checked) {
    tForm tf = new tForm(); //建立老師表單
    if (tf.ShowDialog() == DialogResult.OK) { //開啓表單
        int pos = Person.counter() - 1; //儲存在物件陣列的位置
        P[ pos ] = tf.tObj; //存入 Teacher物件
        txtOutput.Text = "新增的老師\r\n" + P[pos].show() + "\r\n";
        showCounter();
    }
    tf.Dispose(); //釋放表單資源
}
```

「新增老師」之後，主選單 MainForm 的介面如圖 19-16：

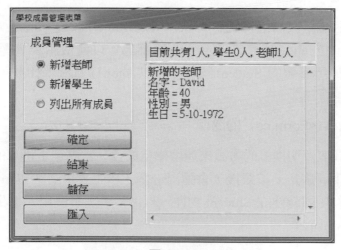

圖 19-16

你應該有發現，所顯示的 Teacher 物件少了職級的部分，為什麼？因為目前 Teacher 類別是以 new 修飾詞改寫父類別 Person 的 show() 方法，它是以靜態繫結的方式決定呼叫的方法。然而，陣列變數 P 的型態宣告為 Person，所以，P[pos].show() 所呼叫的是 Person 類別的 show() 方法，而不是 Teacher 類別的 show() 方法。

如何修正呢？我們可以利用明顯型態轉換來解決這個問題，但是，最好的方法是使用動態繫結，讓程式執行時，才自動根據當時「所參考物件的類別」來動態決定所呼叫的方法。

所以，我們**將父類別 Person 的 show() 改成 virtual 方法，將子類別 Teacher 的 show() 改成 override 修飾詞**，再重新執行「新增老師」之後，就會顯示完整的 Teacher 物件內容，因為此時呼叫的將會是 Teacher 類別的 show() 方法，主選單 MainForm 的介面如圖 19-17：

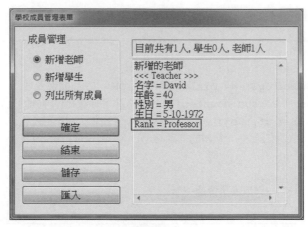

圖 19-17

▶ **新增學生成員**

依照上述的討論，我們已將父類別 Person 的 show() 改成 virtual 方法，現在，**將子類別 Student 的 show() 改成 override 修飾詞**，以便使用動態繫結，讓程式執行時，自動根據所參考的 Student 物件呼叫其 show() 方法，如此，就會顯示完整的 Student 物件內容。

▶ **「學生表單」（sForm.cs）的處理**

我們同樣以「表單切換」的方式來新增學生成員。當點選主選單的「新增學生」選項按鈕，按下「確定」按鈕後，會彈出一個「學生表單」（sForm.cs）來收集所輸入的學生資料，同時建立 Student 物件，以供給主選單使用。學生表單 sForm 的介面如圖 19-18 所示：

圖 19-18

sForm 表單和第 19-4 節的 StudentForm 表單幾乎一樣，只是少了輸出 Student 物件內容的標籤控制項 lblOutput。另外，sForm 是強制回應表單，我們必須將其「確定」鈕的 DialogResult 屬性值設為 OK，而「取消」鈕的 DialogResult 屬性值設為 Cancel，以作為關閉回應表單後的回傳值。

當使用者在表單 sForm 上輸入學生資料，按下「確定」鈕之後，其 Click 事件處理程序會收集輸入的資訊，並建立 Student 物件。同樣的，我們宣告一個 internal 物件變數 sObj 來參考此物件，讓主選單可以取得此新建立的 Student 物件。物件變數 sObj 的宣告，以及「學生表單」（sForm.cs）「確定」鈕的 Click 事件處理程序如下所示：

```
internal Student sObj; //讓主選單可以取得此 Student物件
private void btnOK_Click(object sender, EventArgs e) {
    string name = txtName.Text;
    int age = Convert.ToInt32(txtAge.Text);
    char gender = '男';
    if (rdbMale.Checked) gender = '男';
    if (rdbFemale.Checked) gender = '女';
    int y = Convert.ToInt32(txtYear.Text);
    int m = Convert.ToInt32(txtMonth.Text);
    int d = Convert.ToInt32(txtDay.Text);
    Date date = new Date(d, m, y);
    int c = Convert.ToInt32(txtChinese.Text);
    int ma = Convert.ToInt32(txtMath.Text);
    sObj = new Student(name, age, gender, date, c, ma);
}
```

▶ 主選單（MainForm）上點選「新增學生」選項鈕的處理

現在，我們可以處理**主選單上「確定」鈕的 Click 事件**。假如是「新增學生」的選項按鈕 rdbStudent 被點選，則先建立「學生表單」，接著，開啟「學生表單」讓使用者輸入資料。若使用者按下「確定」鈕關閉「學生表單」時，則利用「學生表單」內的物件變數 sObj 取得新建立之 Student 物件，並且存入物件陣列 P 中。最後，程式呼叫 P[pos].show() 取得物件的內容，同時更新顯示的資訊。

「新增學生」的程式碼如下所示：（寫在「主選單」（MainForm）「確定」鈕的 Click 事件處理程序內）

```
if (rdbStudent.Checked) {
    sForm sf = new sForm(); //建立學生表單
    if (sf.ShowDialog() == DialogResult.OK) { //開啟表單
        int pos = Person.counter()-1; //儲存在物件陣列的位置
        P[pos] = sf.sObj; //存入 Student物件
```

```
            txtOutput.Text = "新增的學生\r\n" + P[pos].show() + "\r\n";
            showCounter();
        }
        sf.Dispose(); //釋放表單資源
}
```

「新增學生」之後，主選單 MainForm 的介面如圖 19-19：

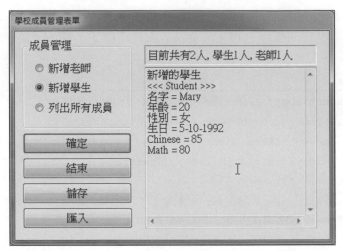

圖 19-19

目前 Student 類別已經改成以 override 修飾詞覆寫父類別 Person 的虛擬 show() 方法，它是以動態繫結的方式決定呼叫的方法。因為目前 P[pos] 參考的是 Student 物件，所以，P[pos].show() 所呼叫的是 Student 類別的 show() 方法，如此，可以顯示完整的 Student 物件內容。

▶ 主選單「列出所有成員」的處理

當點選主選單的「列出所有成員」選項按鈕 rdbAllElements，按下「確定」按鈕後，會將物件陣列中的成員資訊逐一列出。程式碼很簡單，利用單迴圈逐一掃描物件陣列的每一個成員，呼叫各個成員的 show() 取得其物件內容，同時加以顯示即可。物件陣列中總共有多少成員呢？呼叫 Person.counter() 就可以知道了。

「列出所有成員」的程式碼如下所示：（寫在「主選單」（MainForm）「確定」鈕的 Click 事件處理程序內）

```
if (rdbAllElements.Checked) {
    string str = "<<< 成員列表 >>>\r\n";
    for(int i = 0; i < Person.counter(); i++)
        str += P[i].show() + "--------------------\r\n";
    txtOutput.Text = str;
}
```

「成員列表」的主選單介面如圖 19-20 所示：

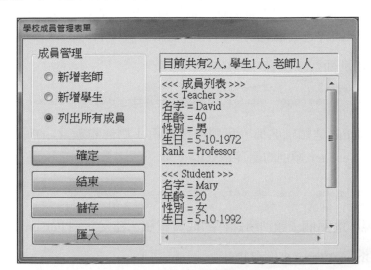

圖 19-20

由介面中可知，雖然物件陣列中有老師和學生成員，但是透過多型的動態繫結機制，不同類別的物件成員會自動呼叫其各自覆寫的 show() 方法，因此，能分別輸出各個物件完整的資訊，非常方便。

重點是：如果系統必須新增其他類別的成員，例如行政人員，則只要由 Person 類別衍生出行政人員的類別，讓該類別覆寫必要的虛擬方法，例如 show() 方法，就可以將行政人員的物件加入物件陣列中統一管理，系統會自動呼叫其覆寫的方法。由此可知，多型的機制讓應用系統非常容易擴充和維護。

透過本範例的示範說明，請仔細比較使用 new（靜態繫結），以及使用 virtual 和 override（動態繫結）時，P[i].show() 的結果有何差異，以確實了解 Polymorphism 的運作原理和特色。

▶ **物件資料的儲存與匯入**

本章最後將簡單討論物件資料的儲存與匯入。你可以利用 C# 的序列化（Serialization）程序與還原序列化（Deserialization）程序來完成物件的儲存與匯入，但這是較深的議題，本書將於第 21 章進行討論。

第 14 章討論檔案處理時曾特別強調，進行檔案讀寫之前，必須先設計好「檔案資料的儲存格式」。如此，程式依此「儲存格式」儲存資料，之後，才能再依此相同的格式將資料正確地讀回來。同樣的，如何以統一的格式來儲存物件內容，以利物件資料的讀寫，是自行處理物件儲存與匯入時必須先考慮的。

物件資料的內容比較複雜，至少要注意兩件事：首先，類別可以繼承資料成員（is-a relationship），再者，類別可以包含物件成員（has-a relationship）。依本例而言，其檔案的表示格式是以「由父類別依次往子類別儲存」的方式來處理繼承關係。我們必須先儲存各個物件的類別名稱,以了解其繼承階層的成員。另外,我們以深度優先的方式來儲存包含關係的資料。

以 Student 類別而言,其儲存的格式如下:

```
(ClassName, name, age, gender, (year, month, day), Chinese, Math)
```

其中 ClassName 是類別名稱,我們可以利用「物件變數 .GetType().Name」取得類別名稱。而 Teacher 類別的儲存格式如下:

```
(ClassName, name, age, gender, (year, month, day), Rank)
```

你可以發現,這兩個子類別所儲存的成員資訊,在父類別 Person 的部分是相同的。

1. 利用 BinaryWriter 來儲存物件

   我們以第 14 章所介紹的 BinaryWriter 將物件資料儲存於二進位檔案中。為了簡單起見,本程式沒有利用 SaveFileDialog 控制項讓使用者選擇欲儲存的檔案,而是直接指定儲存在檔案「DataFile.dat」中。

   程式碼很簡單,利用單迴圈逐一儲存物件陣列中的每一個成員。如果是 Teacher 物件,就以上述 Teacher 類別的格式來儲存。如果是 Student 物件,就以上述 Student 類別的格式來儲存。同樣的呼叫,Person.counter() 就可以知道物件陣列中共有多少成員。主選單「儲存」鈕的 Click 事件處理程序如下所示:

```
private void btnSave_Click(object sender, EventArgs e) {
    FileStream fs = new FileStream("DataFile.dat", FileMode.Create);
    BinaryWriter bw = new BinaryWriter(fs);
    for (int i = 0; i < Person.counter(); i++) {
        string classname = P[i].GetType().Name; //類別名稱
        bw.Write(classname); //儲存類別名稱
        bw.Write(P[i].getName()); //儲存父類別 Person的成員
        bw.Write(P[i].getAge());
        bw.Write(P[i].getGender());
        Date d = P[i].getDate();
        bw.Write(d.getYear());
        bw.Write(d.getMonth());
        bw.Write(d.getDay());
        if (classname == "Teacher") { //儲存子類別 Teacher的成員
            bw.Write(((Teacher)P[i]).getRank());
        } else if (classname == "Student"){
            //儲存子類別 Student的成員
```

```
            bw.Write(((Student)P[i]).getChinese());
            bw.Write(((Student)P[i]).getMath());
        }
    }
    bw.Flush();
    bw.Close();
    fs.Close();
}
```

儲存之後，你可以在檔案路徑「專案名稱 \bin\Debug\ DataFile.dat」中找到儲存物件陣列成員的檔案。

2. 利用 BinaryReader 來匯入物件

我們以第 14 章所介紹的 BinaryReader，將儲存於檔案「DataFile.dat」中的物件資料匯入物件陣列中。因為我們是呼叫 Person.counter() 來取得物件陣列中的成員數量，而且沒有在解構子中將該類別的物件數減 1，因此，為了簡單起見，本程式是以附加（Append）的方式來匯入檔案中的物件，另一種作法可參考第 21 章。

程式碼很直接，從開啟的檔案中，逐一讀入物件，一直到檔案結束為止。先讀取類別名稱以及父類別 Person 的成員資訊。接著，如果是 Teacher 類別，就讀取子類別 Teacher 的新增成員 Rank，同時建立 Teacher 物件並且存入物件陣列中。如果是 Student 類別，就讀取子類別 Student 的新增成員 Chinese 和 Math，同時建立 Student 物件並且存入物件陣列中。主選單「匯入」鈕的 Click 事件處理程序如下所示：

```
private void btnLoad_Click(object sender, EventArgs e) {
    FileStream fs = new FileStream("DataFile.dat", FileMode.Open);
    BinaryReader br = new BinaryReader(fs);
    int i = Person.counter(); //以附加的方式匯入
    while (br.PeekChar() >= 0) {
        string classname = br.ReadString(); //讀取類別名稱
        string name = br.ReadString(); //讀取父類別 Person的成員
        int age = br.ReadInt32();
        char gender = br.ReadChar();
        int year = br.ReadInt32();
        int month = br.ReadInt32();
        int day = br.ReadInt32();
        if (classname == "Teacher") {
            //讀取子類別 Teacher的成員，建立 Teacher物件
```

```
        P[ i ] = new Teacher(name, age, gender,
            new Date(day, month, year), br.ReadString());
    } else if (classname == "Student") {
        //讀取子類別 Student的成員，建立 Student物件
        P[i] = new Student(name, age, gender,
        new Date(day, month, year),
        br.ReadInt32(), br.ReadInt32());
    }
    i++;
    }
    br.Close();
    fs.Close();
    showCounter();
}
```

此成員管理系統只是為了示範說明「繼承和多型」的觀念而設計，當然，在功能上還有許多值得改善的地方，而且其程式碼也可以有不同的寫法。以你目前的程式功力，應該有足夠的能力改良或改寫此雛型系統，你不妨努力試試看。

習題

▶ 選擇題

（　）1. 在 C# 語言宣告的子類別可以使用下列哪一個關鍵字呼叫父類別的建構子？

(A)self　(B)this　(C)base　(D)new

（　）2. 下列何者可以存取宣告為 protected 的資料成員？

(A) 整個專案　(B) 同一個組件　(C) 子類別　(D) 以上皆非

（　）3. 下列關於 C# 繼承的敘述，何者是錯誤的？

(A) 子類別會繼承父類別內非私有的成員　(B) 可以提高程式的可重用性
(C) 子類別的存取層級必須比父類別寬鬆　(D) 不支援多重繼承

（　）4. 子類別不可以存取父類別內宣告為下列何者的成員？

(A)public　(B)private　(C)protected　(D)internal

（　）5. 下列哪一個關鍵字代表目前子類別的父類別？

(A)super　(B)this　(C)base　(D)self

▶ 問答題

1. 請說明建構子執行順序（construct execution sequence）的運作方式。

2. 請說明 base 和 base(~) 的用途。

3. 請說明繼承與型態轉換的關係。

4. 何謂虛擬（virtual）方法？請說明什麼是方法的覆寫（virtual 和 override 修飾詞）和隱藏（new 修飾詞）？請說明其用途和差異。

5. 請舉例說明什麼是物件導向程式設計的多型性，其運作原理為何？

▶ 實作題

1. 定義一個名為 Vehicle（運輸工具）的 public 類別，其成員說明如下：

   ◆ 資料成員（定義為 private）
   -maxSpeed：最高時速，資料型態為 int（預設值為 0）
   -color：顏色，資料型態為 string（預設值為 unknown）

   ◆ 成員函式（定義為 public）
   +Vehicle()：預設 no-arg 建構子，將最高時速設為 0，顏色設為 unknown
   +Vehicle(int, string)：以指定的最高時速和顏色，建立 Vehicle 物件的建構子
   +int getMaxSpeed()：取得運輸工具的最高時速
   +void setMaxSpeed(int)：設定運輸工具的最高時速
   +string getColor()：取得運輸工具的顏色
   +void setColor(string)：設定運輸工具的顏色
   +string show()：傳回運輸工具的最高時速和顏色等資訊，顯示的格式範例如下：

   > 「最高時速：200
   > 顏色：藍色」

2. 定義一個繼承 Vehicle 類別，名為 Car（汽車）的 public 類別，其成員說明如下：

   ◆ 資料成員（定義為 private）
   -carIdNum：車牌號碼，資料型態為 string（預設值為 unknown）
   -amtGas：汽油量，資料型態為 double（預設值為 0）

   ◆ 成員函式（定義為 public）
   +Car()：預設 no-arg 建構子，將車牌號碼設為 unknown，汽油量設為 0
   +Car(string, double, int, string)：以指定的車牌號碼、汽油量、最高時速和顏色，建立 Car 物件的建構子（提示：使用 base(int, string) 呼叫父類別的建構子）
   +string getCarIdNum()：取得汽車的車牌號碼

+void setCarIdNum(string)：設定汽車的車牌號碼

+double getAmtGas()：取得汽車的汽油量

+void setAmtGas(double)：設定汽車的汽油量

+string show()：傳回汽車的車牌號碼、汽油量、最高時速和顏色等資訊，顯示的格式範例如下：

> 「車牌號碼：A1234
> 汽油量：50
> 最高時速：200
> 顏色：藍色」

3. 承上題，定義一個名為 CarForm 的汽車表單類別，用來輸入汽車的車牌號碼、汽油量、最高時速和顏色，介面如下所示：

在 CarForm.cs 的類別定義中，加上一個名為 newCar 的 public 物件變數，其資料型態是 Car 類別。按下「確定」鈕後，將輸入之汽車的車牌號碼、汽油量、最高時速和顏色，封裝成 Car 物件，存入 newCar 變數中，方便外界取得汽車物件的相關資訊。（記得設定「確定」鈕和「取消」鈕的 DialogResult 屬性）

4. 承上題，定義一個名為 MainForm 的主表單類別，介面如下圖所示：

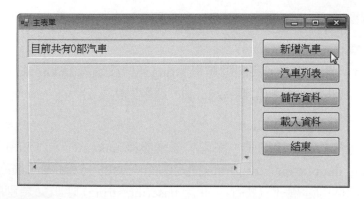

(a) 按「新增汽車」鈕，會出現 CarForm 的汽車表單，用來輸入汽車的相關資訊。按「確定」鈕後，返回主表單，取得新建立的 Car 物件，並且加入 Car 物件陣列中。

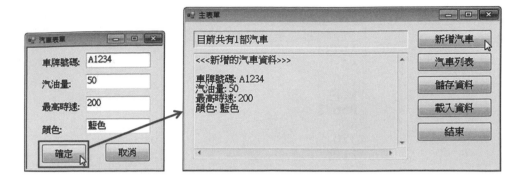

(b) 按「汽車列表」鈕，會顯示所有汽車的資訊，包括汽車的車牌號碼、汽油量、最高時速和顏色。

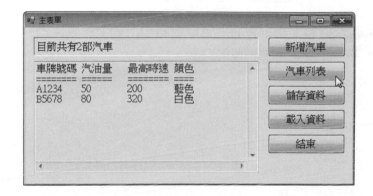

(c) 按「儲存資料」鈕，會將汽車物件陣列中所有 Car 物件的資訊存檔，程式介面與檔案內容如下圖所示。

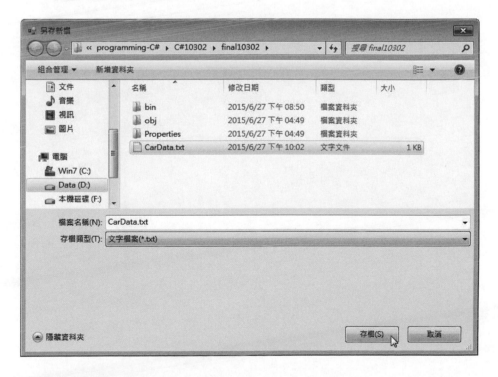

(d) 按「載入資料」鈕,會將所選取檔案中所有 Car 物件的資訊讀入汽車物件陣列中,並且更新主表單的介面。

抽象類別與介面

抽象類別（Abstract Class）與介面（Interface）也是物件導向程式設計非常重要的功能，同樣的，本章會以具體的例子來詳細示範和說明抽象類別與介面的原理與應用，讓大家對 C# 物件導向程式設計有更完整的認識。

20-1 抽象類別與抽象方法

有時候，我們只想要定義子類別的共同部分，但是要求該類別不能有實體；或者提供某方法，並且要確保子類別提供該方法特定的實作，此時，就可以利用 C# 的 abstract 修飾詞，運用於類別和方法，形成抽象類別與抽象方法（Abstract Method），以達成上述目標。

▶ 抽象類別

抽象類別只能當作其他類別的父類別，用來定義一些子類別的共同部分。宣告抽象類別時，要以 abstract 關鍵字作為類別修飾詞。抽象類別只能作為父類別，被其他類別所繼承，而且不能以 new 運算子來實體化，但是可以用來宣告物件變數。例如：圖形的形狀（Shape）是一種共通的抽象概念，應該定義為抽象類別 Shape，也就是說，不應有抽象的「形狀」物件。

三角形（Triangle）和矩形（Rectangle）才是具體的形狀，因此，可以分別定義為具體（非抽象）類別 Triangle 和 Rectangle，它們都繼承抽象的 Shape 類別，然後，各自新增、改寫或實作其獨特的成員。因為 Triangle 和 Rectangle 是具體類別，所以，可以產生實體物件。同時，這些物件的資料型態可以宣告為 Shape，因為它們是子類別的物件，可以由父類別 Shape 的變數來參考。

▶ 抽象方法

在方法宣告裡使用 abstract 修飾詞，表示該方法沒有包含實作。抽象方法宣告只允許在抽象類別裡，也就是說，含有抽象方法的類別必須宣告為抽象類別。因為抽象方法宣告沒有提供實際的實作，因此並沒有方法主體。方法宣告僅以分號作為結束，而且簽章（Signature）之後沒有大括號 { }。例如：

```
public abstract void MyMethod();
```

抽象方法隱含是一個虛擬方法，在繼承抽象類別的子類別中，必須搭配 override 關鍵字來實作抽象方法。請注意：在子類別中可以選擇性地覆寫虛擬方法，但是，在具體（非抽象）的子類別中，必須覆寫抽象方法。如果不覆寫父類別的抽象方法，則子類別也是抽象的。

例如：我們可以宣告 area() 方法來取得形狀（Shape）的面積，但是必須具體知道是三角形或矩形，才能真正計算其面積。因此，可以在 Shape 類別中，將 area() 宣告為抽象方法，再由其子類別 Triangle 和 Rectangle 各自覆寫和實作其 area() 方法。

20-2 圖形管理的相關類別

假設我們想要寫一個管理三角形、矩形等圖形的系統，為了方便示範說明，我們設計一個抽象類別 Shape，再衍生出兩個子類別 Triangle 和 Rectangle，這些類別都經過簡化，其對應的 UML 類別圖如圖 20-1 所示：

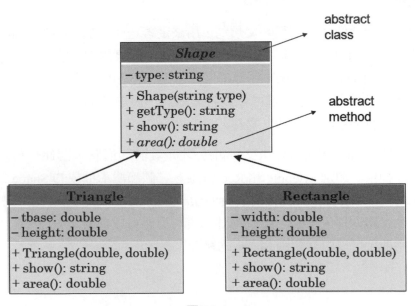

圖 20-1

在 UML 類別圖的抽象類別和抽象方法是使用斜體字來表示。由圖中可知， Shape 為抽象類別，它包含一個用來取得面積的抽象方法 area()。因為 Shape 只是一種抽象概念，無法計算面積，所以，將 area() 宣告為抽象方法，讓其子類別 Triangle 和 Rectangle 負責實作其面積的算法。

類別 Shape 也包含一個用來記錄「形狀」的 private 變數 type，透過建構子來設定其值。利用 public 方法 getType() 可以讓外界取得 private 變數 type 的值。另外，類別 Shape 也提供可取得物件內容的**虛擬方法 show()**，讓子類別能夠依照其需求加以覆寫，如此，可以獲得多型的好處。在這裡，只是簡單回傳變數 type 的值，可供子類別使用。抽象類別 Shape 的程式碼如下所示：

```
abstract class Shape {
    private string type;
    public Shape(string type) { this.type = type; }
    public string getType() { return type; }
    public virtual string show() { return type; }
    abstract public double area();
}
```

子類別 Triangle 新增兩個 private 實體變數 tbase 和 height，分別用來記錄三角形的底和高。其建構子會透過父類別 Shape 的建構子來指定其 type 為「Triangle」，同時，也設定成員 tbase 和 height 的初始值。類別 Triangle 也必須負責覆寫其 show() 和 area() 方法，分別取得 Triangle 物件的內容和面積。程式碼很簡單，就不多做說明了，如下所示：

```
class Triangle : Shape {
    private double tbase;
    private double height;
    public Triangle(double tbase, double height) : base("Triangle") {
        this.tbase = tbase;
        this.height = height;
    }
    public override string show() {
        return base.show() + ": 底 = " + tbase + ", 高 = " + height;
    }
    Public override double area ( ) {
        return 0.5 * tbase * height;
    }
}
```

子類別 Rectangle 新增兩個 private 實體變數 width 和 height，分別用來記錄矩形的寬和高。其建構子會透過父類別 Shape 的建構子來指定其 type 為「Rectangle」，同時，也設定成員 width 和 height 的初始值。類別 Rectangle 也必須負責覆寫其 show() 和 area() 方法，分別取得 Rectangle 物件的內容和面積。程式碼如下所示：

```
class Rectangle : Shape {
    private double width;
    private double height;
    public Rectangle(double width, double height) : base("Rectangle") {
        this.width = width;
        this.height = height;
    }
    public override string show() {
        return base.show() + ": 寬 = " + width + ", 高 = " + height;
    }
    public override double area() { return width * height; }
}
```

▶ 圖形集合的類別：ShapeCollection

圖形管理系統和第 19-8 節討論「學校成員管理系統」是類似的，它們都需要管理一大堆相關的物件，**我們可以把這些物件視為一個集合（Collection）**。在第 19 章時，我們以一個物件陣列來管理老師和學生物件，該系統具有新增成員、列出所有的成員等功能。當時的程式中，物件陣列和完成各功能的程式碼是分開的，並沒有整合在一起。我們知道，類別可以把資料和處理資料的方法整合在一起，因此，本章將以「集合（Collection）類別」的方式來整合物件集合及其相關的功能。

現在，我們要設計一個簡化的類別，稱之為 ShapeCollection，它描述了「圖形集合」的表示方式，以及處理該集合的相關功能。假設它以物件陣列的方式來表示「圖形集合」，陣列名稱為 shapeArray，同時，以變數 count 來記錄目前陣列中有多少個圖形。為了達成封裝的目的，這兩個資料成員都宣告為 private。因此，ShapeCollection 類別提供了 public 方法 getCount() 讓外界可以知道目前的圖形數量。同時，提供 public 方法 add(Shape) 讓使用者可以將圖形加入集合中。另一個 public 方法 listing() 則是讓使用者以字串的方式取得圖形集合中每一個圖形的內容資訊。類別 ShapeCollection 的 UML 類別圖如圖 20-2 所示：

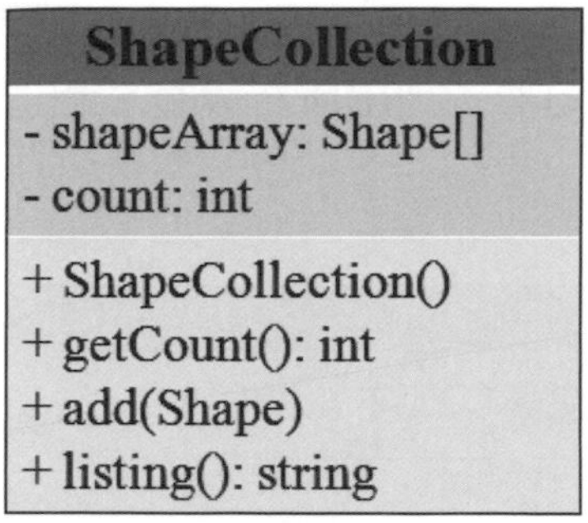

圖 20-2

我們把物件陣列的元素型態宣告為 Shape，如此，陣列元素可以是 Triangle 物件或 Rectangle 物件，同時，方便多型的處理。假設物件陣列最多可以容納 100 個圖形，所以，必須先配置 100 個元素的陣列。一開始沒有任何圖形，因此，變數 count 的初值為 0。

在方法 add(Shape s) 中，假如有傳入任何圖形物件，而且物件陣列仍有空間的話，則將該圖形物件存入陣列中，同時，把 count 的值加 1。方法 listing() 中，利用單迴圈逐一把每個圖形的內容與面積輸出。透過多型的動態繫結機制，不同類別的物件成員會自動呼叫其各自覆寫的 show() 方法和 area() 方法，因此，能分別輸出各個物件正確的資訊。

類別 ShapeCollection 的程式碼非常直接，如下所示：

```
class ShapeCollection {
    private int count = 0;
    private Shape[] shapeArray = new Shape[100];
    public ShapeCollection() { }
    public int getCount() { return count; }
    public void add(Shape s) {
        if (s != null && count < 100) shapeArray[count++] = s;
    }
    public string listing() {
        string res = "";
        for (int i = 0; i < count; i++) { //Polymorphism
            Shape s = shapeArray[i];
            res += s.show() + ", 面積 = " + s.area()
                + "\r\n----------------------\r\n";
        }
        return res;
    }
}
```

有了上述討論的所有類別，要寫一個圖形管理的雛型系統就很方便了。假設此圖形管理系統可以新增三角形和矩形、列出所有成員，和進行圖形比較，表單的介面如圖20-3 所示：

圖 20-3

先新增一個「CH20\ShapeManagerApp」的「Windows Forms App」專案，其中「CH20」為方案名稱。將表單檔案名稱更名為「ShapeManagerForm.cs」，然後，在專案中再新增一個「MyClass.cs」的類別檔。接著，把上述討論的所有類別寫在「MyClass.cs」中，以利後續程式的使用。

現在，依人機介面的設計，在表單中依序加入標籤、文字盒、按鈕等通用控制項，然後在屬性視窗中設定控制項屬性。本例中，控制項的屬性設定如下所示：

1. 表單的 Name 設為「 ShapeManagerForm」，Text 為「圖形管理」， Font 大小為 12pt， FormBorderStyle 設為 FixedSingle。
2. 顯示「圖形資訊」之文字盒的 Name 設為 txtOutput，屬性 MultiLine 設為 True；屬性 ReadOnly 設為 True；屬性 ScrollBar 設為 Both；屬性 WordWrap 設為 False；屬性 BorderStyle 設為 Fixed3D。
3. 顯示「目前圖形數量」之標籤控制項的 Name 設為 lblCounter。
4. 按鈕「新增三角形」、「新增矩形」、「列出所有成員」、「圖形比較」和「結束」的 Name 分別設為 btnTriangle、btnRectangle、btnListing、btnCompare 和 btnExit，其 Text 如介面所示。

我們已經把「圖形集合」以及處理該集合的相關功能封裝在類別 ShapeCollection 中，因此，建立一個類別 ShapeCollection 的物件，就可以利用此集合物件來管理圖形。我們宣告變數 ShapeManager 來參考此集合物件，同時將該變數宣告成（表單 ShapeManagerForm 的）實體變數，方便資料的共享，如下所示：

```
ShapeCollection ShapeManager = new ShapeCollection();
```

▶ 表單載入時的處理

主表單載入時，在標籤控制項 lblCounter 中顯示「目前共有 0 個圖形」，表示目前系統中尚未有任何圖形。利用 ShapeCollection 物件的 getCount() 方法就可以取得對應之圖形數量，如下所示：

```
private void ShapeManagerForm_Load(object sender, EventArgs e) {
    lblCounter.Text = "目前共有" + ShapeManager.getCount() + "個圖形";
}
```

▶ 新增三角形

我們同樣以第 18-9 節所介紹的「表單切換」來新增三角形。當點選主選單（ShapeManagerForm）的「新增三角形」按鈕後，會彈出一個「新增三角形」表單（TriangleForm.cs）來輸入三角形的底和高，同時建立 Triangle 物件，然後返回主選單。表單 TriangleForm 的介面如圖 20-4 所示：

圖 20-4

TriangleForm 是強制回應表單，我們必須將其「確定」鈕的 DialogResult 屬性值設為 OK，而「取消」鈕的 DialogResult 屬性值設為 Cancel，以作為關閉回應表單後的回傳值。輸入底和高之文字盒的 Name 屬性分別設為 txtBase 和 txtHeight。

當使用者在表單 TriangleForm 上輸入三角形的底和高，按下「確定」鈕之後，其 Click 事件處理程序會收集輸入的資訊，並建立 Triangle 物件。為了讓主選單可以取得此新建立的 Teacher 物件，我們宣告一個 internal 物件變數 tObj 來參考此物件，如此，同一組件（目前可以當作同一專案）中的程式都可以存取變數 tObj 來取得該 Triangle 物件。

TriangleForm 表單之物件變數 tObj 的宣告以及「確定」鈕的 Click 事件處理程序如下所示：

```
internal Triangle tObj; //讓主選單可以取得此 Triangle物件
private void btnOK_Click(object sender, EventArgs e) {
    double tbase = Convert.ToDouble(txtBase.Text);
    double height = Convert.ToDouble(txtHeight.Text);
    tObj = new Triangle(tbase, height);
}
```

現在，我們可以處理主選單 ShapeManagerForm 上「新增三角形」按鈕的 Click 事件，其事件處理程序如下所示：

```
private void btnTriangle_Click(object sender, EventArgs e) {
    TriangleForm tForm = new TriangleForm();
    if (tForm.ShowDialog() == DialogResult.OK) {
        ShapeManager.add(tForm.tObj);
        txtOutput.Text = "新增三角形\r\n" + tForm.tObj.show() + "\r\n";
        lblCounter.Text = "目前共有"+ShapeManager.getCount()+"個圖形";
    }
    tForm.Dispose();
}
```

程式碼很簡單，首先，先建立 TriangleForm 表單，並且存入變數 tForm 中來參考。接著，開啟該表單讓使用者輸入底和高。當使用者按下「確定」鈕關閉表單後，利用 tForm.tObj 取得新建立之 Triangle 物件。

因為目前我們是利用變數 ShapeManager 所參考的 ShapeCollection 集合物件來管理圖形，所以，呼叫 ShapeManager 的 add 方法將該 Triangle 物件存入 ShapeCollection 物件中。

最後，程式呼叫該 Triangle 物件的 show() 取得物件的內容，以及呼叫變數 ShapeManager 的 getCount() 取得目前的圖形數量，同時在介面上更新顯示的資訊。「新增三角形」之後，主選單 ShapeManagerForm 的介面如圖 20-5：

圖 20-5

▶ 新增矩形

當點選主選單的「新增矩形」按鈕後，會彈出一個「新增矩形」表單（RectangleForm.cs）來輸入矩形的寬和高，同時建立 Rectangle 物件，以供給主選單使用。表單 RectangleForm 的介面如圖 20-6 所示：

圖 20-6

我們必須將 RectangleForm 之「確定」鈕的 DialogResult 屬性值設為 OK，而「取消」鈕的 DialogResult 屬性值設為 Cancel，以作為關閉回應表單後的回傳值。輸入寬和高之文字盒的 Name 屬性分別設為 txtWidth 和 txtHeight。

當使用者在表單 RectangleForm 上輸入三角形的寬和高，按下「確定」鈕之後，其 Click 事件處理程序會收集輸入的資訊，並建立 Rectangle 物件。同樣的，我們宣告一個 internal 物件變數 rObj 來參考此物件，讓主選單可以取得此新建立的 Rectangle 物件。

表單 RectangleForm 之物件變數 rObj 的宣告以及「確定」鈕的 Click 事件處理程序如下所示：

```
internal Rectangle rObj; //讓主選單可以取得此 Rectangle物件
private void btnOK_Click(object sender, EventArgs e) {
    double width = Convert.ToDouble(txtWidth.Text);
    double height = Convert.ToDouble(txtHeight.Text);
    rObj = new Rectangle(width, height);
}
```

現在，我們可以處理主選單上「新增矩形」按鈕的 Click 事件，其事件處理程序如下所示：

```
private void btnRectangle_Click(object sender, EventArgs e) {
    RectangleForm rForm = new RectangleForm();
    if (rForm.ShowDialog() == DialogResult.OK) {
        ShapeManager.add(rForm.rObj);
        txtOutput.Text = "新增矩形\r\n" + rForm.rObj.show() + "\r\n";
        lblCounter.Text = "目前共有"+ShapeManager.getCount()+"個圖形";
    }
    rForm.Dispose();
}
```

程式碼很簡單，和「新增三角形」按鈕 Click 事件處理程序的作法相同，就不多做說明了。「新增矩形」之後，主選單的介面如圖 20-7：

圖 20-7

▶ 主選單「列出所有圖形」的處理

當點選主選單的「列出所有圖形」按鈕後,會將所管理的圖形資訊逐一列出。ShapeCollection 類別所提供的 public 方法 listing() 可以幫我們做這件事,因此,我們直接呼叫變數 ShapeManager 的 listing() 方法取得 ShapeCollection 物件中所有圖形的內容,並且輸出到介面上即可。「列出所有圖形」的程式碼如下所示:

```csharp
private void btnListing_Click(object sender, EventArgs e) {
    string str = "<<< 列出所有圖形 >>>\r\n";
    str += ShapeManager.listing();
    txtOutput.Text = str;
}
```

執行「列出所有圖形」後的主選單介面如圖 20-8 所示:

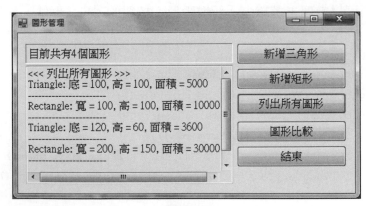

圖 20-8

▶ 主選單「圖形比較」的處理

假設圖形可以用面積來比較大小,則當點選主選單的「圖形比較」按鈕後,程式將會列出所有圖形的資訊,同時,也將顯示「圖形比較的次序」與「最大圖形」的資訊。

然而，以目前 ShapeCollection 類別的設計，我們無法完成此功能，因此，我們必須再增加 ShapeCollection 類別的成員。我們可以提供方法讓外界能夠取得每一個圖形，這樣使用者就可以自行呼叫 area() 來進行圖形的比較。

但是，在這裡，我們只打算**在 ShapeCollection 類別中再公開兩個形狀比較的方法，分別是 maxShape() 和 rankSahpe()**。方法 maxShape() 可以取得「最大圖形」的資訊，而方法 rankShape() 用來取得「圖形比較的次序」。其對應的 UML 類別圖如圖 20-9 所示：

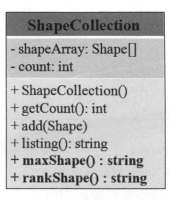

圖 20-9

方法 maxShape() 的邏輯很簡單，先假設第一個圖形為最大圖形，接著，將後續圖形逐一和最大圖形比較，如果其面積大於最大圖形的面積，就取代為最大圖形。之後，留下的就是最大圖形，其程式碼如下所示：

```
public string maxShape() {
    if (count == 0) return "尚未有圖形";
    string res = "";
    Shape max = shapeArray[0];
    for (int i = 1; i < count; i++) {
        Shape cObj = shapeArray[i];
        if (cObj.area() > max.area()) max = cObj;
    }
    res = max.show();
    return res;
}
```

方法 rankShape() 的基本邏輯是先假設某個圖形的面積排名是第一，接著，將該圖形的面積逐一和每個圖形的面積比較，只要有圖形的面積比較大，該圖形的排名即遞增 1。所有的圖形都比較過後，就可以獲得該圖形最後的排名。詳細的邏輯已在第 10-1 節討論「每人名次」時說明過，請參考之。rankShape() 的程式碼如下所示：

```
public string rankShape() {
    string res = "[ ";
    if (count == 0) return res + "]";
    int[] rank = new int[count];
    for (int i = 0; i < count; i++) {
        rank[i] = 1;
        Shape iShape = shapeArray[i];
        for (int j = 0; j < count; j++) {
            Shape jShape = shapeArray[j];
            if (jShape.area() > iShape.area()) rank[i]++;
        }
    }
    for (int i = 0; i < count; i++) res += rank[i] + " ";
    return res + "]";
}
```

有了 maxShape() 和 rankShape() 方法，要處理主選單的「圖形比較」按鈕，就很容易了。我們直接呼叫變數 ShapeManager 的 listing()、rankShape() 和 maxShape() 方法取得 ShapeCollection 物件中所有圖形的內容和比較的資訊，並且輸出到介面上即可。「圖形比較」的程式碼如下所示：

```
private void btnCompare_Click(object sender, EventArgs e) {
    string str = "<<< 圖形比較 >>>\r\n";
    str += ShapeManager.listing();
    str += "圖形次序: " + ShapeManager.rankShape();
    str += "\r\n最大圖形: " + ShapeManager.maxShape();
    txtOutput.Text = str;
}
```

執行「圖形比較」後的主選單介面如圖 20-10 所示：

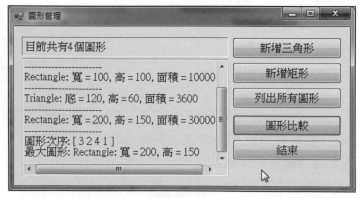

圖 20-10

在這個例子中，為了示範上的方便，我們逐步修改了 ShapeCollection 的設計。**實際上，我們該事先仔細分析和評估以決定所設計的類別要提供哪些成員**。如此，使用者可依其需要，選擇不同的方式來使用這些成員以達成想要的功能。當然，遵循物件導向程式設計的機制，會讓後續必要的擴充和維護的成本大幅降低。

20-3　介面

在繼承架構中，可利用「介面」（Interface）為類別加掛特定的類別行為。程式使用 interface 關鍵字定義介面，在介面中宣告的方法自動屬於公開的抽象方法，所以，介面和抽象類別一樣，不能被實體化，但是可以用來宣告物件變數。加掛介面的類別必須實作介面中所有的抽象方法。

在 C# 裡，類別只能單一繼承，但是可以加掛多個介面。當其基底型別（Base Type）清單包含基底類別和介面時，基底類別一定會排在清單的第一個。介面本身也可以繼承多個介面。透過介面的設計與實作，也可以達成多型（Polymorphism）的效果。

▶ **以介面改寫 maxShape() 和 rankShape() 方法**

在前一節裡， ShapeCollection 類別的 maxShape() 和 rankShape() 方法會進行圖形的比較，而圖形可以是 Triangle 物件或 Rectangle 物件。當時是直接呼叫 area() 取得面積來進行比較。

請注意：**不同類別的物件會根據不同的資訊來進行比較**，使用者未必會真正知道所有物件的比較是根據什麼資訊。但是，類別本身應該知道，所以，**我們可以在類別加掛進行比較的介面，讓類別本身去實作各自的比較方法，使用者只要知道比較後的結果**就可以了。

現在，我們要以介面改寫 maxShape() 和 rankShape() 方法。我們先定義一個「比較物件內容」的 Comparable 介面，UML 類別圖的介面是使用 <<interface>> 來標示，如圖 20-11 所示：

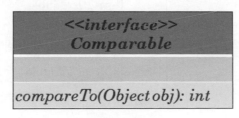

圖 20-11

Comparable 介面中只有一個 compareTo() 方法，它只定義比較後的結果，但是並沒有提供實際的實作，而是由加掛介面的類別來實作介面中的方法。你可以看到：其傳入的物件變數 obj 的資料型態是 Object（根類別），表示它可以加掛在任何想要比較物件內容的類別上。當回傳值等於 0，代表相等。若是大於 0，代表物件本身大於傳入的 obj。若是小於 0，代表物件本身小於傳入的 obj。Comparable 介面的定義如下所示：

```
interface Comparable {
    int compareTo(Object obj);
}
```

先新增一個「CH20\InterfaceDemo」的「Windows Forms App」專案，其中「CH20」為方案名稱。專案「InterfaceDemo」只有以 interface 實作和改寫的程式碼部分，和專案「ShapeManagerApp」不同，其餘都相同。因此，我們可以將專案「ShapeManagerApp」中的「ShapeManagerForm.cs」「TriangleForm.cs」「RectangleForm.cs」和「MyClass.cs」等表單與類別檔複製到專案「InterfaceDemo」中，然後，將這些類別檔的 namespace 都更新成「InterfaceDemo」。

接著，我們把上述介面的程式碼寫在「MyClass.cs」中，以利後續程式的使用。**現在，我們把 Comparable 介面加掛在類別 Triangle 和 Rectangle 上，讓他們各自實作介面中的 compareTo() 方法，以便可以比較形狀。**當然，本例中是根據具體形狀的面積，來比較形狀的大小。新的 UML 類別圖如圖 20-12 所示：

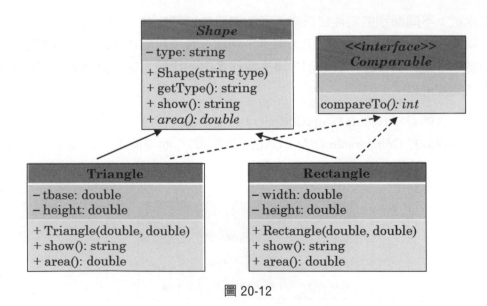

圖 20-12

由圖中可知，Triangle 類別和 Rectangle 類別都有繼承 Shape 類別和實作 Comparable 介面，所以，它們都能扮演 Shape 類別和 Comparable 介面的角色。

▶ **實作 Comparable 介面的 Triangle 類別**

Triangle 類別繼承了 Shape 類別，也實作（加掛）了 Comparable 介面。因此，Triangle 類別必須負責實作介面 Comparable 中的 compareTo() 方法，以便使用者可以知道比較後的結果。我們只列出實作介面 Comparable 的部分，將這些程式碼加到「MyClass.cs」的 Triangle 類別中，程式碼如下：

```
class Triangle : Shape, Comparable {
    ------ (請參考第 20-2節已列出的部分)
    public int compareTo(Object obj) {
        double myArea = area(); //取得物件本身的面積
        double sArea = ((Shape)obj).area();//取得物件obj的面積
        if (myArea == sArea) return 0; //比較面積大小
        else if (myArea < sArea) return -1;
        else return 1;
    }
}
```

程式碼很簡單，先呼叫 this.area() 取得物件本身的面積，接著，取得物件 obj 的面積，然後，依照 compareTo() 方法的定義，將比較的結果傳回。

請注意：因為 obj 的型態是 Object，而 Object 類別中並沒有 area() 方法可供呼叫，所以，先利用明顯轉換將其形態向下轉換（放大）成 Shape 類別，透過多型的動態繫結機制，就可以呼叫對應的 area() 方法來取得物件 obj 的面積。

另外，為了簡化起見，我們假設物件 obj 的類別是 Shape 類別的子類別，而沒有進行型態檢查。真正實務的應用程式應該確實做必要的資料型態檢查（雖然那是很繁瑣的事情），以避免程式例外（Exception）發生時，造成程式的不正常運作。

▶ **實作 Comparable 介面的 Rectangle 類別**

Rectangle 類別繼承 Shape 類別和實作 Comparable 介面。因此， Rectangle 類別也必須負責實作介面 Comparable 中的 compareTo() 方法，以便傳回比較後的結果。同樣的，我們只列出實作介面 Comparable 的部分，將這些程式碼加到「MyClass.cs」的 Rectangle 類別中，程式碼如下：

```
class Rectangle : Shape, Comparable {
    ------ (請參考第 20-2節已列出的部分)
    public int compareTo(Object obj) {
        double myArea = area();
        double sArea = ((Shape)obj).area();
        if (myArea == sArea) return 0;
```

```
        else if (myArea < sArea) return -1;
        else return 1;
    }
}
```

程式碼和前述 Triangle 類別的實作方式相同,所以,就不再多做說明了。

▶ **基於介面的 maxShape() 和 rankShape() 方法**

現在,類別 Triangle 和 Rectangle 都已經實作介面 Comparable 中的 compareTo()
方法,因此,我們可以透過介面來改寫 ShapeCollection 類別的 maxShape() 和
rankShape() 方法。改寫後的 maxShape() 方法的程式碼如下:

```
public string maxShape() {
    if (count == 0) return "尚未有圖形";
    string res = "";
    Shape max = shapeArray[0];
    for (int i = 1; i < count; i++) {
        Shape cObj = shapeArray[i];
        if (((Comparable)cObj).compareTo(max) > 0) max = cObj;
    }
    res = max.show();
    return res;
}
```

程式碼和前一節所寫的 maxShape() 方法幾乎相同,唯一不同的是,**此處是使用
Comparable 介面的 compareTo(Object obj) 方法來取得比較的結果,我們根本不
用管 ShapeColloection 物件中的圖形到底是如何比較大小的。**

另外要說明的是:圖形可能是 triangle 物件或 Rectangle 物件,所以,程式中變
數 cObj 的型態宣告為 Shape 類別,但是 Shape 類別中並沒有 compareTo(~) 方法
可供呼叫,所以,先利用明顯轉換將其形態轉換成 Comparable 介面,就可以呼
叫 compareTo(~) 方法來取得兩個圖形比較後的結果了。因為目前 triangle 類別和
Rectangle 類別都有實作 Comparable 介面,所以,確保程式能夠正確的運作。

另一方面,改寫後的 rankShape() 方法的程式碼如下:

```
public string rankShape() {
    string res = "[ ";
    if (count == 0) return res + "]";
    int[] rank = new int[count];
    for (int i = 0; i < count; i++) {
```

```
        rank[i] = 1;
        Shape iShape = shapeArray[i];
        for (int j = 0; j < count; j++) {
            Shape jShape = shapeArray[j];
            if (((Comparable)jShape).compareTo(iShape) > 0)
                rank[i]++;
        }
    }
    for (int i = 0; i < count; i++) res += rank[i] + " ";
    return res + "]";
}
```

程式碼和前一節所寫的 rankShape() 方法幾乎相同，唯一不同，只是使用 Comparable 介面的 compareTo(Object obj) 方法來取得比較的結果。

同樣的，Shape 類別中並沒有 compareTo(~) 方法可供呼叫，必須先利用明顯轉換將其形態轉換成 Comparable 介面，才可以呼叫 compareTo(~) 方法來取得兩個圖形比較後的結果。

現在，你可以重新執行程式，基於介面的 maxShape() 和 rankShape() 方法仍然能夠正確呈現圖形比較的資訊。從本章的例子你可以知道，程式可以有不同的組織方式和寫法。同時，對於抽象類別和介面的用法將能夠有更深刻的了解。

習題

▶ 選擇題

( )1. 請問 C# 語言的介面是使用下列哪一個關鍵字來進行宣告？
　　　(A)abstract　(B)final　(C)interface　(D)const

( )2. 以下列哪一個關鍵字宣告的方法，因為沒有提供實作的方式，所以，其類別只能作為被繼承的父類別？
　　　(A)virtual　(B)abstract　(C)new　(D)override

( )3. 下列關於 C# 介面的敘述，何者是錯誤的？
　　　(A) 支援多重繼承
　　　(B) 子介面的存取層級不可以比父介面寬鬆
　　　(C) 類別只支援單一繼承，因此，也只能實作一個介面
　　　(D) 用來實作介面的類別，必須實作介面中的所有成員

▶ **問答題**

1. 請問什麼是抽象類別和抽象方法？請舉例說明抽象類別和抽象方法的用途和運作原理。

2. 什麼是介面？請舉例說明其用途和運作原理。

3. 請說明類別繼承、介面實作、方法覆寫和型態轉換在多型機制運作上的關係。

泛型集合與序列化

程式中常有收集物件的需求，目前我們都是以物件陣列的方式來控管收集的物件。在第 20 章，我們把這些物件視為一個集合（Collection），然後設計一個簡化的 ShapeCollection 類別來整合圖形物件的集合及其相關的功能。其實，在 .NET Framework 中，就提供了數個收集物件的類別，我們可以直接使用這些類別，而不需要重新打造類似的功能。本章我們將透過兩個範例，討論如何建立泛型集合（generic collections），以及如何運用序列化（serialization）的技術將物件集合（collection of objects）直接儲存到檔案裡。

21-1　學生成績的物件集合與序列化檔案

本範例打算建立學生成績類別 StudentScore，然後使用 .NET Framework 提供的 List 類別來收集學生成績物件。因為 List 集合類別支援泛型（Generics）語法，我們將利用泛型的 List 集合，來確保其所收集的物件都會是 StudentScore 類別，而取回之後也會是 StudentScore 類別。最後，運用序列化的技術，將 List 集合內的學生成績物件儲存到檔案裡。程式介面如下圖所示。

先新增一個「CH21\ScoreFileSerializationDemo」的「Windows Forms App」專案，其中「CH21」為方案名稱。將表單檔案名稱更名為「ScoreFileSerialization.cs」，然後，依人機介面的設計，在表單中，依序加入標籤、文字盒、按鈕等通用控制項，然後在屬性視窗中設定控制項屬性。本例中，控制項的屬性設定如下所示：

1. 表單的 Name 設為「ScoreFileSerialization」，Text 為「成績檔案序列化」，Font 大小為 12pt。

2. 將輸入名字、國文、數學成績之三個文字盒的 Name 分別設為 txtName、txtChinese、txtMath。對應之提示標籤控制項的 Text 如介面所示。

3. 另一個顯示「所有學生成績資料」之文字盒的 Name 設為 txtOutput，屬性 MultiLine 設為 True；屬性 ReadOnly 設為 True；屬性 ScrollBar 設為 Both；屬性 WordWrap 設為 False；屬性 BorderStyle 設為 Fixed3D。

4. 顯示「學生人數」之標籤控制項的 Name 設為 lblCounter，Text 設為「共有 0 人」。

5. 按鈕「輸入資料」、「載入資料」和「儲存資料」的 Name 分別設為 btn_input、btn_read 和 btn_save。其 Text 如介面所示。

▶ 可序列化（Serializable）類別

當一個物件被儲存，或是跨越網路傳送之前，將該物件分解成為特別格式的程序，稱之為物件序列化。簡單來說，就是將物件變成資料流，可以將物件儲存成檔案，也可以在網路上傳遞物件。物件的還原序列化（deserialization）則是相反的程序，將檔案還原成物件或由網路傳入物件，並拿來使用。

C# 的 Serialization 技術讓我們很容易將自訂類別進行存檔。一般 Serialize 功能有兩種作法：一種是存成二進位（binary）格式，稱之為二進位序列化（Binany serialization）；另一種是存成 xml 文件，稱之為 XML 序列化（XML serialization）。

請注意，當進行二進位序列化時，必須將 SerializableAttribute 屬性套用到類別，以表示此類別的執行個體（Instance）可以序列化。在 C# 中，指定該屬性的方式是將 [Serializable] 放置在要套用的類別之定義上方。如果該類別也使用到其他類別的物件，那麼其他類別也必須使用 Serializable 介面，否則執行時期會發生 SerializationException 例外。

在 14-5 節裡，我們用一維字串陣列 name 來表示名字資料，而把數學和國文成績放在一個二維整數陣列 score 中，第 0 列表示國文成績，第 1 列表示數學成績。然後，以自訂的「檔案儲存格式」進行檔案讀寫。

本範例將從學生的角度，建立一個可序列化的學生成績類別 StudentScore 來組織名字、數學和國文成績三個相關資料，然後，使用 .NET Framework 提供的 List 類別來收集學生成績物件。最後，運用二進位序列化和還原序列化的技術，進行 List 集合的檔案儲存和讀取。

首先，定義一個簡化的學生成績類別 StudentScore，如下列程式碼所示：

```
[Serializable]
   class StudentScore {
       // 私有資料成員
       private string name;
       private int chin;
       private int math;
       // 建構子
       public StudentScore(string name, int chin, int math) {
           this.name = name;
           this.chin = chin;
           this.math = math;
       }
       // Setters and Getters
       public void setName(string name) {
           this.name = name;
       }
       public string getName() {
           return name;
       }
       public void setChin(int chin) {
           if (chin < 0) throw new Exception("國文分數小於0");
           else if (chin > 100) throw new Exception("國文分數大於100");
           else this.chin = chin;
       }
       public int getChin() {
           return chin;
       }
       public void setMath(int math) {
           if (math < 0) throw new Exception("數學分數小於0");
           else if (math > 100) throw new Exception("數學分數大於100");
           else this.math = math;
       }
       public int getMath() {
           return math;
       }
   }
```

程式碼很直觀，就不多做說明了。請注意，在 class 的定義上必須要有 [Serializable] 的標籤，以標記該類別所產生的物件（objects）是可序列化的（serializable）。

我們在「ScoreFileSerializationDemo」專案中新增一個類別檔「MyClass.cs」，然後，輸入上述學生成績類別 StudentScore 的程式碼。

▶ 支援泛型的 List 集合類別

如何儲存程式所陸續建立的 StudentScore 物件呢？我們當然可以利用物件陣列來控管收集的物件。但是，如果我們把這些物件視為一個集合（Collection），就可以利用 .NET Framework 所提供的集合類別，例如 ArrayList 或 List 來收集物件。本程式將利用泛型的 List 集合，來收集 StudentScore 物件。我們先來討論這樣做的好處。

▶ 非泛型集合類別 ArrayList 的限制

ArrayList 是一種可動態改變大小的非泛型集合類別，作用是收集物件，並以索引方式保留收集的物件順序。請注意，ArrayList 的名稱空間是 System.Collections，先以 using 匯入此名稱空間，以利類別 ArrayList 的使用。

若您查看 API 文件，可以發現該類別定義了 Add()、Remove()、Insert() 等許多依索引操作的方法，藉由其 Count 屬性，可以取得收集在集合 ArrayList 中的物件個數。另外，ArrayList 提供 [] 運算子，可以如同陣列一般，從集合中取出指定索引位置的物件，[] 運算子的索引位置是從 0 起算。ArrayList 非常有彈性，可加入任何型態的物件，但是這也意味著，可能不小心造成執行錯誤。

在使用 ArrayList 收集物件時，由於事先不知道被收集物件之形態，因此，內部實作時，都是使用 Object 來參考被收集之物件，取回物件時也是以 Object 型態傳回。若你想針對某類別定義的行為來進行操作時，必須透過明顯型態轉換告訴編譯器，讓物件重新扮演該型態。這種實作方式對程式設計師並不方便，例如，我們先以下列程式碼建立一個 ArrayList：

```
ArrayList scores = new ArrayList(); //using System.Collections
```

接著，將兩個 StudentScore 物件加到 ArrayList 中，如下所示：

```
    scores.Add(new StudentScore("S1", 90, 90));
    scores.Add(new StudentScore("S2", 87, 96));
```

現在，我們想輸出每個 StudentScore 物件的名字，如果寫成如下的程式碼會發生編譯錯誤：

```
for (int i = 0; i < scores.Count; i++)
    txtOutput.Text += scores[i].getName() + "\r\n";  // 發生編譯錯誤
```

這是因為取回物件時是以 Object 型態傳回，而 Object 類別裡並沒有定義 getName() 方法。我們必須透過明顯型態轉換，讓物件扮演 StudentScore 類別的角色，才能呼叫其 getName() 方法來取得名字，如下所示：

```
for (int i = 0; i < scores.Count; i++)
txtOutput.Text += ((StudentScore) scores[i]).getName() + "\r\n";
```

但是，接著執行下列敘述時，會產生 System.InvalidCastException，因為無法將類型 'String' 的物件轉換為類型 'StudentScore'。

```
scores.Add("非StudentScore物件");
txtOutput.Text += ((StudentScore) scores[2]).getName() + "\r\n";　//執行錯誤
```

▶ **泛型集合類別 List 的好處**

如何解決上述問題呢？一般而言，通常 Collection 中會收集同一種類型的物件，所以，**可藉由支援泛型的集合類別，來限定只有特定型態的物件可以加入集合中，並得到編譯時期檢查。**

例如，List 是一種支援泛型的集合類別，在宣告與建立集合物件時，可使用角括號告知編譯器，這個集合所收集之物件的類別一定是 StudentScore，而取回之後也會是 StudentScore，如下所示：

```
List<StudentScore> scores = new List<StudentScore>();
```

接著，將兩個 StudentScore 物件加到 List 中，如下所示：

```
    scores.Add(new StudentScore("S1", 90, 90));
    scores.Add(new StudentScore("S2", 87, 96));
```

現在，我們可直接利用 getName() 輸出每個 StudentScore 物件的名字，而不需要進行明顯型態轉換，如下列敘述所示：

```
    for (int i = 0; i < scores.Count; i++)
       txtOutput.Text += scores[i].getName() + "\r\n";
```

而且，編譯程式也會檢查欲加入之物件的類別，所以，當程式出現下列敘述，企圖將字串加入 scores 這個 List 時，就會產生編譯錯誤，如此可防止程式不慎將非 StudentScore 物件加入到集合中。

```
scores.Add("非StudentScore物件");　//產生編譯錯誤
```

請注意，泛型 List 類別的名稱空間是 System.Collections.Generic，系統已預先以 using 匯入此名稱空間。另外，如果我們想輸出每個 StudentScore 物件的名字，除了藉由 List 集合類別的 Count 屬性搭配 for 迴圈來完成之外，也可以透過如下的 foreach 迴圈敘述來完成：

```
foreach(StudentScore s in scores)
txtOutput.Text += s.getName() + "\r\n";
```

再者，因為 List 集合內的 StudentScore 物件都是可序列化的，所以，運用序列化的技術可以非常方便地將整個 List 物件集合儲存到檔案裡。之後，再利用還原序列化，將整個 List 物件集合從檔案裡讀回來。

▶ 「輸入資料」按鈕的處理

如前所示，我們宣告泛型 List 集合 scores 來收集可序列化的 StudentScore 物件，如下所示：

```
List<StudentScore> scores = new List<StudentScore>();
```

當使用者輸入名字、國文和數學成績，按下「輸入資料」鈕之後，會新增一筆資料。程式的介面如下圖所示：

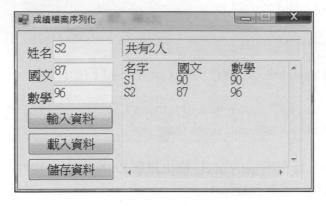

「輸入資料」鈕 Click 事件處理程序的程式碼如下所示：

```
private void btn_input_Click(object sender, EventArgs e) {
    String name = txtName.Text;
    int chin = Convert.ToInt32(txtChinese.Text);
    int math = Convert.ToInt32(txtMath.Text);
    scores.Add(new StudentScore(name, chin, math));
    ShowData(); // 更新介面上顯示的訊息
}
```

首先，由 TextBox 元件取得輸入的名字、國文和數學成績等三個資料，接著，產生一個 StudentScore 物件，並且藉由建構子將這三個學生資料整合到該物件中。接下來，使用 List 的 Add() 方法，在集合 scores 中新增此 StudentScore 物件，同時，要更新介面上顯示的訊息，包括學生總人數與所有學生的成績資料。因為這個顯示功能在讀入資料時也會用到，所以，我們將其寫成獨立的 ShowData() 函式，程式碼如下所示：

```
private void ShowData() {
    lblCounter.Text = "共有" + scores.Count + "人";
    string res = "名字\t國文\t數學\r\n";
    foreach(StudentScore s in scores)
        res += s.getName() + "\t" + s.getChin() + "\t" + s.getMath() + "\r\n";
    txtOutput.Text = res;
}
```

您可以看到，我們藉由 List 集合類別的 Count 屬性，取得在集合 scores 中的物件個數。除此之外，我們透過 foreach 迴圈敘述輸出每個 StudentScore 物件內的資訊。

▶ 「儲存資料」按鈕的處理

1. BinaryFormatter 格式子（Formatter）的說明

如前所述，運用序列化的技術可以非常方便地將整個 List 集合內的可序列化物件儲存到檔案裡。.NET Framework 在 System.Runtime.Serialization 名稱空間內提供許多可用於序列化和還原序列化物件的類別。我們可以在 System.Runtime.Serialization.Formatters 名稱空間中找到針對特定格式將物件序列化和還原序列化的格式子（Formatter）。

本章只討論位於 System.Runtime.Serialization.Formatters.Binary 名稱空間中的 BinaryFormatter 類別，該類別能夠將物件（objects）序列化成二進位資料（binary data），反之亦然。

BinaryFormatter 類別實作了 IFormatter 介面（interface），以便控制封裝於序列化物件中的各種資料型別的真實格式。IFormatter 介面規範下表所列兩個方法的規格：

方法	說明
void Serialize(Stream stream, Object source)	將 source 序列化成 stream
Object Deserialize(Stream stream)	將 stream 還原序列化成物件

使用 BinaryFormatter 來做序列化的動作十分簡單：先產生 BinaryFormatter 物件，再呼叫其 Serialize() 方法即可，如下所示：

```
IFormatter serializer = new BinaryFormatter();
serializer.Serialize(myStream, myObject);
```

當然，在呼叫 Serialize() 方法之前，我們必須先建立可序列化物件以及輸出用的資料串流。透過指定的檔案路徑和建立模式，我們可以利用 14-4 節的 FileStream 類別建立所需的資料串流物件，如下所示：

```
FileStream fs = new FileStream(path, FileMode.Create);
```

建構子第 1 個參數是檔案實際路徑，第 2 個參數是檔案的建立模式。

2. 物件序列化的存檔

本程式先建立名為 sfdSave 的 SaveFileDialog 控制項，方便使用者選擇欲儲存的檔案。在本例中，我們將讀寫之檔案的附檔名限定為 ".bin"。當按下「儲存資料」鈕時，我們先將控制項 sfdSave 的 Filter 屬性設為 " 序列化二元檔案 (*.bin)|*.bin"，以便視窗上只過濾出附檔名是 ".bin" 的檔案供使用者選擇。

按「存檔」後，會傳回 DialogResult.OK，此時，程式可以使用控制項 sfdSave 的屬性 FileName 取得欲儲存檔案的完整路徑和名稱。接著，利用 BinaryFormatter 格式子的 Serialize() 方法，就可以將「可序列化的 scores 集合」寫入檔案了。

首先，產生 BinaryFormatter 物件，如下所示：

```
IFormatter serializer = new BinaryFormatter();
```

接著，利用 FileStream 類別建立存檔所需的檔案串流物件，如下所示：

```
FileStream saveFile = new FileStream(sfdSave.FileName,
            FileMode.Create, FileAccess.Write);
```

然後，利用下列的程式碼將 scores 集合物件「序列化寫入」檔案串流 saveFile 中，並且關閉檔案串流。

```
serializer.Serialize(saveFile, scores);
saveFile.Close();
```

「儲存資料」鈕的事件處理程序如下所示：

```
private void btn_save_Click(object sender, EventArgs e) {
    sfdSave.Filter = "序列化二元檔案(*.bin)|*.bin";
    if (sfdSave.ShowDialog() == DialogResult.OK) {
        IFormatter serializer = new BinaryFormatter();
        FileStream saveFile = new FileStream(sfdSave.FileName,
                        FileMode.Create, FileAccess.Write);
        serializer.Serialize(saveFile, scores);
        saveFile.Close();
    }
}
```

請注意，必須在程式最前面加入下列敘述，以便程式可以順利通過編譯。

```
using System.Runtime.Serialization;
using System.Runtime.Serialization.Formatters.Binary;
using System.IO;
```

▶ 「載入資料」按鈕的處理

本程式先建立名為 ofdLoad 的 OpenFileDialog 控制項，方便使用者選擇欲讀入的檔案。當按下「載入資料」鈕時，我們先將控制項 ofdLoad 的 Filter 屬性設為 " 序列化二元檔案 (*.bin)|*.bin"，以便視窗上只過濾出附檔名是 ".bin" 的檔案，供使用者選擇。

按「開啟檔案」後，會傳回 DialogResult.OK，此時，程式可以使用控制項 ofdLoad 的屬性 FileName 取得欲讀入檔案的完整路徑和名稱。接著，利用 BinaryFormatter 格式子的 Deserialize() 方法，就可以將檔案串流還原序列化成 scores 集合了。

同樣地，必須產生 BinaryFormatter 物件，並且利用 FileStream 類別建立讀檔所需的資料串流物件，如下所示：

```
FileStream loadFile = new FileStream(ofdLoad.FileName,
                        FileMode.Open, FileAccess.Read);
```

然後，利用下列的程式碼，將檔案串流 loadFile 的資料「還原序列化成」scores 集合物件，並且關閉檔案串流。

```
scores = (List<StudentScore>) serializer.Deserialize(loadFile);
loadFile.Close();
```

請注意，Deserialize() 方法傳回的是 Object 型態，所以必須明顯轉換成 List<StudentScore> 型態，才能指定給 scores 變數，否則，會產生編譯錯誤。

最後，記得要呼叫 ShowData() 函式，以更新介面上顯示的訊息，包括學生總人數與所有學生的成績資料。

「載入資料」鈕的事件處理程序如下所示。

```csharp
private void btn_read_Click(object sender, EventArgs e) {
    ofdLoad.Filter = "序列化二元檔案(*.bin)|*.bin";
    if (ofdLoad.ShowDialog() == DialogResult.OK) {
        FileStream loadFile = new FileStream(ofdLoad.FileName,
                        FileMode.Open, FileAccess.Read);
        IFormatter serializer = new BinaryFormatter();
        scores = (List<StudentScore>) serializer.Deserialize(loadFile);
        loadFile.Close();
        ShowData();
    }
}
```

21-2　學校成員集合與序列化存檔

第 14 章討論檔案處理時曾特別強調，進行檔案讀寫之前，必須先設計好「檔案資料的儲存格式」。如此，程式依此「儲存格式」儲存資料，之後才能再依相同的格式將資料正確地讀回來。同樣的，如果自行處理物件的儲存與讀取時，也必須以統一的自訂格式來儲存物件，以利物件的讀寫。

由前一節的介紹我們知道，藉由物件序列化和還原序列化的格式子，可以完全不用理會物件的儲存格式，就能夠很方便地儲存和讀取可序列化物件／集合，即使物件的組成內容比較複雜時亦然。

在第 19-8 節的學校成員管理程式中，我們以物件陣列的方式來控管收集的成員，同時，以自訂的儲存格式來儲存和讀取這些物件，你會發現有點複雜。

在這一節，我們將以目前學到的泛型集合與序列化技術，改寫第 19-8 節的學校成員管理程式。先新增一個「CH21\CollectionSerializationDemo」的「Windows Forms App」專案，將表單檔案名稱更名為「CollectionSerialization.cs」。本例中，程式介面如下圖所示，主表單的 Name 設為「CollectionSerialization」，Text 為「集合與序列化」，其餘控制項的屬性設定，以及表單 tForm、sForm 和類別檔「MyClass.cs」，都和第 19-8 節的範例相同，不再多做說明。

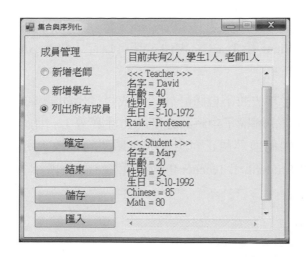

▶ 可序列化（Serializable）類別

本範例牽涉到的類別有 Person、Date、Student 和 Teacher，在這些 class 的定義上都必須要加上 [Serializable] 標籤，以標記這些類別所產生的物件都是可序列化的，如下所示：

```
[Serializable]
class Date {
    ...
}
[Serializable]
class Person {
    ...

    private Date date;
    ...
}
[Serializable]
class Student : Person {
    ...
}
[Serializable]
class Teacher : Person {
    ...
}
```

▶ 使用 List 集合統一管理物件

我們宣告泛型 List 集合 pArray，來收集可序列化的物件，如下所示：

```
List<Person> pArray = new List<Person>();
```

請注意，泛型的型態參數宣告為 <Person>，表示只要是類別 Person 或是其子類別的物件，包括 Student 和 Teacher 物件，都可以存入集合 pArray 中，編譯程式會進行必要的型態檢查。

另一方面，序列化方法並不會將靜態資料成員（例如靜態的 ctr 變數）寫出，而且我們也沒有在類別的解構子中將該類別的物件數減 1，因此，檔案載入後，靜態方法 counter() 取得的值並非真正對應之成員類型的人數。所以，我們另外宣告兩個實體變數來記錄 Student 和 Teacher 的物件個數，如下所示：

```
int studentCtr = 0;
int teacherCtr = 0;
```

當表單載入時，先將變數 studentCtr 和 teacherCtr 的初值設為 0，接著，呼叫 showCounter() 函式，就可以在標籤 lblCounter 中顯示「目前共有 0 人，學生 0 人，老師 0 人」的成員人數資訊，如下所示：

```
private void showCounter() {
    lblCounter.Text = "目前共有" + pArray.Count + "人, ";
    lblCounter.Text += "學生" + studentCtr + "人, ";
    lblCounter.Text += "老師" + teacherCtr + "人";
}
```

請注意，在這裡並不是以各個類別所公開的靜態方法 counter() 取得對應之成員類型的人數（第 19-8 節的作法），而是以變數 studentCtr 和 teacherCtr 的值來取得 Student 和 Teacher 的人數，同時，以集合 pArray 的屬性 Count 來取得總人數。

▶ 「確定」按鈕的處理

當點選主選單（CollectionSerialization.cs）的「新增老師」選項按鈕，並按下「確定」按鈕後，會彈出一個「教師表單」（tForm.cs）來收集所輸入的老師資料，同時建立 Teacher 物件，然後返回主選單。

接著，利用老師表單內的物件變數 tObj 取得新建立之 Teacher 物件，並且使用 List 的 Add() 方法，將該 Teacher 物件新增至集合 pArray 中，同時，將變數 teacherCtr 的值加 1。最後，呼叫 tObj.show() 取得老師物件的內容，以顯示新增的老師資訊。同時，呼叫 showCounter() 函式，在標籤 lblCounter 中顯示目前的成員人數資訊。

點選「新增學生」選項按鈕，並按下「確定」按鈕後，其處理的邏輯和「新增老師」選項按鈕的作法相同，就不再贅述。

當點選「列出所有成員」選項按鈕，並按下「確定」按鈕後，藉由 pArray.Count 取得集合 pArray 中的物件個數，搭配 for 迴圈敘述，呼叫每一個成員物件的 show() 方法，透過多型的機制，就可以輸出每個成員物件內的完整資訊，如上圖所示。

「確定」按鈕的事件處理程序如下所示。

```
private void btnEnter_Click(object sender, EventArgs e) {
    if (rdbTeacher.Checked) {   // 新增老師
        tForm tf = new tForm();   // 建立老師表單
        if (tf.ShowDialog() == DialogResult.OK) { // 開啟表單
            pArray.Add( tf.tObj );
            txtOutput.Text = "新增的老師\r\n" + tf.tObj.show() + "\r\n";
            teacherCtr++;
            showCounter();
        }
        tf.Dispose(); // 釋放表單資源
    }
    if (rdbStudent.Checked) {   // 新增學生
        sForm sf = new sForm();   // 建立學生表單
        if (sf.ShowDialog() == DialogResult.OK) {   // 開啟表單
            pArray.Add( sf.sObj );
            txtOutput.Text = "新增的學生\r\n" + sf.sObj.show() + "\r\n";
            studentCtr++;
            showCounter();
        }
        sf.Dispose();   // 釋放表單資源
    }
    if (rdbAllElements.Checked) {   // 列出所有成員
        string str = "<<< 成員列表 >>>\r\n";
        for (int i = 0; i < pArray.Count; i++)
            str += pArray[i].show() + "--------------------\r\n";
        txtOutput.Text = str;
    }
}
```

▶ 「儲存」按鈕的處理

如前所述，運用序列化的技術，可以非常方便地將整個 List 集合內的可序列化物件儲存到檔案裡，即使物件的組成內容比較複雜時亦然。為了簡單起見，本程式沒有利用 SaveFileDialog 控制項讓使用者選擇欲儲存的檔案，而是直接指定儲存在檔案 "PersonData.bin" 中。儲存之後，你可以在檔案路徑「專案名稱 \bin\Debug\ PersonData.bin」中找到該檔案。

首先，產生 BinaryFormatter 物件，並且利用 FileStream 類別建立存檔所需的檔案串流物件 saveFS。接著，利用 BinaryFormatter 格式子的 Serialize() 方法就可以將

pArray 集合物件「序列化寫入」檔案串流 saveFS 中，最後再關閉檔案串流。「儲存」鈕的事件處理程序如下所示。

```csharp
private void btnSave_Click(object sender, EventArgs e) {
    IFormatter serializer = new BinaryFormatter();
    FileStream saveFS = new FileStream("PersonData.bin", FileMode.Create);
    serializer.Serialize(saveFS, pArray);
    saveFS.Close();
    MessageBox.Show("儲存成功:PersonData.bin", "訊息");
}
```

▶ 「匯入」按鈕的處理

同樣地，先產生 BinaryFormatter 物件，並且利用 FileStream 類別建立「PersonData.bin」的檔案串流物件 loadFS。然後，利用 BinaryFormatter 格式子的 Deserialize() 方法，就可以將檔案串流 loadFS 的資料「還原序列化成」pArray 集合物件了。記得關閉檔案串流。

檔案載入後，必須重設變數 studentCtr 和 teacherCtr 的值。我們以 foreach 迴圈依序檢查 pArray 集合內的每個物件 p，透過「p.GetType().Name」可以取得物件 p 所屬類別的名稱。如果該類別名稱是「Teacher」，就將 teacherCtr 的值加 1，否則，將 studentCtr 的值加 1。最後，呼叫 showCounter() 函式，在標籤 lblCounter 中顯示目前的成員人數的資訊。「匯入」鈕的事件處理程序如下所示。

```csharp
private void btnLoad_Click(object sender, EventArgs e) {
    IFormatter serializer = new BinaryFormatter();
    FileStream loadFS = new FileStream("PersonData.bin", FileMode.Open);
    pArray = (List<Person>) serializer.Deserialize(loadFS);
    loadFS.Close();
    MessageBox.Show("載入成功:PersonData.bin", "訊息");
    // 重設變數studentCtr和teacherCtr的值
    txtOutput.Text = "";
    studentCtr = teacherCtr = 0;
    foreach( Person p in pArray )
        if (p.GetType().Name == "Teacher") teacherCtr++;
        else studentCtr++;
    showCounter();
}
```

習題

▶簡答題

1. 請問什麼是集合？什麼是泛型集合？請舉例說明泛型集合的用途和好處。

2. 請比較說明 ArrayList 和 List 的異同。

3. 請問什麼是可序列化類別？請說明物件序列化和還原序列化的運作原理與用途。

4. 請舉例說明使用 BinaryFormatter 格式子來進行物件序列化和還原序列化的運作機制。

LINQ查詢

Language-Integrated Query（LINQ）是 Visual Studio 2008 和 .NET Framework 3.5 版中引進的創新技術。傳統的應用程式上，資料查詢是以簡單的字串表示，既不會在編譯時期進行型別檢查，也不支援 IntelliSense。此外，您還必須針對每種資料來源，像是 SQL 資料庫、XML 文件、各種 Web 服務等等，學習不同的查詢語言。

在 C# 裡，我們只要使用語言關鍵字和熟悉的運算子，就可以針對強型別的物件集合撰寫 LINQ 查詢，其中有完整的型別檢查以及 IntelliSense 支援。而且，使用 C# 可以針對不同資料來源進行 LINQ 查詢，包括 SQL Server 資料庫、XML 文件、ADO.NET 資料集，以及任何由支援 IEnumerable 或泛型 IEnumerable<T> 介面的物件所組成的集合。

22-1 LINQ查詢簡介

「查詢」（Query）是一種從資料來源擷取資料的運算式（Expressions），而且使用專用的查詢語言來表示。目前，針對不同類型的資料來源，已開發出不同的語言，例如：SQL 是用於關聯式資料庫，而 XQuery 則是 XML。因此，開發人員必須針對他們所需支援的資料來源類型或資料格式，學習新的查詢語言。

LINQ 提供一致的模型（Model）來操作各種資料來源和格式的資料，從而簡化此情況。在 LINQ 查詢中，您所處理的一定是物件。不論您要查詢及轉換的資料是在 .NET 集合、SQL 資料庫、還是 XML 文件中，都是使用相同的基本程式碼撰寫模式（Coding Patterns）。

在 LINQ 查詢技術中，「LINQ to Objects」指的是直接將 LINQ 查詢與任何 IEnumerable 或 IEnumerable<T> 集合搭配使用（如 Array 或 List<T>），而不透過中繼 LINQ 提供者或 API（如 LINQ to SQL 或 LINQ to XML）。您可以使用 LINQ 查詢任何可列舉的集合，包括使用者定義的集合，以及 .NET Framework API 傳回的集合。

基本上，「LINQ to Objects」代表了使用集合的新方式。在舊有的方式中，我們必須撰寫複雜的 for 或 foreach 迴圈敘述來指定如何從集合中擷取資料。在 LINQ 中，只要撰寫宣告式程式碼來描述想要擷取的資料就可以了。下列範例使用整數陣列作爲資料來源來說明其差異，並且介紹 LINQ 的查詢作業。相同的概念也適用於其他資料來源。

▶ 陣列資料的篩選與運算

給定一個數學成績陣列，如下所示：

```
int[] math = { 98, 80, 50, 76, 69 };
```

如果想要篩選並且列出「及格的數學成績及其總和與平均」，可以利用下列 foreach 迴圈來達成：

```
int count = 0, sum = 0;
string output = "及格的數學成績\r\n";
foreach(int s in math)
    if(s >= 60) {
        output += s + " ";
        count++;
        sum += s;
    }
output += "\r\n總和 = " + sum;
output += "\r\n平均 = " + sum / (double) count;
```

若要完成更複雜的要求，例如成績排序，則所需的程式碼將更爲可觀。然而，這種資料篩選和排序等功能，可以很方便地利用強大的 LINQ 查詢來完成。

▶ LINQ 查詢的作法

所有的 LINQ 查詢作業都包含三個不同的動作：

1. 取得資料來源（Data Source）

支援 IEnumerable<T> 或衍生介面（例如泛型 IQueryable<T>）的類型，稱爲「可查詢類型」（Queryable Type）。可查詢類型不需要進行修改或特殊處理，就可以當成 LINQ 資料來源。

如果來源資料還不是記憶體中的可查詢類型，LINQ 提供者（Provider）必須將它表示爲可查詢類型。例如：LINQ to XML 會將 XML 文件載入可查詢的 XElement 類型中。

因爲本例的資料來源是陣列，所以它已隱含泛型 IEnumerable<T> 介面的支援，這表示它可以使用 LINQ 進行查詢。

2. 建立查詢（Query Creation）

　　「查詢」指明要從一個或多個資料來源「擷取什麼樣的資訊」，也可選擇指明該資訊在傳回之前所應採用的排序、群組等方式。查詢是儲存在**查詢變數**（Query Variable）中，並以**查詢運算式**（Query Expression）來初始化。

　　為了讓撰寫查詢較容易，C# 已引入新的查詢語法。下列的 LINQ 查詢可以從數學成績陣列 math 中，篩選出「及格的數學成績」：

```
var passQuery = from score in math
    where (score >= 60)
        select score;
```

　　此查詢運算式包含三個子句：from、where 和 select。from 子句指定資料來源，where 子句套用篩選條件，而 select 子句則指定傳回項目的類型。

　　請注意，本敘述只建立查詢變數，並不擷取任何資料。也就是說，在 LINQ 中，查詢變數本身不會進行任何動作，也不會傳回任何資料，它只是儲存了稍後執行該查詢，以產生結果時所需要的資訊。

　　另外，此查詢運算式之查詢結果的型別為 IEnumerable<int>，所以，查詢變數 passQuery 的型別可以明確陳述為 IEnumerable<int>，也允許使用**隱含型別** var。隱含型別區域變數是強型別（Strongly Typed），就和自行宣告型別一樣，差別在於前者是由編譯器（Compiler）來判斷和決定最佳的型別。

3. 執行查詢（Query Execution）

　　如前面所述，查詢變數本身只會儲存查詢命令。實際執行查詢的作業將會延後，直到我們反覆查看（iterate over）「foreach 陳述式中的查詢變數」為止，這個概念稱為「延後執行」（Deferred Execution）。

　　例如：我們可以利用下列敘述逐一列出「及格的數學成績」：

```
string output = "及格的數學成績\r\n";
foreach (int score in passQuery)
    output += score + " ";
```

　　查詢在 foreach 敘述中執行，查詢結果的型別為 IEnumerable<int>，提供了 foreach 所需要的 IEnumerable 或 IEnumerable<T> 資料。在前述查詢中，反覆運算變數（iteration variable）score 會保留傳回序列中的每個值（一次一個）。

　　因為查詢變數本身並不會保留查詢結果，所以，可以隨意多次執行查詢變數。例如，資料庫可能是由另一個應用程式持續更新。在我們的應用程式中，可以建立一個會擷取最新資料的查詢，每隔一段時間就執行該項查詢，以擷取不同的結果。

如何查詢「及格之數學成績的總和與平均」呢？我們可以利用執行彙總函式的查詢來達成，例如：Count()、Max()、Sum()、Average() 和 First() 等。這些查詢執行時並未使用明確的 foreach 陳述式，因為查詢本身必須使用 foreach 才能傳回結果，此即強制立即執行（Forcing Immediate Execution）。另外也請注意，這些查詢類型傳回的是單一的值，而不是 IEnumerable 集合。

下列查詢會傳回「及格之數學成績的總和與平均」：

```
output += "\r\n總和 = " + passQuery.Sum();
output += "\r\n平均 = " + passQuery.Average();
```

綜合上述，LINQ 查詢與 for 迴圈相比，主要有三項優點：

1. 更簡潔易懂，尤其是在篩選多個條件時。
2. 只需最基本的應用程式碼，就可以提供強大的篩選、排序和分組功能。
3. 幾乎不需要做什麼修改，就可以移植用於其他資料來源。

一般而言，要對資料執行的作業愈複雜，就愈能發現使用 LINQ 而非傳統反覆運算技術的好處。

22-2 LINQ與C#新增的功能

LINQ 是一種強大的查詢運算模式，可以對記憶體中的集合或資料表進行篩選、巡覽、排序等工作。LINQ 針對 Visual C# 的語法來加以擴充，可支援不同資料來源的查詢，包括 SQL Server 資料庫（LINQ to SQL）、XML 文件（LINQ to XML）、ADO.NET 資料集（LINQ to DataSet），以及任何由支援 IEnumerable 或泛型 IEnumerable<T> 介面的物件所組成的集合（LINQ to Objects）。本章將只針對「LINQ to Objects」的應用進行介紹。

C#3.0（Visual Studio 2008）中提出的許多新功能，都與 LINQ 技術有關，包括查詢運算式（Query Expressions）、隱含型別變數（Implicitly Typed Variables）、自動實作屬性（Auto-Implemented Properties）、物件與集合初始設定式（Object and Collection Initializers）、匿名型別（Anonymous Types）等。本節先簡介這些功能的概念，以利後續 LINQ 查詢功能的說明。

▶ 自動實作屬性

利用「自動實作屬性」可快速指定類別的屬性，而不必撰寫用來取得（Get）和設定（Set）屬性的存取子（Accessor）程式碼。當您撰寫自動實作屬性的程式碼時，Visual C# 編譯器除了建立相關 get 和 set 存取子的程序之外，還會自動建立私用的匿名欄位來儲存屬性變數。請注意，自動實作屬性的宣告必須包含 get 和 set 存取子。下列範例示範三個自動實作屬性的宣告：

```
class student {
    // Auto-Implemented Properties for trivial get and set
    public string sid { get; set; }
    public string sex { get; set; }
    public string depart { get; set; }
    // Constructors
    public student() { }
    public student(string sid, string sex, string depart) {
        this.sid = sid;
        this.sex = sex;
        this.depart = depart;
    }
}
```

我們可以利用下列敘述來建立物件和初始化該物件的內容值：

```
student stu1 = new student();
stu1.sid = "S001";
stu1.sex = "男";
stu1.depart = "資管";
```

當然，也可以下列敘述來達到相同的目的：

```
student stu1 = new student("S001", "男", "資管");
```

▶ **物件初始設定式**

我們可以使用物件初始設定式，以宣告方式初始化物件，而不需明確呼叫類別的建構子。編譯器在處理「物件初始設定式」時，會先存取預設建構子，接著處理成員初始化。針對每個要初始化的屬性，我們使用 name-value pair 的方式來指定其值。例如，我們可以物件初始設定式，來改寫之前 stu1 物件的建立和初始化：

```
student stu1 = new student    //省去建構子的小括號
{
    sid = "S001",             //以逗點隔開
    sex = "男",
    depart = "資管"
};
```

請注意，如果不需要初始化某個屬性，則可省略該屬性的 name-value pair 指定。

▶ **集合初始設定式**

「集合初始設定式」提供縮短的語法，供您建立集合，並填入一組初始值。當您從一組已知值（例如功能表選項或月份名稱等字串靜態清單）建立集合時，集合初始設定式會很有用。

集合初始設定式可以讓我們在初始化「實作 IEnumerable 的集合類別（collection class）」時，指定一個或多個元素初始設定式（element initializers）。元素初始設定式可以是簡單的值、運算式，或物件初始設定式。藉由使用集合初始設定式，我們就不需要在程式碼中去多次呼叫類別之 **Add** 方法，編譯器會加入呼叫。

下列敘述能指定陣列（Array）元素的初值：

```
int[] intArray = new int[10] { 0, 1, 2, 3, 4, 5, 6, 7, 8, 9 };
```

集合初始設定式針對集合延伸此種語法：

```
List<int> digits = new List<int> { 0, 1, 2, 3, 4, 5, 6, 7, 8, 9 };
```

當 List 集合的元素是物件時，傳統上，我們可以使用 **Add** 方法將物件加入到 List 集合中，例如：

```
List<student> students = new List<student>();
students.Add(new student("S001", "男", "資管"));
students.Add(new student("S002", "女", "資工"));
```

我們也可以使用物件初始設定式來初始化本例中所定義的 student 物件。請注意，每個物件初始設定式會以括號括住，並以逗號分隔。如下所示：

```
List<student> students = new List<student>
{
    new student { sid = "S001", sex = "男", depart = "資管" },
    new student { sid = "S002", sex = "女", depart = "資工" }
};
```

▶ **隱含型別變數**

從 C# 3.0 開始，引進了「隱含型別（implicitly type）」，var 關鍵字會指示編譯器從初始化陳述式右側的運算式推斷變數的最佳型別。推斷的型別可能是內建型別、匿名型別、使用者定義型別，或 .NET Framework 類別程式庫中定義的型別。換言之，使用隱含型別，一定要指定初始值。如果不指定初始值，則會因為無法決定正確的型別，而在編譯時產生錯誤，如下所示：

```
var v1;
var v2 = null;
```

下列範例顯示可以用 var 宣告區域變數的各種方法：

```
var i = 5;  // i編譯為int
var s = "Hello! C#";  // s編譯為string
var a = new[] { 0, 1, 2, 3, 4 };  // a編譯為int[]
var list = new List<int>();  // list編譯為List<int>
```

而下列 LINQ 查詢變數 passQuery 的型別會編譯為 IEnumerable<int>：

```
var passQuery = from score in math
    where (score >= 60)
        select score;
```

請注意，隱含型別區域變數是強型別（Strongly Typed），就和自行明確地宣告型別一樣，差別在於隱含型別是由編譯器來判斷並指派最適當的型別。換句話說，宣告為隱含型別的變數，其實是靜態繫結的變數，也就是在編譯時期就已經決定變數型別了。

目前的隱含型別只能夠用在區域變數，而不能夠用在類別資料成員的宣告裡。另外，宣告為隱含型別的陣列，裡面的元素必須都是同一個型別（或是都能隱含轉換成同一個型別），比方說都為 int，或是都為 string，不然編譯不會過。

▶ **匿名型別**

有時候，我們會臨時需要一個簡單的類別來儲存一些簡單資料，但又不想為了這個簡單的需求另外定義一個類別，此時便可使用 C# 的匿名型別（anonymous type）。匿名型別是使用 new 運算子並且搭配物件初始設定式所產生，如下所示：

```
var anony = new { Name = "張無忌", Age = 20 };
```

這個範例使用了隱含型別 var 來宣告區域變數 anony，這是必須的，因為我們使用了匿名型別（請注意：new 運算子之後並沒有指定任何類別名稱）。這表示，從 new 運算子之後的大括弧包住的部分，會由編譯器產生一個類別定義。當然，該類別的名稱也是由編譯器決定，所以，我們便無法得知實際的類別名稱，自然就得用 var 來宣告變數了。

一般而言，匿名型別的物件不應該儲存在 List 這類物件串列中，因為將來要取出物件時，不知道要將它轉成什麼型別。同理，匿名型別的物件也不宜當作參數傳遞。當然，可以將參數型別宣告為 Object 而通過編譯。可是同樣的問題，這個參數將來不知道要如何轉型。

LINQ基本查詢

本節將以多個陣列資料作為資料來源,來示範 LINQ 的基本查詢,包括:篩選 (filtering)、排序(ordering)、群組(grouping)、選取(selecting)等。並且說明如何使用 LINQ 彙總函式,例如:Count()、Average()、Sum()、Max()、Min()。請注意,要使用 LINQ 查詢的功能,必須先匯入(using)名稱空間 System.Linq,當然,系統已預先幫我們產生程式碼而自動匯入了。本範例的人機介面如下圖所示:

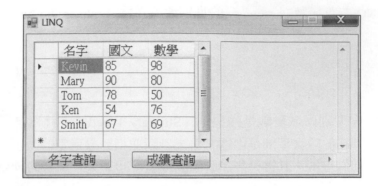

先新增一個「CH22\LINQDemo」的「Windows Forms App」專案,其中「CH22」為方案名稱。將表單檔案名稱更名為「LINQ.cs」,接著,依人機介面的設計,在表單中,依序加入 DataGridView 資料控制項以及文字盒、按鈕等通用控制項,然後在屬性視窗中設定控制項屬性。本例中,控制項的屬性設定如下所示:

1. 表單的 Name 設為「LINQ」,Text 為「LINQ」,Font 大小為 12pt。

2. 將顯示「所有學生成績資料」之 DataGridView 資料控制項的 Name 設為 dataGridView1,將資料行行首儲存格上的標題文字(HeaderText)分別設為名字、國文、數學。之後,在表單載入時,顯示來自外部資料來源的資料,如介面所示。DataGridView 控制項的設定與基本用法將在稍後說明。

3. 顯示查詢結果之文字盒的 Name 設為 txtOutput,屬性 MultiLine 設為 True;屬性 ReadOnly 設為 True;屬性 ScrollBar 設為 Both;屬性 WordWrap 設為 False;屬性 BorderStyle 設為 Fixed3D。

4. 按鈕「名字查詢」和「成績查詢」的 Name 分別設為 btnQueryName 和 btnQueryScore。其 Text 如介面所示。

▶ DataGridView 資料控制項

DataGridView 控制項是用來顯示來自各種外部資料來源的資料。或者,也可以在控制項中加入資料列(Rows)和資料行(Columns),並且手動在控制項中填入資料。當控制項繫結至資料來源時,它可以根據資料來源的結構描述(Schema)自動產生資料行。如果這些資料行不符合我們的需求,可以將它們隱藏、移除或重新排列。我們也可以加入未繫結的資料行,來顯示不是來自資料來源的補充資料。

DataGridView 控制項是以表格的形式來顯示資料,提供功能強大、有彈性的方式,滿足對於資料檢視的各種檢視。我們可以使用 DataGridView 控制項來顯示少量資料的唯讀檢視,也可以將其調整為顯示極大量資料集的可編輯檢視。

本範例將只利用 DataGridView 控制項顯示來自多個陣列的資料以供檢視,以下介紹用到的相關屬性、方法和事件:

1. Columns 屬性:用來設定控制項中的所有「資料行集合」

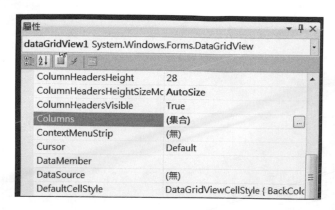

在 DataGridView 控制項的屬性視窗(如上圖),點選「Columns」屬性最右方的「…」按鈕,會跳出「編輯資料行」視窗(如下圖),供我們加入資料行和設定相關的資料行屬性。

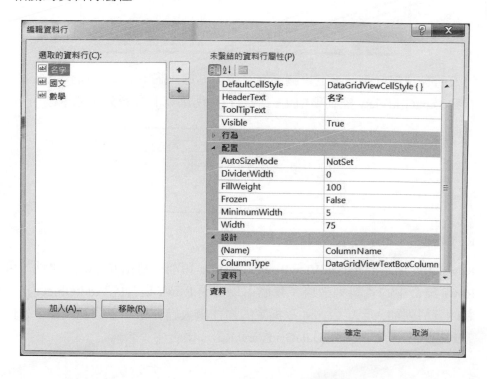

點選「編輯資料行」視窗下方的「加入(A)」按鈕,會跳出「加入資料行」視窗(如下圖)。針對「名字」資料行,我們設定其名稱(Name)屬性為 ColumnName,類型(ColumnType)屬性為預設的 DataGridViewTextBoxColumn,標題文字(HeaderText)屬性設為「名字」。點選「加入」鈕回到「編輯資料行」視窗,將 Width 屬性設為 75,如此即完成「名字」資料行的加入。

依照此方式,再加入「國文」資料行與「數學」資料行,其 Name 屬性分別為 ColumnChin 和 ColumnMath,HeaderText 屬性為「國文」和「數學」,ColumnType 屬性和 Width 屬性則和「名字」資料行相同。

加入所有資料行並且設定相關屬性之後,點選「確定」鈕回到表單視窗,就可以看到 DataGridView 控制項中,三個資料行所構成的標題列,如下圖所示。

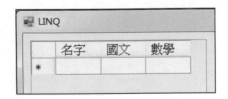

2. Rows 屬性:用來存取所有「資料列集合」

Rows 的型別是 DataGridViewRowCollection 類別,藉由其 Count 屬性,可以取得 Rows 集合中的資料列數目。我們可以使用 Rows 集合的 Add(Object[]) 方法,將新的資料列加入至集合,並以指定的物件填入儲存格。下列範例顯示如何以手動方式加入一筆資料列到 DataGridView.Rows 集合中:

```
DataGridViewRowCollection rows = dataGridView1.Rows;
rows.Add(new Object[] {"Kevin", 85, 98});
```

3. 存取儲存格（Cell）：其類別是 DataGridViewCell

   我們可以下列方式來存取「列索引」和「行索引」所指定的儲存格：

   ```
   dataGridView1[行索引, 列索引].Value
   ```

   下列的存取指定方式可以達到相同的效果。

   ```
   dataGridView1.Rows[列索引].Cells[行索引].Value
   ```

4. CellClick 事件：當點選儲存格時會觸發此事件

   在 CellClick 事件處理程序被執行時，會傳入 DataGridViewCellEventArgs 的物件，透過該物件的 RowIndex 和 ColumnIndex 屬性，可以取得「被點選之儲存格」的「列索引」和「行索引」的值。下列 CellClick 事件處理程序，示範如何以訊息方塊顯示「被點選之儲存格」的內容值。

   ```
   private void dataGridView1_CellClick(object sender,
                        DataGridViewCellEventArgs e) {
       // MessageBox.Show("" + dataGridView1.Rows.Count);
       int r = e.RowIndex;    // 列索引
       int c = e.ColumnIndex; // 行索引
       if (r < 0 || c < 0) return;
       if (dataGridView1[c, r].Value != null)
          MessageBox.Show( dataGridView1[c, r].Value.ToString() );
        if (dataGridView1.Rows[r].Cells[c].Value != null)
          MessageBox.Show(dataGridView1.Rows[r].Cells[c].Value.ToString());
   }
   ```

▶ 資料來源

我們以下列三個一維陣列作為 LINQ 查詢的資料來源，內含 5 個學生的名字、國文和數學成績的資訊，如下所示：

```
String[] name = {"Kevin", "Mary", "Tom", "Ken", "Smith"}
int[] chin = {85, 90, 78, 54, 67};
int[] math = {98, 80, 50, 76, 69};
```

當表單載入時，我們將此資料來源顯示在 DataGridView 控制項以方便檢視。表單載入的事件處理程序如下所示：

```
private void LINQ_Load(object sender, EventArgs e) {
    DataGridViewRowCollection rows = dataGridView1.Rows;
    for (int r = 0; r < 5; r++) {
        rows.Add( new Object[] {name[r], chin[r], math[r]} );
    }
}
```

因為共有 5 筆資料，我們使用 Rows 集合的 Add(Object[]) 方法，以一筆一列的方式，將資料列新增至 DataGridView 控制項的 Rows 集合，並且顯示在儲存格中。

▶ 名字查詢 鈕的處理

我們以上述的資料來源示範 LINQ 的基本查詢。首先，進行名字資料的各種查詢，包括選取（selecting）、排序（ordering）、篩選（filtering）、群組（grouping）等。我們先建立查詢，之後在 foreach 敘述中執行查詢，並且將查詢結果逐一地列出。

1. 列出所有的名字：from 與 select 子句

```
string res = "";
res += "所有的名字\r\n";
var query1 = from n in name
             select n;
foreach (string n in query1) res += n + "\r\n";
txtOutput.Text = res;
```

粗體的部分為查詢敘述（Query Statement），其查詢運算式包含兩個子句：from 和 select。from 子句指定資料來源是名字陣列 name。請記得，一個 LINQ 的資料來源必須是 enumerable（可列舉的）。變數 n 是資料來源內個別元素的暫存別名。而 select 子句則選取要出現在結果集合中元素的類型，此處是指傳回名字。查詢的結果如下圖所示：

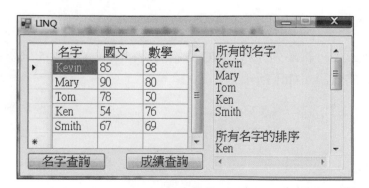

2. 所有名字的排序：orderby 子句

```
res += "\r\n所有名字的排序\r\n";
var query2 = from n in name
             orderby n
             select n;
foreach (string n in query2) res += n + "\r\n";
```

此查詢運算式中，from 子句指定資料來源為陣列 name 的每一個元素 n，orderby 子句描述要如何排序，此處是根據 n 的內容（名字）來排序，而 select 子句則將排序後的名字傳回。查詢的結果如下圖所示：

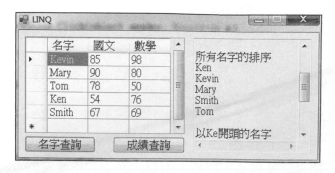

3. 以 Ke 開頭的名字：where 子句

```
res += "\r\n以Ke開頭的名字\r\n";
var query3 = from n in name
             where n.StartsWith("Ke")
             select n;
foreach (string n in query3) res += n + "\r\n";
```

此查詢運算式中，from 子句指定資料來源為陣列 name 的每一個名字 n，以 where 子句來描述篩選的條件，而 select 子句則將篩選後的名字傳回。

任何布林運算式都可以應用到項目 n 以指定篩選的條件，如本例的 n.StartsWith("Ke") 用來篩選以 "Ke" 開頭的字串。我們也可以描述其他的篩選運算式，例如，n.Length > 4（長度大於 4）或 n.Contains("m")（包含一個字母 m）。查詢的結果如下圖所示：

4. 以名字長度分組：group query

一個 group query 可以把資料分成多個群組（groups），並且可以進一步排序、計算彙總，或者依群組進行比較。group query 分成「group」和「by」，在「by」之後必須描述分群的依據。

本例要求以名字長度將名字分組，所以，分組的依據就是名字長度（n.Length），相同長度的名字字串會被分到同一群組。因此，查詢的結果是多個名字群組，每個群組具有相同的分組依據值，使用各群組的「key」可得到該群組的依據值（group key）。

```
res += "\r\n以名字長度分組\r\n";
var query4 = from n in name
             group n by n.Length;
foreach (var g in query4) {
    foreach (/*var*/string n in g)
        res += n + " ";
    res += "\r\n";
}
```

因為查詢的結果是多個名字群組，所以，必須利用雙層的 foreach 迴圈來顯示各群組的資料。

第一層迴圈會逐一讀取各個群組，以變數 g 來保留其值。請注意，我們必須以隱含型別 var 來宣告變數 g，而由編譯器來推斷並指派最適當的型別。

第二層迴圈則會逐一讀取群組 g 內的名字，以變數 n 來保留其值。請注意，我們可用隱含型別 var 來宣告變數 n，而由編譯器來指派型別，也可以明確宣告變數 n 的型別為 string，因為我們確實知道名字字串的型別是 string。

查詢的結果如上圖所示。你可以看到第一群（列）是長度 5 的名字，分別是 Kevin 和 Smith，第二群是長度 4 的名字 Mary，第三群是長度 3 的名字，分別是 Tom 和 Ken。

▶ 成績查詢 鈕的處理

此處我們以成績資料示範 LINQ 的排序查詢之外，也說明如何使用 LINQ 彙總函式，例如 Count()、Sum()、Average()、Max()、Min() 等。

1. 國文成績排序

```
string res = "國文成績排序\r\n";
var query1 = from s in chin orderby s select s;
foreach (int s in query1) res += s + " ";
txtOutput.Text = res;
```

query1 查詢很簡單，from 子句指定資料來源為陣列 chin 的每一個國文成績 s，orderby 子句指定依國文成績 s 進行排序，而 select 子句則將排序後的國文成績傳回。查詢的結果如下圖所示：

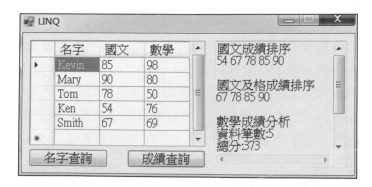

2. 國文及格成績排序

```
res += "\r\n\r\n國文及格成績排序\r\n";
var query2 = from s in chin
             where s >= 60
             orderby s
             select s;
foreach (int s in query2) res += s + " ";
```

query2 查詢稍微複雜些，from 子句指定資料來源為國文成績 s，以 where 子句的條件 s >= 60 來篩選及格的國文成績，orderby 子句指定依國文成績 s 進行排序，而 select 子句則將篩選和排序後的國文成績傳回。查詢的結果如上圖所示。

3. 數學成績分析

假設我們想要分析數學成績，了解資料筆數、總分、平均、最高分、與最低分等資訊。在舊有的方式中，我們必須撰寫複雜的 for 迴圈敘述來指定如何從集合中擷取和分析資料。在 LINQ 中，只要撰寫宣告式程式碼來描述想要擷取的資料就可以了。使用 LINQ 彙總函式可以進行必要的彙總分析。本範例的程式碼如下所示：

```
res += "\r\n\r\n數學成績分析\r\n";
var query3 = from s in math select s;
int count = query3.Count();
double averge = query3.Average();
int sum = query3.Sum();
int max = query3.Max();
int min = query3.Min();
res += "資料筆數:" + count + "\r\n";
```

```
res += "總分:" + sum + "\r\n";
res += "平均:" + averge + "\r\n";
res += "最高分:" + max + "\r\n";
res += "最低分:" + min + "\r\n";
```

query3 查詢變數儲存了「擷取所有數學成績」的查詢運算式。請注意，該敘述只建立查詢變數，並不擷取任何資料，也就是說，在 LINQ 中，查詢變數本身不會進行任何動作，也不會傳回任何資料。我們可以反覆透過彙總函式的查詢，立即擷取 query3 查詢的結果集合，並且執行該彙總函式，以取得分析後的結果。程式碼很直觀，就不再多做說明了，查詢的結果如下圖所示。

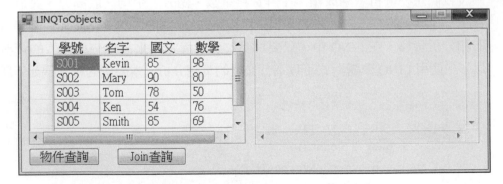

22-4 LINQ to Objects

本節將透過兩個較複雜的物件集合，包括「學生物件集合」與「學生成績物件集合」來示範 LINQ 查詢，特別是聯結查詢（join query）的用法。本範例的人機介面如下圖所示：

先新增一個「CH22\LINQToObjectsDemo」的「Windows Forms App」專案，其中「CH22」為方案名稱。將表單檔案名稱更名為「LINQToObjects.cs」，接著，依人機介面的設計，在表單中，依序加入 DataGridView 資料控制項以及文字盒、按鈕等通用控制項，然後在屬性視窗中設定控制項屬性。本例中，控制項的屬性設定如下所示：

1. 表單的 Name 設為「LINQToObjects」，Text 為「LINQToObjects」，Font 大小為 12pt。

2. 將顯示「所有學生成績資料」之 DataGridView 資料控制項的 Name 設為 dataGridView1，將資料行行首儲存格上的標題文字（HeaderText）分別設為學號、名字、國文與數學。之後，在表單載入時，顯示來自外部資料來源的資料，如介面所示。DataGridView 控制項的設定如前一節的說明。

3. 顯示查詢結果之文字盒的 Name 設為 txtOutput，屬性 MultiLine 設為 True；屬性 ReadOnly 設為 True；屬性 ScrollBar 設為 Both；屬性 WordWrap 設為 False；屬性 BorderStyle 設為 Fixed3D。

4. 按鈕「物件查詢」和「Join 查詢」的 Name 分別設為 btnQueryObject 和 btnQueryJoin。其 Text 如介面所示。

▶ 資料來源

本範例使用「學生物件集合」與「學生成績物件集合」，作為 LINQ 查詢的資料來源。為了方便說明，本節所示範的類別都經過簡化。學生類別包含學號、性別與系別，我們利用自動實作屬性將其定義如下：

```
private class student {
    public string sid { get; set; }
    public string sex { get; set; }
    public string depart { get; set; }
}
```

我們利用集合初始設定式與物件初始設定式，建立內含 5 個學生物件的集合，如下所示：

```
List<student> students = new List<student> {
    new student { sid = "S001", sex = "男", depart = "資管" },
    new student { sid = "S002", sex = "女", depart = "資工" },
    new student { sid = "S003", sex = "男", depart = "資工" },
    new student { sid = "S004", sex = "女", depart = "資管" },
    new student { sid = "S005", sex = "男", depart = "資管" }
};
```

學生成績類別包含學號、名字、國文與數學成績，其定義如下所示：

```
private class stuScore {
    public string sid { get; set; }
    public string name { get; set; }
```

```
    public int chin { get; set; }
    public int math { get; set; }
    public override string ToString() {
        string res = "學號:" + sid + "名字:" + name +
                        "國文:" + chin + "數學:" + math;
        return res;
    }
}
```

同樣地，我們以集合初始設定式與物件初始設定式，建立內含 5 個學生成績物件的集合，如下所示：

```
List<stuScore> scores = new List<stuScore> {
    new stuScore { sid = "S001", name="Kevin", chin=85, math=98},
    new stuScore { sid = "S002", name="Mary", chin=90, math=80},
    new stuScore { sid = "S003", name="Tom", chin=78, math=50},
    new stuScore { sid = "S004", name="Ken", chin=54, math=76},
    new stuScore { sid = "S005", name="Smith", chin=85, math=69}
};
```

當表單載入時，我們將 5 個學生成績物件顯示在 DataGridView 控制項以方便檢視。表單載入的事件處理程序如下所示：

```
private void LINQToObjects_Load(object sender, EventArgs e) {
    DataGridViewRowCollection rows = dataGridView1.Rows;
    for (int r = 0; r < scores.Count; r++) {
        stuScore s = scores[r];
        rows.Add( new Object[] { s.sid, s.name, s.chin, s.math } );
    }
}
```

因為共有 5 筆資料，我們使用 Rows 集合的 Add(Object[]) 方法，以一筆一列的方式，將資料列新增至 DataGridView 控制項的 Rows 集合，並且顯示在儲存格中。

▶ 物件查詢 鈕的處理

我們以上述的物件集合作為資料來源，來示範 LINQ 的基本查詢。同樣地，我們先建立查詢，之後在 foreach 敘述中執行查詢，並且將查詢結果逐一地列出。

1. 所有學生的成績

```
string res = "";
res += "所有學生的成績\r\n";
var query1 = from s in scores select s;
foreach (stuScore s in query1) res += s + "\r\n";
txtOutput.Text = res;
```

粗體的部分為查詢敘述（Query Statement），應該很容易了解。查詢的結果是所有學生成績物件的集合，在 foreach 敘述中，會將查詢結果逐一地列出。列出每一個學生成績物件 s 時，會自動呼叫其 ToString() 方法以取得物件的內容。查詢的結果如下圖所示：

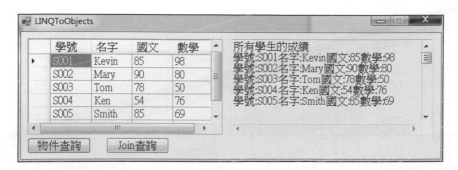

2. 所有學生的成績排序

```
res += "\r\n所有學生的成績排序\r\n";
var query2 = from s in scores
             orderby s.chin, s.math
             select s;
foreach (stuScore s in query2) res += s + "\r\n";
```

此查詢運算式中，from 子句指定資料來源為學生成績物件的集合 scores，orderby 子句指定「先根據國文成績，再以數學成績」來排序，而 select 子句則將排序後的成績物件傳回。查詢的結果如下圖所示：

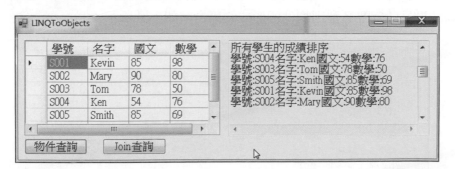

3. 所有學生的名字：

```
res += "\r\n所有學生的名字r\r\n";
var query3 = from s in scores select s.name;
foreach (string n in query3) res += n + "\r\n";
```

資料來源為學生成績物件的集合 scores，select 子句則是將各個學生的名字
（s.name）傳回。查詢的結果是所有學生名字所形成的集合，如下圖所示：

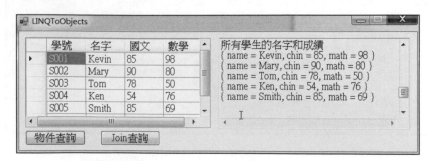

4. 所有學生的名字和成績：

```
res += "\r\n所有學生的名字和成績\r\n";
var query4 = from s in scores
             select new { s.name, s.chin, s.math };
foreach (var n in query4) res += n + "\r\n";
```

LINQ 並不允許在單一個 select 子句裡選取並且傳回多個資料欄位值，例如，下
列敘述會產生編譯錯誤：

```
select s.name, s.chin, s.math
```

因此，我們將所選取的資料欄位值，以「匿名型別」搭配「物件初始設定式」的
方式，產生回傳的物件（內含所選取的 3 個資料值），如下所示：

```
select new { s.name, s.chin, s.math }
```

在 LINQ 的術語裡，在查詢中建立新物件的機制就稱之為 Projection。本例的查
詢結果是所有匿名型別物件所形成的集合，如下圖所示：

5. 國文和數學都及格的學生

```
res += "\r\n國文和數學都及格的學生\r\n";
var query5 = from s in scores
             where s.chin >= 60 && s.math >= 60
             select new { s.name, s.chin, s.math };
foreach (var s in query5) res += s + "\r\n";
```

和上一個查詢類似，只是以 where 子句的條件「s.chin >= 60 && s.math >= 60」
來篩選國文和數學都及格的學生，查詢的結果如下圖所示：

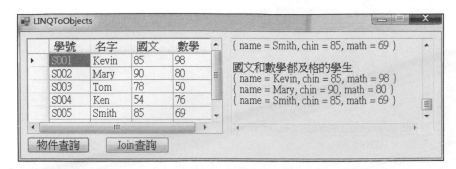

▶ Join 查詢 鈕的處理

我們以「學生物件集合」與「學生成績物件集合」作為資料來源，來示範 LINQ 之
聯結查詢（join query）的用法。

1. 所有學生的名字、性別、系別

當我們要查詢學生的名字、性別和系別時，會發現學生物件集合 students 中具有
性別和系別的資訊，而名字卻出現在學生成績物件集合 scores 中。此時，可以利
用 join 運算子來聯結這兩個物件集合，而聯結的條件是透過共享的 key 欄位，此
處是指學號 sid。只要 key 欄位（sid）的值相同，就可以將兩個集合中相關的物
件連結在一起，如下所示：

```
from score in scores
join stu in students
on score.sid equals stu.sid
```

接著，選取學生成績物件的名字（score.name）以及學生物件的的性別（stu.
sex）和系別（stu.depart），再以「匿名型別」搭配「物件初始設定式」的方式，
產生回傳的物件，如下所示：

```
select new {
    名字 = score.name,
```

```
    性別 = stu.sex,
    系別 = stu.depart
}
```

請注意，此處我們為「匿名型別」的資料成員指定新的名稱。下列是完整的程式碼，查詢的結果如下圖所示：

```
string res = "所有學生的名字, 性別, 系別\r\n";
var query1 = from score in scores
            join stu in students
            on score.sid equals stu.sid
            select new {
            名字 = score.name,
            性別 = stu.sex,
            系別 = stu.depart
            };
foreach (var s in query1) res += s + "\r\n";
txtOutput.Text = res;
```

2. 依性別分組列出人數和名字

查詢 query1 可以擷取所有學生的名字、性別、系別，所以，我們以 query1 的查詢結果集合當作資料來源，進一步以物件的性別（s.性別）為依據加以分組。新建立的查詢 query2 如下所示：

```
var query2 = from s in query1
    group s by s.性別;
```

query2 的查詢結果是多個名字群組，所以，必須利用雙層的 foreach 迴圈來顯示各群組的資料。

第一層迴圈會逐一讀取各個群組，以變數 g 來保留其值。請注意，我們必須以隱含型別 var 來宣告變數 g，而由編譯器來推斷並指派最適當的型別。

第二層迴圈則會逐一讀取群組 g 內的名字，以變數 s 來保留其值。另外，在每一群組 g 中，我們使用「g.Key」來得到該群組在分群時的性別依據值，並且以彙整函示 g.Count() 取得該群組的物件個數。下列是完整的程式碼，查詢的結果如下圖所示：

```
res += "\r\n依性別分組列出人數和名字\r\n";
var query2 = from s in query1
    group s by s.性別;
foreach (var g in query2) {
    res += "性別:" + g.Key + ", 人數:" + g.Count() + "\r\n名字:";
    foreach(var s in g) res += s.名字 + " ";
    res += "\r\n";
}
```

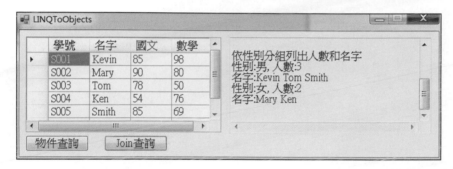

習題

▶ 簡答題

1. 請問什麼是 LINQ ？ LINQ 查詢在什麼時候執行？請舉例說明 LINQ 的用途和好處。

2. 請說明 LINQ 查詢作業包含哪三個不同的動作。

3. 請舉例說明下列 C#3.0 中所提出的新功能：

(a) 自動實作屬性（Auto-Implemented Properties）

(b) 物件初始設定式（Object Initializers）

(c) 集合初始設定式（Collection Initializers）

(d) 隱含型別變數（Implicitly Typed Variables）

(e) 匿名型別（Anonymous Types）

4. 請舉例說明下列 LINQ 查詢的語法與用途：

   (a)from clause

   (b)select clause

   (c)where clause

   (d)orderby clause

   (e)group query

   (f)join query

5. 請舉例說明如何使用 LINQ 的彙總函式查詢。

23671 新北市土城區忠義路21號

全華圖書股份有限公司

行銷企劃部 收

歡迎加入 全華會員

● 會員獨享

會員享購書折扣、紅利積點、生日禮金、不定期優惠活動⋯⋯等。

● 如何加入會員

掃 QRcode 或填妥讀者回函卡直接傳真 (02) 2262-0900 或寄回，將由專人協助登入會員資料，待收到 E-MAIL 通知後即可成為會員。

如何購書

1. 網路購書

全華網路書店「http://www.opentech.com.tw」，加入會員購書更便利，並享有紅利積點回饋等各式優惠。

2. 實體門市

歡迎至全華門市（新北市土城區忠義路 21 號）或各大書局選購。

3. 來電訂購

(1) 訂購專線：(02) 2262-5666 轉 321-324
(2) 傳真專線：(02) 6637-3696
(3) 郵局劃撥（帳號：0100836-1 戶名：全華圖書股份有限公司）
※ 購書未滿 990 元者，酌收運費 80 元。

OpenTech.com.tw 全華網路書店

全華網路書店 www.opentech.com.tw
E-mail: service@chwa.com.tw

※ 本會員制如有變更則以最新修訂制度為準，造成不便請見諒。